面向21世纪课程教材
Textbook Series for 21 st Century

结构力学

JIEGOU LIXUE

（第4版）

戴鸿哲　王　伟　王焕定　主编
李　亮　陈再现　赵　威　修订

高等教育出版社·北京

内容简介

本书是在第 3 版("十二五"普通高等教育本科国家级规划教材)基础上,根据教育部高等学校工科基础课程教学指导委员会力学基础课程教学指导分委员会最新制订的"结构力学课程教学基本要求"修订而成。

全书共 11 章,主要内容包括:绪论、杆系结构的组成分析、静定结构受力分析、结构的位移计算、力法、位移法、矩阵位移法、移动荷载作用下的结构分析、结构动力分析、结构的稳定性计算和结构的极限荷载计算。

本书可作为土木工程、交通工程、水利水电工程和工程力学等专业的教材,也可作为工程技术人员的参考书。

图书在版编目(CIP)数据

结构力学/戴鸿哲,王伟,王焕定主编.--4 版
.--北京:高等教育出版社,2022.3
ISBN 978-7-04-058036-5

Ⅰ.①结… Ⅱ.①戴… ②王… ③王… Ⅲ.①结构力
学-高等学校-教材 Ⅳ.①O342

中国版本图书馆 CIP 数据核字(2022)第 020864 号

结构力学
JIEGOU LIXUE

| 策划编辑 水 渊 | 责任编辑 赵向东 | 封面设计 张雨微 | 版式设计 李彩丽 |
| 插图绘制 黄云燕 | 责任校对 王 雨 | 责任印制 刁 毅 | |

出版发行	高等教育出版社	网 址	http://www.hep.edu.cn
社 址	北京市西城区德外大街 4 号		http://www.hep.com.cn
邮政编码	100120	网上订购	http://www.hepmall.com.cn
印 刷	肥城新华印刷有限公司		http://www.hepmall.com
开 本	787mm×1092mm 1/16		http://www.hepmall.cn
印 张	24.5		
字 数	600 千字	版 次	2000 年 2 月第 1 版
			2022 年 3 月第 4 版
购书热线	010-58581118	印 次	2022 年 3 月第 1 次印刷
咨询电话	400-810-0598	定 价	51.00 元

本书如有缺页、倒页、脱页等质量问题,请到所购图书销售部门联系调换
版权所有 侵权必究
物 料 号 58036-00

结构力学
第四版

1. 计算机访问 http://abook.hep.com.cn/1238103，或手机扫描二维码、下载并安装 Abook 应用。
2. 注册并登录，进入"我的课程"。
3. 输入封底数字课程账号（20 位密码，刮开涂层可见），或通过 Abook 应用扫描封底数字课程账号二维码，完成课程绑定。
4. 单击"进入课程"按钮，开始本数字课程的学习。

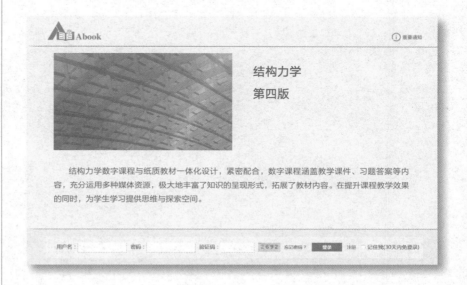

课程绑定后一年为数字课程使用有效期。受硬件限制，部分内容无法在手机端显示，请按提示通过计算机访问学习。

如有使用问题，请发邮件至 abook@hep.com.cn。

扫描二维码
下载 Abook 应用

http://abook.hep.com.cn/1238103

第 4 版序

本书第 3 版是面向 21 世纪课程教材和"十二五"普通高等教育本科国家级规划教材。第 4 版是根据教育部高等学校工科基础课程教学指导委员会力学基础课程教学指导分委员会制定的"结构力学课程教数学基本要求"、新工科专业基础教学需求修订而成的。

本次修订主要做了以下工作：

1. 第 1 章增加了从实际结构到计算简图的简化过程；

2. 第 3 章增加了杆件代替法和零载法的内容；

3. 第 7 章为 Fortran 源程序提供了注释，并增加了相应的算法流程图；

4. 第 9 章增加了非线性体系动力响应分析的数值积分方法及相应的算法流程；

5. 在原有资源的基础上，采用二维码(包含视频、图片、文字)的形式对重点和难点进行了讲解；

6. 为强化理论与工程实践的衔接，增加了以实际工程为背景的课后习题；

书中带"＊"的章节可按专业的要求和学时情况加以取舍。

本次修订是在戴鸿哲教授主持下完成的，并且由戴鸿哲统稿，其他修订人员包括王伟、王焕定、李亮、陈再现和赵威。

书稿承蒙东南大学单建教授审阅，在此表示由衷的感谢。对多年来使用本教材的教师，提出修改意见的读者，参与绘图和习题校核工作的博士生罗博文和李大帅，以及为本书出版付出辛苦的编辑人员表示衷心感谢。

限于编者水平，书中不足之处恳请读者指正！

编者

2021 年 10 月

第 3 版 序

本书的第 1 版是面向 21 世纪课程教材,第 2 版为普通高等教育"十五"国家级规划教材。本书在前两版教材的基础上,结合教育部力学基础课程教学指导分委员会最新制订的"结构力学课程教学基本要求",并听取使用本书的教师的意见,做了较大修改而成。

本次修订主要做了以下工作:

1. 删除了在"结构力学课程教学基本要求"中没有要求的部分内容,如有限元分析、建筑结构抗震和振动控制等。

2. 将两册内容合编为一册,方便使用。

3. 取消了配书光盘。光盘中的内容由使用者免费下载(http://jglx.gzhu.edu.cn),降低了成本。

4. 增加了习题参考答案。前两版的习题参考答案是通过网站向教师提供的。

5. 增加了力矩分配法和反弯点法等。

本次修订是在王焕定教授主持下完成的。参加修订的人员有张金生(第 1、2、9 章),张永山(第 3、8 章),景瑞(第 4、5 章),王伟(第 6、7 章),王焕定(第 10、11 章),由张金生统稿。

本次修订稿承蒙东南大学单建教授审阅。

本书修订人员对多年来使用本教材的教师,对提出修改意见的读者和单建教授,以及为本书出版付出辛苦的编辑人员表示衷心感谢。

书中不足之处恳请读者指正。

编者

2009 年 4 月于哈尔滨工业大学二区

第 2 版 序

本书第 1 版是面向 21 世纪课程教材。从 2000 年本书出版至今,我们听到一些学校教师和学生的反映,归纳起来:本书过于"简练",初学者(包括基础较差的学生)要自己看这套书,非常困难,基本看不懂。但是,学完结构力学之后,作为复习(特别是考研究生时的复习)本书简明扼要,非常好。基于这样的信息反馈,我们加强了相关课程间的内容贯通,删除了一些过于繁杂的手算内容,增加了计算机数值分析的应用,为读者的独立思维留有较大的空间,在注意因材施教等前提下,着重在以下方面进行了修改:

(1)第 1 版由于考虑内容的贯通、减少重复,结果提高了对读者的"门槛"高度。例如求静定结构的支座反力,为了减少字数而以图形形式举个例子,图上只标出如何建立平衡方程,然后就直接给出反力的数值(方程及算式在图中当然不可能给出)。当时认为学生已"掌握"提示中属于理论力学、材料力学的知识,有了图中这样简要的提示,"应该"能够看懂。加之受字数的限制,在贯通和减少重复的指导思想下,特别是作为本课程最重要基础的静定结构受力分析,例题数量也较少。后续章节例题的处理也一样,认为学生已经学会前述内容,因此都只简略提一提,不再给出具体算式等。这种高"门槛"的写法,自然使初学者及基础较差的学生望而生畏。根据多方的上述反馈,降低"门槛"高度当然是这次修改的最主要工作。但考虑到原书《结构力学》(Ⅰ)已经覆盖了除结构动力学外结构力学其他基本要求内容,加之许多学校结构动力学、有限单元法都单独设课,根据我们对改革的体会,在《结构力学》(Ⅱ)中所新增的有限元、结构非线性动力响应分析、结构地震响应和结构振动控制等新概念、新理论、新内容和新方法,不同层次、不同院校可能不一定选学(也不属"保底"的基本要求),因此除文字内容像《结构力学》(Ⅰ)一样尽我们的能力做到使学生能看得懂之外,下述的有些工作,修改时所下的功夫要比《结构力学》(Ⅰ)少。

(2)第 1 版没有安排思考题。为了使读者能更好地掌握结构力学的基本原理、基本概念、基本方法,这次修订增加了思考题。全部思考题都有参考答案,都放在光盘上,以供读者参考。

(3)作为文字教材字数不宜太多,所举例题只能是最典型的。对于接受能力、基础较好的读者,通过这些例子帮助掌握相应基本知识应该是足够了的。但是,对于不同接受能力的读者,有的可能希望能多提供更多一些的基本例子,如果一题有多种解法的话,希望能介绍多种解法;有的又可能希望能有一些更综合(更灵活、更难或拓宽知识)的例子。基于这种考虑,这次修改除适量在教材内容中增加必要例题外,在书后所附《结构力学教学实践和工程计算分析软件》光盘"附加例题"目录中对《结构力学》(Ⅰ)的各章都增加了电子书格式(PDF)的供读者(或教师)选用的例题。这些例子之间有超链接,以便更好地适应不同层次读者学习时选择。

(4)时代对土木工程技术人员应用计算程序解决工程问题能力培养的要求无疑越来越高。但同样,在文字教材中安排太多的计算机应用方面的内容,不仅会冲淡对结构力学"三基"内容的理解和掌握,而且因增加许多篇幅将使书价提高,显然时代要求与教材取材存在矛盾。本书采取将相关内容放入书后所附《结构力学教学实践和工程计算分析软件》光盘的办法使这一矛盾得以解决。书中的大多数习题也在光盘上给出了习题所对应的计算数据文件,便利了教师和学生的应用,有利于培养用计算程序解决工程问题的能力。

(5) 鉴于本教材所选习题有和多数教材相同的典型题(有的可能尺寸、荷载等参数也不相同),也有一些是别的教材上没有的。因此给教师布置与批改作业带来了一定的困难。为此,我们做好了全部习题的解答(PDF 格式)选用本教材的教师请登录高等教育出版社高等理工教学资源网(www.hep_st.com.cn),期望能尽量为教师使用本教材提供方便。

(6) 自从面向 21 世纪教学改革的研究与实践课题开展以来,我们一直使用电子教案进行教学。实践表明,免费为学生提供讲课电子教案至少有如下两大好处:学生可以不必忙于抄黑板,而"课后"又有非常完整的"课堂笔记",这样就可以集中精力听讲,积极思考、参与课堂讨论,以便通过讨论加深对知识的理解。同时也使课堂启发式讨论能有时间保证;另一好处是在不增加学时的情况下,加大课堂讲授内容的信息量,使学生学到更多的知识。基于这一体会,在书后所附《结构力学教学实践和工程计算分析软件》光盘上给出了与本教材配套、已使用多年的电子教案(教案中的多数例题与书本上的不同,这就使学生有更多的例题可参考)。一方面可为学生提供如何"将书读薄"的范例和一份完整的笔记,另一方面也可为教师提供一个制作适合自己教学特点教案的基础(最低限度是一些图形、文字可以不用自己做,一些认为合适的内容甚至可以不修改就直接利用),可以减少教师备课的工作量。

(7) 第 1 版所附的光盘《结构力学教学实践和工程计算分析软件》,除第一篇平面杆系结构有不很理想的图形后处理功能之外,第二、三篇均没有图形后处理功能。有限元与动力学的计算结果,让用户去看输出的大量数据是不方便的。在这次修订过程中,我们对应用程序进行了较大的升级改造。除属于空间的问题以外,基本上计算结果都有图形的后处理,可以直观地看出计算结果的规律(可给出单元中任意点的应力,可给出线性和非线性的动力响应时程曲线等等)。

(8) 在以哈尔滨工业大学为主、六校合作开发的 DOS 版《结构力学练习及测试系统》(简称学生版)基础上,哈尔滨工业大学单独将其改造成了 Windows 版。Windows 版和 DOS 版一样,学生做练习时,如果答对了,将受到鼓励。如果做错了,将给出正确的应该如何的推演,这相当于教师随时在边上给予辅导、答疑,无疑对学好本课程是有益的。用其做测试的话,可以知道自己目前对这一章内容的掌握程度。从尽可能为提高教学质量服务的角度,我们将此部分内容放在书后所附的光盘上,以供学生使用。

参加第 2 版修订工作的有王焕定(哈尔滨工业大学)、张金生(哈尔滨工业大学)、张永山(广州大学)和王伟(哈尔滨工业大学),并由王焕定主持修订。第 Ⅰ 册第 1、5 章及第 Ⅱ 册第 6、7、8 三章的大部分内容由张金生负责,第 Ⅰ 册第 2、4 章由张永山负责,第 Ⅰ 册第 3 章和光盘中的 Windows 版"结构力学练习及测试系统"由王伟负责,其他内容均由王焕定负责。光盘中《结构力学教学实践和工程计算分析软件》的升级由王焕定负责,哈尔滨工业大学土木学院本科生曾森同学负责图形后处理程序的编制。

本书文字内容及附加例题、习题答案,承蒙西安建筑科技大学刘铮教授审阅,刘铮教授的认真细致,所提的许多建设性意见和具体修改建议,为提高本书质量做出了重要贡献,籍本书出版之际,编者谨向审阅书稿的刘铮教授和支持本书编写和出版的人们致以衷心的谢忱。

　　本书第 2 版已建成了网络课程、电子教案、练习及测试系统、应用程序、思考题、习题解答课件等全方位、新型的立体化模式,有助于提高结构力学课程的教学效率与质量。

编者

2004 年 1 月

第 1 版 序

本书是教育部"面向 21 世纪力学系列课程教学内容和课程体系改革的研究与实践"项目的研究成果之一,是项目课题组总负责人范钦珊教授结合土木类专业提出的模块式改革方案中的一个模块。本书成书之前,相关的教学讲义经过哈尔滨建筑大学和北方交通大学三年试用。

本书的特点是:加强了相关课程,即理论力学、材料力学和结构力学内容的贯通,消除了一些不必要的重叠。在保证结构力学基本概念、基本原理和基本方法的基础上,根据少而精和推陈出新的原则,删除了一些过于繁杂的手算内容,将经典内容与计算机数值分析方法有机地结合起来,力求实现在经典的基础上更新,在更新的前提下加深对经典内容的理解;注意启发式教学,为读者的独立思维留有较大空间,以利于创新能力的培养;为适应因材施教的需要,在保证结构力学现有教材基本理论系统性的基础上,增加了有限单元法、结构非线性动力响应分析、结构地震响应和结构振动控制等新概念、新理论、新内容和新方法,以供不同院校、不同层次的学生选教选学。本书附有《结构力学教学实践和工程计算分析软件》光盘 1 张。

全书分为(Ⅰ)、(Ⅱ)两册,第(Ⅰ)册为结构静力分析篇,包括结构力学经典的内容共 7 章;第(Ⅱ)册为结构计算机分析篇和结构动力分析篇,共 10 章。第(Ⅱ)册除经典内容外,还引入了一些现代计算机分析的内容。

本书可作土木类等多学时专业的教材,第(Ⅰ)册也可作非结构类等专业和各层次有关土木类专业的结构力学教材。书中带 * 的章节可按专业的要求和学生的层次加以取舍。

参加本书编写工作的有王焕定(绪论,结构静力分析篇的引言,第 2、6、7 章,结构计算机分析篇的第 1 章和结构动力分析篇第 8 章的部分内容、第 10 章及所有章的结论与讨论)、章梓茂(结构动力分析篇的第 6、7 及第 8 章主要内容)、景瑞(结构静力分析篇的第 4 章)、张金生(结构静力分析篇的第 1、3、5 章)、王伟(结构计算机分析篇的第 2~5 章)、于桂兰(结构动力分析篇的第 9 章主要内容)。刘季编写了结构动力分析篇的改革试点讲义,并进行了一轮教学实践,该讲义是动力分析篇的基础。此外,耿淑伟参加了结构动力分析篇中单自由度非线性、子空间迭代和时程分析内容的编写和程序开发。本书插图由王璐绘画。全书由范钦珊和王焕定统稿。

本书承蒙西安建筑科技大学刘铮教授主审、东南大学单建教授和西安建筑科技大学吴敏哲教授审阅,三位教授提出了许多建设性意见和具体修改建议,为提高本书质量作出了重要贡献。

在本书的编写过程中得到教育部"面向 21 世纪力学系列课程教学内容和课程体系改革的研究与实践"项目课题组总负责人范钦珊教授以及清华大学、哈尔滨建筑大学、北方交通大学和高等教育出版社的大力支持。

藉本书出版之际,编者谨向审阅书稿的三位教授、支持本书编写和出版的人们致以衷心的谢忱。

由于编者水平的局限,书中难免有疏漏和不足之处,恳请读者批评指正。

编者

1999 年教师节

主要符号表

A	面积	M_u	极限弯矩
c	支座广义位移、阻尼系数	$\boldsymbol{M}$	质量矩阵
c_{cr}	临界阻尼系数	P	广义力
d	节间距离	$\boldsymbol{P}$	结构原始综合结点荷载矩阵
E	弹性模量	$\boldsymbol{P}_D$	结构原始直接结点荷载矩阵
f	矢高、工程频率	$\boldsymbol{P}_E$	结构原始等效结点荷载矩阵
F_{Ax}、F_{Ay}	A 处沿 x 和 y 方向支座反力	q、p	横向和纵向分布荷载集度
F_D	阻尼力	r	单位位移引起的广义反力、半径
F_H	水平推力	R	广义反力、半径
F_I	惯性力	S	转动刚度、影响线量值
F_N	轴力	t	时间
F_P	荷载	T	周期、动能
F_P^+	可破坏荷载	$\boldsymbol{T}$	坐标转换矩阵
F_P^-	可接受荷载	u	水平位移
F_{Pcr}	临界荷载	v	竖向位移、挠度
F_{Pu}	极限荷载	W	功、计算自由度、弯曲截面系数、重量
F_Q	剪力	X	广义未知力
F_Q^L、F_Q^R	某点左、右截面的剪力	y	位移
F_S	恢复力	Z	广义未知位移
$\boldsymbol{F}^e$	整体坐标系下的单元杆端力矩阵	α	线膨胀系数、相位角
$\boldsymbol{F}^{Fe}$	整体坐标系下的单元固端力矩阵	δ	虚位移、广义位移、厚度
$\boldsymbol{F}_E^e$	整体坐标系下的单元等效结点荷载矩阵	$\boldsymbol{\delta}$	柔度矩阵
G	切变模量,剪切模量	$\boldsymbol{\delta}^e$	整体坐标系下的单元杆端位移矩阵
i	线刚度	Δ	广义位移
I	截面惯性矩	$\boldsymbol{\Delta}$	广义位移向量
I_P	截面抗扭极惯性矩	ε	线应变
$\boldsymbol{I}$	单位矩阵	θ	干扰力频率
k	刚度系数,切应变的截面形状系数	μ	动力放大因数
$\boldsymbol{k}^e$	整体坐标系下的单元刚度矩阵	ξ	阻尼比
K_i^*	广义刚度系数	σ	正应力
$\boldsymbol{K}$	结构刚度矩阵	σ_s	屈服应力
m	质量	σ_u	极限应力
M	力矩、力偶矩、弯矩	τ	切应力
M^F	固端弯矩	φ	初相角
M_e	弹性极限弯矩	$\boldsymbol{\Phi}$	振型矩阵
M_i^*	广义质量	ω	圆频率

主要符号表说明

为了深入贯彻执行国家技术监督局发布的国家标准(GB 3100~3102—1993)《量和单位》,本书对结构力学符号和单位的传统用法作了调整,既保证了对国家标准的认真实施,又考虑了教师和学生使用上的习惯与方便。

在实施国家标准的过程中,为保证国家标准和现有惯例的衔接,本书作了认真的考虑,现作如下说明,请读者注意。

1. 国家标准规范的物理量的名称及符号,按国家标准使用,注重量的物理属性。如,旧称剪应变(剪切角)γ,现改称切应变;又如,各种力(包括荷载、反力和内力)都用 F 作为主符号,而将其特性以下标(上标)表示;等等。

2. 对于在结构力学中广泛使用的广义力(包括力与力偶矩、力矩)和广义位移(包括线位移与角位移),为了体现其广义性(有时还有未知性),考虑到全书叙述的统一和表达的简洁、完整,本书仍沿用 X(多余力未知力)、Δ 和 δ(位移)、c(支座位移)等广义物理量。至于它们在具体问题中对应的量和相应单位,则视具体问题而定。

3. 在结构力学力法和位移法、位移和影响线计算中普遍应用的单位力 $\bar{X}=1$ 和 $F_\mathrm{P}=1$ 等以及单位位移 $\bar{Z}=1$ 和 $\Delta=1$ 等,均应理解为"广义量的系数",是广义量自身相比的比值。为了书写方便且考虑到习惯用法,均简记为 $\bar{X}=1$ 和 $F_\mathrm{P}=1$ 等以及 $\bar{Z}=1$ 和 $\Delta=1$ 等,其余的单位量与此类同。

目　　录

第1章 绪 论

自古以来,房屋、桥梁、隧道、水坝等结构一直是人们生产生活中的重要组成部分,在历史长河中也不乏留存至今的知名建筑,如长城、都江堰、赵州桥等。早期的工程结构通常是通过试错并根据已有经验来进行设计的,这可能会导致无法兼顾安全性和经济性两方面的要求。随着科学和技术的进步,人们对于工程结构的强度、刚度和稳定性等方面有了逐渐深入的认识,并在工程实践中逐渐积累了经验。

就基本原理和方法而言,结构力学是与理论力学、材料力学同时发展起来的,在发展的初期三者是融合在一起的。到 19 世纪中叶,结构力学开始成为一门独立的学科。至今,结构力学的研究内容已经相当广泛和深入,主要包括结构的组成规则、结构在各种效应作用下的响应计算、结构的动力响应计算、结构的稳定性计算和极限荷载计算等。结构力学一直是力学理论与工程实践紧密联系的桥梁和纽带,是一门既古老又常青,与时俱进且不断发展的应用力学学科。

§1-1 结构力学的研究对象和研究内容

1-1-1 研究对象

结构力学作为力学学科的一个分支,其研究对象涉及较广,房屋、桥梁、隧道、水坝等建筑物中承受并传递荷载的骨架部分被称为结构,是结构力学的主要研究对象。根据所涉及范围,通常可将结构力学分为"狭义结构力学""广义结构力学"和"现代结构力学"。

1-1
结构力学研究对象

- **狭义结构力学**　也称作经典结构力学或杆系结构力学。其研究对象为由杆件所组成的结构,即杆系结构。所谓结构,是指建筑物中能承担外界荷载作用,并起传力骨架作用的部分。
- **广义结构力学**　其所研究的对象除杆系结构外,还包括由板、壳、膜和块体等可变形连续体(图 1-1)组成的板壳和膜结构、实体结构。

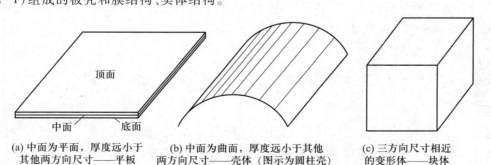

(a) 中面为平面,厚度远小于　　(b) 中面为曲面,厚度远小于其他　　(c) 三方向尺寸相近
　其他两方向尺寸——平板　　　两方向尺寸——壳体(图示为圆柱壳)　　的变形体——块体

图 1-1　可变形连续体

● 现代结构力学　将工程项目从论证到设计,从设计到施工,从施工到使用期内维护的整个过程作为大系统,研究大系统中的各种各样的力学问题。显然其研究对象范围更广。

根据本课程在土木工程、交通工程、水利水电工程等学科本科教育中的作用及特点,本书将只介绍狭义结构力学,即讨论杆系结构力学的内容。

1-1-2　课程所涉及的内容

当今结构力学的研究内容包括以下三方面:

● 分析　在已知结构和荷载(也称已知系统和作用)的前提下,根据强度、刚度和稳定性等方面的要求,通过分析计算,使所设计的结构既经济合理,又安全可靠。强度、刚度和稳定性分析属于结构力学的经典内容。

● 识别　和传统的分析不同,很多问题往往需要在已知系统外部作用结果(也称响应或反应)的情形下,根据结构信息反过来确定外界的作用信息。或者根据外界的作用信息,确定系统的有关信息。如果将外界作用下系统的反应(结果)分析称为正问题,则在已知反应情形下,确定外界作用或系统的信息则称为反问题,确定外界作用信息的反问题称为荷载识别,确定系统信息的反问题称为系统识别。

● 控制　控制理论和控制技术在结构(建筑结构、桥梁结构和水工结构等)工程方面的应用,直到 20 世纪 70 年代才被提出,它是人们在抵御外界作用方面往智能化结构方向迈出的可喜一步,因此,立即引起广大学者和工程技术人员的关注,从而得到了迅速发展。这是结构工程领域的高科技课题之一。

以上三个方面,分析是基础。本书将以最基本的“分析”为主,介绍结构在实际工程常见的各种可能外界作用下的受力、变形和稳定性分析的基本概念、基本原理和基本方法。

1-1-3　结构力学与其他课程和结构设计的关系

理论力学、材料力学以及高等数学和计算机基础知识都是结构力学的基础,特别是理论力学中关于力系的平衡、约束的性质、质点系及刚体虚位移原理、运动及动力分析,材料力学中的内力、强度、刚度和稳定性分析等重要内容,不仅是结构力学的基础,而且在结构力学中将得到扩展和延伸。因此,学习结构力学时应当与理论力学和材料力学贯通起来,形成总体概念。

结构力学与理论力学、材料力学不同的是,结构力学与工程结构联系更为紧密,其基本概念、基本理论和基本方法将作为钢筋混凝土结构、钢结构、地基基础和结构抗震设计等工程结构课程的基础;结构力学的分析结果又是各类结构的设计依据。当前的计算机辅助设计软件,其核心计算部分的基本理论和方法也都以结构力学作为基础。

1-2
工程实例与
计算简图

§1-2　一些工程结构实例与计算简图

实际工程是很复杂的,例如图 1-2 到图 1-7 所表示的高层建筑、大型水利工程、桥梁结构、大跨结构等,如果不作任何简化,分析计算将十分困难。

图1-2　上海中心大厦

图1-3　三峡水电站

图1-4　港珠澳大桥

图1-5　500 m口径球面射电望远镜(中国天眼)

图1-6　世博馆中国馆

图1-7　北京大兴国际机场

　　分析实际结构,需利用力学知识、结构知识和工程实践经验,经过科学的抽象,并根据实际受力、变形规律等主要因素,对结构进行合理的简化。这一过程称为力学建模,经简化后可以用于分析计算的模型,称为结构的计算简图。

　　确定计算简图的原则是:

　　• 尽可能符合实际——计算简图应尽可能反映实际结构的受力、变形等特性。

- 尽可能简单——忽略次要因素,尽量使分析过程简单。

结构的计算简图可从体系、构件、构件间的连接、支座以及荷载等方面进行简化。

1. 体系

实际结构均为三维空间结构。为方便分析,在一些情况下可以简化为二维平面结构。如图 1-8 所示的单层工业厂房,虽然是由排架、屋面板和吊车梁等连接起来的空间结构,但在大量研究的基础上,考虑到荷载的传递,设计规范经引入"空间相互作用系数"后,最终取厂房中最不利的一榀排架按平面结构进行分析和设计。随着计算技术和计算工具的快速发展,也可利用设计软件按更接近实际的空间结构进行分析和设计。空间结构与平面结构的分析方法基本相同,掌握了平面结构的分析方法不难扩展到空间结构上去,因此,后文主要介绍平面结构。

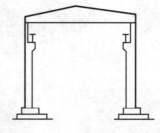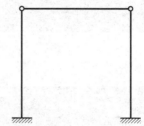

图 1-8 单层工业厂房转化为平面结构

2. 构件与构件间的连接

构件与构件间的连接,是一种抽象化的简化。对于杆系结构,以截面形心的轨迹,即杆件轴线来表示杆件。墙体、楼板等构件在平面计算简图中简化为杆件。杆件间的连接点简化为结点。由于连接情况不同,结点可分为铰结点、刚结点和组合结点。

- 铰结点 各杆件在此点互不分离,但可以相对转动,因此相互间作用为力,如图 1-9 所示。

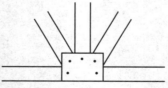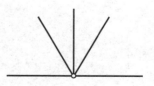

图 1-9 铰结点及其计算简图

- 刚结点 各杆件在此点既不能相对移动,也不能相对转动(保持夹角不变),因此相互间作用除力以外还有力偶,如图 1-10 所示。

- 组合结点 各杆件在此点不能相对移动,部分杆件间还不能相对转动,即部分杆件之间属于铰结点,另一部分杆件之间属于刚结点,如图 1-11 所示。

3. 支座

支座是将结构和基础联系起来的装置。其作用是将结构固定在基础上,并将结构上的荷载

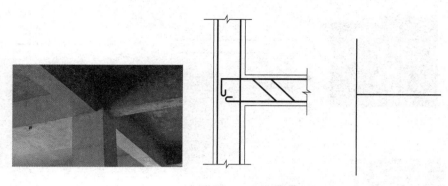

图 1-10　刚结点及其计算简图

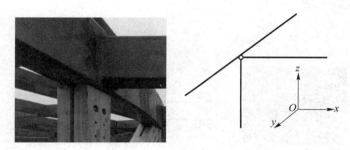

图 1-11　组合结点及其计算简图

传递到基础和地基。支座对结构的约束力也称为支座反力(简称支反力,反力),支座反力的方向总是沿着它所限制的位移方向。

本书所用的支座计算简图及相应的支座反力有以下形式:

● **固定铰支座**　限制各方向位移,但不限制转动。其支座反力可用沿坐标的分量表示,如图 1-12 所示。

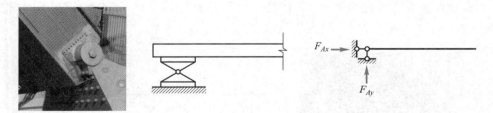

图 1-12　固定铰支座及其计算简图

● **可动铰支座**　限制某方向位移,但不限制转动。其支座反力沿所限制的位移方向,如图 1-13 所示。

● **固定端(固定支座)**　限制全部位移(移动和转动),其支座反力用沿坐标的分量和力偶来表示,如图 1-14 所示。

● **定向支座**　限制转动和某一方向的位移,其支座反力除所限制位移方向的力外,还有支座反力偶,如图 1-15 所示。在结构分析中,利用对称性时往往出现这种支座。

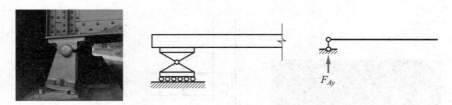

图 1-13　可动铰支座及其计算简图

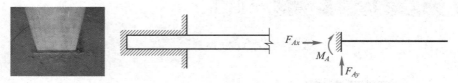

图 1-14　固定端支座及其计算简图

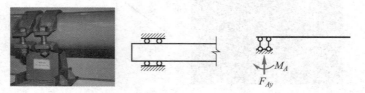

图 1-15　定向支座及其计算简图

§1-3　杆件结构分类

常见的杆系结构及其计算简图如下：

● 由等截面直杆用铰连接形成、仅在结点处受荷载作用的结构称为桁架,其计算简图如图 1-16 所示。桁架中的杆件仅受轴力作用,称为二力杆或桁架杆。

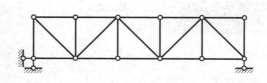

图 1-16　桁架及其计算简图

● 轴线通常为水平直线,在竖向荷载作用下只产生弯矩和剪力而无轴力的受弯结构称为梁,如简支梁、悬臂梁及图 1-17 所示的连续梁等。轴线与水平轴有倾角的梁为斜梁,轴线是曲线的梁为曲梁,斜梁和曲梁有轴力。

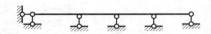

图 1-17 连续梁及其计算简图

● 由若干直杆组成并具有刚结点的结构称为刚架,杆件内力一般既有弯矩和剪力,也有轴力,主要承受弯曲变形。图 1-18 为一框架结构的计算简图,框架结构也是一种刚架。

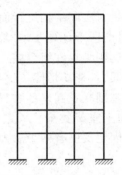

图 1-18 框架结构及其计算简图

● 轴线为曲线,在竖向荷载作用下能产生水平推力的结构称为拱。我国的赵州桥是世界上现存年代久远、跨度最大、保存最完整的石拱桥,它的主拱计算简图如图 1-19 所示。

图 1-19 拱及其计算简图

● 由只有轴力的桁架杆和既有轴力又有弯矩和剪力的刚架杆两类杆件构成的结构称为组合结构,如图 1-20 所示。

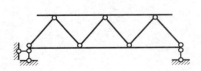

图 1-20 组合结构及其计算简图

§1-4   结论与讨论

1-4-1   结论

杆件结构是结构力学的研究对象,常见的杆件结构有梁、拱、桁架、刚架和组合结构等。结构在外界作用下的受力、变形和稳定性分析的基本概念、基本原理和基本方法是结构力学研究的主要内容。

结构的计算简图是对实际结构进行简化得到的理想化计算模型。简化抽象的原则是"既尽可能符合实际,又尽可能便于计算"。计算简图中以杆件的轴线表示杆件,杆件间的连接点简化为结点,可分为铰结点、刚结点和组合结点。铰结点上各杆端转角一般不同,各杆端均无弯矩;刚结点上各杆端转角相同,各杆端均能产生弯矩。

支座是将结构与基础联系起来的装置,也是一种抽象化的模型,可分为固定铰支座、可动铰支座、固定支座和定向支座等类型。固定铰支座有两个待定的反力;可动铰支座有一个方向已知、数值待定的反力;固定支座有两个反力和一个反力矩待定;定向支座有一个反力和一个反力矩待定。

1-4-2   讨论

结构计算简图的确定与计算工具的发展是相关的。早期采用低级计算工具(如计算尺等)时,结构计算简图的选定相对简单,受力与变形计算结果与实际情况差别较大,因此设计时要考虑较大的安全储备。而采用高级计算工具(如超级计算机和相关的设计软件)时,结构计算简图的选定可以尽可能符合实际,受力与变形计算结果与实际情况差别较小,因此设计时只需要考虑较小的安全储备。结构计算简图的确定是结构分析中首先须解决的问题,要参照前人经验,并慎重选取。对于新型结构,要经过试验和理论分析,存本去末,才能最终确定。

第2章 杆系结构的组成分析

杆件组成的体系为**杆件体系**,一般荷载作用下能平衡的杆件体系为**杆系结构**。只有不能发生刚体运动的体系才能在一般荷载作用下平衡,故判断一个体系是否能作为结构,需分析其能否发生刚体运动,这一分析过程称为杆系的机动分析或几何组成分析。分析所得到的结论不仅可用于指导确定计算简图,以避免计算简图不能平衡外力,而且在后面所介绍的结构分析过程中还可用于计算方法的选择和确定计算过程等。因为是判断一个体系是否能发生刚体运动,所以杆件本身的变形是不需要考虑的,所有杆件在本章均看成刚体[①]。对于平面体系,刚体也称为刚片。

§2-1 基本概念

2-1-1 几何不变体系、几何可变体系

几何形状及位置不能发生变化的杆件体系称为几何不变体系,如图 2-1a 所示;而几何形状或位置能发生变化或两者均能发生变化的体系称为几何可变体系,如图 2-1b、c 所示。

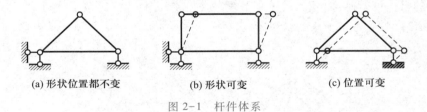

(a) 形状位置都不变　　　(b) 形状可变　　　(c) 位置可变

图 2-1 杆件体系

几何不变体系不能发生刚体运动,在外力作用下能保持平衡,故能作为结构;而几何可变体系在外力作用下一般不能平衡,可能会发生运动,可以作为机构而不能作为结构。

判断一个体系是否能作为结构,可以通过判断其是否为几何不变体系来确定。

2-1-2 自由度

确定体系在空间的位置所需要的独立坐标个数,或者说体系运动时可以独立改变的几何参数的个数,称为体系的自由度。

例如,确定平面上一个点的位置需两个坐标,如图 2-2a 所示,故平面上一个点的自由度为

---

① 仅是一种理想化的抽象模型,在后面分析瞬变体系时,仍需认为它是可以发生极其微小变形的。

2。确定平面上一个刚片的位置需三个坐标,如图 2-2b 所示,故平面上一个刚片的自由度为 3。

自由度等于零的体系不能发生刚体运动,是几何不变体系;自由度大于零的体系可以发生刚体运动,是几何可变体系。通过分析体系的自由度可确定一个体系是否为几何不变体系。

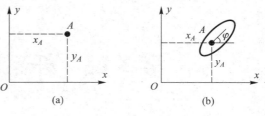

图 2-2　平面上的点与刚片的自由度

2-1-3　约束

组成杆件体系的各杆件之间以及体系和基础之间通过结点、支座相互联系起来,这些结点、支座能起到减少自由度的作用。

凡能减少体系自由度的装置称为**约束**(也称为**联系**)。能减少 s 个自由度的装置称为 s 个约束。常见的约束有铰、链杆、刚性连接、支座等。

1. 铰

铰也称为铰链,是用销钉将两个或多个物体连在一起的一种连接装置。连接两个刚片的铰称为单铰,连接两个以上刚片的铰称为复铰。

图 2-3a 所示体系是用一个单铰将两个刚片连在一起组成的。未加铰之前,两个刚片在平面上可自由运动,有 6 个自由度;加铰后,两个刚片不能发生相对水平运动和相对竖向运动,只能发生整体的水平平动、竖向平动和转动以及两刚片间的相对转动,有 4 个自由度。因此一个单铰能减少两个自由度,相当于两个约束。

图 2-3b 所示体系是三个刚片用一个复铰连接而成的,未加铰之前,三个刚片在平面上有 9 个自由度;加铰后有 5 个自由度。该复铰能减少 4 个自由度,相当于 4 个约束。复铰上连接的刚片越多,消除的自由度就越多,相当的约束数就越多。若一个复铰连接了 N 个刚片,该复铰相当于 $(N-1)\times2$ 个约束,或相当于 $N-1$ 个单铰。

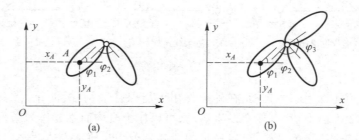

图 2-3　单铰、复铰

2. 链杆

两端用铰与其他物体相连的杆件称为链杆。图 2-4a 中的 AB 杆即为链杆,未加链杆时,刚片相对于地面可以自由运动,有 3 个自由度;加链杆后刚片相对于地面沿 AB 方向不能运动,只能沿与 AB 杆垂直的方向运动和转动,只有两个自由度。故一个链杆能减少一个自由度,相当于一个约束。如果把链杆 AB 换成曲杆或折杆,如图 2-4b 所示,其约束作用与直杆相同。

一个单铰能减少两个自由度,两个链杆也能减少两个自由度,从减少自由度的数目方面两者

图 2-4 链杆

是一样的,下面再分析一下两者的约束作用是否相同。用两个链杆连接两个刚片有图 2-5b、c、d 所示的三种情况。图 2-5b 中两个链杆的作用与图 2-5a 中的单铰相同。图 2-5c 中两个链杆的上端结点处可以发生沿链杆垂直方向的移动,即刚片可发生绕瞬心 A 的转动,因此在当前位置,两个链杆与一个在 A 点的铰作用相同,将 A 点称为虚铰。图 2-5d 中的两个链杆平行,可看成是在无穷远处的一个虚铰,刚片可作水平平动,相当于绕无穷远点作相对转动。总之,在当前位置,两个链杆与一个单铰的约束作用可以看成是相同的,均使所连接的两个刚片绕一点作相对转动。图 2-5a、b 中的铰称为实铰。

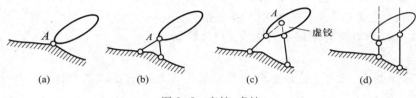

图 2-5 实铰、虚铰

3. 刚性连接

刚性连接有刚结点和固定端支座。连接两个刚片的刚结点和固定端支座均相当于 3 个约束,约束作用与三个不平行也不交于一点的链杆相同,也与一个单铰和一个不通过铰的链杆相同,如图 2-6 所示。

图 2-6 刚结点、固定端支座

一个杆件中间的任意一点均可以看成是一个刚结点,即一根杆件可以看成是两个杆件用刚结点相连或用三根链杆相连,如图 2-7 所示。

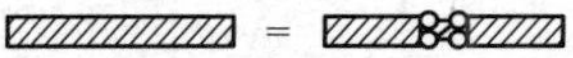

图 2-7 一个杆件可看成相连的两个杆件

刚结点连接的刚片越多,消除的自由度就越多,这一点与铰相同。读者可以考虑一下,连接

N 个刚片的刚结点相当于多少个约束。

2-1-4 必要约束、多余约束

根据对自由度的影响,体系中的约束可分为必要约束和多余约束两类:

除去约束后,体系的自由度将增加,这类约束称为必要约束。图 2-8a 中的连续梁是几何不变体系,自由度为零,在除去 A 支座水平链杆后,变为图 2-8c 所示的自由度大于零的可变体系,因此 A 支座中的水平链杆是必要约束。

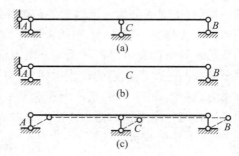

图 2-8 多余约束和必要约束

除去约束后,体系的自由度不变,这类约束称为多余约束。如图 2-8a 中的连续梁,除去竖向链杆 C 后,变成图 2-8b 所示的简支梁,仍为几何不变体系,自由度为零,因此链杆 C 是多余约束。

在有多余约束的体系中,把哪个约束看成多余约束有多种选择,并不唯一。仍以图 2-8a 所示体系为例,若将 B、C 链杆看成必要的,则竖向 A 链杆是多余的;若将竖向 A 链杆与 B 链杆看成必要的,则 C 链杆就是多余的。

根据有无多余约束,几何不变体系分为无多余约束几何不变体系和有多余约束几何不变体系两类。

2-1-5 计算自由度

体系中各刚片之间无任何约束时的总自由度数与连接各刚片所加约束总数之差记作 W,称为体系的计算自由度,可用下式计算:

$$W = 3 \times m - (2 \times h + b) \tag{2-1a}$$

式中,m 为体系中认定的刚片总数,h 为单铰总数,b 为链杆总数。当体系中的结点均为铰结点时,也可按下式计算:

$$W = 2 \times j - b \tag{2-1b}$$

式中,j 为铰结点总数,b 为链杆总数。

因为体系中可能有多余约束,多余约束不减少自由度,所以计算自由度并不一定是体系的真实自由度。只有无多余约束几何不变体系的计算自由度与自由度才是相等的;对于有多余约束体系,计算自由度加上多余约束的个数才是体系的自由度。在未知多余约束个数的情况下,只有计算自由度大于零,才能给出体系一定是几何可变体系的结论;而计算自由度小于或等于零时,是得不到体系是几何不变的结论的,这时还需用后面介绍的方法来分析。

此外,当已知体系为几何不变体系时,计算自由度会给出多余约束的个数。请读者考虑其原因。

[例题 2-1] 试计算图 2-9 所示体系的计算自由度。

解:$m = 7$(ADE、BE、CF、EF、EG、HG、HF 为刚片)

$h=10$（A、B、C、G、H 为单铰；F 为复铰,相当于 2 个单铰；E 为复铰,相当于 3 个单铰）

$b=0$

按式（2-1a）计算：

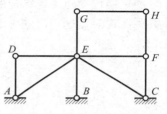

$$W=3\times7-2\times10=1$$

或

$m=3$（ADE、EG、HF 为刚片）

$h=2$（A、E 为单铰）

$b=4$（BE、EF、HG、CF 为链杆）

仍按式（2-1a）计算：

$$W=3\times3-2\times2-4=1$$

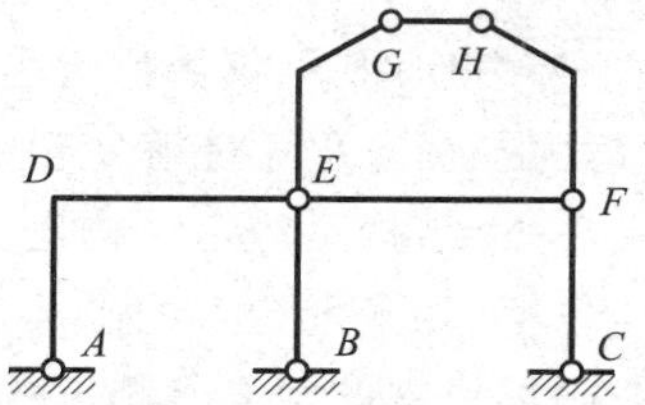

图 2-9　例题 2-1 图

［例题 2-2］　试计算图 2-10 所示体系的计算自由度。

解：$m=10$（各杆均视为刚片）

$h=15$（B、D、G、H 为单铰,A、F、C 各相当于 2 个单铰的复铰,E 相当于 5 个单铰的复铰）

$b=0$

按式（2-1a）计算：

$$W=3\times10-2\times15=0$$

或

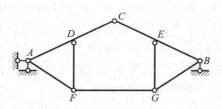

$j=5$（D、E、F、G、H 五个结点）

$b=10$（各杆均视为链杆）

按式（2-1b）计算：

$$W=2\times5-10=0$$

图 2-10　例题 2-2 图

计算体系的计算自由度不要拘泥于前面的公式,可根据其意义灵活掌握。下面举例说明。

［例题 2-3］　试分析图 2-11 所示几何不变体系有无多余约束。

解法 1：此体系可看成由 2 个刚片（ADC、CEB）和 2 个结点（F、G）用 8 个链杆（AF、DF、BG、EG、FG 和 3 根支座链杆）和 1 个单铰（铰 C）组合成。因此

$$W=2\times3+2\times2-2\times1-8=0$$

解法 2：此体系可看成由 7 个刚片（1 个杆作为 1 个刚片）用 5 个单铰（A、D、C、E、B）和 2 个复铰（F、G,各相当于 2 个单铰）以及 3 根支座链杆连接而成。因此

$$W=7\times3-9\times2-3=0$$

解法 3：此体系可看成由 3 个刚片（ADC、CEB、FG）用 3 个单铰（链杆 AF、DF 构成的单铰 F,链杆 EG、BG 构成的单铰 G,单铰 C）和 3 个支座链杆连接而成。因此

$$W=3\times3-3\times2-3=0$$

由结果可知,此几何不变体系无多余约束。

图 2-11　例题 2-3 图

2-1-6　静定结构、超静定结构

外力作用下,仅由静力平衡方程即可确定全部约束力和内力的结构称为静定结构。反之,仅由静力平衡方程不能确定全部约束力和内力的结构称为超静定结构。

一个结构是静定结构还是超静定结构与其是否有多余约束有关。

一个无多余约束的平面几何不变体系在任意荷载作用下,若取体系中的每个刚片作为隔离体,则可建立的独立平衡方程个数为 $3 \times N$(N 为刚片数);体系中的约束数为 $3 \times N$,约束数与独立的平衡方程数相同,约束力可确定。约束力确定后,利用截面法由平衡方程可确定内力。因此,无多余约束的几何不变体系是静定结构。

有多余约束的几何不变体系中的约束数多于可建立的独立平衡方程的个数,仅由平衡方程不能确定所有约束力。因此,有多余约束的几何不变体系是超静定结构。

静定结构与超静定结构的受力分析方法不同,在对结构进行受力分析时,首先应该确定它属于哪种结构。而这个问题可由几何组成分析来确定。

§2-2　静定结构的组成规则

静定结构是构成超静定结构的基础,在静定结构上增加约束即可构成超静定结构。熟练掌握静定结构的组成规则,不仅可以确定一个结构是静定结构还是超静定结构,而且也可以确定超静定结构中哪些约束可以看成是多余约束。后一点是第 5 章所介绍的力法分析过程中的关键一步。

2-2-1　静定结构组成规则

当用铰将两个杆件与地面连成如图 2-12 所示三角形(二元体)时,可知其形状是唯一的,即这样组成的体系是几何不变体系。其计算自由度 $W = 2 \times 3 - 3 \times 2 = 0$(两个刚片三个单铰),表明其无多余约束。因此,这样构成的体系是无多余约束的几何不变体系,即静定结构。在此基础上可得如下构造静定结构的规则(统称为三角形规则)。

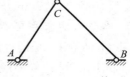

图 2-12　二元体

规则 1　三刚片规则

三个刚片用三个不共线单铰两两相连可组成一静定结构。根据这一规则可构造出如图 2-13 所示的静定结构。它们统称为三铰结构。

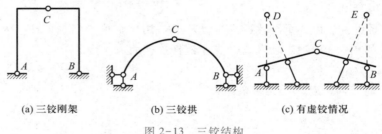

(a) 三铰刚架　　　　(b) 三铰拱　　　　(c) 有虚铰情况

图 2-13　三铰结构

所谓刚片即平面刚体。任何一段连续的杆件均可以看作刚片,如图 2-13 中的 *AC* 和 *CB* 均为刚片;基础也是刚片。两个刚片之间的单铰既可以是实铰,如图 2-13a、b 中的铰,也可以是图 2-13c 中那样的虚铰(连接两个刚片的两根链杆的交点 *D* 和 *E*)。

若三铰共线则不能作为结构。如图 2-14 所示体系是三个刚片(*AB*、*BC* 和基础)用在一条直线上的三个铰组成,图中虚线为 *AB*、*BC* 杆无铰相连时可以发生的杆端运动轨迹,在图示位置,*B* 点可上下移动;加铰后,铰 *B* 并不约束 *B* 点的竖向运动,该竖向运动仅受刚性杆杆长不变的约束。若杆件可以伸长,可以证明当 *B* 点的竖向位移为微量时,杆的伸长量为二阶微量,若不计二阶微量,即认为杆长不变,*B* 点可发生竖向微量位移。当 *B* 点偏离原位置后,两个杆与地面构成三角形,成为几何不变体系。将这样的在原位置上可以发生微小运动,运动后成为几何不变的体系称为瞬变体系。瞬变体系在较小的荷载作用下会产生较大的内力,不能作为结构。

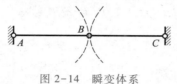

图 2-14　瞬变体系

2-2
瞬变体系

规则 2　两刚片规则

两个刚片用一个单铰和一个不通过该铰的链杆相连可构成静定结构。根据这一规则构造出的静定结构如图 2-15 所示,称为单体结构或联合结构。

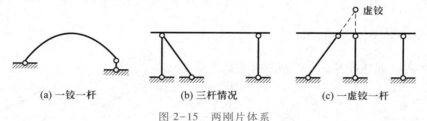

(a) 一铰一杆　　　　(b) 三杆情况　　　　(c) 一虚铰一杆

图 2-15　两刚片体系

若把其中的链杆看作刚片,本规则即是三刚片规则,链杆不通过单铰保证了三铰不共线。

因为一个单铰与两个链杆作用相同,规则也可以改为:两个刚片用三个既不平行也不交于一点的链杆相连构成静定结构。图 2-15b、c 即可以看成是两个刚片三杆相连构成的。

与三刚片规则一样,若约束不满足规则要求,则构成的就不是静定结构了。例如,两刚片用平行三链杆相连不能构成结构,有两种情况:一种是三杆等长,另一种是三杆不等长。如图 2-16a、b 所示,刚片均可发生水平位移。三杆不等长时,发生微小位移后不再平行,故为瞬变体系;三杆等长时,在任何位置三杆均平行,刚片均可运动,与图 c 所示由等长的两根杆相连的情况一样,称这样的体系为常变体系。常变体系和瞬变体系均属几何可变体系。三杆相交和链杆通过铰的情况留给读者考虑。(注意:每种情况中均存在构成瞬变和常变两种可能。)

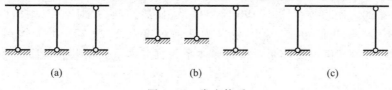

(a)　　　　　　　(b)　　　　　　　(c)

图 2-16　常变体系

规则 3　二元体规则

在体系上用两个不共线链杆铰接可生成一个新的结点,这种产生新结点的装置称为二元体,如图 2-12 所示的 *ABC* 部分。定义中的链杆也可以换成等效的刚片,这样图 2-13a、b 中的 *ABC* 部分也可以看成二元体。

基于二元体的定义,有如下规则:在体系上加二元体或减二元体都不会改变体系的可变性。因为在一个体系上增加一个点,则增加两个自由度,所加两个不共线链杆又减少两个自由度,所以在体系上增加二元体不会改变原体系的自由度。减去一个二元体的结论的原因类似。

利用二元体规则,可在一个按前述规则构成的静定结构基础上,通过增加二元体组成新的静定结构,如此组成的结构称为主从结构,图 2-17 所示结构均为主从结构。主从结构的组成有先后次序,最先构建的部分称为主结构或基本部分,后增加的二元体部分称为从结构或附属部分。如图 2-17a 所示结构,先构造 *ABC*,然后加上 *DEF*,前者是基本部分,后者则为附属部分。

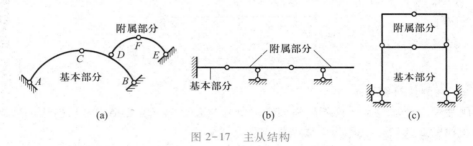

图 2-17　主从结构

2-2-2　组成分析举例

[例题 2-4]　试分析图 2-18a 所示体系的几何组成。

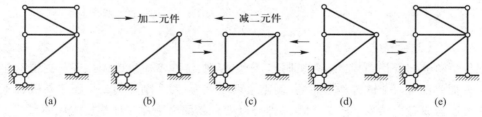

图 2-18　例题 2-4 图

解:图 2-18a 所示体系可视为在图 2-18b 所示几何不变体系的基础上逐次增加两个杆(二元体)构成。当然也可按在原体系上依次撤除二元体,得图 2-18b 所示几何不变体系。按规则 3,可知其为无多余约束的几何不变体系,是静定结构。

在分析开始时,若能找出二元体,并将二元体去掉,会减少杆件数量、降低分析难度。

[例题 2-5]　试分析图 2-19a 所示体系的几何组成。

解:将原体系的支座去掉得图 2-19b 所示体系,显然,若它几何不变,则由两刚片规则可确定原体系几何不变;若几何可变,原体系也为几何可变。图 2-19b 所示体系去二元体后得图 2-19c 所示体系,是几何可变体系。所以原体系是可变体系。如果求其计算自由度,则

$$W = 2 \times 14 - 27 = 1$$

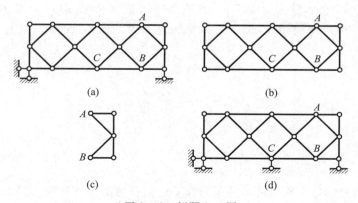

图 2-19 例题 2-5 图

也得相同的结论。

若要使其成为无多余约束的几何不变体系,需要加一个约束。如可在 A、B 两点间加一个链杆,或在 C 点加一个竖向链杆如图 2-19d 所示,它们都可构成静定结构,但图 2-19d 所示体系用前述三角形规则不能判定,要用其他方法判定。

结论:在分析一个与基础用一铰和一不通过该铰的链杆(或三个不交于一点、不全部平行的链杆)相连的体系时,只需分析去掉基础后的部分。习惯上称为分析体系的内部可变性。

[例题 2-6] 试分析图 2-20a 所示体系的几何组成。

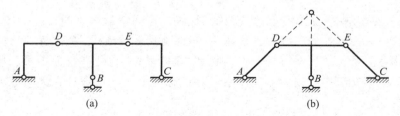

图 2-20 例题 2-6 图

解:将折杆 AD 看成链杆,其约束作用与连接 A、D 两点的直链杆相同,用直链杆代替后如图 2-20b 所示。二刚片三链杆相连,三链杆交于一点构成虚铰,故原体系为瞬变体系。

若将 B 点竖向链杆换成水平链杆,则可使原体系变为静定结构;若在 B 点加一个水平链杆,则得到有一个多余约束的超静定结构;若去掉 B 链杆,则变为常变体系。

结论:在分析中有时需要把与其他部分用两个铰相连的刚片以一链杆代替,从而可使分析过程简化。

[例题 2-7] 试分析图 2-21a 所示体系的几何组成。

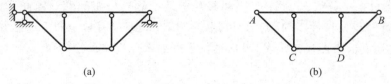

图 2-21 例题 2-7 图

解：图 2-21a 所示体系除去支座后，得到图 2-21b 所示体系，这一体系可视为刚片 *AB*、*CD* 用四根链杆（相当于两个单铰）相连，因此，原来的体系为几何不变体系，且有一个多余约束，为超静定结构。

§2-3   结论与讨论

2-3-1   结论

• 静定结构与超静定结构的静力特征对应着它们各自的几何特征，静定结构为无多余约束的几何不变体系，超静定结构为有多余约束的几何不变体系。属于哪一类结构可由几何组成分析确定。

• 用计算自由度可部分解决几何组成分析问题。计算自由度大于零，几何可变；若已知体系几何不变，那么计算自由度会给出有无多余约束、有几个多余约束的结论。

• 利用三角形规则可分析一般体系的几何组成，可以给出体系能否作为结构，是静定结构还是超静定结构，有多少多余约束，哪些约束可以看作多余约束等结论。有些体系用三角形规则不能分析。

2-3-2   讨论

• 三刚片三铰体系中，有无穷远虚铰的情形，应视不同情形区别对待。如图 2-22a 所示体系为有一个虚铰在无穷远处的三刚片三铰体系，若将刚片 Ⅰ 用链杆 *AB* 代替，则得图 2-22b 所示两刚片三链杆体系。若三链杆平行且等长，则为常变体系；三链杆平行但不等长则为瞬变体系；三链杆不全平行且不交于一点则为不变体系。对于有两个或三个虚铰在无穷远处的情形，留给读者自行分析研究。

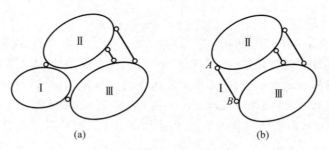

图 2-22   三刚片三铰体系中有无穷远虚铰的情形

• 杆件体系可变性分析，实质上是刚体系的运动可能性分析问题。因此，可从任一不动点（分析内部可变性时设某杆件不动）开始，根据连接情况和理论力学中的运动学知识，逐杆分析，最终看能否产生运动。由此思路出发，可通过作速度图来分析体系的可变性。

思　考　题

1. 无多余约束几何不变体系(静定结构)三个组成规则之间有何关系?
2. 实铰与虚铰有何差别?
3. 试举例说明瞬变体系在较小的外力作用下可能会产生较大的内力。
4. 平面体系几何组成特征与其静力特征间有何关系?
5. 体系计算自由度有何作用?
6. 平面体系组成分析的基本思路、步骤如何?
7. 连接 n 根杆件的刚结点相当于多少约束?
8. 若三刚片三铰体系中的两个虚铰在无穷远处,何种情况下体系是几何不变的? 何种情况下体系是常变的? 何种情况下体系是瞬变的?
9. 若三刚片三铰体系中的三个虚铰均在无穷远处,体系一定是几何可变的吗?
10. 超静定结构中的多余约束是从什么角度被看成是"多余"的?
11. 一个有 3 个多余约束的体系,其计算自由度为−2,该体系是否为几何不变体系?

习　　题

2-1　试计算图示体系的计算自由度。

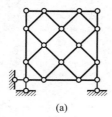 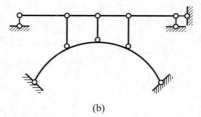

　　　　　　　(a)　　　　　　　　　　　　　　　　　　　(b)

习题 2-1 图

2-2　试分析图示体系的可变性。

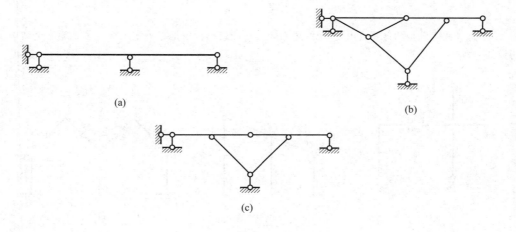

　　　(a)

　　　　　　　　　　　　　　　　　　　　　　　(b)

　　　　　(c)

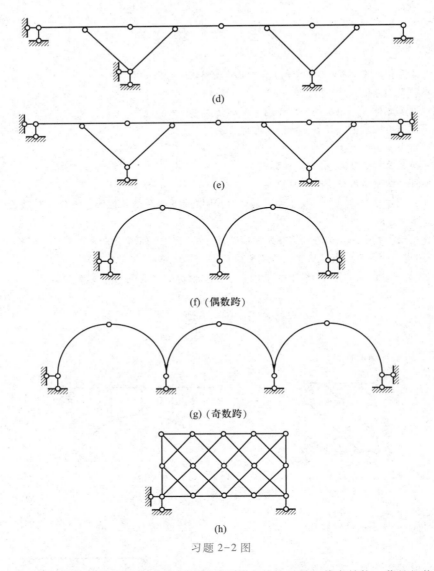

(d)

(e)

(f)（偶数跨）

(g)（奇数跨）

(h)

习题 2-2 图

2-3　试计算图示结构的计算自由度,由结果判断其是静定结构还是超静定结构。若是超静定结构试指出多余约束的个数。

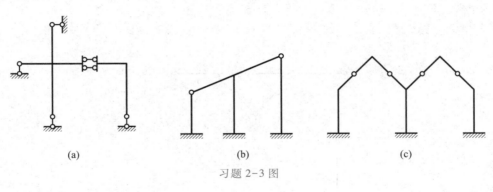

(a)　　　　　　　　　　　　(b)　　　　　　　　　　　　(c)

习题 2-3 图

2-4　试分析图示体系的几何组成。

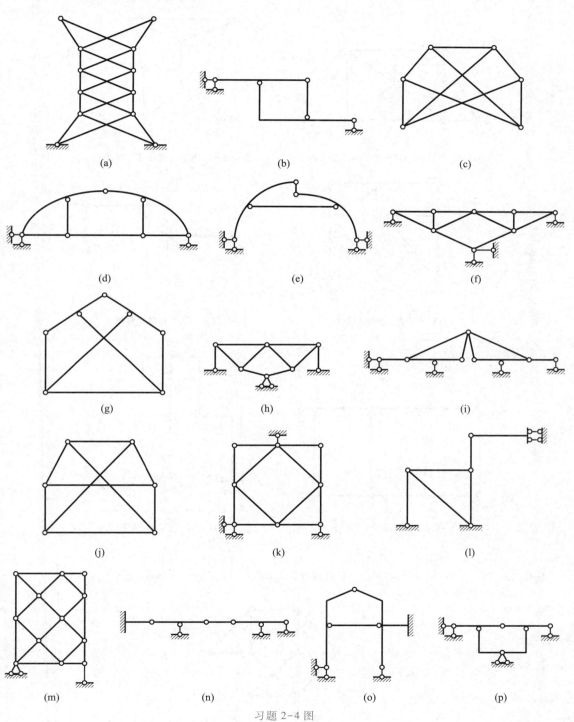

习题 2-4 图

2-5   试分析图示体系的几何组成(写出分析说明)。

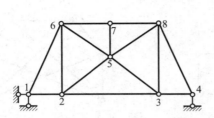

(a)(提示：分析2-3杆是否为必要联系)

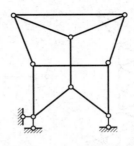

(b)(提示：十字交叉处并非刚结)

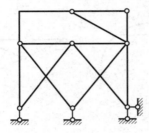

(c)(提示：去二元体后分析)

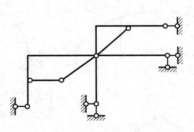

(d)(提示：去二元体后分析)

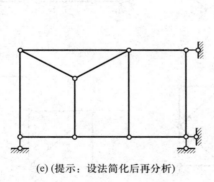

(e)(提示：设法简化后再分析)

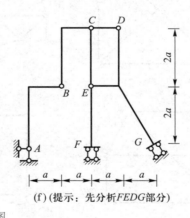

(f)(提示：先分析FEDG部分)

习题 2-5 图

2-6   分析图示平面体系的几何组成。试将其改造成无多余联系几何不变体系。(提供多种方案)

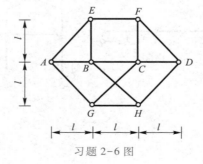

习题 2-6 图

2-7　试将图示超静定结构通过减除约束改造成静定结构。(不少于三种选择)

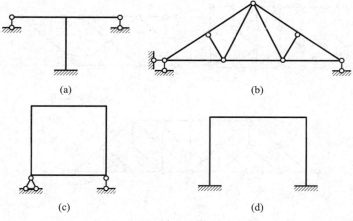

(a)　　　　　　　　　　(b)

(c)　　　　　　　　　　(d)

习题 2-7 图

2-8　对于图示静定结构,试分析其组成顺序。

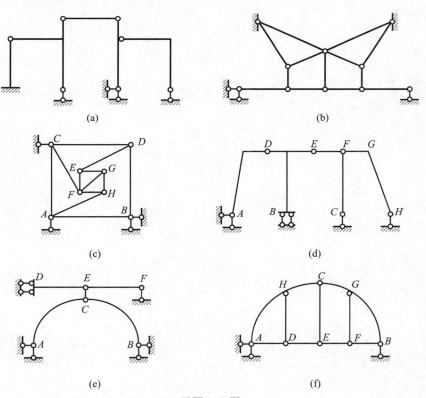

(a)　　　　　　　　　　(b)

(c)　　　　　　　　　　(d)

(e)　　　　　　　　　　(f)

习题 2-8 图

2-9　试分析图示体系的几何组成。

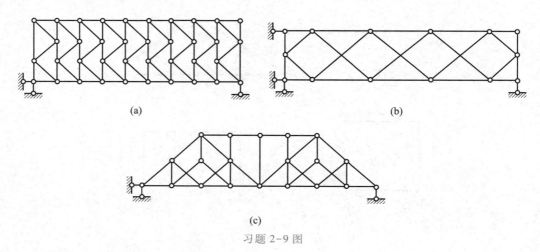

(a)　　　　　　　　　　　　　　　　　　　　　(b)

(c)

习题 2-9 图

参考答案 A2

第3章　静定结构受力分析

　　静定结构的受力分析,主要是确定各类结构由荷载所引起的内力和相应的内力图。本章将在理论力学的受力分析和材料力学的内力分析基础上,分析静定结构的内力。主要是应用结点法、截面法和内力与荷载间的平衡微分关系来确定各种静定结构的内力和内力图。

　　虽然本章的基本理论在理论力学、材料力学中已经学过,但是材料力学仅仅讨论单根杆件的受力分析,如果不能很好掌握本章从单根杆件到整个结构的转变,即不能熟练掌握本章内容,将会给今后的学习带来困难。因此,在学习本章时切不可浅尝辄止,不能似懂非懂。必须通过一定量的练习,达到熟练掌握的程度。

§3-1　弹性杆内力分析回顾和补充

3-1-1　材料力学内容回顾

　　材料力学中关于杆件内力分析的要点有:

　　• 内力符号规定　轴力 F_N 拉为正,压为负;剪力 F_Q 使截开部分产生顺时针旋转者为正,反之为负;梁的弯矩 M 使杆件产生上凹者为正(也即下侧纤维受拉为正),反之为负。

　　• 求内力的方法——截面法　用假想截面将杆件截开,以截开后受力简单部分为平衡对象(也称为隔离体)并分析其受力,最后通过平衡方程求得内力。

　　• 直杆平衡方程(也称为微分关系)　取微段 $\mathrm{d}x$ 为隔离体如图 3-1 所示,假设其上受有集度为 $p(x)$ 的轴向分布荷载、集度为 $q(x)$ 的横向分布荷载,在给定坐标系中它们的指向与坐标正向相同者为正;此外还有作用在荷载平面内由 y 轴旋转 $90°$ 到 x 轴方向为正的分布力偶,集度为 $m(x)$。考虑微段的平衡,通过建立 $\sum F_x = 0$、$\sum F_y = 0$ 和 $\sum M = 0$ 可得

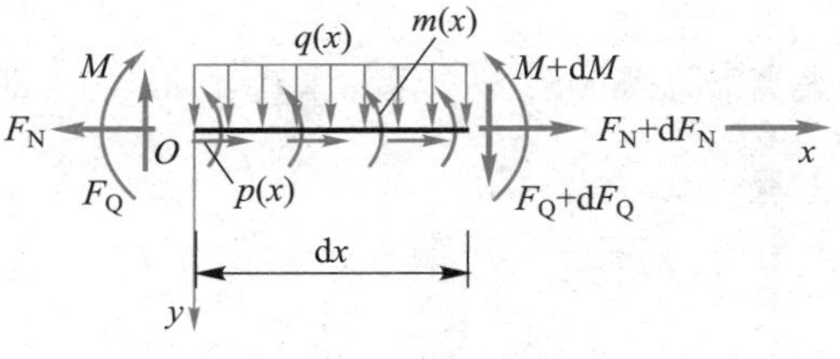

图 3-1　隔离体受力图

$$\frac{\mathrm{d}F_N}{\mathrm{d}x} = -p(x), \quad \frac{\mathrm{d}F_Q}{\mathrm{d}x} = -q(x), \quad \frac{\mathrm{d}M}{\mathrm{d}x} = -m(x) + F_Q$$

这就是直杆段的微分关系。

　　• 内力图绘制方法　利用截面法确定杆件控制截面上的内力,应用微分关系确定控制截面之间内力图形的正确形状。结构力学中较常用的微分关系结论如表 3-1 所示。

表 3-1　结构力学中较常用的微分关系

序号	荷载情况	剪力情况	弯矩情况
1	直杆段无横向外荷载作用	剪力等于常数	弯矩图为直线（当剪力等于零时,弯矩为常数）
2	横向集中力作用点处	剪力产生突变	弯矩图斜率发生改变
3	集中力偶作用点处	剪力不变	弯矩产生突变
4	铰结点附近（或自由端处）有外力偶作用		铰附近截面（或自由端处）弯矩等于外力偶矩值
5	弯矩图与荷载方向关系		弯矩图凸向与荷载（集中力或均布荷载）方向一致

● **叠加法的应用**　线性弹性结构在小变形情况下,复杂荷载引起的内力,可由构成复杂荷载的简单荷载所引起的内力叠加得到。

3-1-2　曲杆平衡方程

曲杆平衡方程建立的方法和直杆一样,微段受力如图 3-2 所示,由沿微段轴线的切向、法向列力投影平衡方程和力矩的平衡方程得到。

由切向平衡方程 $\sum F_t = 0$,有

$$(F_N + dF_N)\cos\frac{d\varphi}{2} - (F_Q + dF_Q)\sin\frac{d\varphi}{2} + q_t(s)Rd\varphi - F_N\cos\frac{d\varphi}{2} - F_Q\sin\frac{d\varphi}{2} = 0$$

因为 $d\varphi$ 很小,可知: $\cos\dfrac{d\varphi}{2} \approx 1$, $\sin\dfrac{d\varphi}{2} \approx \dfrac{d\varphi}{2}$。代入上式得

$$dF_N - F_Q d\varphi - dF_Q \times \frac{d\varphi}{2} + q_t(s)Rd\varphi = 0$$

略去高阶小量 $dF_Q \times \dfrac{d\varphi}{2}$ 后并考虑 $Rd\varphi = ds$,即可得切向曲杆平衡方程

$$\frac{dF_N}{ds} = -q_t(s) + \frac{F_Q}{R}$$

同理可建立法向力平衡方程和力矩的平衡方程,从而曲杆平衡方程为

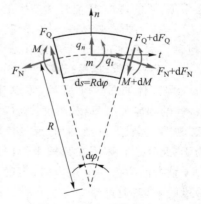

图 3-2　曲杆微段受力图

$$\left.\begin{array}{l} \sum F_t = 0, \quad \dfrac{dF_N}{ds} = -q_t(s) + \dfrac{F_Q}{R} \\[2mm] \sum F_n = 0, \quad \dfrac{dF_Q}{ds} = q_n(s) - \dfrac{F_N}{R} \\[2mm] \sum M = 0, \quad \dfrac{dM}{ds} = -m(s) + F_Q \end{array}\right\} \qquad (3-1)$$

式中,$q_t(s)$、$q_n(s)$ 分别为切向和法向分布荷载集度,$m(s)$ 为分布力偶集度,其正向如图 3-2 所示,R 为曲率半径,s 为曲线坐标(弧长)。

式(3-1)表明,当曲率半径 R 很大时(当 $R = \infty$ 时变成直线),F_Q/R 与 F_N/R 的值与 $q_t(s)$ 和 $q_n(s)$ 相比甚小,这时可用直杆平衡方程代替曲杆的方程[因为坐标系不同,代替时需将方程中的 $q(x)$ 换成 $-q(x)$]。

3-1-3 结构力学与材料力学内力规定的异同

结构力学中对内力的一些规定和材料力学规定既有相同的,也有不同的,为便于后面的学习,读者需要注意这些区别。

(1)轴力和剪力的正负号规定与材料力学一样,即轴力拉为正,剪力使截面顺时针转动为正。

(2)结构力学中为了明确杆端的弯矩,以 AB 杆为例,规定 A 端的杆端弯矩记作 M_{AB},B 端的杆端弯矩记作 M_{BA},而且习惯上规定杆端弯矩顺时针为正,反之为负。杆端轴力和杆端剪力的标记方法和杆端弯矩相同,如图 3-3 所示,例如:AB 杆 A 端的杆端轴力和杆端剪力分别记为 F_{NAB} 和 F_{QAB},其正负号规定和材料力学相同。

(3)结构力学弯矩图必须画在杆件纤维受拉的一侧,弯矩图上不标正负号。(由于结构中杆件有竖向的和斜向的,像材料力学那样规定杆件某一侧受拉为正已无法表示,而以杆件纤维受拉侧来表示则是明确的。)

3-1-4 区段叠加法作弯矩图

对于图 3-3a 所示结构中任意一直线区段 AB,假设已经求得区段两端横截面上的内力如图 3-3b 所示。图 3-3c 为和图 3-3b 对应的简支梁,受相同荷载、杆端弯矩和右端轴力作用。

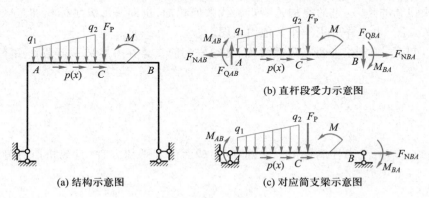

(a) 结构示意图 (b) 直杆段受力示意图 (c) 对应简支梁示意图

图 3-3 区段叠加法示意图

利用平衡条件可以证明,简支梁(图 3-3c)的竖向、水平支座反力和图 3-3b 中的杆端剪力、左端轴力完全相同。因此,用截面法求对应横截面 C 上的内力也完全相同。这表明,杆段 AB 弯矩图可用与之对应的简支梁用叠加法作出。

如果图 3-3c 所示的简支梁上有多个荷载作用,它的弯矩图可用叠加法绘制。以图 3-4a 所示简支梁为例,叠加法的步骤为:

（1）首先确定只有杆端弯矩作用时的弯矩图。这时根据两端截面上的弯矩，以及杆上无荷载，由微分关系可知，弯矩图为直线，如图 3-4b 所示。

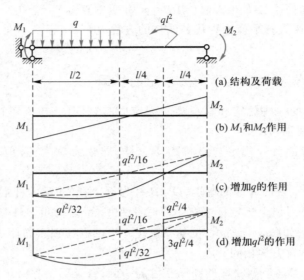

图 3-4 简支梁叠加法作弯矩图

（2）在直线弯矩图的基础上，叠加其余各种荷载作用引起的简支梁弯矩图（注意：是纵坐标 M 值的叠加，而不是矢量和），如图 3-4c 和图 3-4d 所示。图 3-4d 所示最终叠加结果就是简支梁在所示荷载下的弯矩图，也就是原杆段的弯矩图。

上述这种先用截面法求一些控制截面的弯矩，然后根据控制截面弯矩和其上荷载利用叠加法作弯矩图的方法，称为**区段叠加法**。

需要再次强调的是，这里的叠加是弯矩的代数值相加，也即图形纵坐标相加。区段叠加法不仅能用来作弯矩图，也一样可用于作其他内力图。

由图 3-4 可见，为能快速进行区段叠加，必须熟记简支梁在一些典型荷载作用下的弯矩图。

§3-2 静定结构的受力分析方法

静定结构有多种，受力性能也不一样，但应用截面法和平衡方程，是分析所有静定结构内力的基础。

3-2-1 静定结构内力分析方法

静定结构内力分析问题可以仅利用平衡条件解决，但各种不同结构受力性能不同，因此分析的具体内容也有所不同。但以下三个方面却是共同的。

- **基本原则** 循着结构组成的相反顺序（例如，图 3-5a 可按 B、5、G、4、F、…顺序），逐步应用平衡方程。
- **基本思路** 首先定性分析是否可能使问题简化，然后求支座反力，并根据所要解决的问题,选取合适的结点或结构部分(如图 3-5b、c 所示)作为平衡对象——隔离体,最后由平衡条件求得问题的解答。

● **基本方法** 应用截面法(包括截取结点),即截取隔离体画受力图,列平衡方程求未知力。

上述三个方面的内容可用图 3-5 来说明,图中"√"表示力已知。取结点时,如图 3-5b 所示,列水平和竖向投影平衡方程 $\sum F_x = 0$、$\sum F_y = 0$ 可求未知轴力;截取隔离体时,如图 3-5c 所示,对 B、F、4 等点取矩,列力矩平衡方程可求未知轴力。

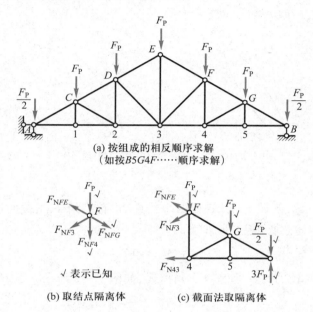

(a) 按组成的相反顺序求解
(如按 $B5G4F$……顺序求解)

√ 表示已知

(b) 取结点隔离体　　　(c) 截面法取隔离体

图 3-5　静定结构内力分析的三个方面

3-2-2　支座反力(或约束力)计算方法

利用静定结构的几何组成特点,可以得到如下支座反力或约束力的计算方法。

1. 两刚片型结构

满足两刚片规则的静定结构有两种:一种是两刚片间一铰一杆相连(图 3-6a),另一种是两刚片间三杆相连(图 3-6b)。由于刚片之间都是三个约束(如将 II 视为地基,对应三个支反力),因此选取隔离体的原则是:将刚片之间的三个约束切断,取一个刚片作为隔离体(图 3-6c、d)。

建立的平衡方程可为(一矩式)

$$\sum F_x = 0, \qquad \sum F_y = 0, \qquad \sum M = 0$$

也可用二矩式或三矩式,目的是尽量使一个方程只含有一个未知力,以避免解联立方程。

2. 三刚片型结构

满足三刚片规则的静定结构为:每两个刚片间都有一个铰(或虚铰)相连,如图 3-7a、b 所示。若将刚片 III 视为地基,为求支反力,应该用截面法从铰处切断。取任意刚片为隔离体时,都将切断四个约束(拆开两个铰或切断虚铰的链杆),一个隔离体独立的平衡方程只有三个,不可能求出四个约束力,为此需要再截取一个新的隔离体。

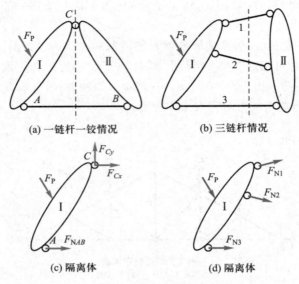

(a) 一链杆一铰情况　　　　　(b) 三链杆情况

(c) 隔离体　　　　　　　　(d) 隔离体

图 3-6　二刚片隔离体示意图

　　为减少联立方程个数,例如,先求 B 处两个约束力,首先用 1-1 截面取 I 刚片作隔离体如图 3-7c 所示,对 A 点取矩,列力矩平衡方程

$$\sum M_A = 0 \qquad\qquad (\text{a})$$

再用 2-2 截面取包含 B 铰的另一个刚片作隔离体,如图 3-7d 所示。对 C 点取矩,列力矩平衡方程

$$\sum M_C = 0 \qquad\qquad (\text{b})$$

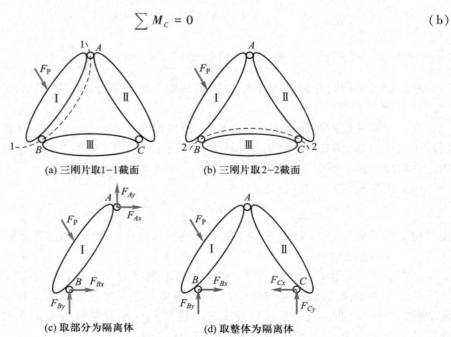

(a) 三刚片取1-1截面　　　　　(b) 三刚片取2-2截面

(c) 取部分为隔离体　　　　　(d) 取整体为隔离体

图 3-7　三刚片隔离体示意图

方程(a)、(b)中的未知量都是 B 铰约束力 F_{Bx}、F_{By},因此联立求解可得 F_{Bx}、F_{By}。

有了 F_{Bx}、F_{By},其他铰处的约束力即可用投影或对 B 点取矩求出。

对有无穷远虚铰情况,不能列力矩平衡方程,而要列投影平衡方程。因为不论什么情况都必须用两个截面取两个隔离体,因此该种方法也称为双截面法。

3. 基附型结构

从受力角度,结构中能够独立承担给定荷载的几何不变部分,称为基本部分,而要借助别的部分支持才能承担荷载的部分称为附属部分。所谓基附型结构,是指由基本部分和附属部分组成的结构(第 2 章中由二元体规则组成的结构)。这种结构求解的原则是:

先求解附属部分,后求解基本部分,简称为先附后基。

3-2-3 受弯结构作内力图的顺序

在材料力学中,已介绍过梁的剪力图、弯矩图的作法。在结构力学中,对梁和刚架等受弯结构往往(位移计算、力法、位移法、动力计算等)只需弯矩图。如果作出了弯矩图,则可利用弯矩图与荷载逐杆求控制剪力,根据微分关系作出剪力图。再以结点为对象,由剪力可求得轴力,作出轴力图。因此,在结构力学中一般先作弯矩图,然后根据情况,若有需要,再作剪力、轴力图等。为顺利学习结构力学的后续知识,读者必须熟练掌握弯矩图的绘制方法。下面结合一个简单刚架(图 3-8)介绍作内力图的求解顺序。

(1)作几何组成分析,确定结构的组成顺序,以便选取计算方法。

图 3-8 所示刚架与地基之间为两刚片三链杆连接。

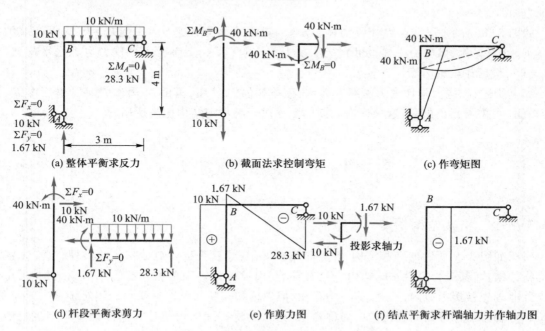

图 3-8 受弯结构作内力图步骤示意图

（2）一般先求反力（不一定是全部反力）。

因本刚架是按两刚片规则组成，只要切断三个支座链杆，列三个平衡方程即可求得全部支座反力（先列水平投影平衡方程 $\sum F_x = 0$，再列力矩平衡方程 $\sum M_A = 0$，最后列竖向投影平衡方程 $\sum F_y = 0$），结果如图 3-8a 所示。

（3）利用截面法求控制截面弯矩，以便将结构用控制截面拆成为杆段（单元）。

如图 3-8b 所示，首先取 AB 杆作隔离体，列力矩平衡方程 $\sum M_B = 0$，求出杆端弯矩 M_{BA}；再取结点 B 为隔离体，列 $\sum M_B = 0$ 方程，求出杆端弯矩 M_{BC}。数值、方向如图 3-8b 所示。

（4）在结构图上利用区段叠加法作每一单元的弯矩图，从而得到结构的弯矩图。

根据所求得的 AB 和 BC 杆的杆端弯矩（铰支端弯矩为零），利用区段叠加法即可分别作出 AB 杆和 BC 杆的弯矩图，如图 3-8c 所示。

（5）以单元为对象，原则上根据已知的杆端弯矩和杆上荷载分别对杆件两端点取矩可以求得杆端剪力（不一定都取矩，视具体情况而定）。当杆上无荷载时，剪力与两杆端弯矩之和平衡，即剪力等于两杆端弯矩之和除以杆长。然后，在结构图上利用微分关系作每个单元的剪力图，从而得到结构剪力图。需要指出的是，剪力图可画在杆轴的任意一侧，但必须标注正负号。

如图 3-8d 所示，首先取 AB 杆作隔离体，由 A 端剪力已求出，杆上又无荷载，因此可直接作出 AB 杆剪力图；同理取 BC 杆作隔离体，列投影平衡方程 $\sum F_y = 0$，求出杆端剪力 F_{QBC}；最后根据微分关系作 BC 杆剪力图，如图 3-8e 所示。

（6）以未知数个数不超过两个为原则，顺序取结点，由平衡条件求单元杆端轴力（此时杆端剪力是已知的），在结构图上利用微分关系作每个单元的轴力图，作法和剪力图一样，从而得到结构轴力图。

如图 3-8f 所示，取结点 B 作隔离体，分别列投影平衡方程 $\sum F_x = 0$、$\sum F_y = 0$，求得杆端轴力 F_{NBA}、F_{NBC}（对本例，像剪力一样也可直接从反力求 F_{NAB}，因 C 支座无水平反力也无水平荷载，故 $F_{NBC} = 0$），最后作出轴力图。

综上所述，结构力学作内力图顺序为"先区段叠加作 M 图，再由 M 图作 F_Q 图，最后由 F_Q 图作 F_N 图"。需要指出的是，这种作内力图的顺序对于超静定结构也是适用的。

§3-3　桁架结构受力分析

3-3-1　桁架结构

对于如图 3-9 所示的一些结构，计算简图都可化成"只受结点荷载作用的直杆、铰接体系"，称为桁架结构，其受力特性是结构内力只有轴力，而没有弯矩和剪力。在实际桁架结构中，由于结点并非理想铰接等原因，弯矩、剪力均存在，但理论和实验结果都证明它们相对于轴力是小的。将按只有轴力的计算简图算得的内力称为主内力，而将实际结构与计算简图的差异产生的内力称为次内力。对于图 3-10 所示杆轴交于一点受结点荷载的结构，用计算机分别按桁架（结点铰接）和刚架（结点刚接）进行分析，从给出的轴力结果（表 3-2）对比可得到"杆轴交汇、只受结点荷载作用时的轴力十分接近"的结论。因此，求桁架内力均可取铰接的计算简图。

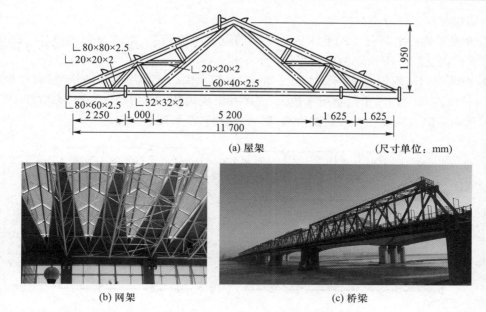

(a) 屋架　　　　　　　　　　　(尺寸单位：mm)

（b）网架　　　　　　　　（c）桥梁

图 3-9　桁架结构实例

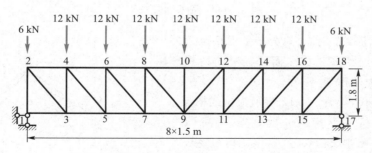

图 3-10　杆轴交于一点且受结点荷载的结构

表 3-2　桁架和刚架的轴力计算结果对比

杆号	起点号	终点号	桁架轴力	刚架轴力	杆号	起点号	终点号	桁架轴力	刚架轴力
1	2	4	−35.000	−34.966	18	4	5	39.051	38.991
2	4	6	−60.000	−59.973	19	6	7	23.431	23.392
3	6	8	−75.000	−74.977	20	8	9	7.810 2	7.787 7
4	8	10	−80.000	−79.977	25	1	2	−48.000	−47.958
9	1	3	.000	0.032 11	26	3	4	−42.000	−41.926
10	3	5	35.000	35.005	27	5	6	−30.000	−29.958
11	5	7	60.000	59.997	28	7	8	−18.000	−17.974
12	7	9	75.000	74.991	29	9	10	−12.000	−11.981
17	2	3	54.672	54.560					

桁架结构可有多种分类：

● 简化后简图中各杆件轴线处于同一平面的称为平面桁架，否则为空间桁架。图 3-9a、c 所示为平面桁架，图 3-9b 所示为空间桁架。

● 根据结构组成规则，若属于先组成三角形，然后由加二元体所组成的桁架，则称为简单桁架，如图 3-11a 所示。由几个简单桁架按二、三刚片组成规则构造的静定结构，称为联合桁架，如图 3-11b 所示。除这两类以外的其他桁架，称为复杂桁架，如图 3-11c 所示。

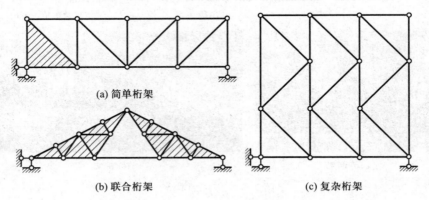

(a) 简单桁架　　　　　　　　　　　　　　　　　　(c) 复杂桁架

(b) 联合桁架

图 3-11　桁架组成分类

● 仅在竖向荷载作用下，不会产生水平反力的桁架称为普通桁架，或梁式桁架。而仅在竖向荷载作用下会产生水平反力的桁架，则称为拱式桁架。图 3-11 中的桁架都是普通桁架，图 3-12 所示为拱式桁架。

● 桁架还可按外形特点进行分类，有所谓平行弦、梯形、折线形、抛物线桁架等，这里不再赘述。

3-3-2　结点法

以桁架的结点作为隔离体时，结点承受汇交力系作用。因此，如果对简单桁架遵循按"组成相反顺序"的求解基本原则，逐次建立各结点的平衡方程，则桁架各点未知内力数目一定不超过独立平衡方程数。据此，可求得桁架各杆内力。这种方法称为结点法。

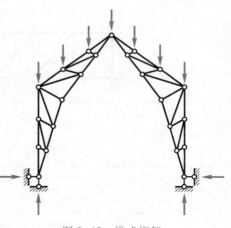

图 3-12　拱式桁架

[例题 3-1]　图 3-13a 所示为一施工用托架计算简图，是简单桁架。试求各杆的轴力。

解：（1）此简单桁架的几何组成顺序可看作：在刚片 BGF 上依次加二元体得 E、D、C、A 结点，因此截取结点的顺序为 A、C、D、…。

（2）该桁架的支座约束只有 3 个，因此取整体作为隔离体，利用平衡条件就可求出全部支座反力。对支座结点 B 取矩，列 $\sum M_B = 0$ 得

$$F_{Ay} \times 4.5 \text{ m} - 8 \text{ kN} \times 4.5 \text{ m} - 8 \text{ kN} \times 3 \text{ m} - 6 \text{ kN} \times 2.25 \text{ m} - 8 \text{ kN} \times 1.5 \text{ m} = 0$$

由此可得

$$F_{Ay} = 19 \text{ kN}$$

再列竖向投影平衡方程 $\sum F_y = 0$ 得

$$F_{Ay} + F_{By} - 8 \text{ kN} - 8 \text{ kN} - 6 \text{ kN} - 8 \text{ kN} - 8 \text{ kN} = 0$$

代入 F_{Ay} 整理得

$$F_{By} = 19 \text{ kN}$$

3-1
结点法

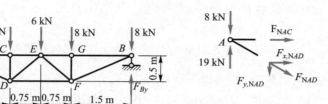

(a) 计算简图 (b) A结点受力图

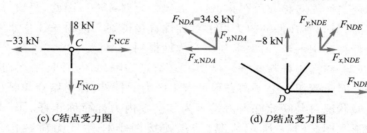

(c) C结点受力图 (d) D结点受力图

图 3-13 施工用托架求解过程

最后由水平投影方程 $\sum F_x = 0$ 得

$$F_{Ax} = 0$$

实际上,由于水平反力为零,该托架和荷载都对称,因此,竖向支座反力等于荷载合力的一半,结果显然与上述计算完全相同。

(3)按照求解顺序取结点 A 作隔离体(图 3-13b),列 $\sum F_y = 0$ 有

$$F_{NAD} \times \frac{0.5 \text{ m}}{\sqrt{(0.5 \text{ m})^2 + (1.5 \text{ m})^2}} - 19 \text{ kN} + 8 \text{ kN} = 0$$

整理后可得

$$F_{NAD} = 34.8 \text{ kN}$$

由平衡方程 $\sum F_x = 0$,可得

$$F_{NAC} = -F_{NAD} \times \frac{1.5 \text{ m}}{\sqrt{(0.5 \text{ m})^2 + (1.5 \text{ m})^2}} = -33 \text{ kN}$$

(4)再取结点 C 作隔离体(图 3-13c),列 $\sum F_y = 0$ 有

$$F_{NCD} + 8 \text{ kN} = 0$$

整理可得 $F_{NCD} = -8 \text{ kN}$。列平衡方程 $\sum F_x = 0$,可得 $F_{NCE} = -33 \text{ kN}$。

(5)取结点 D 作隔离体(图 3-13d),列 $\sum F_y = 0$ 有

$$F_{NDE} \times \frac{0.5 \text{ m}}{\sqrt{(0.5 \text{ m})^2 + (0.75 \text{ m})^2}} + F_{NDA} \times \frac{0.5 \text{ m}}{\sqrt{(0.5 \text{ m})^2 + (1.5 \text{ m})^2}} - 8 \text{ kN} = 0$$

将 F_{NDA} 代入上式整理后可得 $F_{NDE} = -5.4\ \text{kN}$。

列平衡方程 $\sum F_x = 0$，可得

$$F_{NDF} = -F_{NDA} \times \frac{1.5\ \text{m}}{\sqrt{(0.5\ \text{m})^2 + (1.5\ \text{m})^2}} + F_{NDE} \times \frac{0.75\ \text{m}}{\sqrt{(0.5\ \text{m})^2 + (0.75\ \text{m})^2}} = 37.5\ \text{kN}$$

类似地，可求得其他各杆内力，不再赘述。如果注意到 $\dfrac{F_{x,NAD}}{F_{y,NAD}} = \dfrac{F_{x,NDA}}{F_{y,NDA}} = \dfrac{AC}{CD} = \dfrac{1.5\ \text{m}}{0.5\ \text{m}}$，$\dfrac{F_{x,NED}}{F_{y,NED}}$

$= \dfrac{F_{x,NDE}}{F_{y,NDE}} = \dfrac{CE}{CD} = \dfrac{0.75\ \text{m}}{0.5\ \text{m}}$，列平衡方程先求分力然后求轴力，一般可使计算得以简化。

在用结点法进行计算时，注意以下两点，还可使计算过程得到简化：

3-2
对称性

（1）对称性　杆件轴线对某轴线（空间桁架为某面）对称，结构的支座也对同一条轴线对称的静定结构，称为对称结构。对称结构在对称或反对称的荷载作用下，结构的内力必然对称或反对称，这种性质称为对称性。因此，只要计算对称轴一侧的杆件内力，另一侧杆件的内力可由对称性直接得到。例题 3-1 中水平反力为零，所以只需要计算其中一半，另一半利用对称性得到。

3-3
零杆

（2）结点单杆与零杆　仅切取某结点为隔离体，并且结点连接的全部杆件内力未知。对于仅用一个平衡方程可求出内力的杆件，称为**结点单杆**。利用这个概念，根据荷载状况可判断此杆内力是否为零。零内力杆简称**零杆**。图 3-14 给出了一些零杆情形。图 3-14a 所示情况，结点连接两个杆件且无荷载作用，两杆都是零杆；图 3-14b 所示情况，结点连接三个杆件且无荷载作用，其中两个杆件轴线重合，则非共线的单杆为零杆；图 3-14c 所示情况，结点连接两个杆件且有荷载作用，而荷载作用线与其中一个杆件轴线重合，则另一个杆件为零杆。

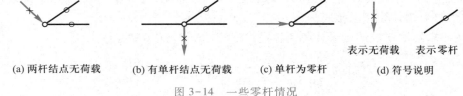

(a) 两杆结点无荷载　　(b) 有单杆结点无荷载　　(c) 单杆为零杆　　(d) 符号说明

图 3-14　一些零杆情况

3-3-3　截面法

利用结点法可以求解任意静定桁架的内力，但对于简单桁架必须按照组成相反顺序逐步求解，对于联合桁架和复杂桁架必须列联立方程求解。在实际工作中，如果只需确定少数杆件的内力或用结点法必须求解联立方程时（如联合桁架），一般不用结点法，而采用截面法确定某些指定杆的内力。所谓截面法，就是适当选择包含需求轴力杆的截面，以桁架的某一局部为隔离体，由平衡方程求所需杆件轴力的方法。

截面法所取隔离体的独立平衡方程数，对于平面桁架（荷载、支座反力和截断杆轴力构成平面任意力系）为 3，对于空间桁架（荷载、支座反力和截断杆轴力构成空间任意力系）为 6。因此，一般情形下截断的杆件未知轴力数应该少于可列的独立平衡方程数。

[例题 3-2]　试求图 3-15 所示抛物线桁架在荷载作用下的指定杆 1、2、3、4 的轴力。图中杆边数字为杆长,长度单位是 mm。

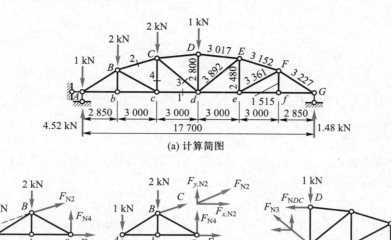

图 3-15　抛物线桁架示意图

解：（1）此抛物线桁架属于简单桁架。

（2）取整体作为隔离体,利用平衡条件可求出全部支座反力。对左支座 A 点取矩,由 $\sum M_A = 0$ 得

$$F_{Gy} \times 17\ 700\ \text{mm} - 2\ \text{kN} \times 2\ 850\ \text{mm} - 2\ \text{kN} \times 5\ 850\ \text{mm} - 1\ \text{kN} \times 8\ 850\ \text{mm} = 0$$

整理后得

$$F_{Gy} = 1.48\ \text{kN}$$

再列竖向投影方程,由 $\sum F_y = 0$ 得

$$F_{Ay} + F_{Gy} - 1\ \text{kN} - 2\ \text{kN} - 2\ \text{kN} - 1\ \text{kN} = 0$$

代入 F_{Gy} 整理后得

$$F_{Ay} = 4.52\ \text{kN}$$

最后由水平投影 $\sum F_x = 0$ 得

$$F_{Ax} = 0$$

（3）用截面将桁架从 1、2、4 杆处切断,取隔离体如图 3-15b 所示。

● 对 C 点（2、4 杆件交点）取矩,列力矩平衡方程 $\sum M_C = 0$,可求 1 杆内力：

$$F_{N1} \times 2\ 480\ \text{mm} - (F_{Ay} - 1\ \text{kN}) \times 5\ 850\ \text{mm} + 2\ \text{kN} \times 3\ 000\ \text{mm} = 0$$

整理后得

$$F_{N1} = 5.87\ \text{kN}$$

● 对下弦 c 点（1、4 杆件交点）取矩,列力矩平衡方程 $\sum M_c = 0$,可求出 2 杆内力。为计算 2 杆轴力对 c 点的力矩,需先求得力臂（c 点到 2 杆距离,用 l_{c2} 表示）

$$l_{c2} = cC \times \sin \angle cCB$$

因为

$$\sin \angle cCB = \frac{bc}{BC} = \frac{3\ 000\ \text{mm}}{3\ 152\ \text{mm}} = 0.952$$

故有

$$l_{c2} = cC \times \sin \angle cCB = 2\ 480\ \text{mm} \times 0.952 = 2\ 360.4\ \text{mm}$$

再列 c 点力矩平衡方程,由 $\sum M_c = 0$ 得

$$F_{N2} \times 2\ 360.4\ \text{mm} + (F_{Ay} - 1\ \text{kN}) \times 5\ 850\ \text{mm} - 2\ \text{kN} \times 3\ 000\ \text{mm} = 0$$

整理后得

$$F_{N2} = -6.18\ \text{kN}$$

上述直接计算力臂的方法较为复杂,也不直观。较为简便的方法是:根据已知的杆长,将 2 杆内力在 C 点沿坐标轴方向分解为(图 3-15c)

$$F_{x,\text{N2}} = F_{N2} \times \frac{3\ 000}{3\ 017}, \qquad F_{y,\text{N2}} = F_{N2} \times \frac{2\ 480 - 1\ 515}{3\ 017}$$

此时竖向分力的力矩等于零,水平分力的力臂等于杆 Dd 长度(已知)。由此列出力矩平衡方程即可求得 2 杆轴力。请读者自己完成计算。

- 对 BC 和 cd 延长线交点(设为 K 点)取矩可求 4 杆内力。交点 K 到 c 点的距离 Kc 由所给杆长几何关系(相似三角形)求得

$$\frac{2\ 480\ \text{mm} - 1\ 515\ \text{mm}}{3\ 000\ \text{mm}} = \frac{2\ 480\ \text{mm}}{Kc}$$

整理可得

$$Kc = 7\ 709.84\ \text{mm}$$

据此再列 K 点力矩平衡方程 $\sum M_K = 0$ 为

$$F_{N4} \times Kc + (F_{Ay} - 1\ \text{kN}) \times (Kc - 5\ 850\ \text{mm}) - 2\ \text{kN} \times (Kc - 3\ 000\ \text{mm}) = 0$$

代入力臂和反力,整理后得

$$F_{N4} = 0.373\ \text{kN}$$

如果考虑到 1 杆内力已求得,能否使计算过程更简单些?请读者自行考虑。

(4)用截面将桁架 CD、3、1 杆截断,取右边部分为隔离体如图 3-15d 所示。因为

$$\sin \angle CdD = \frac{cd}{Cd} = \frac{3\ 000\ \text{mm}}{3\ 892\ \text{mm}} = 0.77$$

将 3 杆内力在 d 点沿坐标轴方向分解,对 D 点取矩,竖向分力无力矩,列 D 点力矩平衡方程为

$$(F_{N3} \sin \angle CdD + F_{N1}) \times 2\ 800\ \text{mm} - F_{Ay} \times 8\ 850\ \text{mm} = 0$$

整理后得

$$F_{N3} = -1.54\ \text{kN}$$

通过上述截面法求解过程可以看出,为使计算尽可能简单方便,一方面要选取合适的隔离体,另一方面,要考虑如何列方程使得一个方程能够求解一个未知量,以及是否需要将轴力进行分解等。

需要指出的是,应用截面法时同样可以利用对称性,同样存在单杆,在一定荷载下可直接判

断出零杆。

（1）**对称性** 对于对称平面桁架,利用对称性也可只取对称轴一侧的结构为计算简图,此时对称轴位置处也可以用支座形式表示。如图 3-16a 所示桁架结构在竖向荷载作用时,由于水平支杆反力为零,此时可当作对称结构,利用对称性来求解。

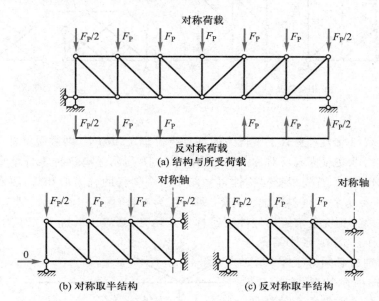

图 3-16 对称结构在对称和反对称荷载下取半结构示意图

- 图 3-16a 所示桁架结构当承受对称荷载时,在对称轴处水平位移(是反对称位移)等于零、竖向位移(是对称位移)不等于零,因此对称轴处的每个铰结点都相当于连接一个水平链杆支座,此时原来的结构也就相当于变成了左右两部分结构,由于左右两半结构的内力具有对称性,所以只需求解其中的一半结构,图 3-16b 所示为对称荷载作用时选取的左半结构。

- 当图 3-16a 所示桁架承受反对称荷载时,在对称轴处竖向位移(对称位移)等于零、水平位移(反对称位移)不等于零,对称轴处的铰结点相当于连接一个竖向链杆支座,在对称轴上的杆件轴力为零。与上述对称荷载作用情况类似,反对称荷载作用时也可选取图 3-16c 所示半结构作计算简图进行求解。

注意:这种取半结构的思想适用于任意对称静定结构。

（2）**单杆和零杆** 截面法取出的隔离体,不管其上有几个轴力,在全部内力未知的条件下,如果某杆的轴力可以通过列一个平衡方程求得,则此杆称为截面单杆,可能的截面单杆如图 3-17 所示。

截开桁架后,除截面单杆外,若其他截断杆件的轴力作用线相交于一点,则称为相交情形(如图 3-17a 所示,将隔离体上所有力对交点取矩,列力矩平衡方程即可求出单杆轴力);若其他截断杆件的作用线互相平行,则称为平行情形(如图 3-17b 所示,将隔离体上所有力往平行力的垂直方向投影,列投影平衡方程即可求出单杆轴力)。

对于相交情形,如果荷载与反力对其他未知力交点的总力矩为零,则截面单杆为零杆。对于

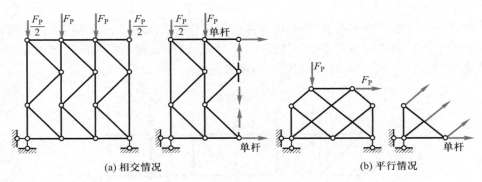

(a) 相交情况   (b) 平行情况

图 3-17 截面单杆

平行情形,如果荷载与反力对垂直于平行力的某直线投影之和为零,则截面单杆为零杆。

此外,对称结构承受对称或反对称荷载时,如图 3-18 所示还有三种零杆情形。图 3-18a 所示情况,对称荷载作用时,首先根据对称性可知图中两个斜杆的轴力应相等,再利用结点法列沿对称轴方向投影平衡方程可得斜杆轴力为零,即斜杆为零杆;图 3-18b 所示情况,在反对称荷载作用时,先将与对称轴相交且垂直的杆件在对称轴处切开,暴露出的轴力关于对称轴是对称的,这与反对称荷载作用的对称性结论矛盾,因此该杆件的轴力必须等于零,即为零杆;图3-18b右图所示情况,在反对称荷载作用时,轴线与对称轴重合的杆件,其轴力关于对称轴也是对称的,该杆件轴力为零(也可由其他杆内力反对称,故在对称轴方向投影该杆得出其轴力为零),即为零杆。

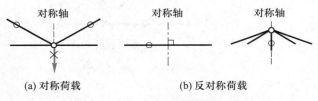

(a) 对称荷载   (b) 反对称荷载

图 3-18 对称时的零杆

需要指出的是,分析桁架内力时,应首先分析并确定单杆和零杆,应充分利用对称性(对非对称荷载作用下的简单结构,不一定使用;非对称荷载作用下的对称复杂结构,先将荷载分成对称与反对称两组,再分别利用对称性),从而使计算过程简化。

3-3-4 联合法

图 3-19a 所示桁架通常称为 K 式桁架,确定此类桁架斜杆轴力需同时应用结点法和截面法。凡需同时应用结点法和截面法才能确定杆件内力的解法,统称为**联合法**。

[例题 3-3] 试求图 3-19a 所示 K 式桁架中杆 1、2、3、4 的轴力。

解:(1) 取整体为对象,分别对 A 点和 B 点取矩(或利用对称性)可得支座反力为

$$F_{By} = 3F_P, \quad F_{Ay} = 3F_P$$

由水平投影方程得

$$F_{Ax} = 0$$

(2) 用截面 I-I(曲面)将桁架从杆 1、ED、DC、4 处截开,隔离体如图 3-19b 所示。

对 C 点取矩,可求得 1 杆内力。列 C 点力矩平衡方程为

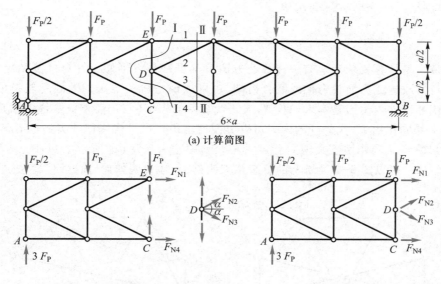

(a) 计算简图

(b) 求F_{N1}、F_{N4}的受力图　　(c) D结点受力图　　(d) 求F_{N3}、F_{N2}的受力图

图 3-19　K 式桁架示意图

$$F_{N1} \times a + F_{Ay} \times 2a - \frac{F_P}{2} \times 2a - F_P \times a = 0$$

整理后得

$$F_{N1} = -4F_P$$

同理,对 E 点取矩,可求得 4 杆内力:

$$F_{N4} \times a - F_{Ay} \times 2a + \frac{F_P}{2} \times 2a + F_P \times a = 0$$

$$F_{N4} = 4F_P$$

（3）以结点 D 为隔离体如图 3-19c 所示（结点法）,列水平投影方程 $\sum F_x = 0$ 有

$$F_{N2} + F_{N3} = 0$$

即

$$F_{N2} = -F_{N3}$$

可知 2、3 杆内力等值反向。

（4）用 Ⅱ-Ⅱ 截面从杆 1、2、3、4 处将桁架截开,其左边部分隔离体如图 3-19d 所示（截面法）。由 $\sum F_y = 0$ 可得

$$F_{N2} \times \frac{0.5a}{\sqrt{a^2 + (0.5a)^2}} - F_{N3} \times \frac{0.5a}{\sqrt{a^2 + (0.5a)^2}} + F_{Ay} - \frac{F_P}{2} - F_P - F_P = 0$$

联立求解可得

$$F_{N2} = -F_{N3} = -\frac{\sqrt{5}}{4}F_P$$

上述分析过程表明,如果要求 ED 或 DC 杆内力,应先确定相邻节间斜杆（C 左节间斜杆）的

内力,然后再用结点法(结点 E、C)求解。

3-3-5　杆件代替法

杆件代替法是计算复杂桁架的一种普遍方法。其思路是将不便于计算的复杂桁架,用代替杆件的办法将其改造成为简单桁架或联合桁架,也可以说是将一个未知的问题转换成一个已知问题。设被代替杆件内力为基本未知量 X,对于代替后的桁架(它是简单或联合桁架)而言,在荷载与未知量 X 共同作用下,代替杆的内力可以方便地求出。可是代替杆件实际是不存在的,因此在荷载与未知量 X 共同作用下其内力一定为零。利用这一条件(即所建立的补充方程)就可求出基本未知量 X。现以图 3-20a 所示的复杂桁架为例,具体说明如何以杆件代替法进行求解。

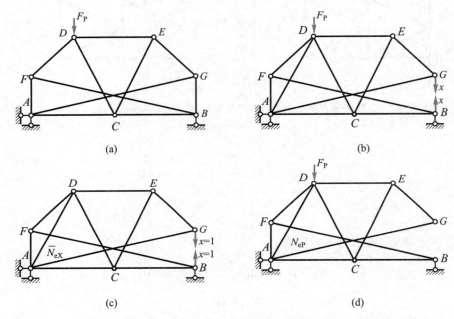

(a)　　　　　　　　　　　　　　　(b)

(c)　　　　　　　　　　　　　　　(d)

图 3-20　复杂桁架的杆件代替法示意图

设将杆 GB 去掉,加上杆 DA,便成为图 3-20b 所示的简单桁架,称为代替桁架。去掉的杆 GB 称为被代替杆,加上去的杆 DA 称为代替杆。将原荷载 F_P 加到代替桁架上,并在被代替杆两端的结点 G、B 上加上原桁架中杆 GB 的内力 x,由于代替杆 DA 是原桁架所没有的,所以该杆内力应当等于零。根据这个条件即可求出被代替杆 GB 的内力。

代替桁架中任一杆的内力 N_i 均为荷载 F_P 及 x 的函数,根据叠加原理可写成

$$N_i = \overline{N}_{iX} \cdot x + N_{iP} \tag{A}$$

式中,$\overline{N}_{iX}$ 是 $x=1$ 单独作用时在杆 i 中引起的内力;N_{iP} 是荷载单独作用时在杆 i 中引起的内力。

设代替杆 DA 的内力为 N_e,则根据 N_e 等于零的条件有

$$N_e = \overline{N}_{eX}x + N_{eP} = 0$$

由此得

$$x = -\frac{N_{eP}}{\overline{N}_{eX}} \tag{B}$$

式中 $\overline{N}_{eX}$、N_{eP} 分别如图 3-20c、d 所示。

由上式求出被代替杆的内力 x 后,其他各杆的内力即可用通常的方法计算,也可按叠加法 [即用式(A)]计算。

将一个复杂桁架变成简单桁架的方式不是唯一的。如图 3-20a 所示桁架,也可以变成图 3-21a 所示的简单桁架,也可以去掉一根杆而以一个支座链杆代替,如图 3-21b 所示。或者反过来,在多支座桁架中,也可以将一个支座链杆去掉而用桁架内部的一根杆件代替。但应当注意:所选取的代替桁架必须是几何不变的,同时在荷载及 X 作用下应使计算尽可能简单。

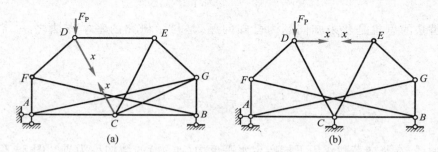

图 3-21　杆件代替法的另两种方案

[例题 3-4]　求图 3-22a 所示复杂桁架 CG 杆的内力。

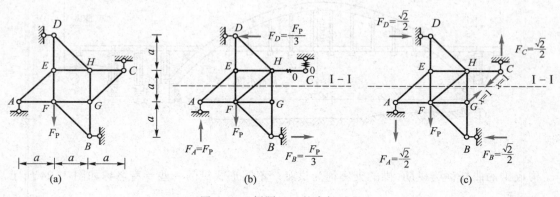

图 3-22　例题 3-4 的求解过程

解:(1) 将 CG 杆去掉,加上代替杆 HF,如图 3-22b 所示简单桁架。

(2) 计算在荷载 F_P 单独作用下 HF 杆的内力。先去掉结点 C 上的两个零杆,然后由整体平衡条件求出支座反力(图 3-22b),再由结点 A 的平衡条件求得 $N_{AE} = -\sqrt{2}F_P$,最后作截面 I-I,取上部为隔离体,由 $\sum F_x = 0$ 求得

$$N_{HF,P} = \frac{2\sqrt{2}}{3}F_P$$

（3）计算在 $x=1$ 单独作用下（图 3-22c）HF 杆的内力。由结点 C 求得 $F_C=\dfrac{\sqrt{2}}{2}(\uparrow)$，再由整体平衡条件 $\sum F_y=0$ 求得 $F_A=\dfrac{\sqrt{2}}{2}(\downarrow)$，由结点 A 得 $N_{AE}=1$。利用截面 I-I，取上部为隔离体，由 $\sum F_x=0$，得

$$N_{HF,x}=-1$$

（4）由公式（B）得

$$N_{CG}=x=-\frac{N_{HF,P}}{N_{HF,x}}=\frac{-\dfrac{2\sqrt{2}}{3}F_P}{-1}=\frac{2\sqrt{2}}{3}F_P$$

　　杆件代替法的思想是化未知问题为已知问题，是科学研究的基本方法之一，希望能切实掌握。

§3-4　三铰拱受力分析

　　轴线为曲线、在竖向荷载作用下能产生水平反力（推力）的结构称为拱。图 3-20 所示为拱桥；图 3-23 所示为几种静定拱的不同形式。

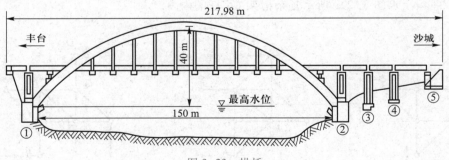

图 3-23　拱桥

　　构成拱的曲杆称为拱肋，拱的支座称为拱趾。不同形式拱的一些专有名称如图 3-24 所示。

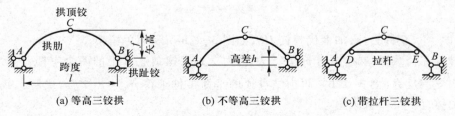

(a) 等高三铰拱　　　　(b) 不等高三铰拱　　　　(c) 带拉杆三铰拱

图 3-24　静定拱的不同形式及一些名称

　　具有与拱相同跨度且承受相同竖向荷载的简支梁称为等代梁，简称代梁。在拱的受力分析

中常用代梁作对比。

3-4-1 拱反力计算

图 3-24a、b 所示的拱都有四个反力,而以整体为对象只有三个独立平衡方程,故无法求得全部支座反力。由于属于三刚片组成,故可按双截面法来求解。

等高拱 先取整体作隔离体,对拱趾铰取矩可求竖向反力,再取受力简单部分为隔离体,对拱顶铰取矩可求水平反力。只有竖向荷载作用时,竖向反力与代梁反力相同,水平反力等值反向,称为**推力**,记作 F_H,可证明 $F_H = M_C^0/f$。式中 M_C^0 为代梁对应于顶铰 C 处截面上的弯矩。

不等高拱 先取整体为对象,对受力较多拱肋的拱趾铰取矩,再由受力简单部分对拱顶铰 C 取矩,联立求解此两力矩方程,可得受力简单部分拱趾铰反力。另两个反力由整体平衡来求解(方法并不唯一,读者可自行研究)。

[**例题 3-5**] 试求图 3-25a、b 所示等高三铰拱和不等高三铰拱的支座反力。

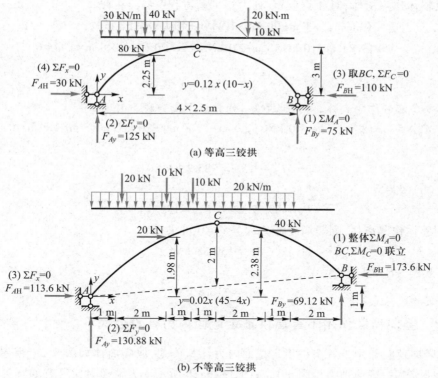

(a) 等高三铰拱

(b) 不等高三铰拱

图 3-25 拱的反力计算示意图

解:对理论力学、材料力学掌握较好的读者,可略过下面详细的求解过程(以下例题均如此),可直接看图 3-25a、b 所示两拱在相应荷载作用下的反力计算过程和结果(括号中数字表示求解步骤)。

(1)等高三铰拱反力计算

● 先取整体作隔离体,对 A 点取矩,列力矩平衡方程 $\sum M_A = 0$ 有

$F_{By} \times 10$ m-80 kN$\times 2.25$ m-40 kN$\times 2.5$ m-10 kN$\times 7.5$ m-30 kN/m$\times 5$ m$\times 2.5$ m-20 kN $\cdot$ m$=0$

整理后可得

$$F_{By} = 75 \text{ kN}$$

列竖向投影方程 $\sum F_y = 0$ 可得

$$F_{Ay} = 125 \text{ kN}$$

• 再取 BC 部分作隔离体,对 C 点取矩,列力矩平衡方程 $\sum M_C = 0$ 有

$$F_{BH} \times 3 \text{ m}-F_{By} \times 5 \text{ m}+10 \text{ kN} \times 2.5 \text{ m}+20 \text{ kN} \cdot \text{m} = 0$$

整理后可得

$$F_{BH} = 110 \text{ kN}$$

利用整体作隔离体,列水平投影方程 $\sum F_x = 0$ 可得

$$F_{AH} = 30 \text{ kN}$$

（2）不等高三铰拱反力计算

• 先取整体作隔离体,对 A 点取矩,列力矩平衡方程 $\sum M_A = 0$ 有

$$F_{By} \times 10 \text{ m}+F_{BH} \times 1 \text{ m}-20 \text{ kN} \times 1.98 \text{ m}-40 \text{ kN} \times 2.38 \text{ m}-$$

$$20 \text{ kN} \times 1 \text{ m}-10 \text{ kN} \times 3 \text{ m}-10 \text{ kN} \times 4 \text{ m}-20 \text{ kN/m} \times 8 \text{ m} \times 4 \text{ m} = 0$$

简化后可得

$$10F_{By}+F_{BH}-864.8 \text{ kN} = 0 \tag{a}$$

• 再取 BC 部分作隔离体,对 C 点取矩,列力矩平衡方程 $\sum M_C = 0$ 有

$$F_{By} \times 5 \text{ m}-F_{BH} \times 1.5 \text{ m}+40 \text{ kN} \times (2.5 \text{ m}-2.38 \text{ m})-20 \text{ kN/m} \times 3 \text{ m} \times 1.5 \text{ m} = 0$$

简化后可得

$$5F_{By}-1.5F_{BH}-85.2 \text{ kN} = 0 \tag{b}$$

联立式（a）、（b）解得

$$F_{By} = 69.12 \text{ kN} \text{ , } F_{BH} = 173.6 \text{ kN}$$

• 利用整体作隔离体,列竖向投影方程 $\sum F_y = 0$ 可求得

$$F_{Ay} = 130.88 \text{ kN}$$

列水平投影方程 $\sum F_x = 0$ 可得

$$F_{AH} = 113.6 \text{ kN}$$

3-4-2 竖向荷载作用下等高拱指定截面内力计算公式

为建立竖向荷载作用下等高拱指定截面内力计算公式,取隔离体如图 3-26 所示（图中所标的力都是正向,注意:截面轴力压为正）,由图 3-26a、b 所示受力情形对比可有如下关系:

$$F_x = F_H, \qquad F_y = F_Q^0, \qquad M = M^0-F_H y \tag{3-2a}$$

其中,带上角 0 的内力为代梁的内力。y 由给定的拱轴方程计算。再由图 3-26a、c 所示对比拱肋同一点的两截面受力,设指定截面的切线倾角为 φ（可由轴线方程求导获得,逆时针为正）,由沿截面和沿截面法向投影,可得内力公式为

$$F_Q = F_y \cos \varphi-F_x \sin \varphi = F_Q^0 \cos \varphi-F_H \sin \varphi$$

$$F_N = -(F_y \sin \varphi+F_x \cos \varphi) = -(F_Q^0 \sin \varphi+F_H \cos \varphi) \tag{3-2b}$$

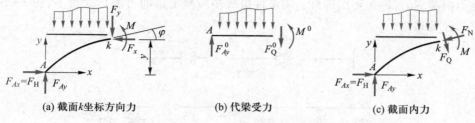

(a) 截面k坐标方向力   (b) 代梁受力   (c) 截面内力

图 3-26   拱内力公式分析过程

需要指出,有水平荷载作用和不等高三铰拱等情形,上述公式是不适用的。这时需要由截面法直接求解内力。

3-4-3   合理拱轴

使拱在给定荷载下只产生轴力的拱轴线,被称为与该荷载对应的合理拱轴。当拱轴线为合理拱轴时,拱截面上只受压力(弯矩和剪力均为零)、应力均匀分布,因此材料能充分发挥作用。

对给定竖向荷载作用的拱,令 $M=M^0-F_H y=0$ 可得到合理拱轴为 $y=M^0/F_H$。这表明,与代梁弯矩图成比例的轴线为合理拱轴。因此对满跨均布荷载,合理拱轴为二次抛物线。

[例题 3-6] 试在图 3-27a 所示荷载下,确定矢高为 f、跨度为 l 的三铰拱的合理拱轴。

解:根据图 3-27a 所示荷载可作出 3-27b 代梁弯矩图,由 $y=M^0/F_H=M^0 f/M_C^0$ 可知,只要将代梁弯矩图翻过来并乘以系数 f/M_C^0,则此"弯矩图形状"就是所示荷载的合理拱轴,如图 3-27c 所示。

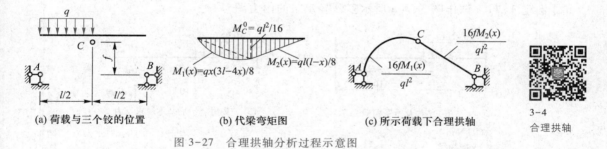

(a) 荷载与三个铰的位置   (b) 代梁弯矩图   (c) 所示荷载下合理拱轴

3-4
合理拱轴

图 3-27   合理拱轴分析过程示意图

对非竖向荷载作用情形,如受静水压力作用的拱,可由式(3-1)曲杆平衡方程和合理拱轴定义来确定合理拱轴。对于均匀静水压力作用下的拱,可证明合理拱轴为圆弧线。

§3-5   梁、刚架及组合结构的受力分析

3-5-1   多跨静定梁

由一些基本部件(图 3-28)按静定结构组成规则组合而成、杆轴共线的受弯结构,称为多跨静定梁。能独立(不需要其他部件支撑)承担荷载的部件称为基本部分。否则,需要其他部件的

支撑才能承担荷载的,称为附属部分。用部件组成多跨静定梁的可能形式很多,图 3-29 所示只给出其中几种形式。

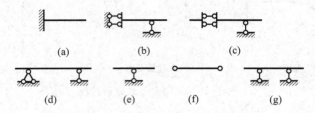

图 3-28 组成多跨静定梁的可能部件示意图

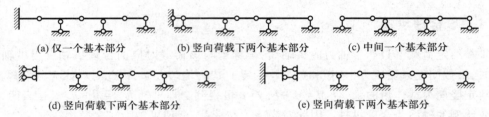

(a) 仅一个基本部分　　(b) 竖向荷载下两个基本部分　　(c) 中间一个基本部分

(d) 竖向荷载下两个基本部分　　　　(e) 竖向荷载下两个基本部分

图 3-29 几种可能的多跨静定梁构造示意图

从多跨静定梁的组成可知,其部件都是单跨梁,因此,只要注意部件间的相互作用和反作用关系,根据各单跨梁所受荷载和单跨梁作内力图的方法,按组成相反顺序"先附属部分,后基本部分",先求支座反力和支座截面控制弯矩,然后用微分关系即可作出多跨静定梁的内力图。

[例题 3-7] 试作图 3-30a 所示多跨静定梁的内力图。

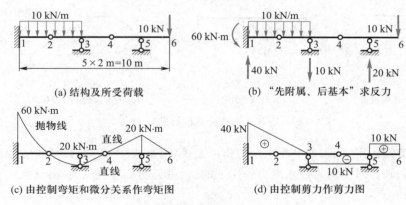

(a) 结构及所受荷载　　　　　　(b) "先附属、后基本"求反力

(c) 由控制弯矩和微分关系作弯矩图　　　(d) 由控制剪力作剪力图

图 3-30 多跨静定梁求解过程及弯矩、剪力图

读者也可直接看图 3-30b、c、d 中所示多跨静定梁的求解过程示例。

解:(1) 图 3-30a 所示结构的组成顺序为,首先 1-2 基本部分与地基组成几何不变体,接着是 2-3-4 附属部分与 1-2 和地基组成不变体,最后为 4-5-6 附属部分。求解将按照与此相反的顺序进行。

(2) 先取 4-5-6 附属部分为隔离体,对 4 点取矩求 5 处支座反力 F_{5y},由 $\sum M_4 = 0$ 有

$$F_{5y} \times 2 \text{ m} - 10 \text{ kN} \times 4 \text{ m} = 0$$

整理后可得

$$F_{5y} = 20 \text{ kN}$$

再取 2-3-4-5-6 部分为隔离体,对 2 点取矩求 3 处支座反力 F_{3y},由 $\sum M_2 = 0$ 有

$$F_{3y} \times 2 \text{ m} - 10 \text{ kN} \times 8 \text{ m} + 20 \text{ kN} \times 6 \text{ m} - 10 \text{ kN/m} \times 2 \text{ m} \times 1 \text{ m} = 0$$

整理后可得

$$F_{3y} = -10 \text{ kN}(向下)$$

最后取整体作隔离体,对 1 点取矩求 1 处反力矩 M_1,由 $\sum M_1 = 0$ 有

$$M_1 - 10 \text{ kN} \times 10 \text{ m} + 20 \text{ kN} \times 8 \text{ m} - 10 \text{ kN} \times 4 \text{ m} - 10 \text{ kN/m} \times 4 \text{ m} \times 2 \text{ m} = 0$$

整理后可得

$$M_1 = 60 \text{ kN} \cdot \text{m}$$

列竖向投影方程 $\sum F_y = 0$ 可得

$$F_{1y} = 40 \text{ kN}$$

支座反力如图 3-30b 所示。

(3)按照组成相反顺序,由控制截面弯矩和微分关系以及区段叠加法作出各段的弯矩图。

• 5-6 杆为悬臂部分,从静力等效角度可将 5 结点视作固定端(注意:仅在计算 5-6 杆内力时才可如此),这样 5-6 杆在作弯矩图时就可比照悬臂梁(实际上,支座反力求出后,与支座相连的杆件都可以完全按照悬臂梁来作弯矩图,这种方法在刚架作弯矩图时也是有效的)。

• 铰 4 处弯矩为零,3-4 杆和 4-5 杆无荷载,因此剪力相等,弯矩图为一条直线,而 5 点弯矩已求出,由 4、5 点弯矩连线可以得到 3-4、4-5 杆件弯矩图。

• 2-3 杆的铰 2 弯矩为零,3 点弯矩已求,且 2-3 杆上有均布荷载,利用区段叠加法作出 2-3 杆弯矩图。

• 1-2 杆的 1、2 端弯矩已求,同样利用区段叠加法可作出 1-2 杆段的弯矩图(图 3-30c)。

(4)剪力图可根据已求得的支座反力和荷载,像材料力学一样自左向右应用微分关系作出(图 3-30d)。

也可以由弯矩图,取直杆段为隔离体,利用力矩平衡条件可以求出直杆段两端剪力,由控制截面剪力和微分关系作出各直杆段剪力图(这种方法在作刚架剪力图时常用)。

3-5-2 静定刚架

刚架也称为框架,是工程中最常见的结构形式之一,一般都是超静定的。但也有如图 3-31a 所示的小型厂房框架是静定的,其计算简图如图 3-31b 所示。

静定刚架按组成方式有"单体刚架""三铰刚架"和具有基本-附属关系的"基附型刚架",分别如图 3-32 所示。

1. 单体刚架

单体刚架的分析计算过程与静定梁类似。但需注意:对悬臂式单体刚架,只要取悬臂端部分作受力图,用平衡方程求控制截面弯矩即可。否则,应先求反力(不一定都求)再求控制截面弯矩,最后用区段叠加法作弯矩图,进一步按作内力图顺序作剪力图和轴力图。

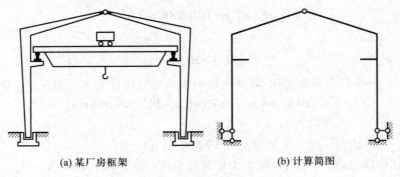

(a) 某厂房框架　　　　　　　　　　(b) 计算简图

图 3-31　某厂房框架及计算简图

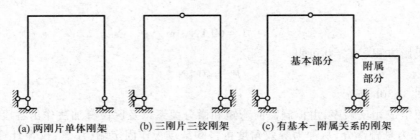

(a) 两刚片单体刚架　　(b) 三刚片三铰刚架　　(c) 有基本-附属关系的刚架

图 3-32　静定刚架示意图

[例题 3-8]　图 3-33a 所示为悬臂单体刚架,试作内力图。

读者也可直接看图 3-33b、c、d、e 所示单体刚架的求解过程示例。

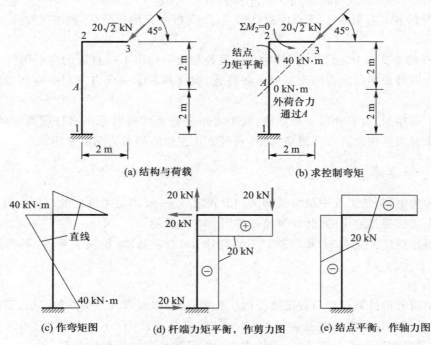

(a) 结构与荷载　　　　　　　(b) 求控制弯矩

(c) 作弯矩图　　(d) 杆端力矩平衡,作剪力图　　(e) 结点平衡,作轴力图

图 3-33　单体刚架内力示意图

解：根据受弯结构内力计算方法，按照弯矩图、剪力图、轴力图的顺序进行求解。

（1）截取 2-3 杆为隔离体，对 2 点取矩可得杆端弯矩为

$$M_{23} = -40 \text{ kN} \cdot \text{m}$$

（2）取结点 2 为隔离体，列力矩平衡方程可得杆端弯矩为

$$M_{21} = 40 \text{ kN} \cdot \text{m}$$

（3）因为悬臂部分上荷载"合力"作用线通过 A 点，因此 A 点的弯矩为零。

有了上述控制截面弯矩，利用微分关系（当荷载复杂时需要利用区段叠加法）根据杆上荷载即可作出弯矩图，如图 3-33c 所示。

（4）分别取杆件 1-2 和 2-3 为隔离体，在已知杆端弯矩的条件下，对杆端取矩可求得杆端剪力（杆上无荷载，杆端剪力数值等于杆端弯矩之和除以杆长，即剪力与杆端弯矩平衡）：

$$F_{Q12} = -20 \text{ kN}, \quad F_{Q23} = 20 \text{ kN}$$

有了杆端剪力，即可像材料力学一样作出剪力图，如图 3-33d 所示。

同理

$$F_{N12} = F_{N23} = -20 \text{ kN}$$

由此可作轴力图如图 3-33e 所示。

2. 三铰刚架

三铰刚架是由两个无多余约束刚接直杆部分（刚片）像三铰拱一样用三个铰组成的静定结构。三铰刚架支座反力计算方法与三铰拱完全一样，因为杆轴都是直线，因此内力分析过程比三铰拱还要简单。关键在于求反力：对等高三铰刚架，首先以整体结构为隔离体，对底铰取矩；以部分结构（一个刚片）为隔离体，对顶铰取矩，即可解决反力计算。对不等高三铰刚架，应该按 3-2-2 节介绍的双截面法来求解。

3-5
三铰刚架双
截面法

[例题 3-9]　试作图 3-34a 所示三铰刚架在铰 C 处有一对力偶荷载作用下的内力图。

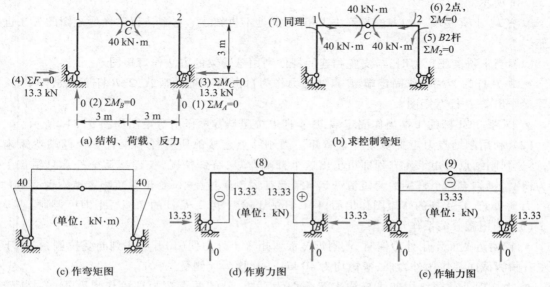

图 3-34　三铰刚架分析过程示例

读者也可直接看图 3-34 所示的三铰刚架分析过程示例(图中带括号数字均表示求解步骤)。

解法 1：本题三铰刚架是按照三刚片规则组成的,需要取两次隔离体,列两个力矩平衡方程,解联立方程求得支座反力。作内力图的方法和顺序与单体刚架类似。

(1) 取整体作隔离体,对 A 点取矩,列力矩平衡方程 $\sum M_A = 0$ 得

$$F_{By} = 0$$

(2) 利用整体作隔离体,对 B 点取矩,列力矩平衡方程 $\sum M_B = 0$ 得

$$F_{Ay} = 0 \quad (\text{也可列竖向投影方程} \sum F_y = 0 \text{求得})$$

(3) 取 BC 部分为隔离体,对 C 点取矩,列力矩平衡方程 $\sum M_C = 0$ 得

$$F_{Bx} \times 3 \text{ m} - F_{By} \times 3 \text{ m} - 40 \text{ kN} \cdot \text{m} = 0$$

即得

$$F_{Bx} = 13.3 \text{ kN}$$

(4) 取整体作为隔离体,列水平投影方程 $\sum F_x = 0$ 可得

$$F_{Ax} = 13.3 \text{ kN}$$

(5) 取 2-B 杆件作隔离体,对 2 点取矩,列力矩平衡方程 $\sum M_2 = 0$ 得

$$M_{2B} = 40 \text{ kN} \cdot \text{m}$$

(6) 截取结点 2 作隔离体,列力矩平衡方程 $\sum M_2 = 0$ 得

$$M_{2C} = 40 \text{ kN} \cdot \text{m}$$

(7) 与(5)、(6)步骤同理,求结点 1 两端的弯矩为

$$M_{1A} = M_{1C} = 40 \text{ kN} \cdot \text{m}$$

由所求杆端弯矩,利用微分关系即可作出弯矩图如图 3-34c 所示。

(8) 根据已求反力、弯矩图,利用微分关系作出剪力图如图 3-34d 所示。

(9) 根据已作出的剪力图,取结点作隔离体,利用投影平衡条件求轴力,作出轴力图如图 3-34e 所示。

解法 2：求支座反力的方法与解法 1 相同,此处不再叙述。本解法仅对作弯矩图的方法进行补充。

(1) 当求得支座反力时,与支座相连的杆件利用悬臂梁的方法作弯矩图。

• 2-B 杆的 2 端当作固定端,B 点的反力作为自由端 B 处的荷载,2-B 杆变成悬臂梁,按照悬臂梁作出 2-B 杆弯矩图。

• 同理,1-A 杆的 1 端当作固定端,1-A 杆也按照悬臂梁作出弯矩图如图 3-34c 所示。

(2) 利用刚结点力矩平衡条件求弯矩。当刚结点连接的所有杆端仅有一个杆端弯矩未知时,通过列刚结点力矩平衡方程即可求出这个杆端弯矩;特殊情况,仅连接两个杆端且结点上无外力偶时,刚结点两个杆端的弯矩值一定等值且使同侧受拉(这一结论对超静定结构也适用)。

当 2-B 杆、1-A 杆的弯矩图作出后,1-C 杆的 1 端弯矩、2-C 杆的 2 端弯矩即可得到。

(3) 利用微分关系作弯矩图。

• 铰附近截面作用外力偶时,铰附近截面弯矩等于外力偶(切开铰来判断受拉侧)。由于铰 C 左右两侧截面都作用外力偶,弯矩均为 40 kN·m(均为上侧受拉)。

• 无横向外荷载作用的直杆段上弯矩图为直线,已知两点弯矩即可作出弯矩图。特殊情

况,当剪力为零时直杆段上弯矩为常数,已知一点弯矩即可作出弯矩图。由此可作出 1-C 杆、2-C 杆的弯矩图如图 3-34c 所示。

实际上由竖向反力为零可知,1-C 杆、2-C 杆剪力为零,1-C 杆、2-C 杆弯矩图利用铰 C 处弯矩即可作出。

(4)当已知直杆段两端弯矩时,利用区段叠加法作弯矩图。直杆段上有外荷载,需要叠加作出弯矩图;若无外荷载,杆端弯矩直接连线不需要叠加。

上述 1-C 杆、2-C 杆的弯矩图也可由区段叠加法得到(图 3-34c)。

3. 有基本-附属关系的刚架

这类刚架的分析过程与多跨静定梁一样,首先分清哪里是基本和附属部分,然后按先分析附属部分后分析基本部分的顺序作计算,此时应注意各部分之间的作用-反作用关系。

[例题 3-10] 试作图 3-35a 所示基附型刚架的弯矩图和剪力图。

解:本题为基附型刚架,其中 *FGH*、*IKJ* 为附属部分,*ADCEB* 为基本部分。先求解两个附属部分,求出附属部分的约束力再求解基本部分。基本部分为三铰刚架,是按照三刚片规则组成的,需要取两次隔离体,列两个力矩平衡方程,解联立方程求得支座反力。

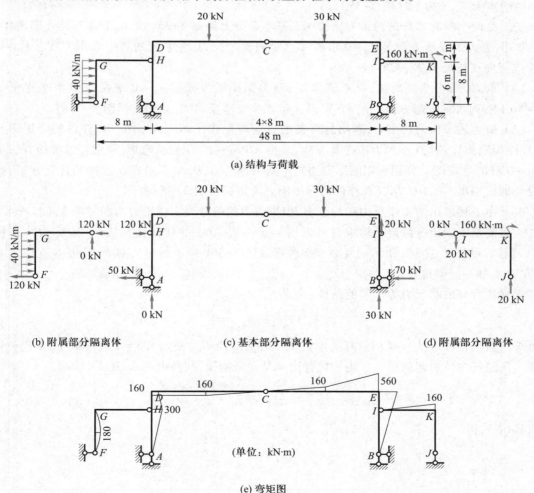

(a) 结构与荷载

(b) 附属部分隔离体　　(c) 基本部分隔离体　　(d) 附属部分隔离体

(e) 弯矩图

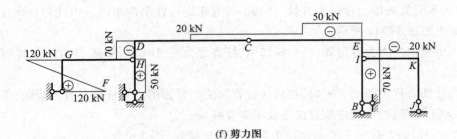

(f) 剪力图

图 3-35 有基本-附属关系刚架的弯矩和剪力

（1）取附属部分 FGH 隔离体，列竖向投影方程 $\sum F_y = 0$ 求得 H 点竖向约束力 $F_{Hy} = 0$；对 F 点取矩，列力矩平衡方程 $\sum M_F = 0$ 得 H 点水平约束力 $F_{Hx} = 120$ kN；列水平投影方程 $\sum F_x = 0$ 可得 F 点水平支座反力 $F_{Fx} = 120$ kN（图 3-35b）。

（2）取附属部分 IKJ 为隔离体，列水平投影方程 $\sum F_x = 0$ 可得 I 点水平约束力 $F_{Ix} = 0$；对 I 点取矩列力矩平衡方程 $\sum M_I = 0$ 得 J 点竖向支座反力 $F_{Jy} = 20$ kN；列竖向投影方程 $\sum F_y = 0$ 求得 I 点竖向约束力 $F_{Iy} = 20$ kN（图 3-35d）。

（3）将两个附属部分的约束力反作用到基本部分上如图 3-35c 所示，利用整体作隔离体，对 B 点取矩，列力矩平衡方程 $\sum M_B = 0$ 求得 A 点竖向支座反力 $F_{Ay} = 0$；列竖向投影方程 $\sum F_y = 0$ 求得 B 点竖向支座反力 $F_{By} = 30$ kN。

（4）取 BC 部分为隔离体，对 C 点取矩，列力矩平衡方程 $\sum M_C = 0$ 求得 B 点水平支座反力 $F_{Bx} = 70$ kN；列水平投影方程 $\sum F_x = 0$ 可得 A 点水平支座反力 $F_{Ax} = 50$ kN（图 3-35c）。

（5）由上述求出的约束力，利用悬臂梁的方法可以作出 GH、JK、AH、BE 杆件的弯矩图。取 AD 杆件为隔离体，对 D 点列力矩平衡方程，求出 AD 杆件的 D 截面弯矩，利用悬臂梁的方法可以作出 AD 杆的弯矩图。分别利用刚结点力矩平衡条件求 G、D、K、E 结点所连接的杆端弯矩，利用区段叠加法作出 GF、DC、IK、CE 杆件的弯矩图。弯矩图如图 3-35e 所示。

（6）由上述求出的支座反力和约束力，根据剪力的符号规定作出剪力图如图 3-35f 所示。

一些复杂的刚架等静定结构求解可以用第 3-3-5 节中的杆件代替法（一般称为约束代替法）。例如，可将图 3-36a 所示的复杂刚架改造成图 3-36b 所示的主从刚架：除去 G 支座竖向链杆，在 B 点加一竖向链杆。

根据代替杆的总反力等于零的条件

$$F_B = \overline{F}_{B,X} x + F_{B,P} = 0 \tag{A}$$

即可求出被代替杆 G 支座竖向链杆的反力 x，式中 $\overline{F}_{B,X}$ 及 $F_{B,P}$ 分别为 $x = 1$ 及荷载 F_P 在代替杆 B 支座竖向链杆中所引起的反力。由于代替刚架是主从刚架，故易由图 3-36c、d 求得

$$\overline{F}_{B,X} = -\frac{3}{2}, \qquad F_{B,P} = \frac{F_P}{2}$$

代入式（A），得

$$x = \frac{F_P}{3}(\uparrow)$$

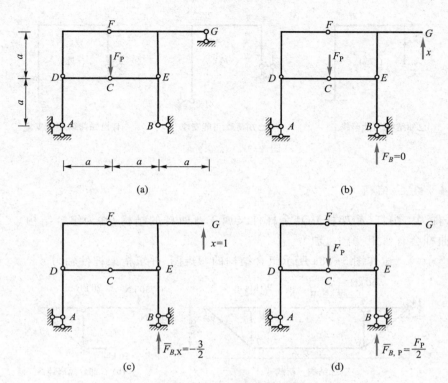

图 3-36 刚架结构的约束代替法求解过程

确定 G 支座竖向链杆的反力后,进而求出其余支座链杆反力,并绘出刚架内力图。

*3-5-3 静力学中的反分析

已知结构、荷载求反应,这属于"分析",是传统的正命题。已知结构的反应,推求结构或荷载,这属于"识别",称为反分析,也称反问题。

弹性结构的正命题解答是唯一的。反分析解答一般不唯一,视已知条件而定。例如,图 3-37a 所示仅给出了某结构在某荷载作用下的弯矩图,为满足全部平衡条件,杆段和结点的受力可能如图 3-37b 所示,如果已知结构,根据平衡条件(包括微分关系)可推测得到的荷载如图 3-37c、d 所示。如果已知荷载,同样根据平衡条件(包括微分关系)可推测得到的结构如图 3-37e、f 所示。但如果已知全部反应(弯矩图、剪力图、轴力图)和结构,要反推荷载,可以证明,其解答也是唯一的。如果已知反应和外力,反推结构则仍将是不唯一的。

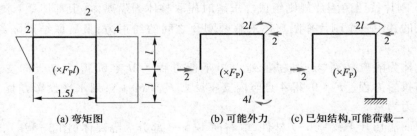

(a) 弯矩图　(b) 可能外力　(c) 已知结构,可能荷载一

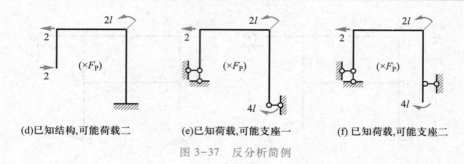

(d)已知结构,可能荷载二　(e)已知荷载,可能支座一　(f)已知荷载,可能支座二

图 3-37　反分析简例

3-5-4　组合结构

部分杆件为二力杆(桁架杆)、其余杆件又属于弯曲杆的结构,称为组合结构。二力杆只有轴力,而弯曲杆会有弯矩、剪力、轴力。

[例题 3-11]　试作图 3-38a 所示组合结构的弯矩图,并求桁架杆件轴力。

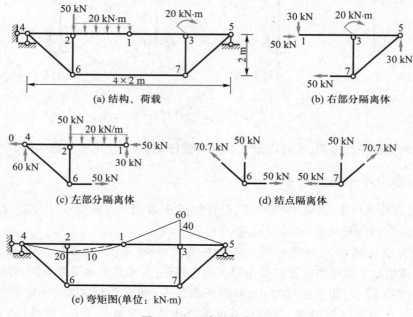

图 3-38　组合结构弯矩图

解:对图 3-38a 所示组合结构,上部体系与地基之间按照两刚片规则组成,上部体系由 4-6-1 刚片与 1-7-5 刚片按照两刚片规则组成。求解时先取整体为隔离体(上部体系)求出支座反力;再取上部体系的其中一个刚片作隔离体求解两刚片之间的约束力;最后取结点隔离体求其他桁架杆内力。

(1)取整体为隔离体对 4 点取矩,列力矩平衡方程 $\sum M_4 = 0$,得 5 点竖向支座反力 $F_{5y} = 30$ kN;列竖向投影方程 $\sum F_y = 0$,得 4 点竖向支座反力 $F_{4y} = 60$ kN;列水平投影方程 $\sum F_x = 0$,得 4 点水平支座反力为零。

(2)用截面法切开 1 铰和 6-7 杆件,取右面 1-5-7 部分为隔离体(图 3-38b),对 1 点取矩,

列力矩平衡方程 $\sum M_1 = 0$ 得 6-7 杆件轴力 $F_{N67} = 50$ kN（拉力）；列水平投影方程 $\sum F_x = 0$ 可得 1 点水平约束力 $F_{1x} = 50$ kN；列竖向投影方程 $\sum F_y = 0$ 求得 1 点竖向约束力 $F_{1y} = 30$ kN（图 3-38b）。

左面 1-4-6 部分隔离体的约束力如图 3-38c 所示。

（3）利用结点法求其他桁架杆件轴力，分别取结点 6、7 为隔离体，利用投影平衡条件求得 $F_{N16} = F_{N57} = 70.7$ kN（拉力）、$F_{N26} = F_{N37} = 50$ kN（压力）（图 3-38d）。

（4）由上述求出的 1 点处约束力，利用悬臂梁的方法可以作出 1-3 杆件的弯矩图；取 3 结点为隔离体，列力矩平衡方程求出 3-5 杆件的 3 截面的弯矩，利用微分关系作出 3-5 杆件弯矩图。同理，利用悬臂梁的方法求出 1-2 杆件 2 截面的弯矩，利用区段叠加法作出 1-2 杆件的弯矩图。2 点左右截面弯矩等值同侧，利用微分关系作出 4-2 杆件弯矩图，如图 3-38e 所示。

§3-6 各类结构的受力特点

● **桁架结构**   各杆只受轴力作用，由于杆横截面上正应力均匀分布，材料能充分发挥作用，因而是合理的结构形式。图 3-39 对作为屋架用的几种常见梁式桁架，在同样节间数、节间距和

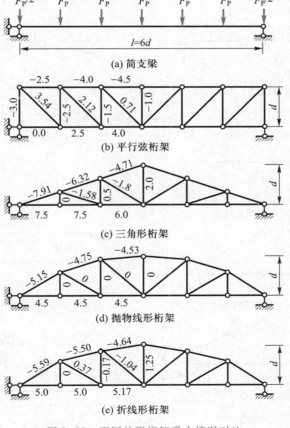

图 3-39 不同外形桁架受力情况对比

同样荷载下给出了各杆的轴力值(省略了 F_P)。读者从中可以总结出桁架各类杆内力变化规律及不同外形桁架的受力特点。对平行弦式桁架,简支梁截面弯矩由弦杆承担、剪力由腹杆承受,建议读者自行分析其间关系。

● **拱结构**　由于在竖向荷载下存在水平推力,其弯矩比等代梁小,以压力为主、压弯联合的截面应力分布比梁均匀。特别当按主要荷载情况设计为合理拱轴时,结构中弯矩很小,截面主要承受压应力,从而可使拉压强度不等的脆性材料更好发挥作用。但推力对支座的要求提高,用作屋架时或地基很软弱难以承担很大推力时,可改用拉杆承受"推力"。三铰刚架的情形与其类似。

● **多跨梁**　可利用部件的外伸部分使支座处产生负弯矩,从而相对于等跨度的简支梁可使最大弯矩值减少。因此,同样荷载作用下,比连续排放的简支梁可有更大跨度。多跨静定梁主要受弯,截面上正应力沿高度直线分布,故材料不能充分发挥作用,这是缺点。但多跨静定梁构造简单、易于施工等又是这种结构的优点。因此,设计时要综合考虑。

● **组合结构**　其中受弯杆上的链杆也会使其产生负弯矩,从而降低最大弯矩值。部件、外形的合理设计,可使受力达到最合理。有兴趣的读者可研究图 3-38 所示联合型组合结构,受沿水平长度均布竖向荷载和等节间距条件下,什么样的外形是最合理的。

图 3-40 给出了各种静定结构的弯矩值对比,可以帮助读者加深对受力特点的理解。

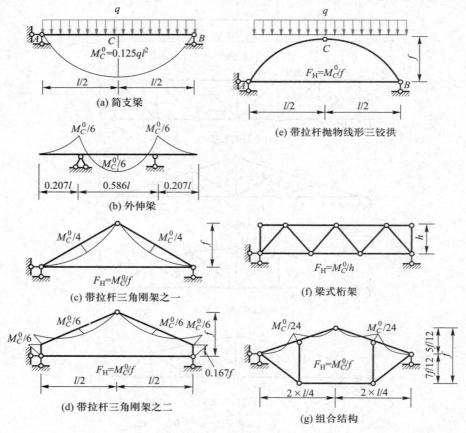

图 3-40　同样荷载、跨度各种静定结构弯矩对比

§3-7 静定结构的性质

3-7-1 静定结构解答唯一性

静定结构的内力和反力都可以仅用平衡方程确定,也可用刚体虚位移原理来确定。应用刚体虚位移原理的过程是,解除与所要求的量相对应的约束,使静定结构变成单自由度系统,使内力变成外力;然后令单自由度系统产生沿约束力方向的单位虚位移,并计算全部主动力所作的总虚功;最后由总虚功为零即可求得所要求的量。

由于静定结构是无多余约束的几何不变体系,解除一个与所要求的量相对应的约束并用"力"代替后,结构变成单自由度的几何可变体系,所要求的量变成了主动力。因为解除约束后的系统发生单位虚位移是可能和唯一的,因此应用刚体虚位移原理的虚功方程,自然可以求得唯一的、有限的约束力。这表明,一组满足全部平衡条件的解答,就是静定结构的真实解答。这是静定结构最基本的性质,称为静定结构解答唯一性。

3-7-2 用零载法对平面桁架进行组成分析

第 2 章指出,体系的计算自由度等于零并不能确定体系为几何不变体系。由于杆件布置的不恰当,体系可成为常变或瞬变体系。利用三角形规则,很容易证明简单桁架及联合桁架是否是几何不变体系;但对于复杂桁架,运用三角形规则判断其几何不变性往往遇到困难。零载法是一种比较简便的判别桁架可变性的方法。

由静定结构的解答唯一性可知,如选择一种荷载加在体系上而使体系的内力或反力有确定而唯一的值,则此体系是几何不变的;如果体系的内力或反力在所选择的荷载作用下不是确定而唯一的,则此体系是可变的。

零载法所选择的荷载是零,即对体系不加荷载。在这种情况下,如果是几何不变体系,则所有的内力及反力都等于零。而如果体系中满足平衡条件的内力或反力有不等于零的,这就与解答唯一性的原理相矛盾,则体系定是可变的。

以图 3-41 所示的复杂桁架为例。当荷载 F_P 等于零时,则支座反力都等于零。现用零载法判别该桁架的构造是否具有可变性。根据结点 G 的平衡条件,可知杆 GD 及杆 GC 的内力必须是等值而符号相反。依此可知杆 CB 与杆 DE 的内力也必须是等值而符号相反。在此情况下,作用于杆 CD 的内力不能平衡,因此,桁架不可能有内力存在,所以,桁架是几何不变的。

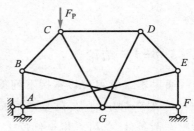

图 3-41 复杂桁架示例

3-7-3 导出的性质

根据静定结构解答唯一性这一基本性质,可导出静定结构的以下性质:

(1) 支座移动、温度改变、制造误差等因素只使结构产生位移,不产生内力、反力,如图 3-42 所示。

（2）结构局部能平衡外荷载时,仅此部分受力,其他部分没有内力,如图 3-42b 所示。

（3）结构的某一几何不变部分上的外荷载作静力等效变换时,仅使变换部分范围内的内力发生变化,如图 3-42c 所示。

（4）结构的某一几何不变部分在保持连接方式、几何不变性的条件下,用另一构造方式的几何不变体代替,则其他部分受力不变,如图 3-42d 所示。

（5）具有基本部分和附属部分的结构,当仅基本部分受荷载时,附属部分不受力,如图 3-42e 所示。

图 3-42 所示是上述导出性质的示意图,熟练地应用静定结构性质,可使分析计算得到简化。

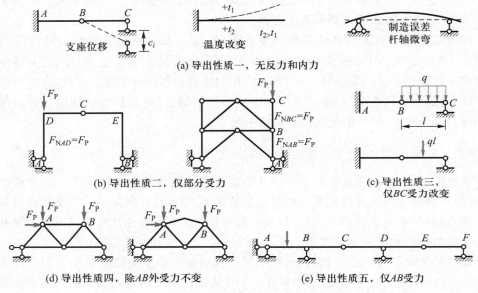

图 3-42 静定结构导出性质示意图

§3-8 结论与讨论

3-8-1 结论

通过本章学习应该掌握下列重要结论:

● 对于静定结构,只要遵循求解步骤与结构组成顺序相反,适当选取隔离体（结点或部分）,利用平衡条件,总可求得全部反力和内力。这是最基本的。

● 受弯结构的内力以弯矩为主。弯矩图作于受拉侧,步骤为:一般先求反力,然后分单元（杆段）,用截面法求"控制截面"弯矩值,在结构上对各单元由控制弯矩和单元荷载用区段叠加法（注意微分关系）作弯矩图。剪力和轴力图可在作出弯矩图后以单元、结点为对象,用平衡条件在求得控制剪力和轴力后作出。

● 通过判断单杆、零杆,利用对称性,以及适当地选取截面(这要通过在练习过程中归纳、总结来积累),可使桁架分析过程大为简化。

● 各种结构形式都有自身特点,桁架杆只受轴力,根据主要荷载设计的拱(具有对应此荷载的合理拱轴)主要承压,这两种情形下材料都能充分发挥作用。对于梁结构和刚架结构,虽然弯曲正应力在截面中性轴处很小,材料不能充分发挥作用,但梁结构简单,刚架结构可用空间大,设计时也要综合考虑这些因素,以便合理地确定结构"选型"。

● 对称的结构,一般利用对称性可使分析得到简化;荷载不对称时,可将其分成对称荷载和反对称荷载,分别分析计算后叠加。也可利用对称性取一半结构进行分析。

● 静定结构满足平衡条件的解答是唯一的。掌握由这一基本性质所导出的性质,可提高分析速度和能力。

3-8-2　讨论

● 复杂直杆铰接体系,当不符合三角形基本规则而计算自由度又等于零时,可以利用静定结构解答唯一性进行分析。如果无荷载作用,其反力和各杆轴力均等于零能满足全部平衡条件,体系一定是静定的(无多余约束几何不变)。如果在无荷载作用的情形下,体系具有能自相平衡的"自内力",则体系中一定存在约束配置不合理,因而肯定是几何可变的。这种分析体系可变性的方法,称为零载法。零载法是否仅适用于铰接体系?是否也适用于超静定结构?除零载法外,是否还能有其他方法确定复杂体系的可变性?这些问题留给读者自己研究。

● 一些拱形桥梁结构,为了便于行车,需填土使桥梁顶面水平。请读者考虑,对这种受回填土压力作用(荷载集度与拱轴方程有关)的拱,应该如何确定合理拱轴?它的合理拱轴是什么曲线?

● 在说明静定结构解答唯一性时,介绍了用刚体虚位移原理(称为虚功法)确定静定结构某一指定反力或内力的方法。虚功法的关键是要求得单位虚位移引起的"外力"对应的位移,因此虚功法的实质是把平衡问题化为几何问题来解决。请读者考虑,能否反过来用刚体虚位移原理?比如说能否用它确定静定结构由于支座移动引起的某指定点、指定方向的位移?这一问题也留给有兴趣的读者自己研究。

本章只介绍了静定平面结构的受力分析,在此基础上应如何将求桁架内力的结点法、截面法等引申到空间静定桁架?如何把受弯结构区段叠加法引申到简单的空间刚架受力分析?请读者自行考虑。

思 考 题

1. 桁架内力计算时为何先判断零杆和某些易求杆内力?
2. 对以三刚片规则所组成的联合桁架应如何求解?
3. 静定复杂桁架应该如何求解?
4. 如何确定(数解法)三铰拱的合理拱轴?
5. 三铰拱的合理拱轴与哪些因素有关?
6. 带拉杆的三铰拱拉杆轴力如何确定?

7. 多跨静定梁分析的关键是什么？

8. 何谓区段叠加法？其作 M 图的步骤如何？

9. 作平面刚架内力图的一般步骤如何？

10. 静定组合结构分析应注意什么？

11. 区段叠加法可否在超静定结构作 M 图中使用？

12. 由 M 图作出剪力图的条件是什么？

13. 由剪力图作出轴力图的条件是什么？

14. 如何利用几何组成分析结论计算支座（约束）反力？

15. 静定结构内力分布情况与杆件截面的几何性质和材料物理性质是否有关？

16. 如何证明静定结构的解答唯一性？

17. 何谓零载法？用它分析的前提是什么？如何用它分析基本规则无法分析的体系可变性？

习　　题

3-1　试判断图示桁架中的零杆。

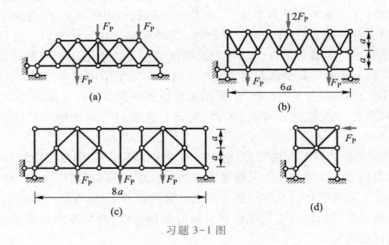

习题 3-1 图

3-2　试用结点法求图示桁架中的各杆内力。

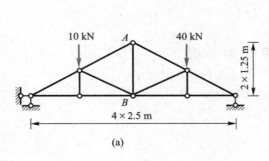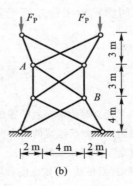

习题 3-2 图

3-3 试用结点法求图示桁架指定杆件的内力。

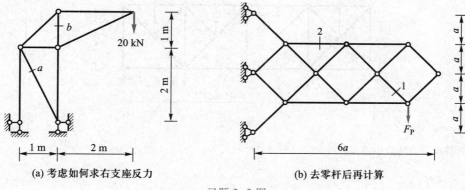

(a) 考虑如何求右支座反力 （b) 去零杆后再计算

习题 3-3 图

3-4 试用截面法求图示桁架指定杆件的内力。

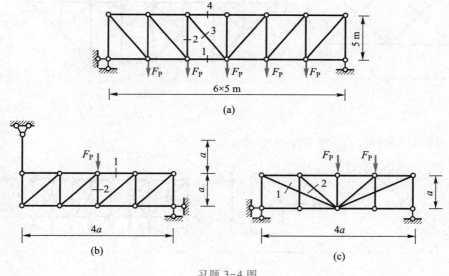

(a)

(b) (c)

习题 3-4 图

3-5 试判断图示桁架中的零杆并求 1、2 杆轴力。

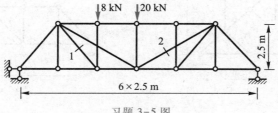

习题 3-5 图

3-6 试用对称性求图示桁架各杆内力。

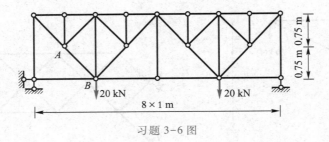

习题 3-6 图

3-7 试判断图示桁架中的零杆并求 1、2 杆轴力。

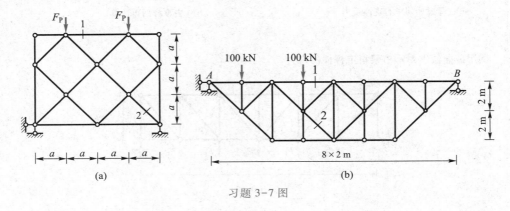

(a)　　　　　　　　　　　　　(b)

习题 3-7 图

3-8 试用较简单的方法求图示桁架指定杆件的内力。

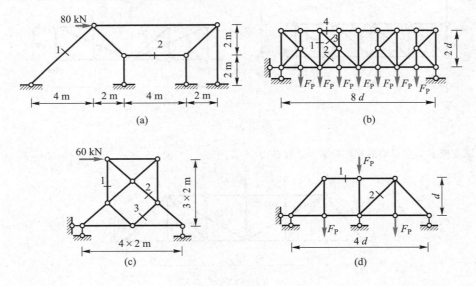

(a)　　　　　　　　　　　　　(b)

(c)　　　　　　　　　　　　　(d)

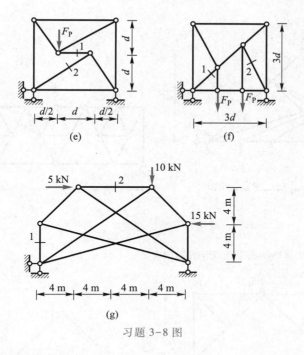

习题 3-8 图

3-9 试求解图示桁架指定杆件的内力。

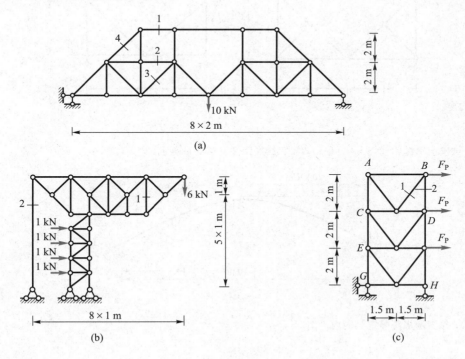

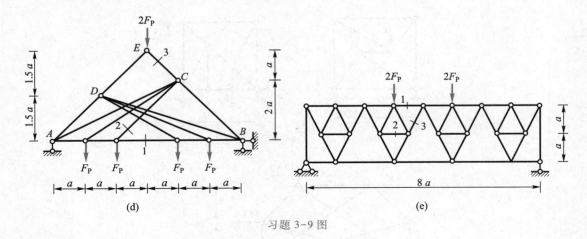

习题 3-9 图

3-10 试用杆件代替法求图示桁架指定杆件的内力。

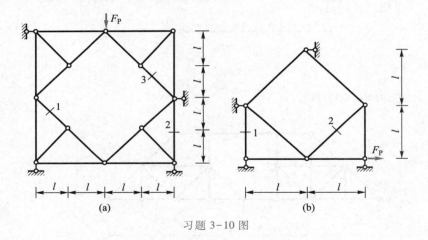

习题 3-10 图

3-11 试求图示抛物线 $[y=4fx(l-x)/l^2]$ 三铰拱距左支座 5 m 截面的内力。

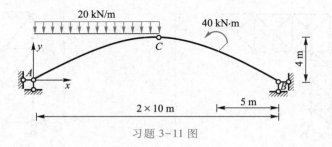

习题 3-11 图

3-12 试作图示多跨静定梁的内力图。

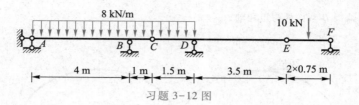

习题 3-12 图

3-13　试作图示多跨静定梁的弯矩图。

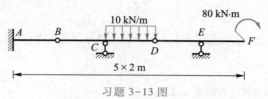

习题 3-13 图

3-14　试找出下列弯矩图中的错误。

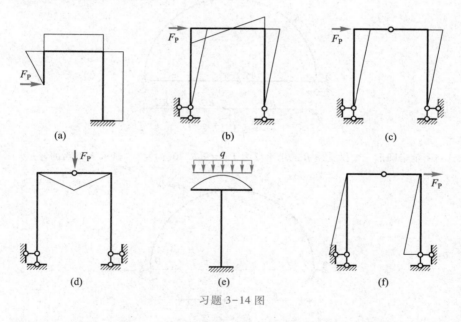

习题 3-14 图

3-15　已知:$q=1$ kN/m,$M=18$ kN·m。试计算图示半圆三铰拱结构 K 截面的内力 M_K,F_{NK}。

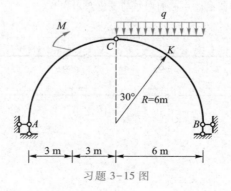

习题 3-15 图

3-16 试求图示结构 D 截面的弯矩和轴力。

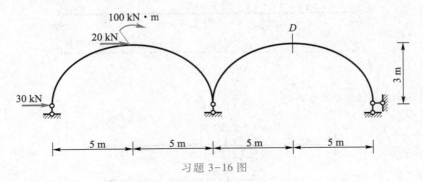

习题 3-16 图

3-17 试求图示半圆形带拉杆三铰拱截面 K 的剪力 F_{QK}。

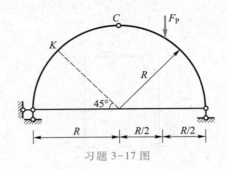

习题 3-17 图

3-18 已知图示半圆形三铰拱支座 B 的水平反力 $F_{HB} = 9qR/20$(向左)。试求 K 截面的弯矩。

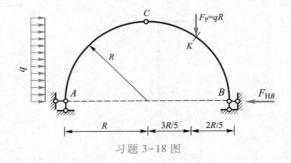

习题 3-18 图

3-19 试选择铰的位置,使中跨的跨中截面弯矩与支座弯矩相等。

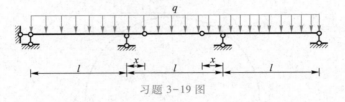

习题 3-19 图

3-20 试作图示刚架内力图。

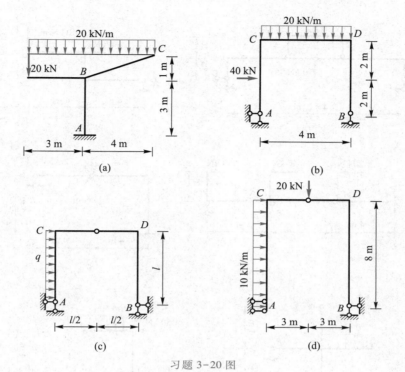

习题 3-20 图

3-21 已知结构的弯矩图，试确定一种可能的荷载。（提示：利用微分关系、刚结点平衡条件确定外荷载）

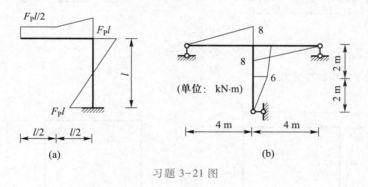

习题 3-21 图

3-22 试快速作图示刚架的弯矩图。

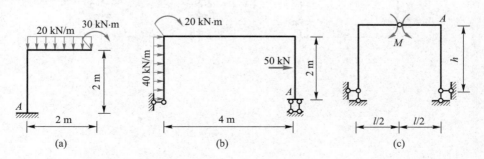

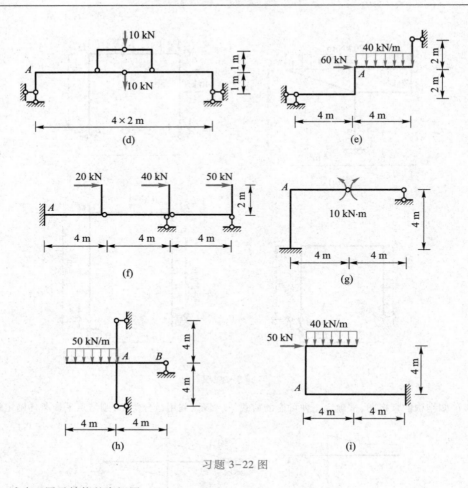

习题 3-22 图

3-23 试改正图示结构的弯矩图。

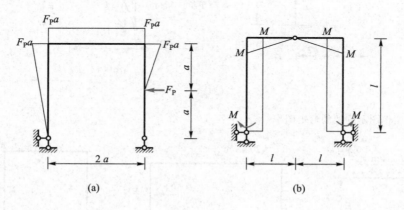

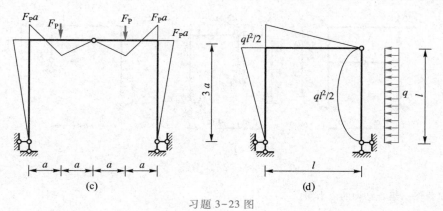

习题 3-23 图

3-24　试作图示结构的弯矩图。

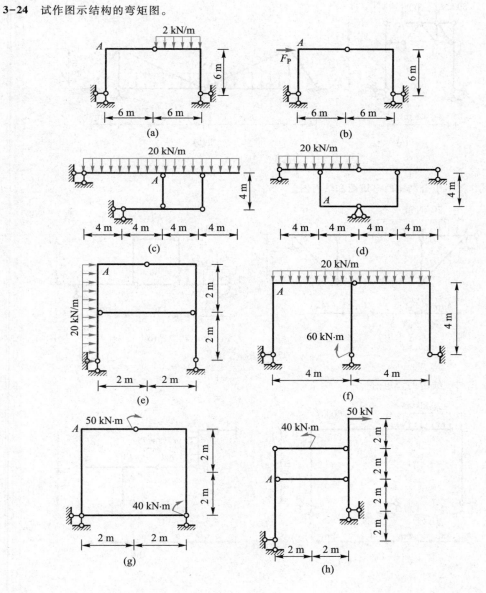

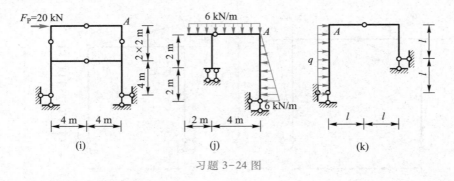

(i)　　　　　　　　(j)　　　　　　　　(k)

习题 3-24 图

3-25 试作图示组合结构的内力图。

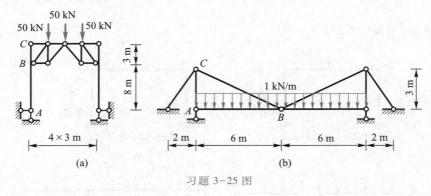

(a)　　　　　　　　　　　(b)

习题 3-25 图

3-26 试作图示组合结构的弯矩图和轴力图。

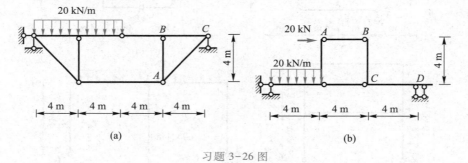

(a)　　　　　　　　　　　(b)

习题 3-26 图

3-27 试作图示结构的弯矩图。

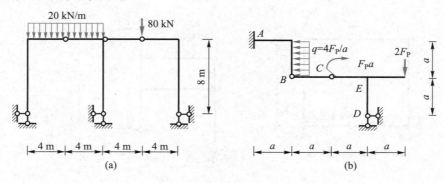

(a)　　　　　　　　　　　(b)

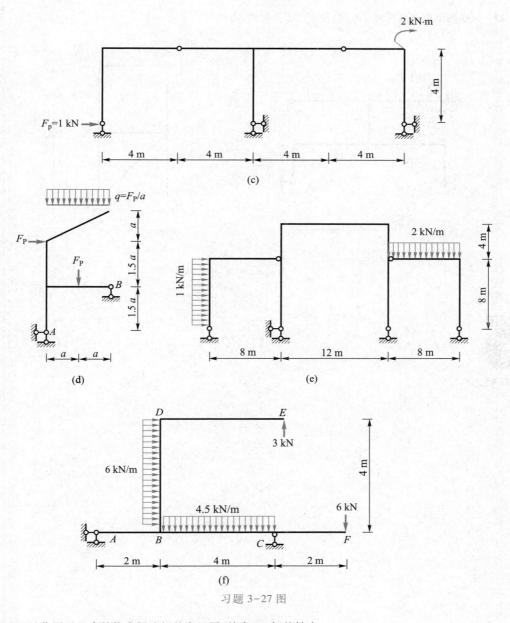

习题 3-27 图

3-28　试作图示组合结构中梁式杆的弯矩图,并求 *AB* 杆的轴力。

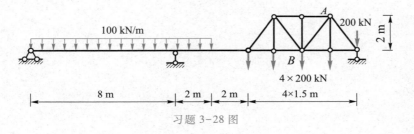

习题 3-28 图

3-29 试作图示组合结构的弯矩图,并求二力杆的轴力。

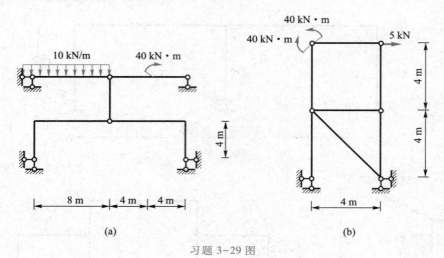

(a)　　　　　　　　　　(b)

习题 3-29 图

第4章 结构的位移计算

工程结构设计除必须满足强度要求外,还必须保证具有足够的刚度,即不能产生过大的变形,这需要计算结构的位移。此外,工程中大量的结构是超静定的,在材料力学中已经给出了解决超静定问题的基本思想,即需要综合考虑"平衡、协调和材料的物性关系"三个方面才能求得问题的解答,这也需要掌握结构的位移计算。因此,学习并掌握结构的位移计算,对本课程具有十分重要的意义。

本章首先回顾材料力学中关于杆件微段变形及变形能计算等的若干结论,在证明变形体力学最基本的原理——变形体虚功原理的基础上,推导用于位移计算的单位荷载法,建立杆系结构位移计算的公式,举例说明各种外因引起的结构位移计算,最后导出线性弹性结构的互等定理。

§4-1 弹性杆件的变形与变形能计算

材料力学中,在基本受力与变形形式下,内力与变形关系已有如下结论:

- 拉压变形   应变 $\varepsilon = \dfrac{F_N}{EA}$;   伸长 $\Delta l = \dfrac{F_N l}{EA}$

- 弯曲变形   曲率 $\kappa = \dfrac{1}{\rho} = \dfrac{M}{EI}$

- 扭转变形   扭转角 $\varphi = \dfrac{M_x}{GI_P}$

- 剪切变形   切应变 $\gamma = \dfrac{kF_Q}{GA}$

             (a)

式中,F_N、F_Q 分别为轴力和剪力(也称为切力),M、M_x 分别为弯矩和扭矩,EA、EI、GI_P 和 GA 分别为抗拉(压)、抗弯、抗扭和抗剪(抗切)刚度,l 为杆件长度。

对于线性弹性问题,弹性杆件基本受力与变形形式下的单位长度应变比能 v_ε 可按下述公式计算:

- 拉压变形 $v_\varepsilon = \dfrac{1}{2} F_N \varepsilon = \dfrac{F_N^2}{2EA} = \dfrac{1}{2} EA\varepsilon^2$

- 弯曲变形 $v_\varepsilon = \dfrac{1}{2} M\kappa = \dfrac{M^2}{2EI} = \dfrac{1}{2} EI\kappa^2$

- 扭转变形 $v_\varepsilon = \dfrac{1}{2} M_x \varphi = \dfrac{M_x^2}{2GI_P} = \dfrac{1}{2} GI_P\varphi^2$

- 剪切变形 $v_\varepsilon = \dfrac{1}{2} F_Q \gamma = \dfrac{kF_Q^2}{2GA} = \dfrac{1}{2} kGA\gamma^2$

             (b)

实质上，v_ε 为单位微元体内力所作的实功，即内力在自身所引起的变形上作的功。

§4-2　变形体虚功原理

变形体的虚功原理是适用于任意变形体的普遍原理，其应用很广，本章仅介绍用它导出位移的计算方法和计算公式，以及线性弹性体的一些互等定理等。

4-2-1　变形体虚功原理的表述与说明

1. 原理的表述

任何一个处于平衡状态的变形体，当发生任意一个虚位移时，变形体所受外力所作的总虚功 δW_e 恒等于变形体所接受的总虚变形功 δW_i，即恒有如下虚功方程成立：

$$\delta W_\mathrm{e} \equiv \delta W_\mathrm{i} \tag{4-1}$$

*2. 原理的证明

将变形体分割成若干部分（可以是有限分割，也可以是无限分割——微元体）如图 4-1a 所示。对任意一个分割部分来说，其上可能受有原有的外界荷载，为便于区别，以后称为外荷载或简称为外力；此外还有因为切割而暴露出来的相邻部分间的作用、反作用力，以后称为切割面内力。切割面内力对于所考察部分的隔离体而言，属于其他部分对隔离体的作用，是外力（图 4-1b）；但当以整个变形体为对象时，它是内部两相邻部分间的作用、反作用力，因此它又是内力。

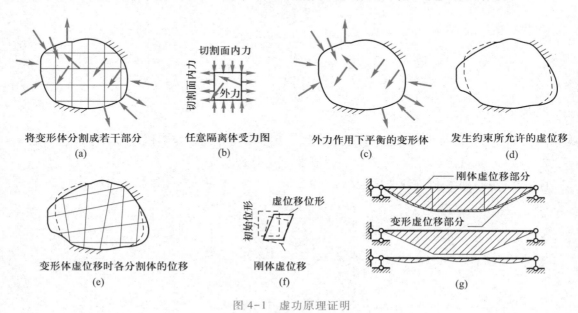

将变形体分割成若干部分
(a)

任意隔离体受力图
(b)

外力作用下平衡的变形体
(c)

发生约束所允许的虚位移
(d)

变形体虚位移时各分割体的位移
(e)

刚体虚位移
(f)

(g)

图 4-1　虚功原理证明

所谓虚位移，是指在变形体内部位移协调（光滑、连续），在边界上满足边界位移约束条件的微小位移。"虚"的含义是指位移状态和力状态无关，或者说"力"在"位移"过程中是不变的，是保守力。

虚功原理证明的基本思路是:用两种方法计算平衡变形体在发生虚位移时所作的总虚功(图4-1c、d),计算结果应该相等。

首先,将任意一个部分(隔离体)上的作用力区分成外力和切割面内力,而变形体所发生的虚位移不予区分(不分成刚体虚位移和变形虚位移),因此相邻两部分之间界面位移是光滑、连续的。这是第一种计算方案的前提,或称为出发点。在此出发点基础上,计算第 j 个隔离体上的作用力在虚位移时所作的功,因为力分为两类,所作的功也分成两类:外力所作的功 δW_{ej} 和切割面内力所作的功 $\delta W_{内j}$,对第 j 个隔离体来说外力功和切割面内力功一般都不等于零。在此基础上计算整个变形体在虚位移时所作的总外力功 δW_e,这可以由累加各隔离体的外力功而得到,即 $\delta W_e = \sum \delta W_{ej} + \sum \delta W_{内j}$。对 $\sum \delta W_{内j}$ 而言,由于虚位移是光滑、连续的,相邻部分切割面内力是作用、反作用关系,因此在求和时相邻部分切割面内力所作的功相互抵消,即 $\sum \delta W_{内j} = 0$,因此 $\delta W_e = \sum \delta W_{ej}$。

按第二种计算方案计算 δW_e:作用于隔离体上的外力不再区分成外力和切割面内力,对取出的隔离体它们都是外力。相邻隔离体的虚位移对每一隔离体可完全独立地进行刚体和变形虚位移的区分(图 4-1e、f),如果只考虑各切割体的刚体虚位移或变形虚位移,则它们在界面上将不再光滑、连续。(因为总的虚位移是光滑连续的,考察刚体虚位移时舍去了变形虚位移,自然不可能再保持光滑连续。反之也是,如图 4-1g 所示。)同样,变形体虚位移时的总虚功由累加各隔离体的总虚功而得到。因为现在分类不同,因此所得结果应该是 $\delta W_e = \sum \delta W_{刚j} + \sum \delta W_{变j}$,其中 $\delta W_{刚j}$ 为全部外力在刚体虚位移上所作的功,$\delta W_{变j}$ 为全部外力在变形虚位移上所作的功。再次强调,由于变形虚位移在界面上将不再光滑、连续,所以 $\sum \delta W_{变j}$ 不再可能相互抵消。但是,变形体是平衡的,因此,整体上外力和任意一个部分上的外力都是平衡力系。在理论力学质点系(刚体)虚位移原理中已经证明平衡力系在发生刚体虚位移时,主动力(也即这里的外力)所作的总虚功等于零,也即 $\delta W_{刚j} = 0$。因此,本方案计算结果为 $\delta W_e = \sum \delta W_{变j}$。

有了上述两种计算方案的结论,在 $\delta W_e = \sum \delta W_{ej} = \sum \delta W_{变j}$ 中引入 $\sum \delta W_{变j} = \delta W_i$ 并称为变形体所接受的总虚变形功,可得 $\delta W_e = \delta W_i$ 的虚功方程。至此,原理证毕。

3. 原理的说明

(1)虚功原理中涉及两种状态:一个是变形体处于平衡的力状态;另一个是不管产生位移原因的满足协调条件的位移状态。也就是说,两者是独立的(不相关)。

(2)由于证明过程没有用到"变形体"的力学性质,因此本原理对任意力-变形关系(力学中常称为本构关系)的可变形物体都适用。

(3)证明过程也没有限制变形体的形状、组成,因此本原理对杆系结构、平面和空间结构、板壳结构及各种组合形式的结构等都适用。因此它是力学中的一个普遍原理。

(4)虚功原理的前提条件是受力作用的变形体平衡,所发生的虚位移协调。在这一前提下有虚功方程 $\delta W_e = \delta W_i$ 恒成立的结论。因此,它是一个必要性命题。

(5)δW_i 只是引入的一个记号,它表示全部外力(外荷载及切割面内力)在变形虚位移上所作功的总和。在每个隔离体里内力的功是相互抵消的、是反映不出来的。而隔离体的切割面内力是其他物体对隔离体的作用,是外力。在取微元体(或微段)分析时,由于微元体上外荷载在变形虚位移上所作的功是高阶小量,因此总虚变形功等于应力(或内力)在虚应变(或虚变形)上所作的功。故可以把总虚变形功 δW_i 称为内力功,这也即采用 δW_i 记号的原因。但是,如果将其物理实质理解为"内力功",那就错误了。对有关内力功问题,王光远院士在《应用分析动力学》中有较详细的论述,有兴趣的读者可以自行参阅。

(6) 在一些结构力学教材和弹性力学等教材中,还介绍了变形体的虚位移原理、变形体的虚力原理(这是一对对偶的原理)等,这两个原理实质上是由变形体虚功原理改变前提条件后派生出来的。但是由于前提条件的改变,它们均变为充分必要命题。个别文献将变形体虚位移原理和变形体虚功原理等同,或将变形体虚位移原理和变形体虚力原理说成是变形体虚功原理的简单应用,都是错误的。

(7) 平衡的变形体上所受的外力可以是集中力、集中力偶、分布荷载(力和力偶)等,统称为"广义力",通常记为 P [①];从作功的角度,与上述广义力相对应的位移,可以是线位移、角位移、相对线位移和相对角位移等,它们统称为"广义位移",通常记为 Δ [②]。

4-2-2 杆系结构的虚功方程

在满足虚功原理所要求的条件(力系是平衡的,位移是协调的)时,虚功方程式(4-1)对一切变形体问题都是适用的。但是,为了应用它解决某具体问题,还必须写出该问题的具体表达式。

对于杆系结构,设所受的外荷载有广义集中力 $P_i(i=1,2,\cdots)$ 和集度为 $q_j(j=1,2,\cdots)$ 的广义分布荷载。与这些外荷载对应的虚位移记作 $\delta\Delta_{Pi}$ 和 $\delta\Delta_{qj}$ (与 $q_j\mathrm{d}s$ 相对应)。则虚功方程中的外力总虚功 δW_e 为:

$$\delta W_e = \sum_i P_i \delta\Delta_{Pi} + \sum_j \int q_j \delta\Delta_{qj}\mathrm{d}s$$

式中,第一项为广义集中力的总虚功,第二项为广义分布荷载的总虚功。要注意,对于其他变形体问题(如二维、三维问题)δW_e 的表达形式是不同的。

为了便于说明总虚变形功的计算,图 4-2 给出了任意直杆微段的两种状态。图 4-2a 所示为平衡状态中微段的受力情形示意图,图 4-2b~e 所示为虚位移状态中微段的相对变形分解示意图。例如,虚位移导致微段左、右端轴向虚位移分别为 δu 和 $\delta u + \frac{\mathrm{d}\delta u}{\mathrm{d}s}\mathrm{d}s$,微段轴向的相对伸长为 $\frac{\mathrm{d}\delta u}{\mathrm{d}s}\mathrm{d}s = \delta\varepsilon\mathrm{d}s$。由于是相对伸长,因此示意图中左端没有位移。其他变

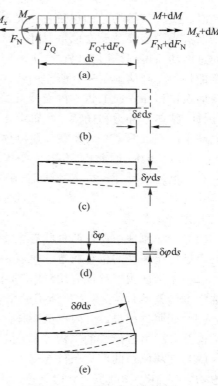

图 4-2 微段小变形示意图

---

① 在结构力学中广泛使用的广义力(包括力和力偶矩、力矩),为了体现其广义性,考虑到全书叙述的统一和表达的简洁、完整,本书仍沿用 P。

② 与注①同理,本书广义位移(包括线位移、角位移等)仍沿用 Δ。

形情况可仿此获得。由于在直杆小变形情形下,弯矩不在剪切变形、扭转变形和轴向变形上作功(这些变形不产生截面相对转角),剪力不在弯曲变形、扭转变形和轴向变形上作功等,即截面内力在相对虚变形位移上所作的功是互不耦联的。此外,微段上外荷载在虚变形位移上所作的功,相对于截面内力的虚变形功是高阶小量(仍以轴向变形为例,微段轴向分布荷载合力为 $p\mathrm{d}s$,微段中点的虚位移为 $\frac{1}{2}\delta\varepsilon\mathrm{d}s$,因此,微段上轴向荷载合力所作的虚功为

$$\frac{1}{2}p\delta\varepsilon\mathrm{d}s^2$$

轴向力虚功为

$$\left(F_N + \frac{\mathrm{d}F_N}{\mathrm{d}s}\mathrm{d}s\right)(\delta u + \delta\varepsilon\mathrm{d}s) - F_N\delta u = \frac{\mathrm{d}F_N}{\mathrm{d}s}\delta u\mathrm{d}s + F_N\delta\varepsilon\mathrm{d}s + \frac{\mathrm{d}F_N}{\mathrm{d}s}\delta\varepsilon\mathrm{d}s^2 \approx F_N\delta\varepsilon\mathrm{d}s$$

由此可见,荷载总虚功相对于轴力的虚变形功是高一阶的小量。其他情况可类似地证明)。因此,总虚变形功为

$$\delta W_i = \sum_e \int_0^l (F_N\delta\varepsilon + F_Q\delta\gamma + M\delta\kappa + M_x\delta\varphi)\mathrm{d}s$$

式中, F_N 、 F_Q 、 M 、 M_x 分别为平衡的力状态下杆件中的轴力、剪力、弯矩和扭矩。 $\delta\varepsilon$ 、 $\delta\gamma$ 、 $\delta\kappa$ 、 $\delta\varphi$ 分别为由于虚位移引起的微段虚轴向应变、虚剪切角、虚曲率、虚扭转角。 $\sum_e$ 表示对结构的所有杆件求和。

将上述结果代入虚功方程式(4-1),可得到杆系结构的虚功方程具体表达式为

$$\delta W_e = \sum_i P_i\delta_{Pi} + \sum_j \int q_j\delta_{qj}\mathrm{d}s = \sum_e \int_0^l (F_N\delta\varepsilon + F_Q\delta\gamma + M\delta\kappa + M_x\delta\varphi)\mathrm{d}s = \delta W_i \quad (4-2)$$

和式(4-1)一样,式(4-2)也适用于一切杆系结构(与材料性质无关,即既适用于线弹性结构,也适用于非线弹性结构),它是本章下面所有讨论的理论基础。

§4-3　单位荷载法及位移计算公式

虚功原理中有两种状态,与其对应可有两种应用。一种是已知平衡的力状态,应用虚功方程求位移;另一种是已知协调的位移状态,应用虚功方程求平衡的力。本节只讨论第一种应用。

4-3-1　结构的位移

工程中的结构在外界因素作用下都将产生位移(变形),结构的位移包含截面线位移、转角位移、两个截面相对线位移与相对转角位移等,图4-3所示即为各种广义位移的示意图。

利用上节的广义位移和广义力的概念,则功的表达式可改为

$$功=广义力×广义位移 \tag{4-3}$$

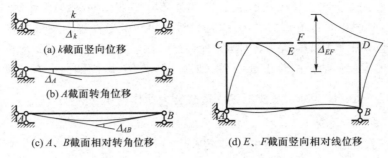

(a) k 截面竖向位移

(b) A 截面转角位移

(c) A、B 截面相对转角位移

(d) E、F 截面竖向相对线位移

图 4-3　结构可能需求位移情形

4-3-2　单位荷载法

为了说明用虚功原理导出位移计算方法的基本思路,首先需要确定虚功原理中的两种状态。

因为要求位移,所以将待求位移作为虚功原理中的位移状态,若建立一个平衡的力状态并使其在位移状态上作的虚功等于虚变形功,则可利用虚功方程求出位移。若这个平衡的力状态是对应于待求广义位移的一个单位广义力(今后将单位广义力记作 $X=1$)状态,则单位广义力在虚位移(待求位移,因为其不是由单位广义力引起的,对于单位广义力来说是虚位移)时所作的总虚功就恰好等于待求的广义位移值,这样就能通过虚变形功的计算直接求得待求的位移值。图 4-4 所示即为上述思想的示意图。

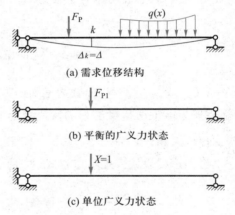

(a) 需求位移结构

(b) 平衡的广义力状态

(c) 单位广义力状态

图 4-4　求位移思路示意图

基于上述思路,若将待求广义位移记作 Δ,由虚功原理的虚功方程可得

$$1 \times \Delta = \sum_e \int_0^l (\overline{F}_N \delta\varepsilon + \overline{F}_Q \delta\gamma + \overline{M}\delta\kappa + \overline{M}_x \delta\varphi)\,\mathrm{d}s \tag{4-4}$$

式中,$\overline{F}_N$、$\overline{F}_Q$、$\overline{M}$、$\overline{M}_x$ 分别为单位广义力状态中的轴力、剪力、弯矩和扭矩;$\sum_e$ 表示对所有杆求和,积分上限 l 为杆长;$\delta\varepsilon$、$\delta\gamma$、$\delta\kappa$、$\delta\varphi$ 分别为外界因素作用下待求位移结构的轴向变形、剪切角、曲率和扭转角。

这种通过建立平衡的单位广义力状态,利用虚功方程求位移的方法,称为单位荷载法。式(4-4)适用于任何材料力学行为、任何外因的杆系结构,因此是杆系结构位移计算的一般性公式。

关于单位广义力问题的说明:

如果对图 4-4a、b 所示结构和状态利用虚功原理,根据式(4-2)虚功方程为

$$F_P \times \Delta = \sum_e \int_0^l (F_N \delta\varepsilon + F_Q \delta\gamma + M\delta\kappa + M_x \delta\varphi)\,\mathrm{d}s$$

等式两边同除 F_P 可得

$$1 \times \Delta = \sum_e \int_0^l \left(\frac{F_N}{F_P}\delta\varepsilon + \frac{F_Q}{F_P}\delta\gamma + \frac{M}{F_P}\delta\kappa + \frac{M_x}{F_P}\delta\varphi \right) \mathrm{d}s$$

由此可见,单位广义力实际上是广义力除以自身,单位广义力所引起的内力 $\overline{F}_N$、$\overline{F}_Q$ 等是内力与广义力的比值。因此,$\overline{F}_N$、$\overline{F}_Q$ 是量纲为一的量,$\overline{M}$、$\overline{M}_x$ 的量纲为长度。

4-3-3 各种外因下的位移计算公式

在结构位移计算公式(4-4)中,单位广义力状态的轴力、剪力、弯矩和扭矩,对静定结构而言,可按第3章方法获得。因此,要用式(4-4)计算静定结构位移的关键是确定外界因素作用下的对应变形。下面在线性弹性假设的基础上,讨论各种不同外因作用下的位移计算公式。而各种结构具体的位移计算例题,将放在§4-5中介绍。

1. 荷载引起的结构位移

设在荷载作用下,待求位移结构的内力分量分别记作 F_{NP}、F_{QP}、M_P、M_{xP},则由本章第一节回顾的材料力学公式(a),即可得到变形状态所对应的变形表达式,将它们代入位移计算一般性公式(4-4)中,即可得荷载作用下的位移计算公式:

$$\Delta = \sum_e \int_0^l \left(\frac{\overline{F}_N F_{NP}}{EA} + \frac{\kappa \overline{F}_Q F_{QP}}{GA} + \frac{\overline{M} M_P}{EI} + \frac{\overline{M}_x M_{xP}}{GI_P} \right) \mathrm{d}s \tag{4-5}$$

上式适用于一切线性弹性杆系结构。

由式(4-5)可知计算荷载作用产生的位移的步骤为:

(1) 确定与所求位移相应的单位广义力状态并分析建立单位内力方程(或作出单位内力图);

(2) 建立荷载作用下的内力方程(或作出荷载内力图);

(3) 将两种内力方程代入式(4-5)并积分(或按§4-4所述图乘法计算),即可获得需求的位移。

2. 支座位移引起的结构位移

下面只讨论静定结构由支座位移引起的位移计算,至于超静定结构支座位移引起的位移计算,将在掌握超静定结构解法后介绍。

由静定结构性质可知,支座位移不引起静定结构内力,当然也就没有变形,因此总虚变形功 $\delta W_i = 0$。但是,这并不表明结构没有位移。因为当待求位移结构存在已知支座位移 c_i 时,单位广义力状态所引起的对应支座反力 $\overline{F}_{Ri}$ 要在 c_i 上作功,故虚功方程为

4-2
支座位移引起的结构位移

$$\delta W_e = 1 \times \Delta + \sum_i \overline{F}_{Ri} c_i = \delta W_i = 0$$

由此即可得到静定结构由于支座位移引起的位移计算公式为

$$\Delta = - \sum_i \overline{F}_{Ri} c_i \tag{4-6}$$

对于式(4-6)及用它求位移,需要指出以下几点:

(1) 因为支座位移不引起静定结构变形,因此实质上式(4-6)也可从刚体虚位移原理导出。

(2) 式(4-6)是外力总虚功等于零经移项得到的,因此求和号前有负号。

（3）求和号下每一项都是单位广义力引起的广义支座反力的功，因此广义支座反力 $\overline{F}_{Ri}$ 和广义支座位移 c_i 方向一致时作正功，即乘积为正；反之作负功、积为负。

（4）哪个支座有广义位移 c_i，只需求与此广义位移 c_i 对应的单位广义力引起的广义反力 $\overline{F}_{Ri}$。

由式（4-6）可知支座位移所引起位移的计算步骤为：

（1）根据所需求解的位移，确定相应的单位广义力状态，并计算单位力状态与已知支座位移相对应的反力；

（2）将已知支座位移和单位力状态对应的反力代入式（4-6）即可获得需求的位移。但再次强调公式前有一个负号。

3. 温度改变引起的结构位移

下面也只讨论静定结构。和支座位移一样，根据"温度改变不引起静定结构内力"的性质，那么是否没有变形，因此 $\delta W_{变} = 0$ 呢？实际上，结构经受温度改变时，虽然不产生内力，但由于热胀冷缩，结构是要产生变形的。因此，必须考虑微段的温度变形。为此，假设材料线膨胀系数为 α，从结构中取出任意微段如图 4-5b 所示。假设微段轴向温度变化相同，温度沿截面高度线性变化，截面高度为 h 且对中性轴对称（不对称情况请读者自行考虑）。

将杆段看成层状叠合物，由于温度改变每层都要伸缩，在图 4-5a 所示两侧温度不同（不失一般性，假设 $t_2 > t_1$）的情形下，微段将发生图 4-5b 所示变形。如果记杆轴线温度改变为 $t_0 = (t_1 + t_2)/2$，两侧温差绝对值为 $\Delta t = |t_2 - t_1|$，则不难想象，微段相对变形可分解成轴线变形 $\delta \varepsilon \, ds$ 和绕中性轴的截面转动变形 $\delta \kappa \, ds$，而温度改变不能产生截面错动和扭转变形。因此，由图 4-5 可得

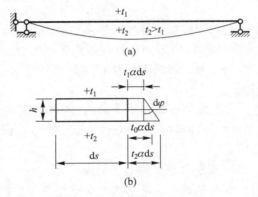

图 4-5　微段温度变形示意图

$$\delta \varepsilon = \alpha t_0, \quad \delta \kappa = \frac{\alpha \Delta t}{h}, \quad \delta \gamma = \delta \varphi = 0$$

将上述实际结构由温度所引起的变形代入虚功方程（4-4），即可获得温度引起的位移计算公式为

$$\Delta = \sum_e \int_0^l \left(\pm \overline{F}_N \alpha t_0 \pm \overline{M} \frac{\alpha \Delta t}{h} \right) ds \tag{4-7}$$

如果材料、温度沿杆长不变，而且为等截面杆件，则式（4-7）可改写为

$$\Delta = \sum_e \left(\pm A_{\overline{F}_N} t_0 \pm A_{\overline{M}} \frac{\Delta t}{h} \right) \alpha \tag{4-8}$$

式中，$A_{\overline{F}_N}$ 和 $A_{\overline{M}}$ 分别为单位广义力引起的杆件轴力图面积和弯矩图面积。式中符号确定问题除下面原则性说明外，将结合例题加以解释。

由式（4-7）、（4-8）可知，因温度改变所引起的位移计算步骤为：

（1）根据所需求解的位移，确定相应的单位广义力状态并作出单位内力图；

（2）计算轴线的温度改变 t_0 和截面两侧的温差 Δt；

（3）将温度相应值和单位内力图面积代入式（4-8）即可获得需求的位移。

式（4-8）中乘积项的符号按如下原则确定：当温度所产生的变形与单位内力所产生的变形一致（同为拉、压，或产生同凹向弯曲）时为正，反之为负。

4. 其他外因引起的结构位移

不管引起结构位移的外因是什么，只要深刻理解"位移计算公式是由虚功方程推得的，如果支座有位移，应在外力虚功中考虑，如果外因引起杆件变形，则应在虚变形功中考虑"，就可以自己导出其他外因引起的位移计算公式。建议读者考虑有弹性支座和有制造误差情况下静定结构的位移计算公式（虽然在后面结合例题有说明，自己思考一下也是很有必要的）。

实际结构所受外因往往不是单一的，是多因素共同影响所引起的位移计算问题。对于线性弹性结构，多外因的位移计算可由各单因素结果的叠加来得到，因此最一般情况的位移计算公式为

$$\Delta = \sum_e \int_0^l \left(\frac{\overline{F}_N F_{NP}}{EA} + \frac{k \, \overline{F}_Q F_{QP}}{GA} + \frac{\overline{M} M_P}{EI} + \frac{\overline{M}_x M_{xP}}{GI_P} \right) \mathrm{d}s -$$

$$\sum_i \overline{F}_{Ri} c_i + \sum_e \left(\pm A_{\overline{F}_N} t_0 \pm A_{\overline{M}} \frac{\Delta t}{h} \right) \alpha \qquad (4\text{-}9)$$

5. 各类结构的位移计算公式

不同的结构受力、变形特点不同，如桁架只有轴力，梁与刚架中的轴向变形和剪切变形对位移的影响与弯曲变形相比很小，等等。考虑这些特点，略去对结构位移影响很小的因素，位移计算公式（4-9）对不同结构有不同的形式：

桁架结构 $\qquad \Delta = \sum_e \frac{\overline{F}_N F_{NP} l}{EA} - \sum_i \overline{F}_{Ri} c_i + \sum_e \pm A_{\overline{F}_N} \alpha t_0 \qquad (4\text{-}10)$

梁及刚架 $\qquad \Delta = \sum_e \int_0^l \frac{\overline{M} M_P}{EI} \mathrm{d}s - \sum_i \overline{F}_{Ri} c_i + \sum_e \left(\pm A_{\overline{F}_N} t_0 \pm A_{\overline{M}} \frac{\Delta t}{h} \right) \alpha \qquad (4\text{-}11)$

小曲率拱结构 $\quad \Delta = \int_s \left[\frac{\overline{M} M_P}{EI} + \frac{\overline{N} N_P}{EA} + \alpha \left(t_0 \overline{F}_N + \frac{\Delta t}{h} \overline{M} \right) \right] \mathrm{d}s - \sum_i \overline{F}_{Ri} c_i \qquad (4\text{-}12)$

组合结构 $\qquad \Delta = \sum_{e1} \frac{\overline{F}_N F_{NP} l}{EA} + \sum_{e2} \int_0^l \frac{\overline{M} M_P}{EI} \mathrm{d}s - \sum_i \overline{F}_{Ri} c_i +$

$$\sum_{e1} \pm A_{\overline{F}_N} \alpha t_0 + \sum_{e2} \left(\pm A_{\overline{F}_N} t_0 \pm A_{\overline{M}} \frac{\Delta t}{h} \right) \alpha \qquad (4\text{-}13)$$

6. 几个需要注意的问题

- 是否线性弹性结构　　只有线性弹性结构才能应用位移计算公式（4-9）～（4-13）。
- 搞清公式中各项物理量的含义　　如带上划线"　‾　"的量由单位广义力引起，等等。
- 符号规定　　因为位移计算公式中每一项都是功，每一项的符号由功的符号确定。广义力和广义位移方向相同作正功，即此项为正；否则作负功，此项为负。这是确定某一计算项符号的根本原则。例如，当温度所产生的变形性质（伸长或缩短，弯曲的凹凸方向）与广义力引起的变

形性质相同时作正功,反之作负功。但也要注意,支座位移时公式中求和号前有"-"号。

　　● 公式是按直杆结构推导的,可用于小曲率杆结构位移的近似计算。对大曲率杆,要考虑曲率影响。

§4-4　图　乘　法

对式(4-11)和式(4-13)中的 $\sum_e \int_0^l \dfrac{\overline{M}M_P}{EI}\mathrm{d}s$ 项,在一定条件下可用本节介绍的图乘法代替积分计算。

4-3
图乘法

4-4-1　图乘法原理

　　假设在定积分 $I = \int_a^b f(x)g(x)\mathrm{d}x$ 的被积函数中 $f(x)$ 的图形为曲线,$g(x)$ 的图形为直线,如图 4-6 所示。若以图中 O 点为原点,$g(x)$ 可表示为

$$g(x) = x\tan \alpha$$

式中,$\tan \alpha$ 是 $g(x)$ 的斜率。由此积分 I 成为

$$I = \tan \alpha \int_a^b xf(x)\mathrm{d}x$$

若记 $f(x)\mathrm{d}x$ 为 $\mathrm{d}A$,它是 $f(x)$ 图曲线下的微面积。则 I 中积分表示 $f(x)$ 图曲线下面积对通过 O 点竖向轴的静矩,如以 x_0 表示 $f(x)$ 图面积的形心位置坐标,A 为曲线下面积,则定积分变成

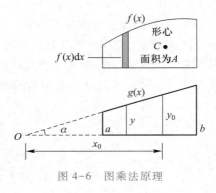

图 4-6　图乘法原理

$$I = \int_a^b f(x)g(x)\mathrm{d}x = \tan \alpha \times A \times x_0 = Ay_0$$

式中,A 为曲线图形的面积,$y_0 = x_0\tan \alpha$ 为曲线图面积形心对应的直线图形的竖标。上式即为图乘法的依据。

　　● 图乘法计算位移的前提条件

　　为使 $\sum_e \int_0^l (\overline{M}M_P/EI)\,\mathrm{d}s$ 等能进行图乘计算,显然需要:杆件为等截面直杆,即 EI(或 EA、GA)是常数;被积函数中至少有一个是直线图形。

　　● 图乘法计算位移的公式

　　因为

$$\int_a^b \frac{\overline{M}M_P}{EI}\mathrm{d}s = \frac{1}{EI}\int_a^b \overline{M}M_P\mathrm{d}x = \frac{1}{EI}Ay_0$$

故受弯结构位移计算公式(4-11)可改为

$$\Delta = \sum \frac{Ay_0}{EI} - \sum \overline{F}_{Ri}c_i + \sum \left(\pm A_{\overline{F}_N}t_0 \pm A_{\overline{M}}\frac{\Delta t}{h} \right)\alpha \qquad (4-14)$$

4-4-2 图乘法求位移时需注意的问题

● A 与 y_0 在杆轴线同侧时 Ay_0 为正,反之为负。

● 利用式(4-14)求位移时,y_0 必须取自直线图形。

● 如果整根杆件不符合图乘法条件,但经过分段后可以使其符合图乘条件,则仍可应用图乘法分段计算。

● 拱、曲杆结构和连续变截面的结构只能用公式积分(或数值积分),不能进行图乘。

● 如果某段弯矩图面积及形心位置不易确定时,可将其分解为几个简单图形分别图乘再叠加计算。

● 应该熟练掌握常用图形的面积及形心位置计算。图 4-7 给出了标准二次抛物线和三角形的面积公式和形心位置。图中所谓顶点是指图形该点的切线与"基线"平行或重合的点。

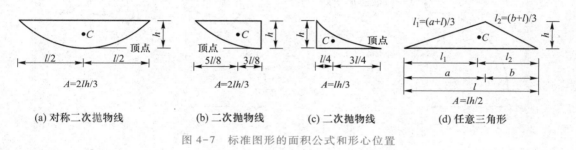

图 4-7　标准图形的面积公式和形心位置

§4-5　位移计算举例

应用单位荷载法计算位移的一般步骤如下:

(1)根据所要求的广义位移,确定对应的单位广义力,建立单位广义力状态。例如,若求图 4-3 中各指定位移,相应的单位广义力状态如图 4-8 所示。

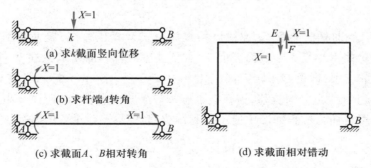

图 4-8　与图 4-3 对应的单位广义力

(2)当外因仅为支座位移时,只需求单位广义力引起的与已知支座位移对应的支座反力。否则,作结构在单位广义力下的内力图。作什么内力图因结构类型而定。

（3）如果外因中有荷载时，作结构在荷载下的内力图。作什么内力图因结构类型而定。

（4）根据结构类型选用式（4-9）~（4-13）中相应公式，计算所要求的位移。

（5）认真校核每一步。初学者往往漏掉公式中的刚度（ EA 、 EI ）或在计算时没有统一单位而算错。必须注意避免出现这些情况。

原则上，根据上述步骤，利用各种结构的位移计算公式进行计算，就可求得位移。但实际计算中还有一些具体问题和简化算法，这些内容将结合下面所给出的一些典型例题加以介绍。

［例题 4-1］ 图 4-9a、c 所示为一等截面悬臂曲梁，梁轴线为 $\dfrac{1}{4}$ 圆弧。若弹性常数和截面性质 E 、 G 、 A 、 I 已知，试求图示集中荷载作用下自由端 A 的竖向位移 Δ_{Ay} 和均布水压作用下自由端 A 的水平位移 Δ_{Ax} 。

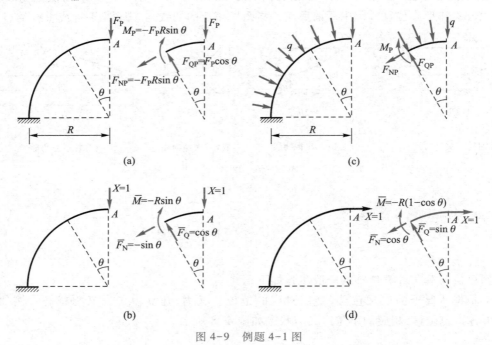

图 4-9 例题 4-1 图

解：前已指出，当曲杆的曲率不大时，可用直杆公式计算位移，其误差并不大。大量实际计算结果表明，当杆轴曲率半径大于截面高度 5 倍时，曲率对位移的影响只在 0.3% 左右。因此，本例按式（4-5）（取前三项，即没有扭转）计算。

为求图 4-9a 所示 A 点竖向位移，需在该点施加一个竖向单位力如图 4-9b 所示。利用图示隔离体平衡条件，可得内力方程如图中所示。利用位移计算公式（4-5），则有

$$\Delta_{Ay} = \int_0^{\frac{\pi}{2}} (-\sin\theta)\frac{(-F_{P}\sin\theta)}{EA}Rd\theta + \int_0^{\frac{\pi}{2}} k\cos\theta\,\frac{F_{P}\cos\theta}{GA}Rd\theta + \int_0^{\frac{\pi}{2}} (-F_{P}R\sin\theta)\frac{(-R\sin\theta)}{EI}Rd\theta$$

$$= \Delta_{F_{N}} + \Delta_{F_{Q}} + \Delta_{M}$$

$$= \frac{\pi}{4}\frac{F_{P}R}{EA} + k\frac{\pi}{4}\frac{F_{P}R}{GA} + \frac{\pi}{4}\frac{F_{P}R^{3}}{EI}(\downarrow)$$

式中，Δ_{F_N}、Δ_{F_Q}、Δ_M 分别表示轴向变形、剪切变形和弯曲变形对位移的贡献；计算结果为正，表示点 A 竖向位移的方向与所加单位力方向相同。反之，若计算结果为负，则点 A 竖向位移方向与所加单位力方向相反。

若该梁是高度为 h 的矩形截面钢筋混凝土梁，则 $G \approx 0.4E$，$\dfrac{I}{A} = \dfrac{h^2}{12}$。又设 $\dfrac{h}{R} = \dfrac{1}{10}$，则 $\dfrac{\Delta_{F_Q}}{\Delta_M} <$ $\dfrac{1}{400}$，$\dfrac{\Delta_{F_N}}{\Delta_M} < \dfrac{1}{1\,200}$。由此可见，对于细长的受弯构件，剪切与轴向变形对位移的影响较小，可以略去不计。这就是式（4-11）中只有弯矩项的原因。

由于可以忽略剪切与轴向变形，因此，在求图 4-9c 所示的水平位移时只需建立荷载与单位力的弯矩方程：

$$M_P = \int_0^\theta qR\mathrm{d}\alpha \times R[1 - \cos(\theta - \alpha)] = qR^2 \int_0^\theta (1 - \cos\theta\cos\alpha - \sin\theta\sin\alpha)\mathrm{d}\alpha$$

$$= qR^2 [\alpha - \cos\theta\sin\alpha + \sin\theta\cos\alpha]_0^\theta = qR^2(\theta - \sin\theta)$$

$$\overline{M} = -R(1 - \cos\theta)$$

代入位移计算公式可得：

$$\Delta_{Ax} = \frac{1}{EI}\int_0^{\frac{\pi}{2}} qR^2(\theta - \sin\theta)[-R(1 - \cos\theta)]R\mathrm{d}\theta = -\frac{qR^4}{EI}\left[\frac{1}{2}\theta^2 - \theta\sin\theta + \frac{1}{2}\sin^2\theta\right]_0^{\frac{\pi}{2}}$$

$$= -\frac{qR^4}{EI}\left[\frac{\pi^2}{8} - \frac{\pi}{2} + \frac{1}{2}\right] \quad (\leftarrow)$$

[例题 4-2]　图 4-10a 所示抛物线三铰拱，拱轴方程为 $y = \dfrac{4f}{l^2}x(l - x)$，$EI$、$EA$ 均为常数，试求顶铰 C 的竖向位移。

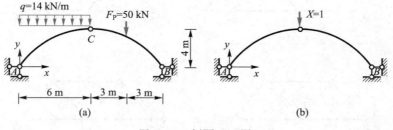

图 4-10　例题 4-2 图

解：当结构上荷载比较复杂或者结构由变截面杆件组成时，式（4-5）中的积分运算比较困难。此时可采用数值积分法，如梯形法、辛普森法等。为此，下面给出梯形法和辛普森法的计算公式。

● 梯形法

为了计算定积分 $\int_a^b f(x)\mathrm{d}x$ 的近似值，将区间 $[a, b]$ 等分为长度 $\Delta x = \dfrac{b - a}{n}$ 的 n 个小区间，设

各分点的函数值分别记为 $f_0 = f(x_0)$、$f_1 = f(x_1)$、$\cdots$、$f_n = f(x_n)$，则梯形法积分结果为

$$\int_a^b f(x)\,dx \approx \Delta x \left(\frac{1}{2}f_0 + f_1 + f_2 + \cdots + f_{n-1} + \frac{1}{2}f_n \right) \tag{a}$$

* 辛普森法（也称为抛物线法）

辛普森法的精确度高于梯形法，步骤与梯形法相同，但等分区间数必须为偶数，公式为

$$\int_a^b f(x)\,dx = \frac{\Delta x}{3}\left[f_0 + 4(f_1 + f_3 + \cdots + f_{n-1}) + 2(f_2 + f_4 + \cdots + f_{n-2}) + f_n \right] \tag{b}$$

本题采用梯形法计算。单位广义力状态如图 4-10b 所示，不计剪切变形影响，由式（4-5）有

$$\Delta_{Cy} = \int_s \left(\frac{\overline{M}M_P}{EI} + \frac{\overline{F}_N F_{NP}}{EA} \right) ds = \int_0^{12} \left(\frac{\overline{M}M_P}{EI} + \frac{\overline{F}_N F_{NP}}{EA} \right) \sqrt{1 + y'^2}\,dx \tag{c}$$

设将拱沿跨度分为 8 等份，得 9 个分点，每份长度 $\Delta x = 1.5$ m。按第 3 章所述方法求出图 4-10 a、b 所示两种状态各分点的弯矩、轴力和 $\sqrt{1 + y'^2}$ 的值，代入式（c）应用梯形法公式则有

$$\Delta_{Cy} = \Delta x \left(\frac{1}{2}f_0 + f_1 + f_2 + \cdots + f_7 + \frac{1}{2}f_8 \right) = \frac{-70.35}{EI} + \frac{503.98}{EA}$$

式中 f_i $(i = 0,1,2,\cdots,8)$ 为 $\left(\dfrac{\overline{M}M_P}{EI} + \dfrac{\overline{F}_N F_{NP}}{EA} \right) \sqrt{1 + y'^2}$ 在分点 x_i 处的值。

[例题 4-3]   图 4-11a 所示桁架，各杆 EA 相等，试求结点 C 的竖向位移及 AC 杆与 CB 杆的相对转角。

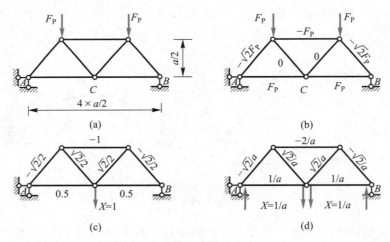

图 4-11   例题 4-3 图

解：（1）结点 C 的竖向位移。为用式（4-10）计算位移，用结点法或截面法解出荷载和单位广义力作用下的各杆轴力，如图 4-11b、c 所示。将轴力代入式（4-10），可得

$$\Delta_{Cy} = \sum \frac{\overline{F}_N F_{NP} l}{EA}$$

$$= \frac{1}{EA}\left[2 \times \left(-\frac{\sqrt{2}}{2} \right)(-\sqrt{2}F_P)\frac{\sqrt{2}}{2}a + 2 \times \frac{1}{2} \times F_P \times a + (-F_P)(-l)a \right]$$

$$= (2 + \sqrt{2})\frac{F_P a}{EA} \quad (\downarrow)$$

（2）AC 杆与 CB 杆的相对转角。求桁架某杆（设杆长为 l）转动角度时，一般在该杆两端加垂直杆轴的大小为 $1/l$ 的反向力（即单位力偶）为单位广义力状态。也可以在杆中（任意处）加单位集中力偶，但这时在求内力时需切记该杆中有剪力。现求两杆的相对转角，单位广义力状态如图 4-11d 所示，是一对加在 AC、CB 两杆上的单位力偶。求出单位荷载作用下的各杆轴力，标注在图 4-11d 杆边，将其代入式（4-10），可得

$$\varphi = \sum \frac{\overline{F}_N F_{NP} l}{EA} = \frac{1}{EA}\left[\left(-\frac{2}{a} \right) \times (-F_P) \times a + 2 \times \left(\frac{-\sqrt{2}}{a} \right) \times (-\sqrt{2}F_P) \times \frac{\sqrt{2}a}{2} + 2 \times \frac{1}{a} \times F_P \times a \right]$$

$$= (4 + 2\sqrt{2})\frac{F_P}{EA}（位移方向与单位广义力相同）$$

［例题 4-4］　试求图 4-12a 所示等截面简支梁 B 端截面转角和跨中挠度。

解：为了求 B 截面转角，单位广义力状态为在 B 截面加一单位集中力偶，如图 4-12b 所示。分别作出结构在荷载作用下的弯矩图和单位力偶作用下的弯矩图（称为单位弯矩图，记作 $\overline{M}$），如图 4-12a、b 所示。

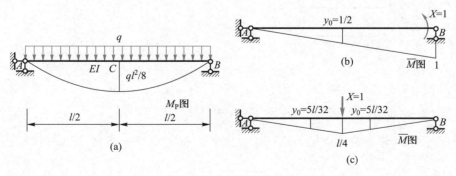

图 4-12　例题 4-4 图

由于单位广义力的弯矩图是直线，梁又是等截面的，因此可用图乘法代替积分。对本例由荷载弯矩图（曲线）计算出 A、由单位弯矩图计算出 y_0（如图所示），代入图乘公式可得

$$\theta_B = \frac{Ay_0}{EI} = \frac{1}{24}\frac{ql^3}{EI}（逆时针）$$

为求跨中挠度，建立图 4-12c 所示单位广义力状态与单位弯矩图。由于单位弯矩图是折线图形，因此必须分段图乘。由此可得

$$\Delta_{Cy} = 2 \times \frac{Ay_0}{EI} = 2 \times \frac{\dfrac{ql^3}{24} \times \dfrac{5l}{32}}{EI} = \frac{5ql^4}{384EI} \quad (\downarrow)$$

[**例题 4-5**]　试求图 4-13a 所示刚架 C 点及 B 点的水平位移。

解：（1）C 点水平位移。首先作出 M_P 图和 $\overline{M}$ 图，如图 4-13b、c 所示。由于图 4-13b 中横梁弯矩图面积及形心位置均难以确定，为方便计算可将其分解成矩形和三角形，如图 4-13d 所示。因此原 Ay_0 等于 A_1y_{10} 加 A_2y_{20}。于是根据 $\overline{M}$ 和 M_P 图，由图乘法可得

$$\Delta_{Cx} = -\frac{1}{EI} \times \frac{1}{2} \times \frac{F_P l}{8} \times l \times \frac{2}{3}l - \frac{1}{4EI}\left(\frac{F_P l}{8} \times l \times \frac{l}{2} - \frac{1}{2} \times \frac{3F_P l}{16} \times l \times \frac{7l}{12}\right) = -\frac{67}{1\,536}\frac{F_P l^3}{EI} \quad (\leftarrow)$$

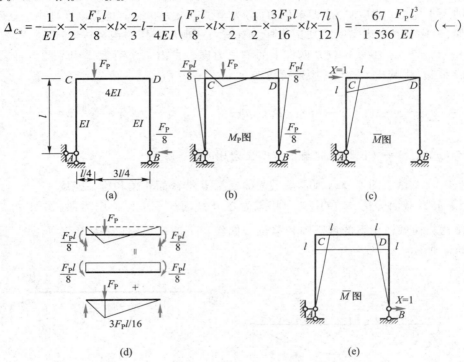

图 4-13　例题 4-5 图

（2）B 点水平位移。为求 B 点水平位移，建立并作出单位弯矩图如图 4-13e 所示。由此可得

$$\Delta_{Bx} = -2 \times \frac{1}{EI} \times \frac{1}{2} \times \frac{F_P l}{8} \times l \times \frac{2}{3}l - \frac{1}{4EI}\left(\frac{F_P l}{8} \times l \times l - \frac{1}{2} \times \frac{3F_P l}{16} \times l \times l\right) = -\frac{35F_P l^3}{384EI} \quad (\leftarrow)$$

[**例题 4-6**]　试求图 4-14a 所示三铰刚架铰 E 两侧截面的相对转角 φ 及竖向位移 Δ。

解：（1）铰 E 两侧截面的相对转角。为求铰 E 两侧截面相对转角，在铰 E 两侧施加一对方向相反的单位集中力偶，并作出 M_P 图和 $\overline{M}$ 图如图 4-14b、c 所示。由于 $\overline{M}$ 图全是直线，因此可由式（4-14）进行计算。

图乘运算时，由于 AC 杆 M_P 图不是标准图形，因此需将其分解为一个三角形和一个对称抛物线，如图 4-14d 所示。由图乘法即可求得

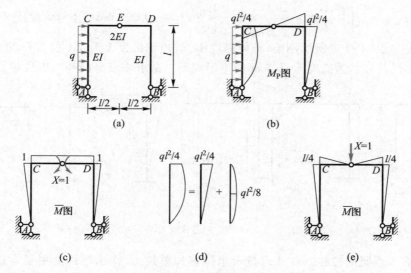

图 4-14 例题 4-6 图

$$\varphi = \frac{1}{EI}\times\frac{1}{2}\times l\times\frac{ql^2}{4}\times\frac{2}{3}\times1+\frac{1}{2EI}\times l\times1\times0+\frac{1}{EI}\left(-\frac{1}{2}\times l\times\frac{ql^2}{4}\times\frac{2}{3}\times1-\frac{2}{3}\times l\times\frac{ql^2}{8}\times\frac{1}{2}\times1\right)$$

$$=-\frac{1}{24}\times\frac{ql^3}{EI}\quad(\text{位移与单位广义力反向})$$

（2）E 点竖向位移。为求 E 点竖向位移，建立并作出单位弯矩图如图 4-14e 所示。由此可得

$$\Delta_{Ey}=\frac{1}{EI}\times\frac{1}{2}\times\frac{ql^2}{4}\times l\times\frac{2}{3}\times\frac{l}{4}+\frac{1}{EI}\times\left(-\frac{1}{2}\times\frac{ql^2}{4}\times l\times\frac{2}{3}\times\frac{l}{4}-\frac{2}{3}\times\frac{ql^2}{8}\times l\times\frac{1}{2}\times\frac{l}{4}\right)+$$

$$\frac{1}{2EI}\times\left(\frac{1}{2}\times\frac{ql^2}{4}\times\frac{l}{2}\times\frac{2}{3}\times\frac{l}{4}-\frac{1}{2}\times\frac{ql^2}{4}\times\frac{l}{2}\times\frac{2}{3}\times\frac{l}{4}\right)=-\frac{ql^4}{96EI}\quad(\downarrow)$$

[例题 4-7] 图 4-15a 所示两跨简支梁,在图示支座位移状态下,试求铰 B 两侧截面的相对转角 φ 。

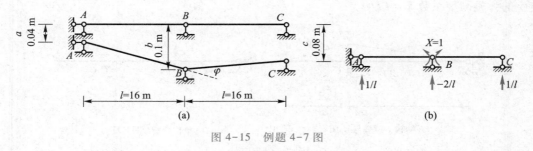

图 4-15 例题 4-7 图

解：根据所要求的位移建立单位广义力状态如图 4-15b 所示,进而确定单位广义力作用下的支座反力（图 4-15b）。将其连同支座位移一并代入式（4-6）可得

$$\varphi = - \sum \overline{F}_{Ri}c_i = -\left[-\frac{1}{l} \times a + \frac{2}{l} \times b - \frac{1}{l} \times c \right] = -0.005 \text{ rad} \quad （与单位广义力反向）$$

[例题 4-8] 图 4-16a 所示刚架，外侧温度不变，内侧温度上升 20 ℃。已知：$l = 4$ m，线胀系数 $\alpha = 10^{-5} \text{℃}^{-1}$，各杆均为高度 $h = 0.4$ m 的矩形截面。试求 A 点竖向和水平位移。

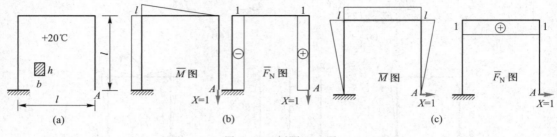

图 4-16 例题 4-8 图

解：（1）求 A 点竖向位移。在 A 点按所求位移加单位力，作出结构的单位弯矩图和轴力图如图 4-16b 所示。求出各杆轴线处温度改变量 t_0 和杆横截面两侧温差的绝对值 Δt 为

$$t_0 = \frac{0 \text{ ℃} + 20 \text{ ℃}}{2} = 10 \text{ ℃}, \quad \Delta t = 20 \text{ ℃} - 0 \text{ ℃} = 20 \text{ ℃}$$

代入温度改变引起的位移计算式（4-7）即可，式中各项的符号由对比温度改变引起的变形与单位力引起的变形确定，当二者一致（弯曲变形凹向相同，拉压变形同为伸长或同为缩短）时取正号，反之取负号。由此可得

$$\Delta_{Ay} = \sum \left(\pm A_{\overline{F}_N}t_0 \pm A_{\overline{M}}\frac{\Delta t}{h} \right) \alpha = \left[1 \times l \times 10 \text{ ℃} - 1 \times l \times 10 \text{ ℃} - \left(\frac{1}{2} \times l \times l + l \times l \right) \times \frac{20 \text{ ℃}}{h} \right] \alpha$$
$$= -1.2 \times 10^{-2} \text{ m } (\uparrow)$$

（2）求 A 点水平位移。在 A 点按所求位移加单位力，作出结构的单位弯矩图和轴力图如图 4-16c 所示。由此可得

$$\Delta_{Ax} = \sum \left(\pm A_{\overline{F}_N}t_0 \pm A_{\overline{M}}\frac{\Delta t}{h} \right) \alpha = \left[l \times 10 \text{ ℃} + \left(2 \times \frac{1}{2} \times l \times l + l \times l \right) \times \frac{20 \text{ ℃}}{h} \right] \alpha = 1.64 \times 10^{-2} \text{ m} (\rightarrow)$$

[例题 4-9] 试求图 4-17a 所示具有弹性支座梁 C 截面处的竖向位移。梁的 EI 为常数，弹性支座的弹簧刚度系数 $k = EI/l^2$。

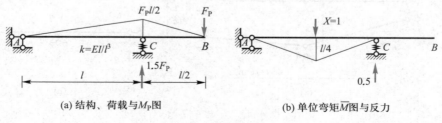

(a) 结构、荷载与 M_P 图　　　　(b) 单位弯矩 $\overline{M}$ 图与反力

图 4-17 例题 4-9 图

解：本例题特点是有弹性支座。这种情况下的位移计算有两条途径可供选择。其一是将弹簧看成结构中的一个可变形的构件（本例为一拉压杆），若在单位广义力和荷载作用下此"构件"

内力记为 $\overline{F}_{\mathrm{R}}$ 和 F_{RP} ，则与 $\overline{F}_{\mathrm{R}}$ 对应的位移为 $\dfrac{F_{\mathrm{RP}}}{k}$ ，因此，由虚功方程可得

$$\Delta = \sum \int \frac{\overline{M}M_{\mathrm{P}}}{EI}\mathrm{d}s + \overline{F}_{\mathrm{R}} \times \frac{F_{\mathrm{RP}}}{k}$$

另一途径是将荷载作用下弹性支座的变形视为主体结构的支座位移，若将荷载作用下支座反力记为 F_{RP} ，则支座位移为 $\dfrac{F_{\mathrm{RP}}}{k}$ 。现在是荷载和支座位移共同作用的情形，由位移计算一般公式可得

$$\Delta = \sum \int \frac{\overline{M}M_{\mathrm{P}}}{EI}\mathrm{d}s - \sum \overline{F}_{\mathrm{R}i}c_i = \sum \int \frac{\overline{M}M_{\mathrm{P}}}{EI}\mathrm{d}s + \frac{\overline{F}_{\mathrm{R}}F_{\mathrm{RP}}}{k}$$

可见两种途径所得结果相同。上述分析过程表明，$\overline{F}_{\mathrm{R}}$ 与 F_{RP} 同向时，式中第二项结果为正。将图示所求得的 $\overline{M}$ 、M_{P} 、$\overline{F}_{\mathrm{R}}$ 、F_{RP} 代入上述公式则有

$$\Delta_{Cy} = -\frac{1}{EI} \times \frac{1}{2} \times l \times \frac{l}{4} \times \frac{1}{2} \times \frac{F_{\mathrm{P}}l}{2} + \frac{1}{2} \times \frac{\dfrac{3}{2}F_{\mathrm{P}}}{k} = \frac{23}{32} \times \frac{F_{\mathrm{P}}l^3}{EI} \ (\downarrow)$$

[例题 4-10]　图 4-18a 所示桁架，若上弦各杆均做长了 8 mm，试求由此而引起的 C 点竖向位移。

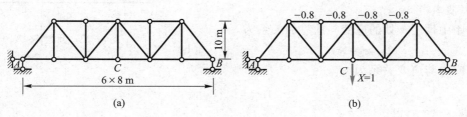

图 4-18　例题 4-10 图

解：将杆件加长看成是杆件变形，则根据 $\Delta = \sum \int \overline{F}_{\mathrm{N}}\delta\varepsilon\,\mathrm{d}s = \sum \overline{F}_{\mathrm{N}}\Delta l$ ，只要求出单位广义力作用下有"制造误差"杆件的对应内力 $\overline{F}_{\mathrm{N}}$（图 4-18b），即可求得所求位移：

$$\Delta_{Ay} = -\frac{4}{5} \times 0.008 \ \mathrm{m} \times 4 = -0.025\ 6 \ \mathrm{m} \qquad (\uparrow)$$

*[例题 4-11]　图 4-19a 为一个水平放置的刚架，但却作用竖向荷载，各杆均为直径 $d = 30$ mm 的圆钢，$E = 210$ GPa，$G = 80$ GPa，试求 C 点竖向位移。

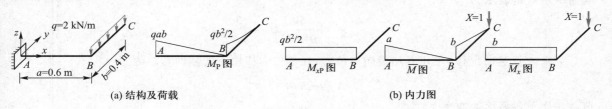

图 4-19　例题 4-11 图

解：这是一个由细长杆构成的空间刚架结构，可以不计剪切（和轴向）变形的影响，逐杆分析不难作出荷载和单位广义力状态的弯矩图、扭矩图，见图 4-19b 所示。由图乘法原理可知，只要满足图乘条件扭矩也可用图乘计算，因此按式（4-5）将 $\overline{M}$、M_{P}、$\overline{M}_x$ 和 $M_{x\mathrm{P}}$ 进行图乘即可得

$$\Delta_{Cy} = \frac{1}{EI}\left[\frac{1}{3}\times b\times\frac{1}{2}qb^2\times\frac{3}{4}b + \frac{1}{2}\times a\times qab\times\frac{2a}{3}\right] + \frac{1}{GI_{\mathrm{P}}}\times\frac{1}{2}qb^2\times a\times b$$

代入相关数据 $\left(I = \dfrac{\pi d^4}{64} = 3.976\times10^{-8}\,\mathrm{m}^4,\ I_{\mathrm{P}} = \dfrac{\pi d^4}{32} = 7.952\times10^{-8}\,\mathrm{m}^4\ 等\right)$ 可得

$$\Delta_{Cy} = 13.688\ \mathrm{mm}\ (\ \downarrow\ )$$

*[例题 4-12]　图 4-20a 所示截面为矩形等截面梁，材料的应力、应变关系为 $|\sigma| = B\sqrt{|\varepsilon|}$，$B$ 为常数，试求梁自由端 A 处由荷载 F_{P} 引起的竖向位移。

解：由于材料是非线性的，因此不能用位移计算公式（4-5）求位移，应该用单位荷载法的一般公式（4-4）：

$$\Delta = \int_0^l (\overline{F}_{\mathrm{N}}\delta\varepsilon + \overline{F}_{\mathrm{Q}}\delta\gamma + \overline{M}\delta\kappa + \overline{M}_x\delta\varphi)\,\mathrm{d}s$$

不计剪切且无轴向变形和扭转变形，则上式为

$$\Delta = \int_0^l \overline{M}\delta\kappa\,\mathrm{d}s \qquad (\text{a})$$

为此，需要确定荷载作用下引起的弯矩 M_{P} 与曲率 κ 之间的关系，以便求得 $\delta\kappa$。

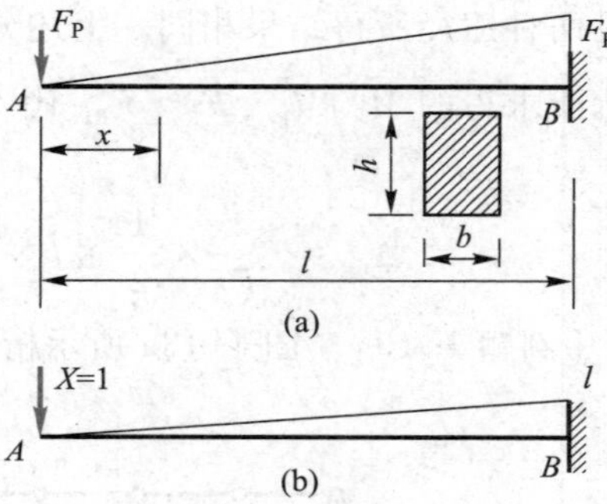

（1）距中性层 y 处的应变与曲率的关系为

$$\varepsilon = \kappa y \qquad (\text{b})$$

（2）应力与应变关系为

$$|\sigma| = B\sqrt{|\varepsilon|} \qquad (\text{c})$$

将式（b）代入式（c）得

$$|\sigma| = B\sqrt{|\kappa y|} \qquad (\text{d})$$

（3）弯矩与应力关系为

$$|M| = 2\int_0^{\frac{h}{2}} |\sigma|\, by\,\mathrm{d}y \qquad (\text{e})$$

（4）将式（d）代入式（e）得弯矩与曲率关系

$$|M| = 2\int_0^{\frac{h}{2}} Bb\sqrt{|\kappa y|}\, y\,\mathrm{d}y = \frac{Bbh^{\frac{5}{2}}}{5\sqrt{2}}\sqrt{|\kappa|}$$

或曲率用弯矩表示为

$$|\kappa| = \frac{50}{B^2 b^2 h^5}M^2$$

为求 A 点竖向位移，在 A 点加竖向单位力，在单位力作用下的截面弯矩为

$$\overline{M} = -1\times x$$

荷载作用下各截面的曲率 κ_{p} 为

图 4-20　例题 4-12 图

$$\kappa_{\mathrm{P}} = -\frac{50}{B^2 b^2 h^5} F_{\mathrm{P}}^2 x^2$$

由式(a)得

$$\Delta_{Ay} = \int_0^l \overline{M} \kappa_{\mathrm{P}} \mathrm{d}x = \frac{25}{2} \frac{F_{\mathrm{P}}^2 l^4}{B^2 b^2 h^5} \quad (\downarrow)$$

在§4-3所推得的式(4-4)是适合于任何材料性质的位移计算公式,因此,对非线性弹性材料结构位移计算来说,关键仍在如何求得变形项。只要掌握了这一基本点,像本题一样的非线性弹性材料结构位移计算就迎刃而解了。

§4-6 互等定理

本节讨论中假定:材料线性弹性;变形是微小的。

4-6-1 功的互等定理

研究图4-21所示结构(可以是任意的结构)的两状态,分别将其称为1、2状态,它们由于荷载作用所产生的内力分别记作 F_{N1}、F_{Q1}、M_1 和 F_{N2}、F_{Q2}、M_2。

(a) 1状态　　　　　　　　　(b) 2状态

图4-21　结构两种受力状态

首先令1状态为平衡的力状态,2状态所产生的位移作为协调的虚位移状态。这时由虚功方程式(4-2)[或式(4-5)]可得外力总虚功为

$$\delta W_{12} = \sum_e \int_0^l \left(\frac{F_{\mathrm{N1}} F_{\mathrm{N2}}}{EA} + \frac{F_{\mathrm{Q1}} k F_{\mathrm{Q2}}}{GA} + \frac{M_1 M_2}{EI} \right) \mathrm{d}s \quad (\mathrm{a})$$

式中,δW_{12} 的下标表示1状态外力在2状态虚位移上所作的总虚功。

然后反过来,令2状态为平衡的力状态,1状态所产生的位移作为协调的虚位移状态。由虚功方程式(4-2)[或式(4-5)]可得外力总虚功为

$$\delta W_{21} = \sum_e \int_0^l \left(\frac{F_{\mathrm{N2}} F_{\mathrm{N1}}}{EA} + \frac{F_{\mathrm{Q2}} k F_{\mathrm{Q1}}}{GA} + \frac{M_2 M_1}{EI} \right) \mathrm{d}s \quad (\mathrm{b})$$

式中,δW_{21} 的下标表示2状态外力在1状态虚位移上所作的总虚功。

对比式(a)和式(b)立即可得

$$\delta W_{12} \equiv \delta W_{21} \tag{4-15}$$

用文字来叙述则为,处于平衡的1、2两种状态,1状态外力在2状态外力所产生的位移上所作的总虚功,恒等于2状态外力在1状态外力所产生的位移上所作的总虚功。这就是功的互等定理,它是线性弹性体系普遍定理,是最基本的,下面的定理可以由它导出,当然也可直接从虚功原理得到。

4-6-2　位移互等定理

设上述 1、2 两状态都只有一个广义力,分别记作 F_{P1} 和 F_{P2}。由广义力 F_{P1} 引起和广义力 F_{P2} 对应的广义位移记作 Δ_{21}。同理,由广义力 F_{P2} 引起和广义力 F_{P1} 对应的广义位移记作 Δ_{12}。如图 4-22 所示。一般来说,记号 Δ_{ij} 的下标 i 表示何处、何广义力对应的广义位移,j 表示何处所作用的广义力(也称产生位移的原因)。

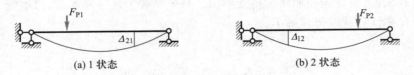

(a) 1 状态　　　　　　　　　(b) 2 状态

图 4-22　两种受力、位移状态

在上述符号下,利用功的互等定理可得

$$\delta W_{12} = F_{P1}\Delta_{12} \equiv F_{P2}\Delta_{21} = \delta W_{21}$$

上式两边同除广义力乘积 $F_{P1}F_{P2}$,则可改写为

$$\frac{\Delta_{12}}{F_{P2}} \equiv \frac{\Delta_{21}}{F_{P1}}$$

从上式不难证明,不管广义力和对应的广义位移是什么,上式比值的量纲或单位是相同的。例如,设 F_{P1} 是集中力偶,国标规定的量纲(以下简称量纲)是 ML^2T^{-2},设单位是 $kN \cdot m$。又设 F_{P2} 是集中力,量纲是 MLT^{-2},设单位是 kN。对应的广义位移 Δ_{12} 是转角,量纲是 1,单位是 rad。但必须特别指出的是,rad 是一个特殊的单位,实际上弧度是弧长比半径,在弧长和半径单位一致时,其单位是 1。Δ_{21} 是线位移,量纲是 L,设单位是 m。因此比值的量纲为

$$\frac{\Delta_{12}}{F_{P2}} = \frac{1}{MLT^{-2}} \equiv \frac{\Delta_{21}}{F_{P1}} = \frac{L}{ML^2T^{-2}} = \frac{1}{MLT^{-2}}$$

在所设单位下,比值的单位为

$$\frac{\Delta_{12}}{F_{P2}} = \frac{rad}{kN} = \frac{1}{kN} = \frac{\Delta_{21}}{F_{P1}} = \frac{m}{kN \times m} = \frac{1}{kN}$$

这说明"量纲、单位相同"结论是正确的。对下述定理同样可证明具有此结论,但不再赘述。

若记比值 $\dfrac{\Delta_{12}}{F_{P2}} = \delta_{12}$、$\dfrac{\Delta_{21}}{F_{P1}} = \delta_{21}$,称为位移系数或柔度系数,它表示单位广义力所引起的位移。可得如下结论:

$$\delta_{ij} \equiv \delta_{ji} \tag{4-16}$$

这就是位移互等定理。请读者自行用文字来叙述。

4-6-3　反力互等定理

设超静定结构的 1、2 两状态都仅是支座发生一个广义位移,分别记作 Δ_1 和 Δ_2。由广义位

移 Δ_1 引起和广义位移 Δ_2 对应处的支座广义反力记作 F_{R21}。同理,由广义位移 Δ_2 引起和广义位移 Δ_1 对应处的支座广义反力记作 F_{R12},如图 4-23 所示。记号 F_{Rij} 下标的含义与 Δ_{ij} 类似。

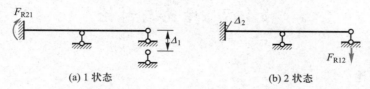

(a) 1 状态 (b) 2 状态

图 4-23 两种位移、反力状态

在上述符号下,利用功的互等定理可得

$$\delta W_{12} = F_{R21}\Delta_2 \equiv F_{R12}\Delta_1 = \delta W_{21}$$

等式两边同除广义位移的乘积 $\Delta_1\Delta_2$,并称比值为**反力系数**,或**刚度系数**,它表示单位广义位移所引起的广义力,则有

$$k_{21} = \frac{F_{R21}}{\Delta_1} \equiv \frac{F_{R12}}{\Delta_2} = k_{12} \tag{4-17a}$$

对于更一般的情况,则有

$$k_{ij} \equiv k_{ji}, \quad i \neq j, \quad i,j = 1,2,\cdots \tag{4-17b}$$

这就是**反力互等定理**。也请读者自行用文字来叙述。

*4-6-4 位移-反力互等定理

设超静定结构 1 状态仅受一个广义力作用,2 状态只发生一个支座广义位移,分别记作 F_{P1} 和 Δ_2。由广义力 F_{P1} 引起和广义位移 Δ_2 对应的支座广义反力记作 F_{R21}。由广义支座位移 Δ_2 引起和广义力 F_{P1} 对应的广义位移记作 Δ_{12},如图 4-24 所示。

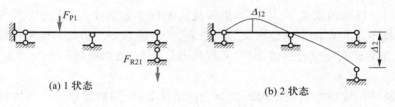

(a) 1 状态 (b) 2 状态

图 4-24 位移、反力互等

虽然 2 状态支座位移将产生支座反力,但 1 状态没有支座位移,因此,利用功的互等定理可得

$$\delta W_{12} = F_{P1}\Delta_{12} + F_{R21}\Delta_2 \equiv 0 = \delta W_{21}$$

上式移项后,等式两边同除广义力和广义位移的乘积 $F_{P1}\Delta_2$,则有

$$\delta_{12} = \frac{\Delta_{12}}{\Delta_2} \equiv -\frac{F_{R21}}{F_{P1}} = -k_{21} \tag{4-18}$$

对于更一般情况,则有:

$$\delta_{ij} \equiv -k_{ji}, \quad i \neq j, \quad i,j = 1,2,\cdots \tag{4-19}$$

这就是位移与反力互等定理。读者也可以自行用文字来叙述。

§4-7 结论与讨论

4-7-1 结论

● 变形体虚功原理所揭示的是体系上平衡的外力在体系所发生的协调虚位移上的一个虚功恒等关系。这里的前提条件是力系平衡、位移协调,结论是虚功方程恒成立,是一个必要性的命题。它适用于一切变形体。

● 本章所导出的单位荷载法,只是虚功原理的一种应用。必须指出的是,本书仍然沿用习惯用法,单位荷载又称为单位广义力,实际是比例因数,记为 $F_P = 1$ 或 $X = 1$,它需指出方向和作用点,大小为 1。是量纲一的特殊量。

● 对于荷载作用下由直杆组成的结构位移计算,由于单位广义力引起的单位内力图一般是直线,如果杆件截面几何性质相同或分段相同,则位移计算中的积分可以用图乘代替。用图乘法计算时应注意以下几点:杆段是否是等截面直杆、两个内力图是否至少有一个是直线,也即图乘法适用条件是否满足;不要遗漏刚度 EA、EI、GA、GI_P 等;非标准图形要合理地转换成标准图形的组合后再计算;要注意每项的符号,即面积坐标同侧为正。

● 由支座位移引起的结构位移计算最为简单,只要求出单位广义力下有位移支座的反力,代入公式简单运算即可。但要注意公式前有负号。

● 对温度引起的结构位移计算问题,要注意轴线温度改变引起的位移必须考虑,因此,单位内力图有轴力和弯矩图。每项符号按温度和单位广义力所引起的变形是否一致来确定,一致时为正,反之为负。

● 引起结构位移的因素很多,牢记单位荷载法来源于虚功原理,公式中所有项的实质都是虚功。因此,根据所求位移确定单位广义力状态后,关键是求外因引起的变形位移。掌握了这一核心思想,则不管是什么性质材料的结构,不管外因是什么,就都能以不变应万变,从而解决需求位移计算问题。

● 对于由曲杆组成的结构或变截面复杂受荷结构等,可用数值积分来求位移近似值。

● 线性弹性结构多种外因共同作用下的位移计算,可用统一公式进行计算,也可按各因素分别计算后叠加得到。

● 线性弹性结构有四个互等定理,其中功的互等定理是最基本的定理。它们将在后面超静定结构解法等中得到应用。

● 位移、反力、位移和反力互等定理所指出的都是影响系数互等,它们的量纲和单位都是相同的。说这些互等定理仅仅"数值"相等是不正确的。

4-7-2 讨论

● 虚功原理要求力系平衡、位移协调,结论是虚功方程恒成立。如果改变前提条件,当然结论也将改变。在力系给定时,如果位移是虚设的、协调的、任意的,则可以证明虚功方程恒成立是给定力系平衡的充分必要条件,这一命题称为虚位移原理。与虚位移原理相对应,如果位移给定,力系是虚设的、平衡的、任意的,则可以证明虚功方程恒成立是给定位移协调的充分必要条件,它称为虚力原理。这两个原理可以看作是命题条件变化后虚功原理的"应用"(或称为推论),三个原理的必要性命题完全相同,但虚功原理不是充分性命题。

● 将变形体虚位移原理和达朗贝尔原理相结合,利用瞬时"平衡"的概念,也可作为动力分析的基本原理。

● 位移计算公式(4-5)是在直杆结构情况下推导的,这时杆件截面形心轴与中性轴重合,弯矩 M_P 只引起截面转角,轴力 F_N 只引起轴向位移,它们引起的位移见 §4-1 中的式(a)。对曲杆结构中的弯曲杆情况,截面形心轴与中性轴不重合,M_P 不只引起截面转角,也将引起形心轴的线位移;F_{NP} 不只引起轴向位移也将引起截面转角。因此,位移计算公式(4-5)不再成立。对于矩形截面曲杆,由图 4-25 所示可知由 F_{NP} 引起的微段两侧截面轴向

相对线位移为 $\mathrm{d}\varepsilon^N = \dfrac{F_{NP}}{EA}\mathrm{d}s$,引起的两端截面相对转角为 $\mathrm{d}\theta^N =$

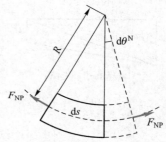

图 4-25　曲杆微段的变形位移

$\dfrac{\mathrm{d}\varepsilon^N}{R} = \dfrac{F_{NP}}{EAR}\mathrm{d}s$ 。弯矩 M_P 引起的截面轴向位移为 $\mathrm{d}\varepsilon^M = \dfrac{M_P}{EAR}\mathrm{d}s$ (推导略),引起的截面相对转角为 $\mathrm{d}\theta^M = \dfrac{M_P}{ESR}\mathrm{d}s$ 。式中,R 为变形前曲率半径,S 为截面对中性轴的静矩。由此,矩形截面曲杆结构位移计算公式为

$$\Delta = \sum\int \frac{\overline{M}M_P}{ERS}\mathrm{d}s + \sum\int \frac{\overline{F}_N F_{NP}}{EA}\mathrm{d}s + \sum\int \frac{\kappa\,\overline{F}_Q F_{QP}}{GA}\mathrm{d}s + \sum\int \frac{\overline{M}F_{NP}}{EAR}\mathrm{d}s + \sum\int \frac{\overline{F}_N M_P}{EAR}\mathrm{d}s$$

$$(4-20)$$

实际应用时,对于截面高度与曲率半径的比值较小的曲杆,可证明按直杆公式计算的误差不大。

● 在推导温度改变引起的位移计算时,假设杆件截面对中性轴对称。而实际工程结构中杆件截面不一定都为对称的,当杆件截面对中性轴不对称时,请读者考虑对位移计算有什么影响。

● 必须注意:对非线性弹性结构,与式(4-5)不同的是虚变形的计算,即 §4-1 中式(a)不再适用,这时必须考虑材料的具体力学行为,代入对应材料特性的变形计算公式,一样可以建立这种材料的荷载位移计算公式。

思 考 题

1. 变形体虚功原理与刚体虚功原理有何区别和联系?
2. 变形体虚功原理证明中何时用到平衡条件? 何时用到变形协调条件?
3. 单位广义力状态中的"单位广义力"的量纲是什么?
4. 试说明如下位移计算公式的适用条件、各项的物理意义:

$$\Delta = \sum\int(\overline{M}\kappa + \overline{F}_N\varepsilon + \overline{F}_Q\gamma)\mathrm{d}s - \sum \overline{F}_{Rk}c_k$$

5. 试说明荷载下位移计算公式(4-5)的适用条件、各项的物理意义。

6. 图乘法的适用条件是什么? 对连续变截面梁或拱能否用图乘法?

7. 图乘法公式中正负号如何确定?

8. 对矩形截面细长杆($h/l = 1/18 \sim 1/8$, h 为矩形截面高度, l 为杆长), 位移计算忽略轴向变形和剪切变形会有多大的误差?

9. 如下图乘结果是否正确? 为什么?

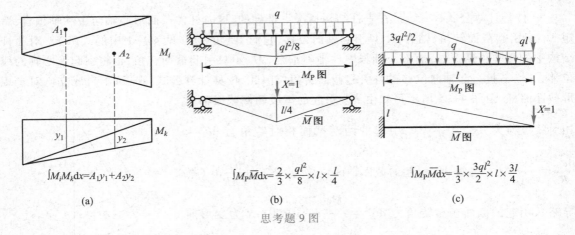

思考题 9 图

10. 荷载和单位弯矩图如下图所示,如何用图乘法计算位移?

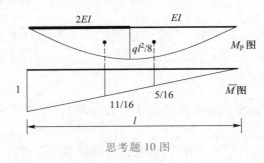

思考题 10 图

11. 图乘法求位移时应注意避免哪些易犯的错误?

12. 如果杆件截面对中性轴不对称,则对温度改变引起的位移有何影响?

13. 增加各杆刚度是否一定能减小荷载作用引起的结构位移?

14. 试说明 δ_{12} 和 δ_{21} 的量纲并用文字阐述位移互等定理。

15. 反力互等定理是否适用于静定结构? 这时会得到什么结果? 反力互等定理如何阐述?

16. 位移–反力互等定理是否适用于静定结构? 如何阐述?

17. 为使图示多跨静定梁 D 截面两侧截面产生 $\Delta\theta$ 的相对转角,需在 D 处施加多大力偶 M? 已知梁 EI 为常数,弹簧刚度 $k = 3EI/l^3$ 。

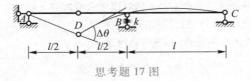

思考题 17 图

习　题

4-1　试求图示刚架中 D 点的竖向位移。EI 为常数。

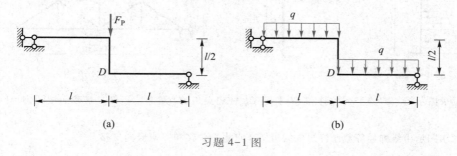

习题 4-1 图

4-2　试求图示圆弧形曲梁 B 点的水平位移（用直杆公式）。EI 为常数。

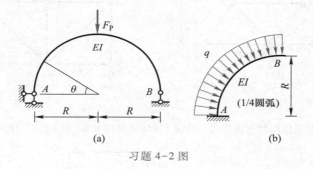

习题 4-2 图

4-3　试求图示线弹性等截面圆弧形曲梁的图示位移。（提示：$\int_a^b \sin^2 u\,du = \left[u/2 - \sin(2u)/4 \right]_a^b$）

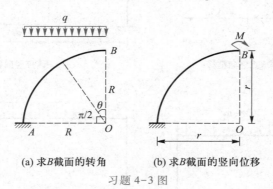

(a) 求 B 截面的转角　　　　　(b) 求 B 截面的竖向位移

习题 4-3 图

4-4　图示柱的 A 端抗弯刚度为 EI，B 端为 $EI/2$，沿柱长抗弯刚度线性变化。试求 B 端水平位移。

4-5　试求图示单阶悬臂柱在柱顶 B 处的水平位移 Δ_{Bx}，设上柱截面惯性矩为 I_1，下柱为 $I_2 = 4I_1$，E 为常数。

4-6　试求图示桁架 D 点的竖向位移，各杆 $EA = 6.3 \times 10^5$ kN。

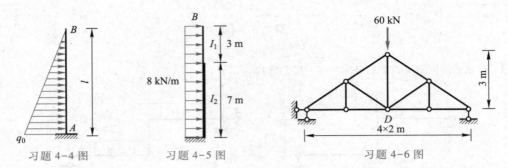

习题 4-4 图   习题 4-5 图   习题 4-6 图

4-7   试求图示桁架 C 点竖向位移和 CD 杆与 CE 杆的夹角的改变量。已知各杆截面相同，$A = 1.5 \times 10^{-2}$ m²，$E = 210$ GPa。

4-8   试求图示由线弹性等截面杆组成的桁架 A 点水平位移和 C 点竖向位移。

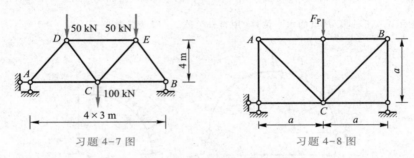

习题 4-7 图   习题 4-8 图

4-9   试用图乘法求图示结构的指定位移。除图 f 标明杆件刚度外，其他各杆 EI 均为常数。

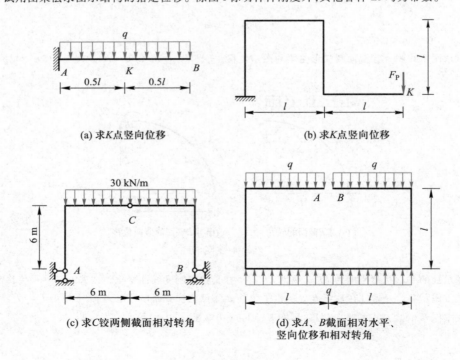

(a) 求K点竖向位移   (b) 求K点竖向位移

(c) 求C铰两侧截面相对转角   (d) 求A、B截面相对水平、竖向位移和相对转角

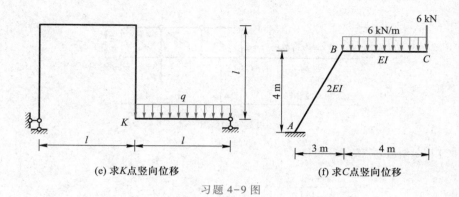

(e) 求 K 点竖向位移　　　　　　(f) 求 C 点竖向位移

习题 4-9 图

4-10　试用图乘法求图示结构 C 点竖向位移。各杆 EI 均为常数。

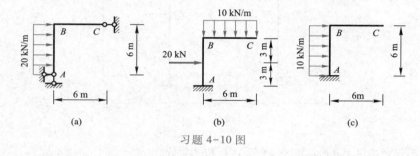

(a)　　　　　　　(b)　　　　　　　(c)

习题 4-10 图

4-11　试求图示静定梁铰 C 左右两侧截面的相对转角 φ_C，各杆 EI 为常数。

4-12　试求图示结构铰 E 两侧截面相对转角，EI 为常数。

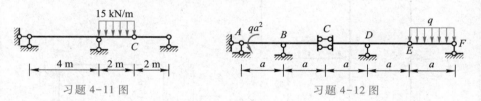

习题 4-11 图　　　　　　　　习题 4-12 图

4-13　试求图示结构 $C_{左}$ 截面的转角。EI 为常数。

4-14　图示结构，EI 为常数。$q = 10$ kN/m，试求 B 点的竖向位移。

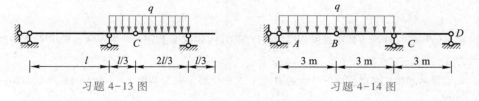

习题 4-13 图　　　　　　　　习题 4-14 图

4-15　试求图示结构 C 点竖向位移 Δ_{Cy}。

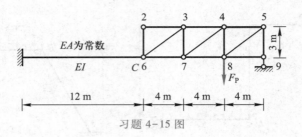

习题 4-15 图

4-16 试求图示结构 B 点的水平位移。

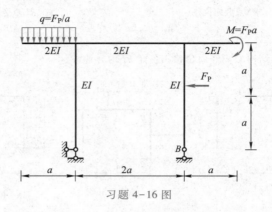

习题 4-16 图

4-17 试计算图示结构 A、B 两点相对水平线位移，EI 为常数。

4-18 试求图示结构中 D、B 两点相对水平位移。EI 为常数。

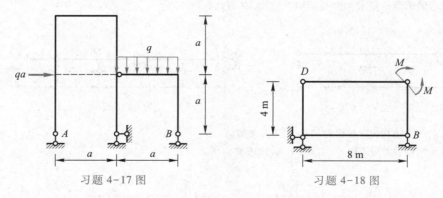

习题 4-17 图　　　　　　　　习题 4-18 图

4-19 图示结构各杆件均为截面高度相同的矩形截面，内侧温度上升 t，外侧不变。试求 C 点的竖向位移。线膨胀系数为 α。

4-20 试求图示刚架在温度作用下产生的 D 点的水平位移。梁为高度 $h=0.8$ m 的矩形截面梁，线膨胀系数为 $\alpha=10^{-5}\,℃^{-1}$。

4-21 图示桁架下弦各杆温度均升高 t，已知材料线膨胀系数为 α，试求由此引起的结点 D 的竖向位移 Δ_{Dy}。

4-22 图示结构由于温度改变使 C 两侧截面发生相对转角。试求 AB 杆件的长度改变量 Δl。当 Δl 等于多大时，可使该相对转角为零？已知：各杆截面对称于形心轴，厚度 $h=l/10$，材料线膨胀系数为 α，除 AB 杆件温度不变外，其余杆件外侧升高 20 ℃，内侧升高 10 ℃。

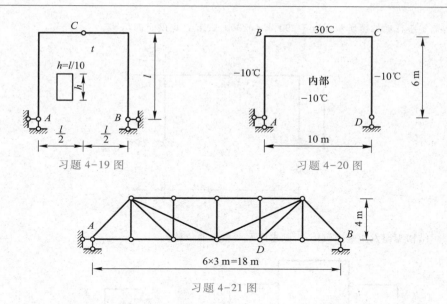

习题 4-19 图　　　　习题 4-20 图

习题 4-21 图

4-23 图示桁架各杆温度上升 t，已知线膨胀系数 α。试求由此引起的 K 点竖向位移。

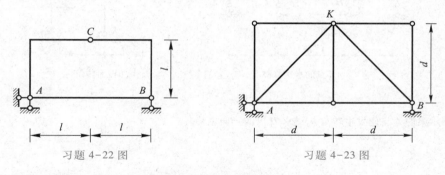

习题 4-22 图　　　　习题 4-23 图

4-24 上题结构中 AK 杆做长了 5 mm，试求由此引起的 K 点竖向位移。

4-25 图示静定桁架，BC、FE 制造时均长了 $\lambda = 0.003a$，试求 F、C 两点的相对水平线位移。

4-26 试求图示结构由于支座位移引起的 K 点水平位移。

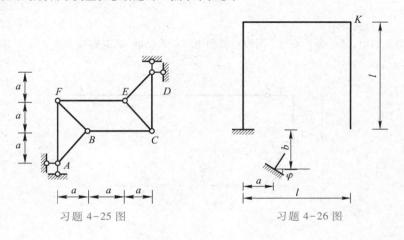

习题 4-25 图　　　　习题 4-26 图

4-27　刚架支座移动如图所示，$c_1 = a/200$，$c_2 = a/300$，试求 D 点的竖向位移。

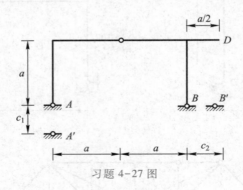

习题 4-27 图

4-28　图示结构支座发生竖向沉陷 Δ，试求图示所指定的位移。

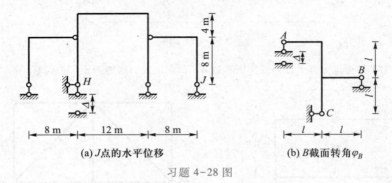

(a) J 点的水平位移　　　　(b) B 截面转角 φ_B

习题 4-28 图

4-29　图示梁的 A 支座发生转角 θ，试求 D 点的竖向位移。

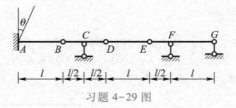

习题 4-29 图

4-30　图示静定刚架，固定端 A 发生了顺时针转角 $\theta_A = 0.001 \text{ rad}$，试求右端 F 点的水平位移 Δ_{Fx} 和竖向位移 Δ_{Fy}。

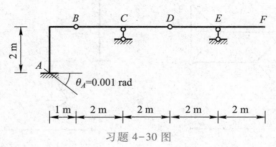

习题 4-30 图

4-31　图示结构支座 B 向左移动 $1\ \text{cm}$，支座 D 向下移动 $2\ \text{cm}$，试求铰 A 左右两截面的相对转角 φ_A。

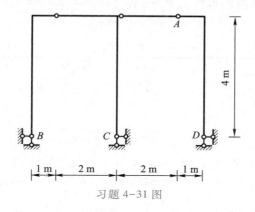

习题 4-31 图

4-32　图示结构上侧温度上升 $10\ ℃$，下侧上升 $30\ ℃$，并有图示支座位移和荷载作用，试求 C 点的竖向位移。已知线膨胀系数 α，梁 EI 为常数。

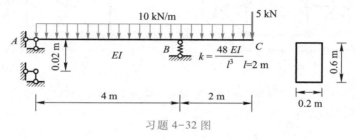

习题 4-32 图

4-33　试求图示结构考虑弯曲变形和剪切变形的挠度曲线方程。截面为矩形，$k=1.2$。

4-34　图示桁架 AB 杆的 $\sigma=E\sqrt{\varepsilon}$，其他杆的 $\sigma=E\varepsilon$。试求 B 点水平位移。

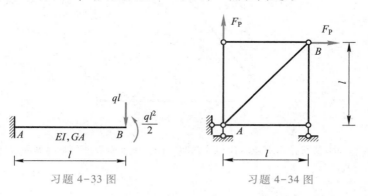

习题 4-33 图　　　　　　习题 4-34 图

4-35　欲使图示简支梁中点的挠度为 0，杆端弯矩 M_0 应多大？已知线膨胀系数 α，梁截面为矩形，截面高度为 h。

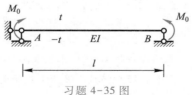

习题 4-35 图

4-36 已知在图 a 荷载的作用下，$\theta_A = \dfrac{1}{3EI}\left(M_1 - \dfrac{M_2}{2}\right)$。试求图 b 梁 A 端的转角。

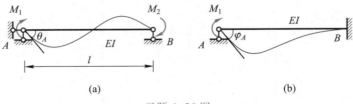

(a)　　　　　　　　　　　　　(b)

习题 4-36 图

4-37 图示结构由于 a 杆制造时短了 0.5 cm，试求结点 C 的竖向位移。已知 $l = 2$ m。

4-38 图示结构 BD 杆初始拉应变 $\varepsilon = 1/1\,000$，试求由此引起的 E 点的竖向位移。

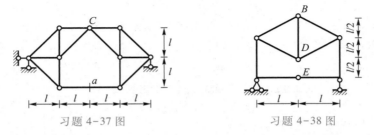

习题 4-37 图　　　　　　　　　习题 4-38 图

4-39 图示结构中 AC 杆做长了 0.001 m，BCD 杆做成半径为 200 m 的圆弧（向上凸），同时支座 B 发生如图所示的位移。试求 D 截面的转角。

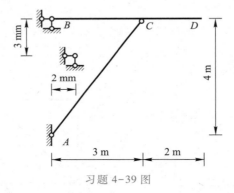

习题 4-39 图

4-40 已测得 A 截面在荷载作用下逆时针转了 0.001 rad。试求 C 铰两侧截面的相对转角。EI 为常数。

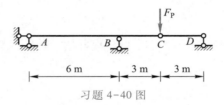

习题 4-40 图

4-41 已测得在图示荷载作用下各点竖向位移为：H 点 1.2 cm，G、I 点 0.1 cm，F、C、J 点 0.06 cm，D、B 点 0.05 cm。试求当 10 kN 竖向力平均分布作用于 15 个结点上时，H 点的竖向位移。

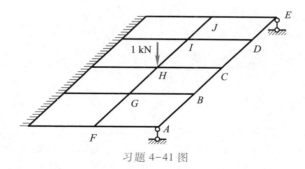

习题 4-41 图

* **4-42**　已知图示空间刚架各杆 $E=200\times10^6$ kN/m², $G=80\times10^6$ kN/m², $I=100\times10^6$ mm⁴, $I_{\mathrm{P}}=180\times10^6$ mm⁴。试求 C 点的竖向位移。

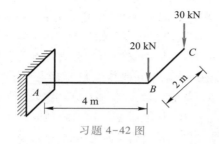

习题 4-42 图

* **4-43**　图示结构各杆的 E、G、I、I_{P} 均相同。试求 AB 两点竖向相对位移。

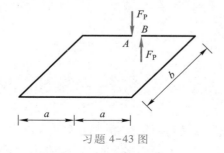

习题 4-43 图

* **4-44**　试证明反力互等定理也有量纲相同、单位相同的结论。

参考答案 A4

第5章 力 法

从本章开始讨论超静定结构内力、位移等求解方法。

通过前面的学习已经掌握了结构的几何组成，利用平衡条件分析静定结构受力，还掌握了结构位移计算的原理和方法，即解决了静定结构的受力和变形计算问题。上述内容有其本身的工程意义，也是解决大量工程中的超静定结构计算的基础。

对于超静定结构，从受力上看，需求反力和内力的总数多于能建立的独立平衡方程数，因此，仅仅利用平衡方程不能求出全部反力或内力。若要求出它们，必须建立补充方程。就目前来说，超静定结构分析还是一个未完全解决的问题，但我们已经有了如下的知识储备：在材料力学推导应力公式时，已经介绍了综合"平衡、变形和材料力学行为分析"解决超静定问题的一般方法；通过第 3 章杆件代替法的学习，掌握了"化未知问题为已知问题"来解决的转化思想方法。本章将在此基础上结合前面各章内容，介绍以力作为基本未知量解超静定结构的基本方法——力法。同时还将介绍与求解相关的方法、技巧和超静定结构的特性等。

尽管随着计算机的普及，结构的计算分析和设计愈来愈自动化，工程分析直接使用本章内容作结构分析的工作越来越少，但本章内容作为结构力学求解超静定结构的最基本方法之一，是进一步学习超静定结构另一种基本解法——位移法、结构矩阵分析以及其他一些内容的基础，因此，熟练掌握它还是非常重要的。

§5-1 求解超静定结构的一般方法

静定结构没有多余约束，因此，仅利用平衡条件就可以求出全部反力和内力，进一步可以求得结构的位移和变形。超静定结构由于存在多余约束，待求未知量总数多于可建立的独立平衡方程数。如对图 5-1a 所示超静定结构而言，如果图 5-1b 中假设 $F_{Ay,1} = F_{P1} + F_{P2} - F_{By,1}$，$M_{A,1} = \sum_{i=1}^{2} F_{Pi}a_i - F_{By,1}l$，显然平衡条件可以满足。又如图 5-1c 所示，如果 $F_{By,2} \neq F_{By,1}$，但假设 $F_{Ay,2} = F_{P1} + F_{P2} - F_{By,2}$，$M_{A,2} = \sum_{i=1}^{2} F_{Pi}a_i - F_{By,2}l$，同样可以满足平衡条件。由此可见，仅满足平衡条件的解答可以有无穷多种。

从材料力学可知，截面应力有无限个，仅从它应该平衡外荷载来说是超静定的。为了解决应力计算，采取从实验观察入手，根据宏观现象作出关于变形的假设（如平截面假设），在此基础上求得变形，然后利用应力应变关系得到应力变化规律，最终利用平衡条件导出应力计算公式。即综合如下三方面："变形分析——使变形协调；本构关系分析——使符合材料性能；平衡分析——使满足平衡要求"，就可以解决"超静定计算"问题。这一分析思路对变形体力学是普遍适用的，

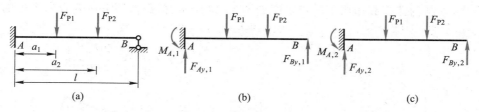

图 5-1 超静定结构仅满足平衡条件的解答不唯一示意图

自然超静定结构的求解也必须遵循。 同时,化未知问题为已知问题的科学研究方法,也为解决超静定结构计算提供了宝贵思路。

仅用平衡条件,超静定问题解答不是唯一的。但是,同时满足变形协调、本构关系(即应力应变关系)和平衡条件的解答只有一个,即超静定计算的结果是唯一的。

遵循"变形、本构、平衡"分析思想可有不同的出发点:

- 一种做法是:以力作为基本求解未知量,在自动满足平衡条件的基础上进行分析,这时主要应解决变形协调问题,这种分析方法称为力法。

- 另一种做法是:以位移作为基本求解未知量,在自动满足变形协调条件的基础上来分析,这时主要需解决平衡问题,这种分析方法称为位移法。

- 如果一个问题中既有力未知量,也有位移未知量,部分考虑位移协调,部分考虑力的平衡,这样一种分析方法称为混合法。

本章介绍力法,然后在下一章介绍位移法等。

§5-2 力法的基本思想及解题步骤

5-2-1 力法求解的基本思路

下面先以一个简单超静定结构为例,说明如何求解超静定结构的内力。

图 5-2a 所示结构由几何组成分析可知是具有一个多余约束的超静定结构,以后称为一次超静定结构。

5-1
力法求解的
基本思路

超静定结构的求解现在是未知(不会求解)的,而静定结构的受力和变形计算是已经掌握了的。利用"化未知问题为已知问题"这一求解思路,可拆除链杆支座并代以未知的支座反力 $F_{By} = X_1$,将超静定结构变成静定结构,该静定结构称为**基本体系**。没有荷载与未知反力的基本体系称为**基本结构**。如果能设法确定 X_1 的实际值,则这个静定结构与原结构的内力、位移是相同的。可见,X_1 的计算现在是关键所在,因此,这待定的多余约束力被称为**基本未知量**或**基本未知力**。

基本结构在基本未知力 X_1 作用下的内力和变形可用前两章知识解决,弯矩图如图 5-2c 所示,图中 X_1 作用所引起的沿 X_1 方向的位移为

$$\Delta_{11} = \frac{1}{EI}\left(\frac{1}{2} \times l \times l \times \frac{2l}{3} + l \times l \times l \right) X_1 = \frac{4l^3}{3EI}X_1$$

同样,基本结构在荷载作用下的弯矩图如图 5-2d 所示,荷载作用下在 B 点所产生的 X_1 方向的位移为

$$\Delta_{1P} = -\frac{1}{EI}\left(\frac{1}{2} \times \frac{F_P l}{2} \times \frac{l}{2} \times \frac{5l}{6} + \frac{F_P l}{2} \times l \times l\right) = -\frac{29F_P l^3}{48EI}$$

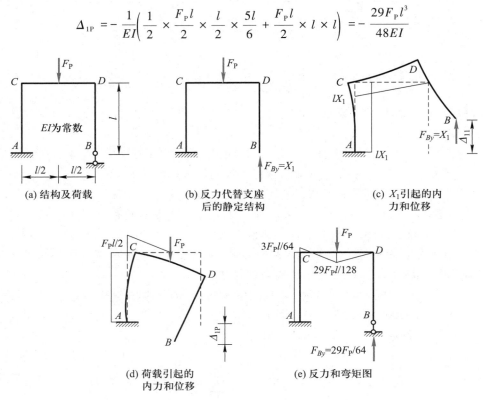

图 5-2 简单超静定问题求解说明

对于线性弹性结构,荷载与基本未知力(支座反力)共同作用下在 B 点所产生的竖向位移可叠加得到,即

$$\Delta_1 = \frac{4l^3}{3EI} X_1 - \frac{29F_P l^3}{48EI}$$

可见,X_1 取任意值时,一般情况 $\Delta_1 \neq 0$。这将与原超静定结构链杆支座不允许产生竖向位移不一致,或称为变形不协调。因为 X_1 是待定的,为使变形协调,可令 $\Delta_1 = 0$。这就获得了一个包含 X_1 的补充方程,从它可以解出

$$X_1 = \frac{29F_P}{64}$$

这里需要强调指出的是,在这个 X_1 和荷载共同作用下,基本结构既平衡又变形协调了,而超静定结构同时满足平衡和协调条件的解答是唯一的,因此,X_1 就是原结构的实际支座反力。至此,利用第 3 章知识,即可作出基本结构在荷载与基本未知力共同作用下的弯矩图,如图 5-2e 所示,超静定问题也就得到解决。

总结这一简单例子可看出,这里的基本思想是:设法将未知的超静定问题,转换成已知的静定问题来解决,核心是转换。再次强调,这不仅是力法求解的基本思想,也是科学研究常用的方

法,希望读者能很好地理解和掌握它。

　　为更好地理解以力作基本未知量的"转换"思想,再以图 5-3a 所示承受荷载和支座位移作用的超静定刚架加以说明。从组成分析可知,它有两个多余约束,为 2 次超静定结构。适当解除多余约束(如解除 B 点的支座)可建立静定的基本结构如图 5-3b 所示。由于拆除约束的任意性,如还可在 AC 和 CD 杆的任何位置加两个简单铰,解除限制截面相对转动的约束来得到,显然一个超静定结构的基本结构可有无限多种。但是,对应不同基本结构的求解工作量会有所不同。

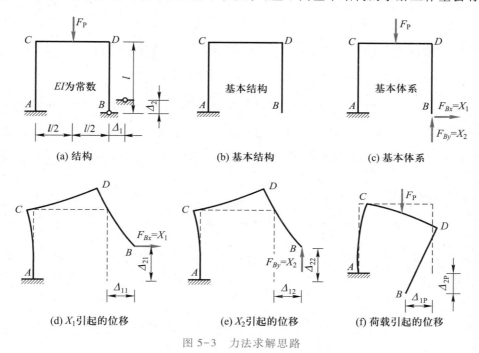

(a) 结构　　　　　　　(b) 基本结构　　　　　　　(c) 基本体系

(d) X_1引起的位移　　　　(e) X_2引起的位移　　　　(f) 荷载引起的位移

图 5-3　力法求解思路

　　基本结构是在原结构上做了几何上的转换,它当然和原结构是不同的。为了使转换后基本结构在受力上也和原结构一样,除在基本结构上应该作用原有荷载外,还必须将原有约束力的作用也考虑上,这些约束力即为基本未知力。受有外荷载和基本未知力的基本结构称为基本体系,如图 5-3c 所示。

　　基本体系在荷载和基本未知力共同作用下的位移,可以由叠加原理用静定结构的位移计算方法得到,当然,这里基本未知力 X_1、X_2(因为是广义未知力, F_{Bx} 记作 X_1, F_{By} 记作 X_2)的大小是待定的。在图 5-3d、e、f 中绘出了单一因素作用下的变形情况和沿未知力 X_1、X_2 方向的位移,由图示位移叠加可得

$$\Delta_1 = \Delta_{11} + \Delta_{12} + \Delta_{1P} , \qquad \Delta_2 = \Delta_{21} + \Delta_{22} + \Delta_{2P} \tag{a}$$

式中,右边 Δ 的第一个下标 1、2 表示该位移是沿 X_1、X_2 方向的,第二个下标表示产生位移的原因是 X_1、X_2 或荷载。即 Δ_{11}、Δ_{21} 和 X_1 有关,是 X_1 引起的, Δ_{12}、Δ_{22} 和 X_2 有关,是 X_2 引起的。对线性弹性结构,其间关系是线性的,因此 $\Delta_{ij} = \delta_{ij}X_j$,即可由单位未知力 $\overline{X}_j = 1$ 引起的位移系数 δ_{ij} 放大 X_j 倍来计算。Δ_{1P}、Δ_{2P} 是沿未知力 X_1、X_2 方向由荷载作用引起的位移(本例它们为负值)。显然,在不同未知力 X_1、X_2 下,位移 Δ_1 和 Δ_2 是不同的。此时和原超静定结构相比,虽然基本体系也是

平衡的,但支座 B 处的位移 Δ_1 和 Δ_2 在不同未知力 X_1、X_2 下可能和原超静定结构的位移 $\overline{\Delta}_1$ 和 $\overline{\Delta}_2$ 不相等,也可称为不协调。

为了消除基本体系和原超静定结构的差别,必须令式(a)位移 Δ_1 和 Δ_2 和原结构的对应位移 $\overline{\Delta}_1$ 和 $\overline{\Delta}_2$ 协调,即令 $\Delta_1 = \overline{\Delta}_1$, $\Delta_2 = \overline{\Delta}_2$ 。这样,有多少个未知力就可以建立多少个位移协调条件,即列出多少个位移协调方程,从而能够求出这些基本未知力。因此,这些协调方程被称为力法方程。

对任意线性弹性结构,根据位移(变形)协调条件——基本体系所产生的未知力 X_i 方向的位移 Δ_i 等于原超静定结构的对应位移 $\overline{\Delta}_i$,所列出的线性代数方程组形式为

$$\Delta_i = \sum_j \delta_{ij}X_j + \Delta_{i\overline{P}} = \overline{\Delta}_i \quad (i=1,2,\cdots,n) \tag{5-1}$$

式中,δ_{ij} 为位移系数,它的物理意义是:基本结构在单位力 $\overline{X}_j = 1$ 作用下,在 X_i 作用处沿 X_i 方向所产生的位移;$\Delta_{i\overline{P}}$ 为基本结构所受外因(因为外因可以不是荷载,所以下标用 $\overline{P}$)引起的 X_i 方向的位移,称为广义荷载位移;$\overline{\Delta}_i$ 为原超静定结构 X_i 方向的已知(广义)位移。式(5-1)称为力法典型方程。

典型方程式(5-1)也可写作矩阵形式:

$$\boldsymbol{\delta} \boldsymbol{X} + \boldsymbol{\Delta}_{\overline{P}} = \overline{\boldsymbol{\Delta}}$$

$$\boldsymbol{\delta} = \begin{pmatrix} \delta_{11} & \delta_{12} & \cdots & \delta_{1n} \\ \delta_{21} & \delta_{22} & \cdots & \delta_{2n} \\ \vdots & \vdots & & \vdots \\ \delta_{n1} & \delta_{n2} & \cdots & \delta_{nn} \end{pmatrix} , \quad \boldsymbol{X} = \begin{pmatrix} X_1 \\ X_2 \\ \vdots \\ X_n \end{pmatrix} , \quad \boldsymbol{\Delta}_{\overline{P}} = \begin{pmatrix} \Delta_1 \\ \Delta_2 \\ \vdots \\ \Delta_n \end{pmatrix}_{\overline{P}} , \quad \overline{\boldsymbol{\Delta}} = \begin{pmatrix} \overline{\Delta}_1 \\ \overline{\Delta}_2 \\ \vdots \\ \overline{\Delta}_n \end{pmatrix}$$

式中,$\boldsymbol{\delta}$ 为柔度矩阵,其元素 δ_{ij} 为位移系数(也称为柔度系数),δ_{ii} 称为主系数,$\delta_{ij}(i \neq j)$ 称为副系数。根据位移计算公式可知,力在自己方向所产生的位移恒大于零,因此主系数恒正。由位移互等定理可知,副系数 $\delta_{ij} = \delta_{ji}$,因此 $\boldsymbol{\delta}$ 为对称矩阵。$\boldsymbol{\Delta}_{\overline{P}}$ 为广义荷载位移矩阵、$\overline{\boldsymbol{\Delta}}$ 为已知位移矩阵、$\boldsymbol{X}$ 为未知力矩阵,其元素分别由广义荷载位移、已知(广义)位移和基本未知力组成。

求解线性代数方程组(5-1),即可得到基本未知量——多余约束力,在它和荷载共同作用下,基本体系就既平衡又协调了。根据解答唯一性,它们就是超静定结构的真实解答。

由于已经消除基本体系和原超静定结构的差别,而基本体系是已掌握的静定结构,所以原超静定结构的其他计算内容(如内力和位移计算等),就可以通过基本体系用计算静定结构的方法来解决。这就是力法将超静定结构转换成静定结构进行分析的思路。

*请思考:前面提到超静定结构无法仅用静力平衡方程来解决,而要综合利用几何(变形)、物理(本构)以及平衡才能解决,那么力法中是如何应用上述三方面来解决超静定问题的呢?它的物理方程是如何应用的呢? 提示:从位移计算公式考虑。

5-2-2 超静定次数及力法基本体系和基本未知量的确定

多余约束的个数称为超静定次数,记为 n。确定超静定次数是力法计算的第一项工作。从

力法思路说明可见,超静定次数一般可由下述方法确定:

1. 利用几何组成分析

当把一个超静定结构通过解除约束变成静定结构后,所解除的约束个数即为原结构的超静定次数。图5-4a所示为一超静定刚架,由图可见,拆除右边固定端支座可变成静定结构,拆除固定端支座相当于解除三个约束,因此,超静定次数为3。因为此刚架与地面一起构成一个无铰的闭合框,由此分析可得到"一个无铰闭合框为3次超静定"的结论。

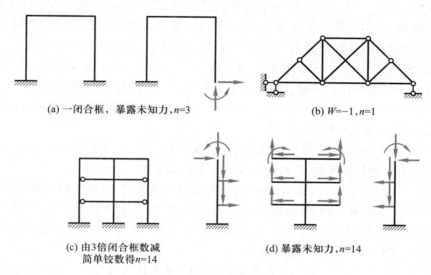

(a) 一闭合框,暴露未知力,$n=3$ (b) $W=-1, n=1$

(c) 由3倍闭合框数减   (d) 暴露未知力,$n=14$
简单铰数得$n=14$

图5-4 超静定次数确定示例

2. 利用计算自由度

当不变体系的计算自由度 $W=-n$ 时,结构的超静定次数为 n。图5-4b所示为一铰接体系,计算自由度 $W=2j-b=2\times8-17=-1$ 且几何不变,可知此桁架的超静定次数为1。

3. 利用无铰封闭框

图5-4c所示也是一个超静定刚架,若将结构中的铰结点均视为刚结点,则结构由6个无铰闭合框组成,根据第1点中的结论,此时超静定次数为 $3\times6=18$。因为图中的铰均为单铰,将单刚结点变成单铰结点需减少一个约束,从无铰闭合框化成图5-4c所示结构总共需要减少4个约束。因此图5-4c所示结构超静定次数为 $18-4=14$。

当结构的超静定次数 n 确定后,适当地拆去 n 个多余约束后即可得力法基本结构(注意:现阶段必须是静定结构),被拆去的多余约束中的约束力即为力法基本未知量,如图5-4a、d所示。

5-2-3 力法的解题步骤

力法求解超静定结构的具体步骤为:

(1) 确定超静定次数 n。

(2) 确定基本结构、基本未知力、基本体系 这里需要注意的是,不要将必要约束当作多余约束去掉;如果解除了必要约束,结构就不可能保持静定,在外因(荷载等)和基本未知力作用下就无法分析。

（3）建立变形条件和力法方程　变形条件和力法方程的一般形式分别为

$$\Delta_j = \overline{\Delta}_j \quad (j = 1, 2, \cdots, n)$$

$$\sum \delta_{ij} X_j + \Delta_{i\text{P}} = \overline{\Delta}_j \quad (j = 1, 2, \cdots, n)$$

（4）求力法方程中的系数和自由项

●作基本结构在单位未知力和荷载（如果有）作用下的内力图　为了求基本结构在未知力、外因作用下的位移（$\Delta_{ij} = \delta_{ij} X_j$、$\Delta_{i\text{P}}$），由静定结构位移计算可知，必须要有单位内力图和荷载内力图。对桁架结构，内力是轴力。对受弯结构，剪力和轴力对变形的影响可以忽略，因此内力是弯矩。对于组合结构，桁架杆是轴力、弯曲杆是弯矩。对于拱，一般是弯矩和轴力。

●求基本结构由各单位未知力引起的沿某单位未知力方向的位移 δ_{ij}　对线性结构，δ_{ij} 由单位内力图计算。当可用图乘法时，δ_{ii} 由 i 图自乘、δ_{ij} 由 i 图和 j 图互乘计算。

●求外因作用引起基本结构沿单位力方向的位移 $\Delta_{i\text{P}}$　这可由第 i 单位内力（反力）根据各种外因引起的位移计算公式来求。

（5）解力法方程，求多余未知力　用消去法求解力法方程即可获得基本未知力。未知力个数较多（>3）时，手算是很烦琐的，一般需要用计算机来求解。

（6）作超静定结构内力图　根据叠加原理，在求得未知力后，由单位内力乘以对应未知力后和荷载（有的话）内力叠加，即可得到超静定结构内力，依此可作内力图。受弯结构和静定结构一样按弯矩、剪力、轴力的顺序来计算。也可将已求得的 X_i（或 X）与荷载（有的话）加到基本结构上，然后按静定结构的方法计算结构内力。

（7）求超静定结构位移　在满足位移协调条件下，基本体系的位移与原结构的位移相同，基本体系的位移即是原超静定结构的位移。基本体系的位移计算与第 4 章相同。

因为基本结构可有无限种取法，而超静定结构解答是唯一的。因此，解答可看成是从任一种基本结构求解所得。按此理解，求超静定结构位移的静定结构单位力状态，可根据与最终内力结果求位移的计算最简单的原则来建立，求位移的静定结构可以不是求解时的原基本结构。

（8）校核分析结果　由于单位内力、荷载内力都是平衡的，因此，即使未知力计算有错，叠加结果必然仍旧自动满足平衡条件。所以，力法的校核主要是检查变形条件，也即计算某已知位移，看是否满足协调条件。好的结构工程师，不仅应能分析，还必须熟练掌握结果的校核方法。具体的校核方法，通过下节的例题来说明。

力法是计算超静定结构最基本的方法之一。上述力法求解步骤适用于一切超静定结构、一切外因作用。

需要指出的是，上述个别步骤的顺序是可以调换的。如可先做单位与荷载内力图并求柔度系数和荷载位移系数，后列力法方程并求解。

§5-3　力法举例

下面就不同类型结构、不同外因作用举一些典型例子，以便帮助读者掌握好力法这种超静定结构基本解法。

1. 超静定桁架

[例题 5-1] 试求图 5-5a 所示超静定桁架的各杆内力。EA 为常数。

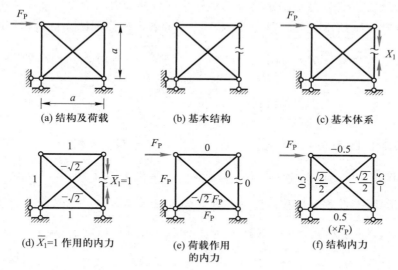

(a) 结构及荷载 (b) 基本结构 (c) 基本体系

(d) $\overline{X}_1=1$ 作用的内力 (e) 荷载作用的内力 (f) 结构内力

图 5-5 例题 5-1 结构及求解过程

解:(1) 由结构组成分析可知此桁架超静定次数为 1,解除其中一根杆的轴向约束,得基本结构(这里是解除右边竖杆的轴向约束)如图 5-5b 所示,基本体系(含未知力)如图 5-5c 所示。

(2) 为了求位移系数 δ_{11} 和荷载位移 Δ_{1P},需要求解单位力和荷载作用下的轴力,结果如图 5-5d、e 所示。

(3) 根据图 5-5d、e 所示可求得

$$\delta_{11} = \sum \frac{\overline{F}_{N1}^2 l}{EA} = \frac{1}{EA} \times \left[4 \times 1^2 \times a + 2 \times \left(-\sqrt{2} \right)^2 \times \sqrt{2}a \right] = \frac{4(1+\sqrt{2})a}{EA} (自乘)$$

$$\Delta_{1P} = \sum \frac{\overline{F}_{N1} F_{NP}}{EA} = \frac{1}{EA} \times \left[2 \times 1 \times F_P \times a + \left(-\sqrt{2} \right) \times \left(-\sqrt{2} F_P \right) \times \sqrt{2}a \right] = \frac{2(1+\sqrt{2})}{EA} F_P a (互乘)$$

(4) 由力法方程(因为原结构任一截面两侧没有相对位移,因此 $\overline{\Delta}_1 = 0$)

$$\delta_{11} X_1 + \Delta_{1P} = \frac{4(1+\sqrt{2})a}{EA} X_1 + \frac{2(1+\sqrt{2})}{EA} F_P a = 0$$

可得

$$X_1 = -0.5 F_P$$

(5) 再由 $\overline{F}_{N1} X_1 + F_{NP} = F_N$ 对每一对应杆进行叠加,即可获得图 5-5f 所示的桁架各杆内力。

几点说明:

● 所谓解除轴向约束是指图 5-6 所示拆除轴向链杆。因此基本体系是静定的。为作图方便,习惯上以切断杆件来表示。

图 5-6 解除轴向约束

● 由计算可知,荷载作用情形下,超静定桁架的内力与杆件的绝对刚度 EA 无关,只与各杆刚度比值有关。

● 本例也可按如下方法求解。取拆除一根桁架杆后的静定结构作为基本结构如图 5-7b 所示,基本体系如图 5-7c 所示,单位力状态与荷载作用的各杆内力如图 5-7d、e 所示。由图5-7d、e 互乘可见,Δ_{1P} 与本例计算结果相同,仍为 $\dfrac{2(1+\sqrt{2})}{EA}F_{P}a$。这时 δ_{11} 计算可有两种理解:求 δ_{11} 不考虑已拆下的杆;求 δ_{11} 考虑拆下的杆。前者 $\delta_{11}=\dfrac{(3+4\sqrt{2})a}{EA}$,它是作用单位力两结点间的相对位移。而后者由图 5-7d 可见 $\delta_{11}=\dfrac{4(1+\sqrt{2})a}{EA}$,与本例结果相同。两种理解的系数不相同,因而力法方程含义也应该不相同。由于前者没有考虑拆下的杆,$\delta_{11}X_{1}+\Delta_{1P}$ 是两结点间的相对位移,要使变形协调,此相对位移应该等于拆下杆的轴向变形 $-\dfrac{a}{EA}X_{1}$,这里之所以取负值,是因为结点间相对位移是靠拢,而拆下杆变形是伸长。由此理解,力法方程为 $\delta_{11}X_{1}+\Delta_{1P}=-\dfrac{a}{EA}X_{1}$。后者已经考虑了拆下的杆,$\delta_{11}X_{1}+\Delta_{1P}$ 表示的是结点和杆件之间的相对位移,原结构结点与杆件是不可能分离的,因此力法方程为 $\delta_{11}X_{1}+\Delta_{1P}=0$。显然,前者的力法方程左边项移到右边并合并,则两种理解的力法方程完全一样,而且也与本例结果一样。因此,最终结果和图 5-5f 所示各杆内力完全相同。

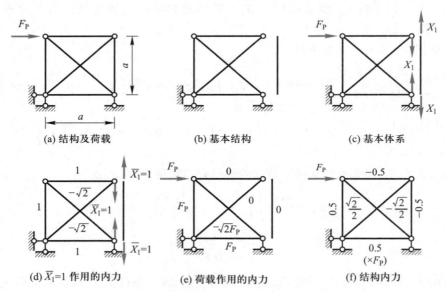

(a) 结构及荷载　　　　　　(b) 基本结构　　　　　　(c) 基本体系

(d) $\overline{X}_{1}=1$ 作用的内力　　　(e) 荷载作用的内力　　　(f) 结构内力

图 5-7　例题 5-1 的另一种解法

[例题 5-2]　试求图 5-8a 所示桁架由图示支座位移所产生的内力。EA 为常数。

解:(1) 此桁架支座多余一个约束,内部杆件多余一个约束,因此超静定次数为 2,取图 5-8b 所示为基本结构,基本体系如图 5-8c 所示。

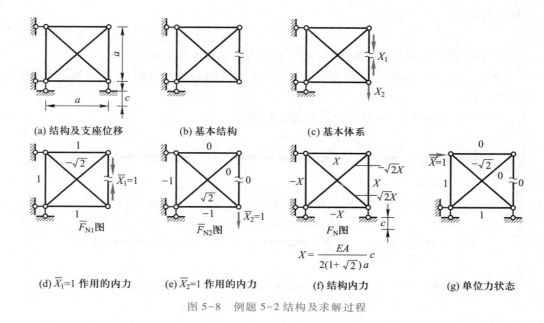

图 5-8　例题 5-2 结构及求解过程

（2）按结点法（或截面法）可求得单位内力图如图 5-8d、e 所示。

（3）由位移计算可得

$$\delta_{11} = \sum \frac{\overline{F}_{N1}^2 l}{EA} = \frac{1}{EA} \times [4 \times 1^2 \times a + 2 \times (-\sqrt{2})^2 \times \sqrt{2}a] = \frac{4(1+\sqrt{2})a}{EA}（自乘）$$

$$\delta_{22} = \sum \frac{\overline{F}_{N2}^2 l}{EA} = \frac{1}{EA} \times [2 \times (-1)^2 \times a + (\sqrt{2})^2 \times \sqrt{2}a] = \frac{2(1+\sqrt{2})a}{EA}（自乘）$$

$$\delta_{12} = \frac{1}{EA} \times [2 \times 1 \times (-1) \times a - \sqrt{2} \times \sqrt{2} \times \sqrt{2}a] = -\frac{2(1+\sqrt{2})a}{EA}（互乘）$$

（4）原结构未知力 X_1 方向没有相对位移，X_2 方向有已知支座位移 c，因此力法典型方程为

$$\begin{cases} \delta_{11}X_1 + \delta_{12}X_2 = 0 \\ \delta_{21}X_1 + \delta_{22}X_2 = c \end{cases}$$

代入系数并求解，可得

$$X_1 = \frac{EA}{2(1+\sqrt{2})a}c, \quad X_2 = 2X_1$$

（5）由 $\overline{F}_{N1}X_1 + \overline{F}_{N2}X_2 = F_N$ 叠加可得图 5-8f 所示各杆内力。

（6）为了校核结果的正确性，需要计算已知位移处的协调条件是否满足。如果满足，则根据解答唯一性，结果是正确的。否则，表明前述计算过程有错误，需要逐步检查哪里错了。为此，检查上面一水平链杆处的协调性，取图 5-8g 所示为静定结构并建立单位力状态。由于此结构既有 $\overline{X}=1$ 作用，又有已知支座位移 c，因此位移计算要用多因素计算公式。其结果为

$$\Delta = \frac{1}{EA}[2 \times 1 \times (-X) \times a + \sqrt{2}X \times (-\sqrt{2}) \times \sqrt{2}a] - 1 \times (-c) = 0$$

说明结果是正确的。

两点说明：

- 支座位移将使得超静定结构产生内力,这一内力和杆件的绝对刚度 EA 有关。
- 请读者考虑,如果保留右支座而解除一水平链杆支座作基本结构,力法方程是否有变化?

2. 超静定梁

[例题 5-3] 试作图 5-9a 所示单跨梁的弯矩图。

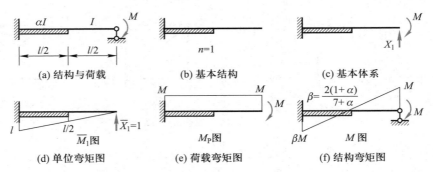

图 5-9 例题 5-3 结构及求解过程

解:(1) 此梁有一个多余约束,超静定次数为 1,取图 5-9b、c 所示为基本结构和基本体系。

(2) 单位弯矩图如图 5-9d 所示,荷载弯矩图如图 5-9e 所示。

(3) 由 $\overline{M}_1$ 图自乘可得

$$\delta_{11} = \frac{(0.5l)^3}{3EI} + \frac{1}{\alpha EI}\left(\frac{1}{2} \times l \times \frac{l}{2} \times \frac{5l}{6} + \frac{1}{2} \times \frac{l}{2} \times \frac{l}{2} \times \frac{2l}{3}\right) = \frac{l^3}{24EI}\left(1 + \frac{7}{\alpha}\right)$$

由 $\overline{M}_1$ 图和 M_P 图互乘可得

$$\Delta_{1P} = -\left(\frac{\frac{1}{2} \times \frac{l}{2} \times \frac{l}{2} \times M}{EI} + \frac{\frac{3l}{4} \times \frac{l}{2} \times M}{\alpha EI}\right) = -\frac{Ml^2}{8EI}\left(1 + \frac{3}{\alpha}\right)$$

(4) 由力法典型方程

$$\delta_{11}X_1 + \Delta_{1P} = 0$$

可得

$$X_1 = \frac{3M}{l}\frac{\alpha + 3}{\alpha + 7}$$

(5) 由 $\overline{M}_1 X_1 + M_P = M$ 叠加可得图 5-9f 所示单跨梁的弯矩图。

说明:荷载作用情况下,由于 δ_{ij} 和 Δ_{iP} 都包含杆件抗弯刚度,但在力法方程中提取公因子后,超静定梁内力也只与杆件相对刚度 α 有关,与绝对刚度无关。

[例题 5-4] 试作图 5-10a 所示单跨梁的弯矩图。

解:(1) 此梁超静定次数为 3,取图 5-10b 所示为基本结构(在梁的中点处切断,得到两个跨长为 $l/2$ 的悬臂梁),基本体系如图 5-10c 所示。

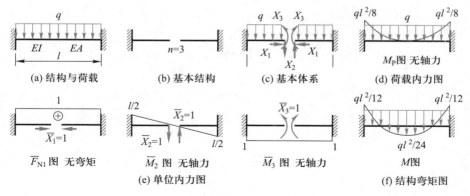

图 5-10　例题 5-4 结构及求解

（2）荷载内力图如图 5-10d 所示，单位内力图如图 5-10e 所示。

（3）由单位内力图（图 5-10e）的自乘和互乘可得如下位移系数：

$$\delta_{11} = l/EA，\quad \delta_{22} = l^3/12EI，\quad \delta_{33} = l/EI \quad （自乘求主系数）$$

因为 $\overline{M}_1 = 0，\overline{F}_{N1} = \overline{F}_{N2} = 0$，所以 $\delta_{12} = \delta_{13} = 0$；又因 $\overline{M}_3$ 对称，$\overline{M}_2$ 反对称，所以 $\delta_{23} = 0$；由 $\delta_{ij} = \delta_{ji}$（这一点已在 5-2-1 中提及），得 $\delta_{21} = \delta_{31} = \delta_{32} = 0$。

（4）同理，由 M_P 图和 $\overline{M}_i (i = 1,2,3)$ 图互乘可得

$$\Delta_{1P} = \Delta_{2P} = 0，\quad \Delta_{3P} = -\frac{ql^3}{24EI}$$

（5）因原结构切口处无相对位移，故力法典型方程为 $\Delta_i = \sum_j \delta_{ij}X_j + \Delta_{iP} = 0，(i = 1,2,3)$。又因全部副系数为零，因此方程独立 $\Delta_i = \delta_{ii}X_i + \Delta_{iP} = 0，(i = 1,2,3)$。代入系数并求解，可得

$$X_1 = X_2 = 0，\quad X_3 = \frac{ql^2}{24EI}$$

（6）由 $M = \overline{M}_3 X_3 + M_P$，可得图 5-10f 所示的弯矩图。

几点说明：

• 对称结构受对称荷载作用内力和变形是对称的，受反对称荷载作用内力和变形是反对称的。据此可知本例中的 X_2 一定为零，可不作为基本未知量。

• 在垂直杆轴的竖向荷载作用下，超静定单跨梁的轴力恒为零，因此在此条件下轴向未知力可不作为独立的基本未知量。

• 如果取去除一端支座的悬臂梁作基本结构，设 X_1 为未知轴力，则此时 $\delta_{23} = \delta_{32} \neq 0$，求未知力要解联立方程。可见对称结构对称荷载时，取对称基本结构工作量最少。

[例题 5-5]　试作图 5-11a 所示定向支座单跨梁由图示温度改变引起的弯矩图。材料线膨胀系数为 α。

解：（1）由于已知的轴线温度 $t_0 = \dfrac{t + (-t)}{2} = 0$，不产生轴向伸长，可证明轴力为零。在不计轴向未知力时，此梁可按一次超静定结构计算，取图 5-11b 所示为基本结构，基本体系如图5-11

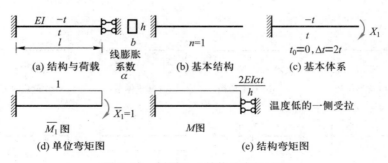

图 5-11　例题 5-5 结构及求解过程

c 所示。

（2）单位弯矩图如图 5-11d 所示。

（3）由 $\overline{M}_1$ 图自乘可得 $\delta_{11} = \dfrac{l}{EI}$。从图可见 $t_0 = 0$，$\Delta t = 2t$，由温度引起的位移计算为

$$\Delta_{1t} = \sum \pm \frac{\alpha \Delta t}{h} A_{\overline{M}} = -1 \times l \times \alpha \times \frac{\Delta t}{h} = -\frac{2\alpha t l}{h}$$

（4）由力法典型方程 $\delta_{11} X_1 + \Delta_{1t} = 0$ 得 $X_1 = \dfrac{2EI\alpha t}{h}$，由此可得图 5-11e 所示弯矩图。

几点说明：

● 温度改变将引起超静定结构内力，由于 δ_{ij} 与各杆绝对刚度有关，而 Δ_{it} 与杆件刚度无关，因此，其内力将和杆件的绝对刚度 EI 有关。

● 温度低的一侧受拉，此结论适用于温度改变引起的其他支承情况的单跨超静定梁。

● 若要求本例梁中点的挠度，可取图 5-12 所示的单位力状态（见解法步骤 7 的说明）。**必须注意**，计算时除了要考虑弯矩引起的位移外，还必须考虑基本结构的温度改变引起的位移，因此要用多因素的位移公式。具体计算如下：

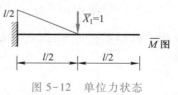

图 5-12　单位力状态

$$\Delta_{中点} = \Delta_M + \Delta_t = \frac{1}{EI} \times \frac{1}{2} \times \frac{l}{2} \times \frac{l}{2} \times \frac{2EI\alpha t}{h} - \frac{\alpha \times 2t}{h} \times \frac{1}{2} \times \frac{l}{2} \times \frac{l}{2} = 0$$

● 对于超静定结构支座位移引起的位移计算，当所取的求位移单位力状态中包含发生位移的支座时，也一样要用多因素的位移公式。

● 请读者考虑，此梁两侧同时升温 t 时如何求解？两侧温度分别为 t_1、t_2 时如何求解？

［例题 5-6］　试作图 5-13a 所示两端固定单跨梁由右支座转角 θ 引起的弯矩图。

解：（1）此梁超静定次数为 3，取图 5-13b 所示为基本结构，基本体系如图 5-13c 所示。

（2）单位内力图如图 5-13d 所示。

（3）与例题 5-4 一样由单位内力图（图 5-13d）的自乘和互乘可得如下位移系数：

$$\delta_{11} = l/EA，\delta_{12} = \delta_{21} = \delta_{13} = \delta_{31} = 0，\delta_{22} = l/3EI = \delta_{33}$$

$$\delta_{23} = \frac{1}{EI} \times \frac{1}{2} \times 1 \times l \times \left(-\frac{1}{3} \right) = -l/(6EI)$$

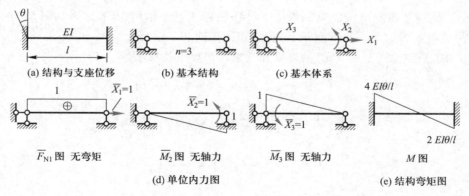

图 5-13　例题 5-6 结构及求解过程

（4）由位移协调，可建立如下力法典型方程：

$$\delta_{11}X_1 = 0$$
$$\delta_{22}X_2 + \delta_{23}X_3 = 0$$
$$\delta_{32}X_2 + \delta_{33}X_3 = \theta$$

代入位移系数并求解，可得 $X_1 = 0$，$X_2 = \dfrac{2EI}{l}\theta$，$X_3 = \dfrac{4EI}{l}\theta$。

（5）由 $\overline{M}_2 X_2 + \overline{M}_3 X_3 = M$ 可得图 5-13e 所示的弯矩图。

两点说明：

• 单跨超静定梁支座发生竖向和转动位移时，轴力为零。

• 如果取右端固定悬臂梁为基本结构，请读者考虑，系数与力法方程有何变化？如果取例题 5-4 所用基本结构，又当如何？

3. 超静定刚架

[例题 5-7]　试作图 5-14a 所示刚架的弯矩图。

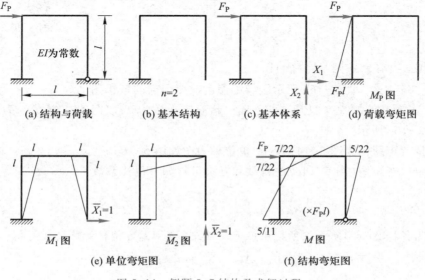

图 5-14　例题 5-7 结构及求解过程

解：（1）此刚架超静定次数为 2，取图 5-14b 所示为基本结构，基本体系如图 5-14c 所示。

（2）荷载弯矩图如图 5-14d 所示，单位弯矩图如图 5-14e 所示。

（3）由单位弯矩图（图 5-14e）的自乘和互乘可得如下位移系数：

$$\delta_{11} = \frac{1}{EI}\left(2 \times \frac{1}{2} \times l \times l \times \frac{2}{3}l + l \times l \times l\right) = \frac{5l^3}{3EI}$$

$$\delta_{22} = \frac{1}{EI}\left(\frac{1}{2} \times l \times l \times \frac{2}{3}l + l \times l \times l\right) = \frac{4l^3}{3EI}$$

$$\delta_{12} = \frac{1}{EI}\left(2 \times \frac{1}{2} \times l \times l \times l\right) = \frac{l^3}{EI} = \delta_{21}$$

（4）由 $\overline{M}_i(i = 1,2)$ 图和 M_P 图互乘可得

$$\Delta_{1P} = -\frac{1}{EI} \times \frac{1}{2} \times F_P l \times l \times \frac{1}{3}l = -\frac{F_P l^3}{6EI}, \quad \Delta_{2P} = -\frac{1}{EI} \times \frac{1}{2} \times F_P l \times l \times l = -\frac{F_P l^3}{2EI}$$

（5）列力法典型方程，代入系数并求解，可得

$$\begin{cases} \delta_{11}X_1 + \delta_{12}X_2 + \Delta_{1P} = 0 \\ \delta_{21}X_1 + \delta_{22}X_2 + \Delta_{2P} = 0 \end{cases}$$

$$X_1 = -\frac{5}{22}F_P, \quad X_2 = \frac{12}{22}F_P$$

（6）由 $\overline{M}_1 X_1 + \overline{M}_2 X_2 = M$ 可得图 5-14f 所示的弯矩图。

（7）为校核结果的正确性，可将单位弯矩图和最终弯矩图互乘，看是否满足位移协调条件。也可求解结构某一已知位移，看是否满足位移协调条件。为此，建立图 5-15 所示静定结构（视三铰刚架为基本结构，与图 5-14b 所示是不同的）单位广义力状态，作出弯矩图。将它和图 5-14f 互乘，看是否为零。具体计算如下：

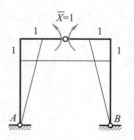

图 5-15 单位弯矩图

$$EI\Delta = -\frac{1}{2} \times \frac{17}{22}F_P l \times l \times \frac{1}{3} + \frac{7}{22} \times F_P l \times l \times \frac{1}{2} - \frac{1}{2} \times \frac{12}{22} \times F_P l \times$$

$$l \times 1 + \frac{7}{22} \times F_P l \times l \times 1 - \frac{1}{2} \times \frac{5}{22} \times F_P l \times l \times \frac{2}{3} = 0$$

此结果表明图 5-14f 弯矩图是正确的。

［例题 5-8］   试作图 5-16a 所示刚架因温度改变引起的弯矩图。

解：（1）本题与例题 5-7 只是荷载不同。超静定次数为 2，取图 5-16b 所示为基本结构，基本体系如图 5-16c 所示。

（2）单位弯矩图仍为图 5-14e 所示，单位轴力图如图 5-16d 所示。

（3）由单位弯矩图（图 5-14e）的自乘和互乘可得如下位移系数：

$$\delta_{11} = \frac{5l^3}{3EA}, \quad \delta_{22} = \frac{4l^3}{3EI}, \quad \delta_{12} = \frac{l^3}{EI} = \delta_{21}$$

（4）因为各杆 $\Delta t = 0, t_0 = t$，所以由 $\overline{F}_{Ni}(i = 1,2)$ 图用温度位移计算公式可得

$$\Delta_{2t} = 0, \quad \Delta_{1t} = \sum \pm \alpha t_0 A_{\overline{F}_N} = \alpha l t / 2$$

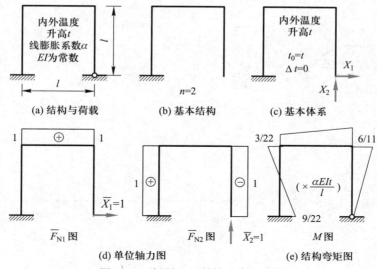

(a) 结构与荷载　　(b) 基本结构　　(c) 基本体系

$\overline{F}_{N1}$ 图　　　　$\overline{F}_{N2}$ 图　　　　M 图

(d) 单位轴力图　　　　(e) 结构弯矩图

图 5-16　例题 5-8 结构及求解过程

（5）列力法方程，代入系数并求解，可得

$$\begin{cases} \delta_{11}X_1 + \delta_{12}X_2 + \Delta_{1t} = 0 \\ \delta_{21}X_1 + \delta_{22}X_2 + \Delta_{2t} = 0 \end{cases}$$

$$X_1 = -\frac{6\alpha EIt}{11l^2}, \quad X_2 = \frac{9\alpha EIt}{11l^2}$$

（6）由 $\overline{M}_1 X_1 + \overline{M}_2 X_2 = M$ 可得图 5-16e 所示的弯矩图。

几点说明：

• 求超静定结构位移时，可取任意一个静定基本结构建立单位广义力状态。

• 求超静定结构位移时，既要考虑内力（弯矩）产生的位移，也要考虑静定基本结构温度改变等产生的位移，因此必须用多因素位移计算公式。

• 如果要校核 X_2 方向的位移，由单位内力图，用多因素位移计算公式具体计算如下：

$$\Delta_2 = \frac{1}{2} \times \frac{12}{22}\alpha t \times l - \frac{3}{22}\alpha t \times l - \frac{1}{2} \times l \times l \times \left(\frac{3}{22} + \frac{1}{3} \times \frac{9}{22}\right) \times \frac{\alpha t}{l} + \alpha t \times \left(\frac{1}{l} \times l - \frac{1}{l} \times l\right) = 0$$

• 当既有轴线温变 t_0，又有温差 Δt 时，Δ_{it} 应包含两部分引起的位移。

4. 超静定拱

超静定拱的计算实际上和刚架相似，其最主要的区别为：

（1）拱肋为曲杆，求力法方程系数时图乘法不再适用。

（2）根据拱的受力特点，位移系数计算时除考虑弯曲变形外往往要考虑轴力的影响。

（3）当拱肋截面高度与曲率半径的比值较大时，如上一章讨论中所指出的，位移计算要考虑曲率的影响。

根据具体问题，只要注意上述和刚架的不同点，求解超静定拱应该不会有困难。下面以例题加以说明。

[例题 5-9]　试求图 5-17a 所示等截面对称两铰拱的跨中截面弯矩 M_C。

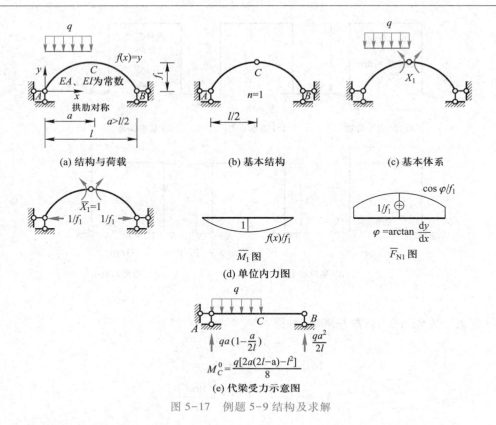

图 5-17 例题 5-9 结构及求解

解：（1）两铰拱超静定次数为 1，取图 5-17b 所示三铰拱为基本结构，基本体系如图 5-17c 所示，基本未知力 X_1 即所求 M_c。

（2）单位力作用下反力和内力如图 5-17d 所示。

（3）荷载作用下与基本体系对应的代梁受力如图 5-17e 所示，由此可得基本结构荷载作用下的推力及弯矩：

推力（水平反力）　$F_{HP} = \dfrac{M_c^0}{f_1} = \dfrac{q}{8f_1}[2a(2l-a)-l^2]$

弯矩　$M_P = \dfrac{qa}{2l}(2l-a)x - \dfrac{qx^2}{2} - F_{HP}f(x)$　$(x \leqslant a)$，　$M_P = \dfrac{qa^2}{2l}(l-x) - F_{HP}f(x)$　$(x \geqslant a)$

式中，$f(x) = y$ 为拱轴线竖向坐标，可由拱轴线方程确定。

（4）对于两铰拱，一般在计算位移系数时考虑轴力和弯矩的影响，在计算荷载位移系数时只考虑弯矩影响。因此，根据位移计算公式可得

$$\delta_{11} = \int_s \frac{\cos^2\varphi}{EAf^2}\mathrm{d}s + \int_s \frac{f(x)^2}{EIf^2}\mathrm{d}s , \quad \Delta_{1P} = \int_0^l \frac{M_P f(x)}{f_1 EI}\mathrm{d}s \qquad (a)$$

式中

$$\mathrm{d}s = \sqrt{1 + \left(\frac{\mathrm{d}y}{\mathrm{d}x}\right)^2}\,\mathrm{d}x = \sqrt{1 + f'^2(x)}\,\mathrm{d}x$$

（5）由力法典型方程可得 $X_1 = M_C = -\dfrac{\Delta_{1P}}{\delta_{11}}$。

当已知拱轴线方程 $f(x)$ 的情况下，由式（a）积分和力法方程即可求得超静定两铰拱的基本未知力。有了基本未知力，利用内力叠加公式即可求作内力图。在竖向荷载下若只求指定截面内力，可按图 5-17c 所示利用三铰拱的内力公式进行计算。

几点说明：

• 本例因为要求跨中弯矩，所以将它作为基本未知力。一般解两铰拱时以水平推力作基本未知力。

• 对小曲率的扁平拱，可近似取 $ds = dx$，$\cos\varphi = 1$ 使计算得以简化。

• 对于带拉杆的两铰拱，以拉杆轴力作为基本未知力，这时 $\delta_{11} = \delta'_{11} + \dfrac{l}{EA}$。式中，$\delta'_{11}$ 为无拉杆两铰拱的位移系数，EA 为拉杆的抗拉刚度。由有、无拉杆两铰拱的水平推力对比可发现，设计拉杆拱时，为减小拱肋的弯矩，应该尽可能使拉杆刚度大一些。

• 实际工程中的拱结构（屋盖、桥梁和隧洞衬砌等）往往是变截面的，位移系数一般要用数值积分（如上章介绍的梯形公式或辛普森公式）来计算，显然手算的工作量是很大的。在计算机已经相当普及的今天，这一烦琐的工作理当交给计算机去完成。

• 对称无铰拱的计算，可采用弹性中心法简化计算，此内容可参考《结构力学》[①]。

5. 超静定组合结构

和静定组合结构一样，求解的关键是：在求位移时区分梁式（弯曲）杆和桁架（二力）杆。对 l 根梁式杆可只考虑弯矩图乘求 $\delta'_{ij} = \sum \dfrac{A y_0}{E_l I_l}$，对 k 根桁架杆按 $\delta''_{ij} = \sum_k \dfrac{F_{Ni} F_{Nj} l_k}{E_k A_k}$ 计算，总的位移系数为两者之和。下面按此思路以例题说明求解过程。

[例题 5-10] 试求图 5-18a 所示超静定组合结构各桁架杆的内力。

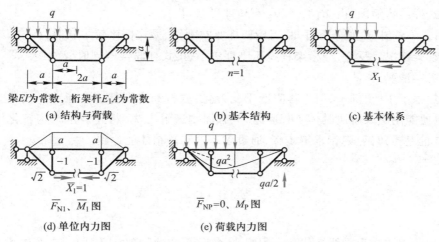

梁 EI 为常数，桁架杆 E_1A 为常数

(a) 结构与荷载　　　　(b) 基本结构　　　　(c) 基本体系

$\overline{F}_{N1}$、$\overline{M}_1$ 图　　　　$\overline{F}_{NP}=0$、M_P 图

(d) 单位内力图　　　　(e) 荷载内力图

图 5-18　例题 5-10 结构及求解

① 龙驭球，包世华，袁驷.结构力学 I：基础教程.4 版.北京：高等教育出版社，2018.

解：（1）此组合结构超静定次数为 1，取图 5-18b 所示为基本结构，基本体系如图 5-18c 所示。

（2）基本结构在单位力作用下的内力图如图 5-18d 所示，在荷载作用下的弯矩图如图 5-18e 所示。

（3）由单位内力图可求得

$$\delta_{11} = \frac{2 \times (-1)^2 \times a + 1^2 \times 2a + 2 \times (\sqrt{2})^2 \times \sqrt{2}\,a}{E_1 A} +$$

$$\frac{2 \times \frac{1}{2} \times a \times a \times \frac{2}{3}a + a \times 2a \times a}{EI} = \frac{4(1 + \sqrt{2})\,a}{E_1 A} + \frac{8a^3}{3EI}$$

由单位弯矩图和荷载弯矩图图乘可得

$$\Delta_{1P} = -\frac{1}{EI}\left\{\frac{qa^2}{2} \times a \times \frac{2a}{3} + \frac{2}{3} \times \frac{qa^2}{8} \times a \times \frac{a}{2} + \left[\frac{2}{3} \times \frac{qa^2}{8} \times a + qa^2 \times a + \right.\right.$$

$$\left.\left.\frac{1}{2}\left(qa^2 + \frac{qa^2}{2}\right) \times a\right] \times a + \frac{1}{2} \times \frac{qa^2}{2} \times a \times \frac{2a}{3}\right\} = -\frac{57qa^4}{24EI}$$

（4）由力法典型方程可求得

$$X_1 = -\frac{\Delta_{1P}}{\delta_{11}} = \frac{57qa}{64} \times \frac{1}{1 + \dfrac{3(1 + \sqrt{2})EI}{2E_1 Aa^2}} = \frac{57qa}{64} \times \frac{1}{1 + K}, \quad K = \frac{3(1 + \sqrt{2})EI}{2E_1 Aa^2} \tag{a}$$

（5）有了基本未知力，由单位内力图中各杆轴力放大 X_1 倍，即可得组合结构桁架杆内力。如果要作梁式杆的弯矩图，由 $\overline{M}_1 X_1 + M_P = M$ 即可获得。

说明：由式（a）中 K 的分析可知，当桁架杆非常刚硬、梁式杆比较柔软时，$K \to 0$，梁的弯矩接近于三跨连续梁情况。反之，当桁架杆拉压刚度较小、梁式杆非常刚硬时，K 很大，$X_1 \to 0$，梁的弯矩接近于简支梁情况。

本节虽然举了 10 个例子，但工程问题千变万化，教材和讲课都不可能一一枚举。要想切实掌握力法，以便能用它来解决具体工程问题，只有深刻理解力法"将超静定结构转化为静定结构问题来解决"的基本思路，熟记求解步骤，通过多练习和总结才能达到。

§5-4　力法计算的简化

线性结构的力法方程是线性代数方程组，由位移系数的物理意义可知，主系数 δ_{ii} 恒大于零，而副系数 δ_{ij} 是代数量，可正、可负、可零。如果能设法使得尽可能多的副系数等于零，不仅可以减少系数的计算，而且还可减少解方程的工作量。这就是本节讨论的内容。

5-4-1　无弯矩状态的判别

对一些只受结点荷载的刚架结构,在不计轴向变形的情况下,有可能是无弯矩的。如果能够方便地判断出来,显然将可减少许多求解的计算工作量。

这里不做详细证明(读者可用力法计算证明),仅通过图 5-19 所示两个具体例子来说明。图 5-19 I 所示为将刚结点变成铰后,所得体系是几何不变的情形。图 5-19 II 所示为所得铰接体系为可变,但通过加链杆使其变成不变体系后,所附加的链杆在荷载作用下均为零杆的情况。像前面力法例题那样在图中给出了求解过程的有关图形,由于柔度矩阵可逆,广义荷载位移矩阵为零,因此基本未知力均为零,结构处于无弯矩状态。需要再次强调指出的是,无弯矩状态判别的前提条件是:**不计轴向变形,只受结点荷载作用**。

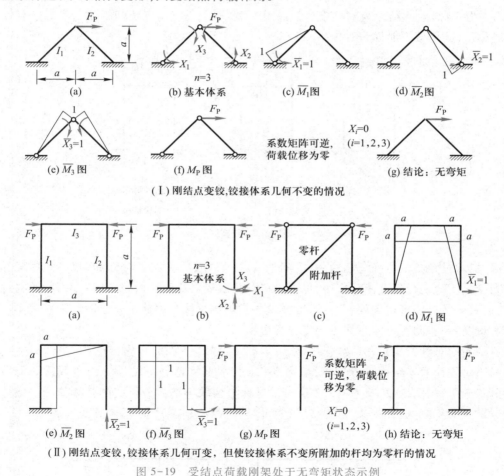

(I) 刚结点变铰,铰接体系几何不变的情况

(II) 刚结点变铰,铰接体系几何可变,但使铰接体系不变所附加的杆均为零杆的情况

图 5-19　受结点荷载刚架处于无弯矩状态示例

在图 5-19 示例的基础上,下面给出无弯矩状态的判别方法:

● 将刚架的刚结点都变成铰,所得铰接体系如果几何不变,此刚架在结点荷载下一定是无弯矩的,如图 5-19 I 所示。

● 将刚架的刚结点都变成铰,所得铰接体系如果几何可变,则附加必要链杆使体系达到几何不变。在结构所受荷载下,求解附加链杆所受的轴力。如果全部附加链杆均不受力,原结构在所给结点荷载下一定是无弯矩的,如图 5-19 Ⅱ所示。否则,当有任一附加链杆轴力不为零时,结构将是有弯矩的。

5-4-2　对称性利用

在静定结构受力分析中已经指出,对称结构利用对称性可以简化分析工作量。但是,静定结构仅仅用静力平衡条件即可求得全部反力和内力;而超静定结构,由力法求解思路可知,除平衡条件外,还必须计算位移,考虑变形协调条件。因此,对结构的对称条件必须加以补充。

对超静定结构来说,如果杆件、支座和刚度分布均对称于某一直线,则称此直线为对称轴,此结构为对称结构。如图 5-20 所示,杆件、支座和刚度三者之一有任一个不满足对称条件时,就不能称为对称结构。

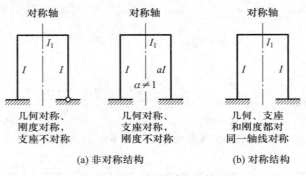

(a) 非对称结构　　　　　　(b) 对称结构

图 5-20　何谓对称结构

根据对称结构定义,与静定结构一样,如果荷载对称或反对称于对称轴,则可利用对称性使计算得到简化。即使受任意荷载作用,也可将荷载分解成对称和反对称两组,分别利用对称性计算后,叠加所得结果即可得到问题解答,这样做往往仍比直接求解简单。(注意:此结论不一定适用于任意情况,一些问题可能直接求解工作量更少。)

对称结构受对称或反对称荷载作用时,可取半个结构(下面简称为半结构)进行计算。为说明如何利用对称性取半结构进行分析,如图 5-21 所示可将超静定结构分为奇数跨和偶数跨两类。在此基础上,用图 5-22 和图 5-23 给出了对称结构取半结构分析时的计算简图。需要强调的是,图中"荷载"应该理解为"广义荷载",它可以是荷载、支座位移、温度改变等。

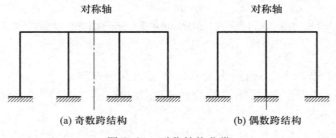

(a) 奇数跨结构　　　　　　　　(b) 偶数跨结构

图 5-21　对称结构分类

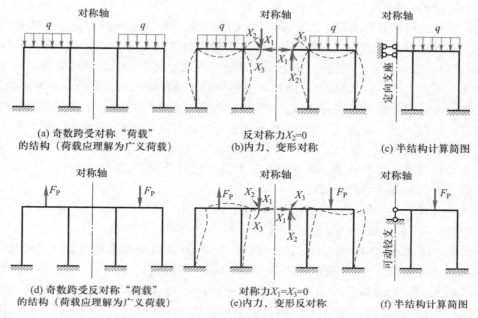

(a) 奇数跨受对称"荷载"
的结构（荷载应理解为广义荷载）

反对称力$X_2=0$
(b)内力、变形对称

(c) 半结构计算简图

(d) 奇数跨受反对称"荷载"
的结构（荷载应理解为广义荷载）

对称力$X_1=X_3=0$
(e)内力、变形反对称

(f) 半结构计算简图

图 5-22 奇数跨对称结构取半结构计算简图

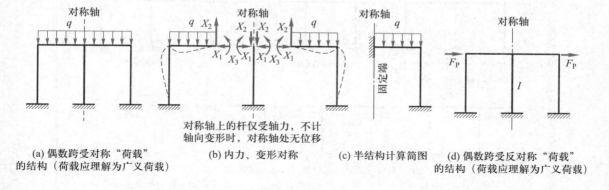

(a) 偶数跨受对称"荷载"
的结构（荷载应理解为广义荷载）

对称轴上的杆仅受轴力，不计
轴向变形时，对称轴处无位移
(b) 内力、变形对称

(c) 半结构计算简图

(d) 偶数跨受反对称"荷载"
的结构（荷载应理解为广义荷载）

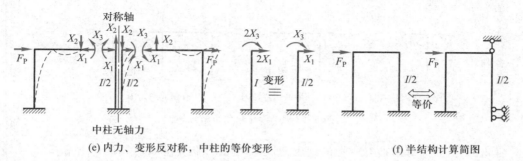

中柱无轴力

(e) 内力、变形反对称，中柱的等价变形

(f) 半结构计算简图

图 5-23 偶数跨对称结构取半结构计算简图

以图 5-22 为例说明如下：

奇数跨对称结构在对称荷载下由于反对称内力为零,对称轴处去除部分半结构后对隔离体只提供轴力和弯矩。从变形角度,对称轴处垂直于对称轴方向的位移、转角位移属于反对称变形,它们应该等于零。基于上述说明,半结构在对称轴处为定向支座。奇数跨对称结构在反对称荷载下由于对称内力为零,对称轴处去除部分半结构后对隔离体只提供剪力。从变形角度,对称轴处沿对称轴方向的位移属于对称变形,它应该等于零。基于上述说明,半结构在对称轴处为沿对称轴方向的链杆支座。显然,图 5-21b 所示偶数跨情况可仿此分析,以确定半结构的对称轴处支座形式,如图 5-23 所示。

为了更好地理解和掌握利用对称性建立取半结构的计算简图,请读者用语言来表达四种情况的内力特点和计算简图的确定方法。

下面用一个典型例子说明对称性带来的简化。

[例题 5-11]　试作图 5-24a 所示对称、3 次超静定结构的弯矩图。

解：图 5-24a 所示结构对称,但荷载不对称。为此,将荷载分解成两组如图 5-24b 所示,对称组经判断为无弯矩状态,反对称组可取图 5-24c 所示简图进行分析。

图 5-24c 简图仍是对称结构任意荷载情况,可再次将荷载分解如图 5-24d 所示,从而得图 5-24e所示半结构计算简图。这是一个静定刚架,可得图 5-24f 所示弯矩图。有了它,如图5-24g 和图 5-24h 所示即可作出原结构的最终弯矩图。需要指出的是,中柱的内力是边柱的两倍。

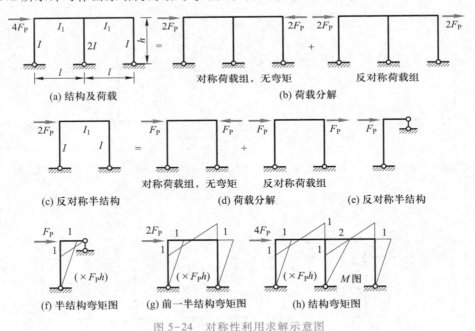

图 5-24　对称性利用求解示意图

由此例可见,熟练掌握对称性的利用,对求解对称结构是非常有用的。

*5-4-3　其他简化措施

除对称结构可用对称性简化计算外,还有许多方法可使尽可能多的副系数 $\delta_{ij} = 0$,下面仅以图示例子对两种方法加以简单说明。有兴趣的读者,可参考龙驭球、包世华主编的《结构力学》(上册)(1994 年,高等教育出版社)。

● **成组广义未知力**

一些对称多层刚架结构在侧向(水平)荷载作用下,可以简化成图 5–25a 所示的"半刚架"结构,采用图 5–25b 所示的成组广义未知力,可使单位弯矩图只局限在小的范围内。采用成组广义未知力的力法计算方法、步骤与前面完全相同。从而根据图乘法可看出,位移系数 $\delta_{13} = \cdots = \delta_{1N} = \cdots = \delta_{N-2,N} = 0$,确能实现使尽可能多的副系数 $\delta_{ij} = 0$。

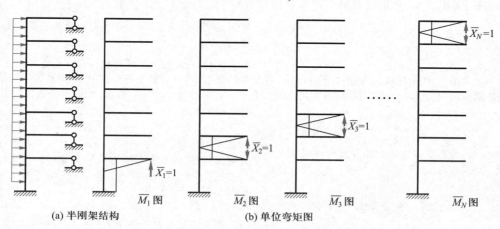

图 5–25　利用成组广义未知力使尽可能多的副系数 $\delta_{ij} = 0$

● **适当加铰**

图 5–26a 所示刚架结构,取图 5–26b 所示为基本结构,由图 5–26c 所示单位弯矩图和图乘法可见,能使全部副系数 $\delta_{ij} = 0$。

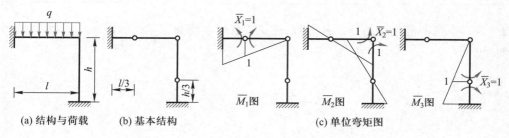

图 5–26　以适当加铰的基本结构来简化计算

§5–5　超静定结构特性

为便于说明和理解,现对静定结构和超静定结构的受力特性列表对比如下(表 5–1)。

表 5-1 静定结构和超静定结构的受力特性对比

静定结构	超静定结构
几何不变,无多余约束	几何不变,有多余约束
仅利用平衡条件即可求得全部反力和内力,解答是唯一的	仅满足平衡条件的解答有无限种,同时考虑平衡、变形、应力-应变关系的解答才是唯一的
支座位移、温度改变、制造误差等不产生反力、内力	由于存在多余约束,因此支座位移、温度改变、制造误差等都可能产生反力和内力。因为超静定结构内力要通过变形才能求得,所以内力和绝对刚度有关
几何不变部分上的外荷载作等效变换时,仅影响荷载变换部分的内力,即荷载作用的影响是局部的	由于存在多余约束,结构任何部分受力有所变化(除静定部分外)都将影响其他部分,即荷载的作用是全局的。也正因为全局承担荷载,所以超静定结构受力比静定结构均匀
几何不变部分在保持连接方式及荷载作用不变的情况下,用任何其他的几何不变部分代替,结构其他部分受力不变	由于超静定结构仅利用静力平衡方程不可能获得唯一解,必须同时考虑变形,因此超静定结构的受力和结构的刚度分布有关。正因如此,改换几何不变部分将使结构受力产生变化
某一部分能平衡外荷载时,其他部分不受力	作用在结构上的平衡外荷载将使结构产生变形,而由于多余约束的限制,整个结构将产生内力
仅基本部分受荷载时,附属部分不受力	如果存在基本、附属部分的话,基本部分受荷载作用将引起变形,对附属部分(除静定附属部分外)来说是支座位移,也将引起内力

为加深对上述超静定结构特性的理解,建议读者像了解静定结构性质一样,自行考虑用图形来示意地说明。

§5-6 结论与讨论

5-6-1 结论

• 仅满足平衡条件,超静定问题解答不唯一。但同时满足变形协调、本构关系和平衡条件的解答只有一个。

• 力法的基本思想是把不会求解的超静定问题,化成会求解的静定问题(内力、变形),然后通过消除基本结构和原结构的差别,建立力法方程使问题获得解决。只要这一"转换"思路确实掌握了,则不管什么结构、什么外因就都不会有困难。

• 一个结构的力法基本结构有无限多种,正确的计算最终结果是唯一的。不同基本结构,计算的工作量可能不同。合理选取基本结构就能既快又准地获得解答,这主要靠练习过程中及时总结经验来积累。

- 力法的解题步骤不是固定的,顺序可略有变动。但超静定次数、取基本结构如果错了,整个求解就有问题。这说明切不可忽视结构组成分析的作用。

- 应该养成对计算结果的正确性进行检查的良好习惯。对力法来说,除每一步应认真细致检查外,最后的总体检查也是必要的。总体检查主要是检查变形协调条件是否满足,这实际上是位移计算问题。超静定结构的位移计算可以看成基本结构的位移计算,当外因是支座位移或温度改变等时,千万别忘了基本结构上有这些外因作用,位移计算必须(对支座位移情况,要看基本结构是否存在已知支座位移)用多因素位移公式。

- 在力法举例中每一典型例子后,以"说明"的形式给出了由该题总结得到的结论或深入一步的讨论。希望读者能很好地理解这些结论,更希望读者在自行练习时也能仿此及时总结。

- 对称结构往往利用对称性可使计算得到极大的简化,为此,应该深刻理解和熟记对称结构取半结构计算的四种计算简图。应了解不考虑轴向变形时,受结点荷载作用刚架的无弯矩状态判别方法。力法简化方案很多(如弹性中心法等),有兴趣的读者可参考龙驭球等主编的《结构力学Ⅰ:基础教程》(2018 年,高等教育出版社)。

5-6-2　讨论

- 力法解超静定结构时,一般取对应的静定结构作基本结构,但从力法基本思想(化未知问题为已知问题来解决)出发,基本结构不一定是静定的,也可以采用超静定次数较低的结构作为基本结构。关键在于基本结构在基本未知力和荷载作用下要能够求内力和位移。

- 单层工业厂房的计算简图为排架,由于有吊车,一般厂房柱子是阶状变截面的,上柱惯性矩小、下柱惯性矩大。为了用下一章中剪力分配法求解,请读者考虑并导出阶状变截面柱的侧移刚度公式。即事先用力法解得阶状变截面柱如下一些情况的结果:

（1）柱顶发生单位位移;

（2）柱顶铰支情况下受均布荷载作用;

（3）柱顶铰支情况下变截面处受轴向偏心荷载作用。

思 考 题

1. 如何确定超静定结构的超静定次数?

2. 何谓力法基本结构和基本体系?

3. 力法方程各项及整式的物理意义是什么?

4. 为什么力法方程的主系数恒大于零? 副系数可正、可负也可为零?

5. 为什么超静定结构各杆刚度改变时,内力状态将发生改变,而静定结构却不因此而改变? 为什么荷载作用下的超静定结构内力只与各杆的相对刚度(刚度比值)有关,而与绝对刚度无关?

6. 在排架或超静定桁架计算中,以切断多余轴向约束和拆除对应杆件构成基本结构,力法方程是否相同? 为什么?

7. 什么情况下刚架可能是无弯矩的?

8. 力法计算一般应如何考虑简化?

9. 力法求解中以广义成组未知力作基本未知量时,其力法方程的含义是什么?

10. 没有荷载作用,结构就没有内力。这一结论正确吗? 为什么?

11. 为什么非荷载作用或非单独荷载作用时超静定结构的内力与各杆的绝对刚度有关?

12. 力法计算结果的校核应注意什么?

13. 为什么超静定结构位移计算时可取任一静定基本结构建立单位广义力状态?

14. 在力法计算中可否取超静定结构作为基本结构?

15. 具有弹性支座的超静定结构,用力法如何求解?

习   题

5-1 试确定下列结构的超静定次数。

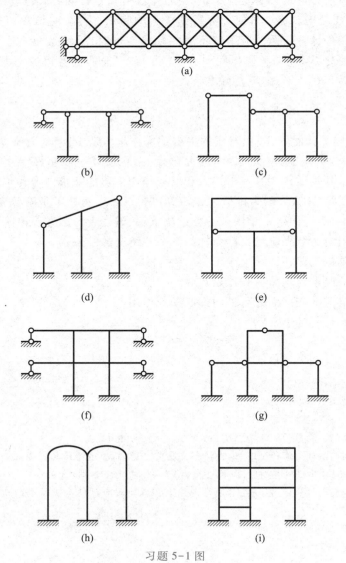

习题 5-1 图

5-2　试对图示结构选取用力法求解时的两种基本结构,并标出基本未知量。

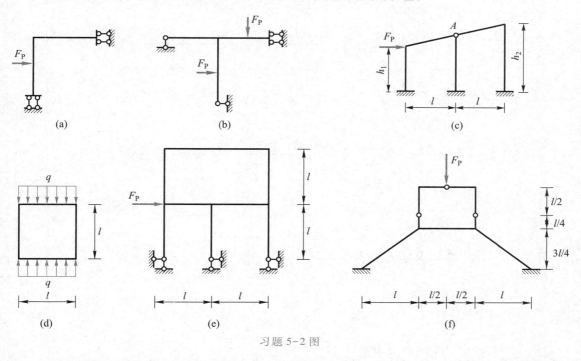

习题 5-2 图

5-3　图 a 所示结构,取图 b 为力法基本体系,试求力法方程中的系数 δ_{22} 和自由项 Δ_{2P}。EI 为常数。

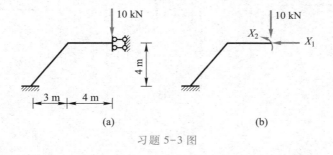

习题 5-3 图

5-4　图示力法基本体系,试求力法方程中的系数 δ_{11} 和自由项 Δ_{1P}。EI 为常数。

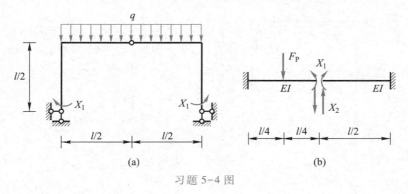

习题 5-4 图

5-5　试计算下列超静定梁,作 M 和 F_Q 图。EI 为常数。

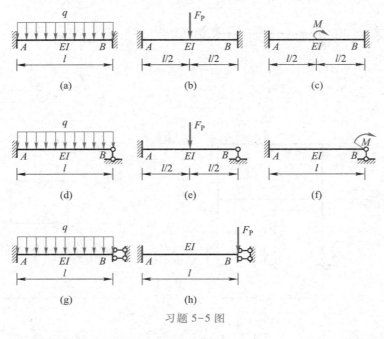

习题 5-5 图

5-6　试计算下列超静定刚架,作内力图。EI 为常数。

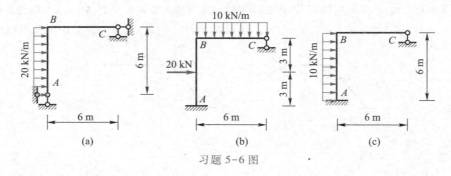

习题 5-6 图

5-7　试计算下列超静定刚架,作 M 图。EI 为常数。

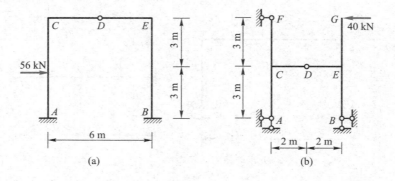

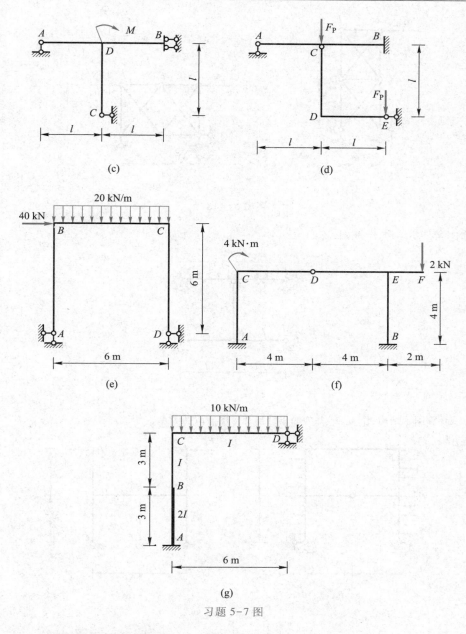

(c)

(d)

(e)

(f)

(g)

习题 5-7 图

5-8 试计算下列超静定桁架各杆内力。各杆 *EA* 相同。

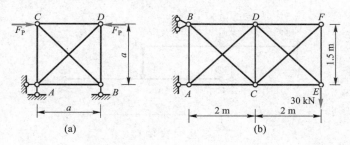

(a)

(b)

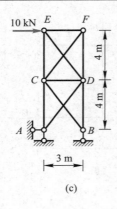

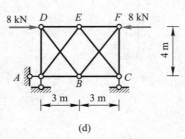

(c)　　　　　　　　　　　　(d)

习题 5-8 图

5-9　试计算图示结构,作 M 图。

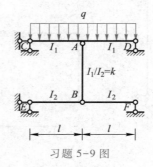

习题 5-9 图

5-10　试计算图示结构,作 M 图,并勾画出结构变形图。EI 为常数。

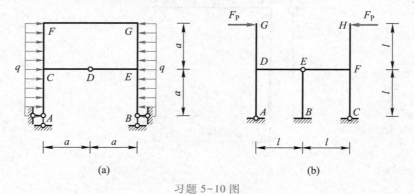

(a)　　　　　　　　　　　　(b)

习题 5-10 图

5-11　试计算图示结构,作 M 图,并勾画出结构变形图。DE 杆抗弯刚度为 EI,AB 杆抗弯刚度为 $2EI$,BC 杆 $EA = \infty$ 。

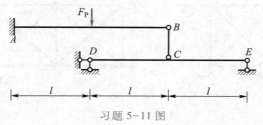

习题 5-11 图

5-12 试计算图示结构,作 M 图,并勾画出结构变形图。各杆 EI 相同,杆长均为 3 m,$q=28$ kN/m。

5-13 试计算图示结构,作 M 图,并勾画出结构变形图。EI 为常数,$h=4$ m,$l=3$ m,$q=15$ kN/m,$d=2.5$ m。

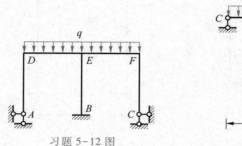

习题 5-12 图

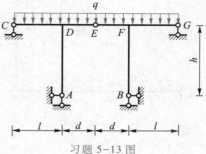

习题 5-13 图

5-14 试计算图示铰接排架,作 M 图。

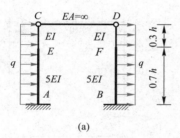

(a)

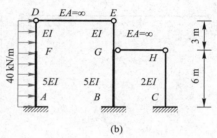

(b)

习题 5-14 图

5-15 试计算图示组合结构,作 M 图。已知:梁式杆 $EI=2\times10^{4}$ kN·m²,桁架杆 $EA=2\times10^{5}$ kN。

5-16 试用力法计算图示对称结构,并作 M 图。已知 EA、EI 均为常数。

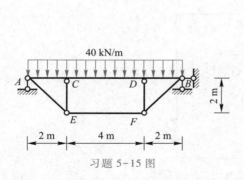

习题 5-15 图

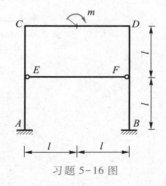

习题 5-16 图

5-17 在图示力法基本体系中,X_{1} 为基本未知力,各杆 EI 相同,已知 $\delta_{11}=2l/EI$,$\Delta_{1P}=-5ql^{3}/(6EI)$。试作原结构 M 图。

5-18 用力法计算图示结构。试求各杆轴力。E 为常数,$A=3l/2$。

5-19 结构温度改变如图所示,EI 为常数,截面对称于形心轴,其高度 $h=l/10$,材料的线膨胀系数为 α,试作 M 图。

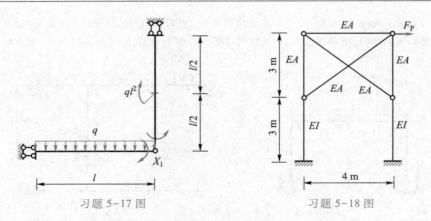

习题 5-17 图   习题 5-18 图

5-20 试计算图示结构在温度改变作用下的内力,作 M 图。已知 $h=l/10$,EI 为常数。

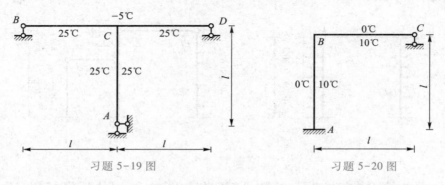

习题 5-19 图   习题 5-20 图

5-21 试用力法计算并作图示结构的 M 图。各杆截面相同,EI 为常数,矩形截面高度为 h,材料线膨胀系数为 α。

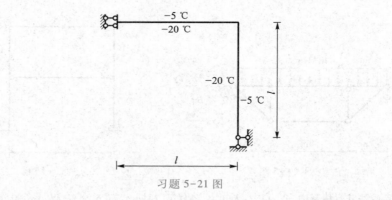

习题 5-21 图

5-22 试用力法计算图示结构,作 M 图。各边长为 d,EI 及厚度 h 均为常数,材料的线膨胀系数为 α。

习题 5-22 图

5-23 试作图示梁的 M 图和 F_Q 图。

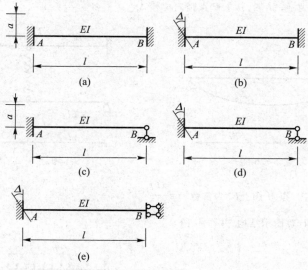

习题 5-23 图

5-24 试计算图示结构，作 M 图。已知 $a = 3$ cm($\rightarrow$)，$b = 4$ cm($\downarrow$)，$\theta = 0.01$ rad(顺时针)，$I = 6\,400$ cm^4，$E = 2.1 \times 10^4$ kN/cm^2。

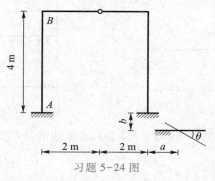

习题 5-24 图

5-25 图示结构，支座 C 发生竖向位移 Δ_C，取图 b 所示基本结构。试列出力法典型方程，并求出自由项。

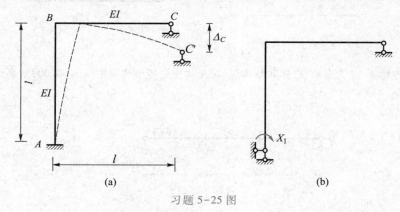

习题 5-25 图

5-26 图示等截面梁 AB,当支座 A 转动 θ_A,试求梁的中点挠度 f_C。

5-27 试计算图示结构,作 M 图,并求 C 点竖向位移 Δ_{Cy}。

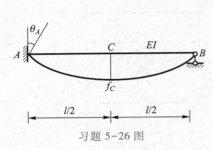

习题 5-26 图

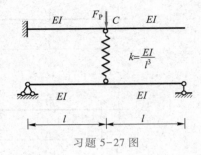

习题 5-27 图

5-28 试计算图示结构,作 M 图。EI 为常数,$k=\dfrac{3EI}{5a^3}$。

5-29 试利用对称性计算图示结构,并作 M 图。

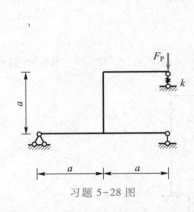

习题 5-28 图

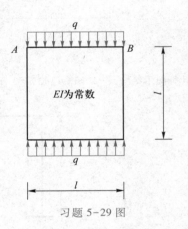

习题 5-29 图

5-30 图示两跨连续梁在荷载作用下的弯矩图如图所示,试求 B 与 C 两截面的相对角位移。EI 为常数。

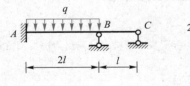

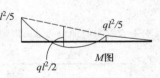

习题 5-30 图

5-31 图示连续梁 EI 为常数,已知其弯矩图(注意图中弯矩值均须乘以 $ql^2/1\,000$),据此计算截面 C 的转角。

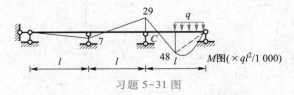

习题 5-31 图

5-32　图 a 所示结构 EI 为常数,已知其弯矩图(注意图中弯矩值均须乘以 $ql^2/100$),据此计算截面 B 和 C 的相对转角 φ_{BC}。

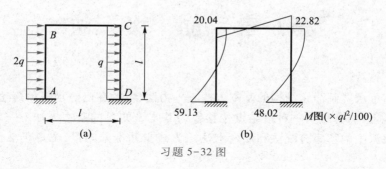

习题 5-32 图

第6章 位 移 法

第5章介绍了求解超静定结构的基本方法——力法,本章在已经求得单跨超静定梁受力(弯矩、剪力)的基础上,将介绍另一种以结点位移作为基本未知量的基本方法——位移法。本章还将介绍由位移法派生的弯矩分配法和反弯点法。为减少基本未知量,本章仍然假定梁和刚架等结构无轴向变形。

§6-1 基 本 概 念

6-1-1 转角位移方程

1. 形常数和载常数

在位移法中将用到如图 6-1 所示的三种单跨超静定梁(也称为基本构件),因此,在介绍位移法之前先总结它们由力法求解得到的内力结果。

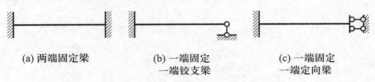

(a) 两端固定梁　　　　(b) 一端固定　　　　　　(c) 一端固定
　　　　　　　　　　　　　一端铰支梁　　　　　　　一端定向梁

图 6-1　位移法基本单跨梁示意图

通常将这三类梁由于杆端单位位移所引起的杆端内力称为"形常数",而由"广义荷载"所产生的杆端内力称为"载常数"。表 6-1 给出了上述三类梁由力法计算得到的形常数、载常数表达式,其中 $i = EI/l$ 为单位长度的抗弯刚度,称为线刚度。表中杆端弯矩规定顺时针为正;杆端剪力和第 3 章的规定一样,使隔离体产生顺时针转动为正。

表 6-1　形常数和载常数表

序号	计算简图及挠度图	弯矩图	杆端弯矩		杆端剪力	
			M_{AB}	M_{BA}	F_{QAB}	F_{QBA}
1	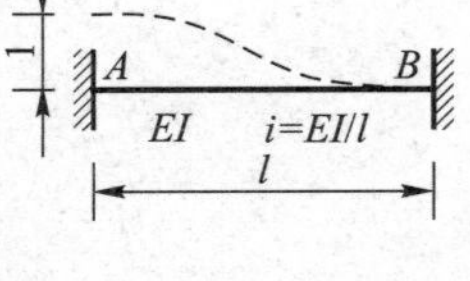 A　EI　$i=EI/l$　B　l	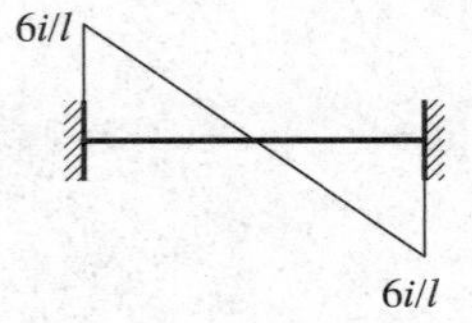 $6i/l$　　　$6i/l$	$-\dfrac{6EI}{l^2}$	$-\dfrac{6EI}{l^2}$	$\dfrac{12EI}{l^3}$	$\dfrac{12EI}{l^3}$

序号	计算简图及挠度图	弯矩图	杆端弯矩		杆端剪力	
			M_{AB}	M_{BA}	F_{QAB}	F_{QBA}
2	EI $i=EI/l$ l	$4i$ $2i$	$-\dfrac{4EI}{l}$	$-\dfrac{2EI}{l}$	$\dfrac{6EI}{l^2}$	$\dfrac{6EI}{l^2}$
3	EI q A l B	$ql^2/12$ $ql^2/12$	$-\dfrac{ql^2}{12}$	$\dfrac{ql^2}{12}$	$\dfrac{ql}{2}$	$-\dfrac{ql}{2}$
4	F_P EI A $l/2$ $l/2$ B	$F_P l/8$ $F_P l/8$	$-\dfrac{F_P l}{8}$	$\dfrac{F_P l}{8}$	$\dfrac{F_P}{2}$	$-\dfrac{F_P}{2}$
5	M A EI B $l/2$ $l/2$	$M/2$ $M/4$ $M/4$ $M/2$	$\dfrac{M}{4}$	$\dfrac{M}{4}$	$-\dfrac{3M}{2l}$	$-\dfrac{3M}{2l}$
6	$-t$ EI A t B h b l	$\dfrac{2\alpha EIt}{h}$	$-\dfrac{2\alpha EIt}{h}$	$\dfrac{2\alpha EIt}{h}$	0	0
7	EI A $i=EI/l$ B l	$3i/l$	$-\dfrac{3i}{l}$	0	$\dfrac{3i}{l^2}$	$\dfrac{3i}{l^2}$
8	EI A $i=EI/l$ B l	$3i$	$-3i$	0	$\dfrac{3i}{l}$	$\dfrac{3i}{l}$
9	q A EI l B	$ql^2/8$	$-\dfrac{ql^2}{8}$	0	$\dfrac{5ql}{8}$	$-\dfrac{3ql}{8}$

序号	计算简图及挠度图	弯矩图	杆端弯矩		杆端剪力	
			M_{AB}	M_{BA}	F_{QAB}	F_{QBA}
10		$3F_Pl/16$	$-\dfrac{3F_Pl}{16}$	0	$\dfrac{11F_P}{16}$	$-\dfrac{5F_P}{16}$
11			$\dfrac{M}{2}$	M	$-\dfrac{3M}{2l}$	$-\dfrac{3M}{2l}$
12		$3EI\alpha t/h$	$-\dfrac{3\alpha EIt}{h}$	0	$\dfrac{3\alpha EIt}{hl}$	$\dfrac{3\alpha EIt}{hl}$
13		i $\quad$ i	$-i$	i	0	0
14		$ql^2/3$ $\quad ql^2/6$	$-\dfrac{ql^2}{3}$	$-\dfrac{ql^2}{6}$	ql	0
15		$F_Pl/2$ $\quad F_Pl/2$	$-\dfrac{F_Pl}{2}$	$-\dfrac{F_Pl}{2}$	F_P	F_P
16		$2EI\alpha t/h$	$-\dfrac{2\alpha EIt}{h}$	$-\dfrac{2\alpha EIt}{h}$	0	0

2. 转角位移方程

根据表 6-1 中的形常数和载常数,利用叠加原理可得到图 6-2 所示两端固定梁的杆端内力。例如,A 端的杆端弯矩和杆端剪力分别为

$$M_{AB} = -\frac{6EI}{l^2}\Delta_1 - \frac{4EI}{l}\Delta_2 + \frac{6EI}{l^2}\Delta_3 - \frac{2EI}{l}\Delta_4 + M_{AB}^F \quad (\text{a})$$

$$F_{QAB} = \frac{12EI}{l^3}\Delta_1 + \frac{6EI}{l^2}\Delta_2 - \frac{12EI}{l^3}\Delta_3 + \frac{6EI}{l^2}\Delta_4 + F_{QAB}^F \quad (\text{b})$$

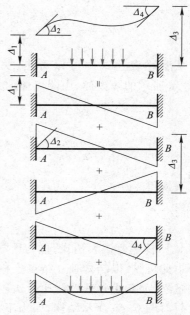

式(a)和式(b)中 M_{AB}^F 和 F_{QAB}^F 为荷载引起的杆端弯矩和杆端剪力。同理,也可叠加得到 B 端的杆端内力 M_{BA} 和 F_{QBA}。这些将杆端位移和杆端内力联系起来的表达式,称为单跨梁的**转角位移方程**或**刚度方程**。

用同样的方法,可以建立一端固定一端铰支和一端固定一端定向单跨梁的转角位移方程。

力法的解题思路强调的是"转换",位移法本质上仍然是将未知问题化为已知问题来解决,也存在转换的思想。但位移法的转换与力法不同,它是"先化整为零(拆分),再集零为整(整合或集成)",或称为"离散和归整"。具体处理有两种方法:平衡方程法和典型方程法。

图 6-2　单跨梁杆端位移和荷载作用

6-1-2　平衡方程法思想

图 6-3a 所示为 2 次超静定结构,采用力法求解有两个未知量。但是,在不计轴向变形的情况下,因为有表 6-1 给出的三类杆件形、载常数,因此只有 B 结点转角位移是独立的,用 Δ 表示。因 B 处是刚结点,当它发生转角位移 Δ 时,由于变形协调,与之相连的各杆端截面的转角均等于 Δ。这样,AB 杆的内力就可由两端固定梁在跨中荷载 F_P 作用及 B 端转角位移 Δ 同时作用获得,BC 杆的内力可由一端固定一端铰支梁在 B 端作用转角位移 Δ 获得,如图 6-3b 所示。

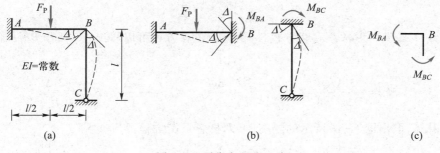

(a)　　　　　　　　　　(b)　　　　　　　　　　(c)

图 6-3　平衡方程法思路

根据表 6-1 提供的形常数和载常数,或由转角位移方程可以写出 AB 杆和 BC 杆的杆端弯矩为

$$M_{AB} = -2i\Delta - \frac{F_{\text{P}}l}{8}, \quad M_{BA} = -4i\Delta + \frac{F_{\text{P}}l}{8}$$

$$M_{BC} = -3i\Delta, \quad M_{CB} = 0$$

从上述表达式中可以看出,关键的问题是如何求得 B 结点的转角位移 Δ。为此,取出图 6-3c 所示的隔离体,由隔离体的力矩平衡方程可得

$$M_{BA} + M_{BC} = 0$$

即

$$-4i\Delta + \frac{F_{\text{P}}l}{8} - 3i\Delta = 0$$

由此可解得

$$\Delta = \frac{F_{\text{P}}l}{56i}$$

将 Δ 代回杆端弯矩表达式,再利用弯矩的区段叠加法,即可得到原结构的弯矩图(略)。

由此可见,以结构独立结点位移(本例为 B 结点的转角)为基本未知量,可以获得超静定结构的解答,而且未知数可能比力法还少。

再看图 6-4a 所示结构,因为不考虑 AC 杆和 BD 杆的轴向变形,C、D 两点只有水平位移,又由于 CD 杆轴向刚度无穷大,C、D 两点的水平位移相等。因此,以 C、D 点水平位移 Δ 作基本未知量,则 AC 杆的内力可由一端固定、一端铰支的梁受均布荷载 q 和水平位移 Δ 共同作用而获得,BD 杆的内力可由一端固定、一端铰支梁由水平位移 Δ 作用而得,如图 6-4b 所示。

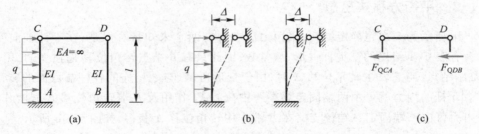

图 6-4　平衡方程法解题思路

根据表 6-1 提供的形常数和载常数,或由转角位移方程可以写出 AC 杆和 BD 杆的杆端弯矩和杆端剪力为

$$M_{AC} = -\frac{3i\Delta}{l} - \frac{ql^2}{8}, \quad F_{QCA} = \frac{3i\Delta}{l^2} - \frac{3ql}{8}, \quad M_{BD} = -\frac{3i\Delta}{l}, \quad F_{QBD} = \frac{3i\Delta}{l^2}$$

为求水平位移 Δ,取出图 6-4c 所示的隔离体,列投影平衡方程得

$$F_{QCA} + F_{QDB} = 0$$

即

$$\frac{3i\Delta}{l^2} - \frac{3ql}{8} + \frac{3i\Delta}{l^2} = 0$$

由此解得

$$\Delta = \frac{ql^3}{16i}$$

将 Δ 代回杆端弯矩表达式,再利用弯矩的区段叠加法,即可得到原结构的弯矩图。

从上述两个例子可以看出,平衡方程法的基本思路是:

(1)分析确定结构的独立结点位移,将原结构拆成图 6-1 所示的单跨超静定梁集合;

(2)在满足结点位移协调条件的前提下,写出各杆的转角位移方程;

(3)利用隔离体(结点或部分结构)的平衡条件,建立以位移为基本未知量的平衡方程并求出结点位移;

(4)将结点位移代回到转角位移方程中,得到各杆的内力。

这是一个"先拆分、后整合"的过程。对一般结构,有多少个需求的独立结点位移就可以建立多少个隔离体的平衡方程,这些平衡方程称为位移法方程。可见,位移法方程实际上是平衡方程。

6-1-3 典型方程法思想

平衡方程法力学概念非常清楚,但不能像力法那样以统一的形式给出位移法方程。为此,讨论位移法第二种思路——典型方程法。

下面以图 6-5a 所示结构为例,说明典型方程法的解题思路。首先需要确定用位移法求解该问题时的未知量,即独立的结点位移。

6-1
典型方程法
思想

在假设无轴向变形的前提下,结构只有两个独立的结点位移:一个是 C 结点的转角位移,用 Δ_1 表示;另一个是 C、D 结点的水平位移,用 Δ_2 表示,如图 6-5c 所示。

在结构上加限制结点位移的约束,限制线位移加链杆,限制角位移加限制转动的刚臂,如图 6-5b 所示,称为位移法基本结构。基本结构是一个可以拆成图 6-1 所示三类单跨梁的超静定结构。与力法一样,受基本未知量和外因共同作用的基本结构称为基本体系。

然后令基本结构分别产生单一的单位位移 $\overline{\Delta}_i = 1$,根据形常数可作出基本结构单位内力图(刚架为单位弯矩图 $\overline{M}_i$)。根据载常数可作出基本结构荷载内力图(刚架为"荷载"弯矩图 M_P)。对于图 6-5a 所示结构,这些弯矩图如图 6-5d、e、f 所示。根据单位内力图和荷载内力图,利用结点或部分隔离体的平衡,可计算 $\Delta_j = 1$ 所引起的位移 Δ_i 对应的附加约束上的反力系数 k_{ij},荷载引起的位移 Δ_i 对应的附加约束上的反力 F_{iP}(与位移方向相同为正)。对于图 6-5a 所示结构,如图 6-5d、e、f 所示可求得:$k_{11} = 7i$,$k_{12} = k_{21} = 6i/l$,$k_{22} = 15i/l^2$,$F_{1P} = -ql^2/12$,$F_{2P} = -ql/2$。

基本体系上附加约束的反力可由基本结构上各附加约束分别发生结点位移 $\Delta_i (i = 1, 2)$ 产生的反力和外因(本例为荷载)作用产生的反力相加获得,即第 i 个附加约束上的反力为 $F_i = \sum_{j=1}^{2} k_{ij}\Delta_j + F_{iP}$。因为基本体系与原结构所受外部作用相同,结点位移也相同,附加约束不起作用,所以第 i 个附加约束上的总反力应该等于零,即 $F_i = 0$ 或

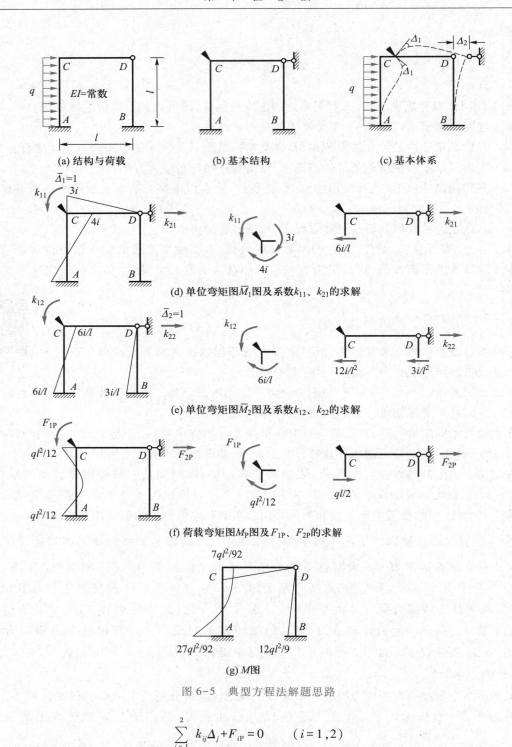

(a) 结构与荷载　　　(b) 基本结构　　　(c) 基本体系

(d) 单位弯矩图 $\overline{M}_1$ 图及系数 k_{11}、k_{21} 的求解

(e) 单位弯矩图 $\overline{M}_2$ 图及系数 k_{12}、k_{22} 的求解

(f) 荷载弯矩图 M_P 图及 F_{1P}、F_{2P} 的求解

(g) M 图

图 6-5　典型方程法解题思路

$$\sum_{j=1}^{2} k_{ij}\Delta_j + F_{iP} = 0 \qquad (i=1,2) \tag{a}$$

式(a)称为位移法典型方程。将上述求得的系数和自由项代入方程,得

$$\begin{cases} 7i\Delta_1 + \dfrac{6i}{l}\Delta_2 - \dfrac{ql^2}{12} = 0 \\ \dfrac{6i}{l}\Delta_1 + \dfrac{15i}{l^2}\Delta_2 - \dfrac{ql}{2} = 0 \end{cases} \tag{b}$$

求解后即可得到基本未知量

$$\Delta_1 = -\frac{7ql^2}{12\times23i}, \quad \Delta_2 = \frac{ql^3}{23i}$$

求得位移基本未知量以后，由 $M = \sum\limits_{j=1}^{2} \overline{M}_j\Delta_j + M_P$，即可得到基本体系（即原结构）的弯矩，弯矩图如图 6-5g 所示。

综上所述，典型方程法和力法的求解思路是十分相像的，对照力法，位移法典型方程也可用矩阵方程表示为

$$K\Delta + F = 0 \tag{6-1}$$

式中，K 是由反力系数 k_{ij} 组成的方阵，称为结构刚度矩阵。反力系数 k_{ij} 的物理意义是：仅由单位位移 $\overline{\Delta}_j = 1$ 引起的，在与 Δ_i 对应的约束上沿 Δ_i 方向所产生的反力。或理解为：仅产生单位位移 $\overline{\Delta}_j = 1$ 时，在 Δ_i 处沿 Δ_i 方向所需施加的力。k_{ij} 也称为刚度系数，k_{ii} 称为主系数，k_{ij} 称为副系数。由形常数可知，要产生位移当然要加力，因此主系数恒正。由反力互等定理可知，$k_{ij} = k_{ji}$，因此 K 为对称矩阵。Δ 为由 Δ_i 组成的未知位移矩阵，F 为由 F_{iP} 组成的广义荷载反力矩阵，F_{iP} 称为广义荷载反力。

综上所述，典型方程法的基本思路是：

（1）确定结构上的独立结点位移——位移法基本未知量，在需求结点位移的结点上沿位移方向加上附加约束（在转角位移处加刚臂、线位移处加链杆），此结构称为基本结构。强令附加约束产生未知位移 Δ_i，并作用有原结构荷载的基本结构，称为基本体系。

（2）利用表 6-1 中的形、载常数分别作出单位弯矩图和荷载弯矩图，从而获得基本体系附加约束上的总反力，为消除基本结构与原结构的差别，令基本结构附加约束上的总约束力等于零，建立位移法典型方程。

（3）求解位移法典型方程获得基本未知量，然后利用叠加原理和弯矩的区段叠加法作出结构的弯矩图。

（4）如有必要，像力法一样可求任意指定位移等。

综上所述，典型方程法和力法的求解思路是十分相像的。本章下面主要讨论典型方程法。

6-1-4 基本未知量及基本结构

结构的结点位移可分两类：角位移和线位移。位移法基本未知量是结点的独立位移，当然未知量总数应该是独立线位移和独立角位移个数的和，记作 n。确定未知量总数的原则是：在原结构的结点上逐渐加约束，直到将结构拆成具有已知形常数和载常数的单跨梁为止。因为单跨梁有多种，如果考虑到可由力法计算结果来添加表 6-1 单跨梁类型的话，可想而知位移法基本未知量数量是很灵活的。从人工手算角度，当然是未知量个数最少的方案最好。

　　对于手算,独立角位移个数 n_a 等于位移未知的刚结点个数,独立线位移数量 n_1 等于变刚结点为铰后,为使铰接体系几何不变所要加的最少链杆数(铰接体系几何不变,线位移数为零)。需要指出的是,如果待求结构中有静定部分,由于静定部分内力可用平衡方程直接获得,不需要用位移法求解,因此,其位移不必作为位移法基本未知量。

　　确定了独立位移未知量,在结点上附加约束装置消除结构可能发生的独立位移,即得基本结构。对应角位移加限制转动的刚臂,对应线位移加链杆支座,确定位移法基本未知量的例子如图 6-6 所示。图 6-6a 有静定部分,确定位移法基本未知量时可不考虑,因此如图所示 $n = 2$。图 6-6b 从分析铰接体系的可变性,可确定线位移个数为 2,有 6 个刚结点,因此如图所示 $n = 8$。图 6-6c 中 12 杆部分弯矩和剪力是静定的,因此确定位移未知量时可等效变换成第二个图所示结构后再分析(注意:水平链杆要保留,使横梁保持无水平位移),所以 $n = 2$。图 6-6d 有一个刚结点及一个水平位移,还有弹性支座,由于没有带弹性支座单跨梁的形、载常数,或者说弹性支座处线位移是未知的,所以 $n = 3$。图 6-6e 中有无限刚性的梁,在不考虑轴向变形的条件下刚性梁不可能转动,但两个梁均可水平移动,所以 $n = 2$。

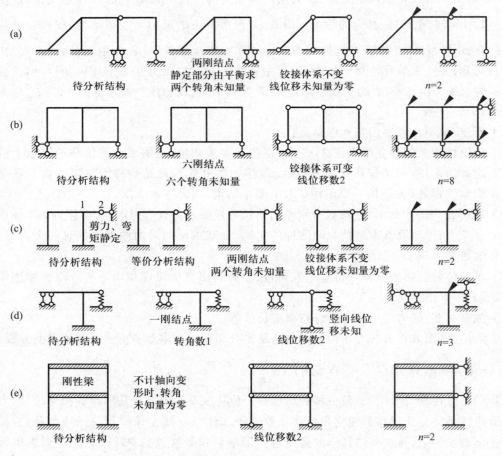

图 6-6　位移法基本未知量确定和对应基本结构

确定了结构的独立结点位移——基本未知量后,通过加约束消除这些独立结点位移,即可获得对应的基本结构。

6-1-5 典型方程法解题步骤

从典型方程法思路介绍可知,典型方程位移法的求解步骤和力法一一对应。

1. 确定位移法基本未知量及基本结构

需要指出的是,待分析结构有静定部分或弯矩、剪力静定时,确定位移法基本未知量不考虑它;弹性支座处的位移要作为未知量考虑;竖柱刚架有无限刚性梁时,刚性梁处刚结点无转角未知位移。

2. 作基本结构单位未知位移和荷载内力图

由于基本结构可拆成已知受力特性的单元,因此由形常数、载常数即可作出这些图形。由此可见,熟记形常数和一些常见荷载的载常数,对位移法求解来说是十分重要的。

3. 求基本结构各附加约束由各单位位移所引起的沿单位位移方向的反力系数 k_{ij}

如果 Δ_i 对应的约束是刚臂,则 k_{ij} 由 $\overline{M}_j$ 图取刚臂结点用结点力矩平衡计算。如果 Δ_i 和 Δ_j 对应的约束中有一个是刚臂,根据反力互等定理 $k_{ij}=k_{ji}$,仍可以结点为对象利用力矩平衡来计算。如果 Δ_i 和 Δ_j 对应的约束都是链杆,则 k_{ij} 由 $\overline{M}_j$ 图取部分隔离体考虑平衡来计算。

4. 求基本结构各附加约束由外因引起的沿单位位移($\overline{\Delta}_i=1$)方向的约束反力 $F_{i\overline{P}}$

这可由外因内力图来求,计算原则和求 k_{ij} 相同。

5. 建立位移法典型方程并求解

基本结构在未知位移和外因共同作用下,应该和无附加约束的原结构一样处于平衡状态。因此,根据平衡条件基本体系所产生的未知位移方向总约束反力等于零,由此即可列出线性代数方程组,即

$$\sum_j k_{ij}\Delta_j+F_{i\overline{P}}=0 \quad (i=1,2,\cdots,n) \quad 或 \quad \boldsymbol{K\Delta}+\boldsymbol{F}=\boldsymbol{0} \tag{6-2}$$

解线性代数方程组,即可获得基本未知位移。当然,未知位移个数超过 3 个时手算是比较烦琐的,需要用计算机来求解。

6. 作超静定结构内力图和求超静定结构位移等

根据叠加原理,在求得未知位移后,由单位内力乘以 Δ_i 与荷载内力叠加即可得到超静定结构内力,依此可作内力图(对于受弯结构,像静定结构一样,按弯矩、剪力、轴力的顺序来作)。求非结点位移等其他计算内容,和力法完全一样,这里从略。

7. 校核分析结果

由于单位内力是在位移协调前提下作出的,而求荷载内力时根本没有独立结点位移,因此位移协调条件自动满足。所以,位移法的校核主要是看平衡条件是否满足。

上述位移法求解步骤适用于各种结构、各种外因作用。当然一些步骤顺序也可调换,下面举一些典型例子说明如何用位移法作结构分析。

§6-2 位移法解超静定结构

6-2-1 无侧移结构

需要再次说明的是,求解时未知位移的正方向本可任意设定,但本书为了与第 7 章矩阵位移法的符号规定一致,设结点和杆端水平位移向右为正,竖向位移向上为正,转角逆时针为正。不管位移正向如何规定,在确定刚度系数 k_{ij} 和广义荷载反力 F_{iP} 时均从所做出的弯矩图出发,其正向设定必须和位移正向规定一致。

[例题 6-1] 试求图 6-7a 所示无侧移刚架的弯矩图。

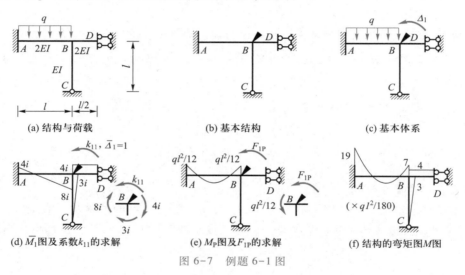

(a) 结构与荷载　　(b) 基本结构　　(c) 基本体系

(d) $\overline{M}_1$ 图及系数 k_{11} 的求解　　(e) M_P 图及 F_{1P} 的求解　　(f) 结构的弯矩图 M 图

图 6-7 例题 6-1 图

解:(1) 确定基本未知量及基本结构。按位移法基本未知量的确定方法,$n = n_a + n_1 = 1 + 0 = 1$,只有一个转角位移 Δ_1,因此,基本结构如图 6-7b 所示,基本体系如图 6-7c 所示。在此基本体系中 AB 杆为两端固定单元,BC 杆为 B 端固定 C 端铰支单元,BD 杆为 B 端固定 D 端定向单元。根据已知的截面惯性矩和单元长度,上述三单元的线刚度分别为 $2i$、i 和 $4i$,其中 $i = \dfrac{EI}{l}$。

(2) 写出位移法方程。方程的物理意义是在转角位移 Δ_1 和均布荷载作用下,B 结点附加约束刚臂上的总约束力偶等于零,即

$$k_{11}\Delta_1 + F_{1P} = 0$$

(3) 求系数并解方程。作基本结构只发生转角位移 $\overline{\Delta}_1 = 1$ 时的单位弯矩图——$\overline{M}_1$ 图(图 6-7d),取图示隔离体,列力矩平衡方程,求得系数 k_{11} 为

$$k_{11} = 8i + 3i + 4i = 15i$$

作基本结构只受荷载作用的弯矩图——M_P 图(图 6-7e)。取图 6-7e 所示隔离体,列力矩平衡方程,求得系数 F_{1P} 为

$$F_{1P} = -\frac{ql^2}{12}$$

将求得的系数代入方程中,解得

$$\Delta_1 = \frac{ql^2}{180i}$$

(4)由叠加公式 $M = \overline{M}_1\Delta_1 + M_P$ 和弯矩的区段叠加法可作出结构的弯矩图如图 6-7f 所示。

校核:取刚结点 B,显然满足 $\sum M = 0$,即满足平衡条件,说明结果是正确的。

说明:从加约束到可拆成三类单元集合的角度,本例 $n = n_a = 1$。如果只考虑一类单元——两端固定单元,那么还需在 C 处加刚臂限制转动,在 D 处加链杆限制线位移,因此 $n = n_a + n_1 = 2 + 1 = 3$,按位移法也可求解。此外,也可只在 C、D 两者中只增加一类约束,这时,基本结构只包含两类单元,$n = 2$。但是,作为手算求解,自然未知量越少越好。因此,本章强调以增加约束到能拆成三类基本单元为止。

[例题 6-2] 试用位移法作图 6-8a 所示结构的弯矩图。

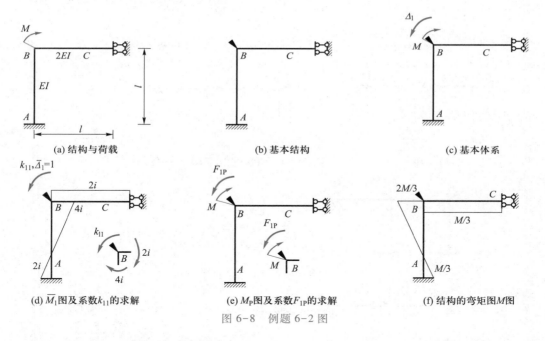

(a) 结构与荷载   (b) 基本结构   (c) 基本体系

(d) $\overline{M}_1$图及系数k_{11}的求解 (e) M_P图及系数F_{1P}的求解 (f) 结构的弯矩图M图

图 6-8 例题 6-2 图

解:(1)确定基本未知量及基本结构。此题 $n = 1$,为 B 点的转角位移,基本结构如图 6-8b 所示,基本体系如图 6-8c 所示。

(2)写出位移法典型方程。本题位移法方程的物理意义是在转角位移和荷载的共同作用下,基本结构附加约束上的总反力偶等于零,即

$$k_{11}\Delta_1 + F_{1P} = 0$$

(3)求系数并解方程。作单位弯矩图——$\overline{M}_1$ 图(图 6-8d,图中 $i = EI/l$),取图示隔离体,列力矩平衡方程,求得系数

$$k_{11} = 4i + 2i = 6i$$

作荷载弯矩图——M_P 图（图 6-8e）。取图 6-8e 所示隔离体，列力矩平衡方程可得

$$F_{1P} = M$$

将求得的系数和自由项代入方程中，解得

$$\Delta_1 = -\frac{M}{6i}$$

（4）由 $M = \overline{M}_1 \Delta_1 + M_P$ 叠加可得图 6-8f 所示弯矩图。

说明：本题中集中力偶正好作用在需求转角位移的结点上，由 M_P 图可知该集中力偶不产生弯矩图，但对广义荷载反力有影响。

[例题 6-3]　试求图 6-9a 所示结构的弯矩图。

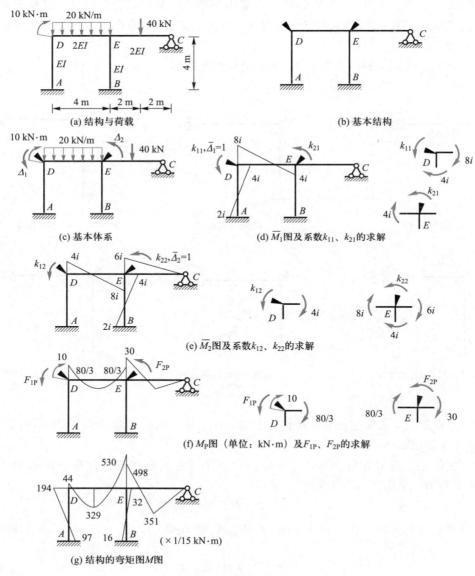

(a) 结构与荷载

(b) 基本结构

(c) 基本体系

(d) $\overline{M}_1$ 图及系数 k_{11}、k_{21} 的求解

(e) $\overline{M}_2$ 图及系数 k_{12}、k_{22} 的求解

(f) M_P 图（单位：kN·m）及 F_{1P}、F_{2P} 的求解

(g) 结构的弯矩图 M 图

图 6-9　例题 6-3 图

解：（1）确定基本未知量及基本结构。本题 $n = n_a = 2$，基本结构如图 6-9b 所示，基本体系如图 6-9c 所示。

（2）写出位移法方程

$$\begin{cases} k_{11}\Delta_1 + k_{12}\Delta_2 + F_{1P} = 0 \\ k_{21}\Delta_1 + k_{22}\Delta_2 + F_{2P} = 0 \end{cases}$$

（3）求系数并解方程。令 $i = EI/l$，作基本结构只发生 $\overline{\Delta}_1 = 1$ 的单位弯矩图——$\overline{M}_1$ 图（图 6-9d），取图 6-9d 所示隔离体，列力矩平衡方程，求得系数

$$k_{11} = 4i + 8i = 12i, \qquad k_{21} = 4i$$

作基本结构只发生 $\overline{\Delta}_2 = 1$ 时的单位弯矩图——$\overline{M}_2$ 图（图 6-9e），取图 6-9e 所示隔离体，列力矩平衡方程，求得系数

$$k_{12} = 4i, \qquad k_{22} = 18i$$

作基本结构荷载弯矩图——M_P 图（图 6-9f）。取图 6-9f 所示隔离体，列力矩平衡方程可得

$$F_{1P} = \frac{110}{3} \text{ kN} \cdot \text{m}, \qquad F_{2P} = \frac{10}{3} \text{ kN} \cdot \text{m}$$

将求得的系数和自由项代入方程中，解得

$$\Delta_1 = -\frac{97}{30i}, \qquad \Delta_2 = -\frac{16}{30i}$$

（4）由 $M = \overline{M}_1 X_1 + \overline{M}_2 X_2 + M_P$ 叠加，并利用区段叠加法，可得图 6-9g 所示弯矩图。

［例题 6-4］　试作图 6-10a 所示连续梁由于图示支座位移引起的弯矩图。

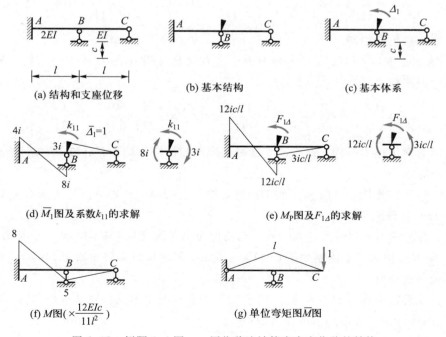

(a) 结构和支座位移　　　　(b) 基本结构　　　　(c) 基本体系

(d) $\overline{M}_1$ 图及系数 k_{11} 的求解　　　　(e) M_P 图及 $F_{1\Delta}$ 的求解

(f) M 图（ $\times \dfrac{12EIc}{11l^2}$ ）　　　　(g) 单位弯矩图 $\overline{M}$ 图

图 6-10　例题 6-4 图——用位移法计算有支座位移的结构

解：（1）确定基本未知量及基本结构。支座位移是一种广义荷载，位移法基本结构和"荷载"没有关系，因此，基本未知量 $n = n_a = 1$，基本结构和基本体系如图 6-10b、c 所示。

（2）写出位移法方程

$$k_{11}\Delta_1 + F_{1\Delta} = 0$$

（3）求系数并解方程。令 $i = \dfrac{EI}{l}$，作出基本结构单位弯矩图如图 6-10d 所示。取图示的刚结点为隔离体，列力矩平衡方程得

$$k_{11} = 11i$$

作出基本结构广义荷载（支座位移）引起的弯矩图，如图 6-10e 所示。取图示刚结点为隔离体，列力矩平衡方程可得

$$F_{1\Delta} = \frac{9i}{l}c$$

将求得的系数和自由项代入位移法典型方程并求解后可得

$$\Delta_1 = -\frac{9c}{11l}$$

（4）按图 6-10d、e 所示经叠加可得图 6-10f 所示的最终弯矩图。

下面以两种方案计算超静定结构的位移，校核此例的变形条件。

- 一种方案是取左端固定，长为 $2l$，右端受向下单位力作用的悬臂梁为单位力状态，将其单位弯矩图和图 6-10f 所示的最终弯矩图相乘，可得

$$\Delta = -\frac{1}{EI} \times \frac{1}{2} \times \frac{60EI}{11l^2}c \times l \times \frac{2}{3}l + \frac{1}{2EI} \times \frac{1}{2} \times \frac{156EI}{11l^2}c \times l \times \frac{5}{6} \times 2l - \frac{1}{2EI} \times \frac{60EI}{11l^2}c \times l \times \frac{3}{4} \times 2l = 0$$

与原结构已知位移条件相符。

- 另一方案是取图 6-10g 所示外伸梁为单位力状态，将图 6-10g 的单位弯矩图和图 6-10f 所示的最终弯矩图相乘，得

$$\Delta = -\frac{1}{EI} \times \frac{1}{2} \times \frac{60EI}{11l^2}c \times l \times \frac{2}{3}l + \frac{1}{2EI} \times \frac{1}{2} \times \frac{156EI}{11l^2}c \times l \times \frac{1}{3} \times l - \frac{1}{2EI} \times \frac{60EI}{11l^2}c \times l \times \frac{1}{2} \times l = -2c \neq 0$$

为什么两方案结果不一样？对于广义荷载引起的超静定结构位移计算，应该注意什么问题，请读者自行研究。

[例题 6-5] 试作图 6-11a 所示刚架的弯矩图。已知刚架外部升温 t、内部升温 $2t$。梁截面尺寸为 $b \times 1.26h$，柱截面尺寸为 $b \times h$，$l = 10h$。

解：（1）确定基本未知量及基本结构。与支座位移情况相同，基本结构和外因无关，因此本例 $n = n_a = 1$，基本结构和基本体系如图 6-11b、c 所示。但这里有必要再次强调的是，所加刚臂只限制转动不限制线位移。

（2）写出位移法方程。对本题来说，方程的物理意义是基本结构在结点位移 Δ_1 和温度改变共同作用下，附加约束上总反力偶等于零，即

$$k_{11}\Delta_1 + F_{1t} = 0$$

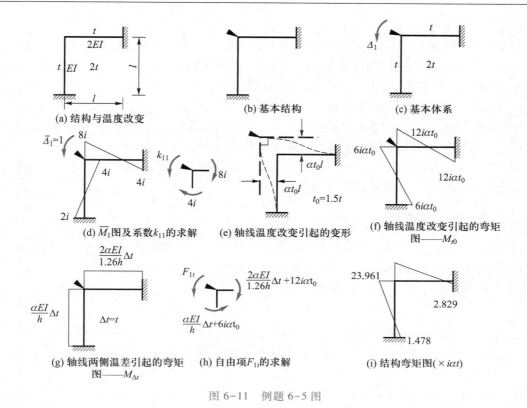

图 6-11　例题 6-5 图

（3）求系数并解方程。令 $i=\dfrac{EI}{l}$，作出 $\overline{\Delta}_1=1$ 时的单位弯矩图——$\overline{M}_1$ 图，如图 6-11d 所示，取图示隔离体可求得系数

$$k_{11}=12i$$

由于本题温度改变可分解成如图 6-11e、g 所示两种情况。图 6-11e 所示情况中杆轴线温度改变 $t_0=1.5t$ 时，杆件将产生伸长，因为刚臂不能限制线位移，故基本结构将产生如图所示的结点线位移。根据所产生的线位移由形常数可作出图 6-11f 所示轴线温度改变弯矩图，记作 M_{t0}。对于图 6-11g 所示两侧温差 $\Delta t=t$ 的情况，可查表 6-1 载常数作出图 6-11g 所示的温差弯矩图，记作 $M_{\Delta t}$。因此，有温度改变时的弯矩图 M_t 应该是 M_{t0} 图和 $M_{\Delta t}$ 图相加。取出图 6-11h 所示的隔离体可得

$$F_{1t}=\frac{37\alpha ti}{3}$$

将求得的系数代入位移法典型方程并求解，得

$$\Delta_1=-\frac{37\alpha t}{36}$$

（4）由 $M=\overline{M}_1\Delta_1+M_{t0}+M_{\Delta t}$ 进行叠加，可得图 6-11i 所示的结构弯矩图。

几点说明：

● 对温度改变问题，首先根据内、外侧温度改变将其分解成轴线温度改变和两侧温差两种

情况。

● 温度改变引起的基本结构弯矩图(广义荷载弯矩图)由两部分构成:由轴线温度改变产生杆件自由伸缩的结点线位移所引起的;由轴线两侧温差所引起的。前者,需首先分析基本结构杆件自由伸缩所引起的结点位移。后者,可直接查载常数表而得到。

● 位移法手算求解温度改变问题时,仍然遵循本章开始时的假定:不计轴向变形。但是,有杆件轴线温度改变时,必须考虑杆件的温度伸缩所产生的轴向变形。

● 计算温度改变引起的超静定结构某指定位移时,解得超静定解答后,和力法一样可化为静定结构位移计算问题来处理。但是,这时必须既考虑超静定内力引起的位移,也要考虑温度改变引起的位移,应该用多因素位移计算公式计算。

6-2-2 有侧移结构

[例题 6-6] 试求图 6-12a 所示有弹性支座超静定梁的位移法刚度系数和荷载引起的附加约束的反力。已知梁的 EI 为常数,弹性支座刚度系数为 k,且 $k = 3EI/l^3$。

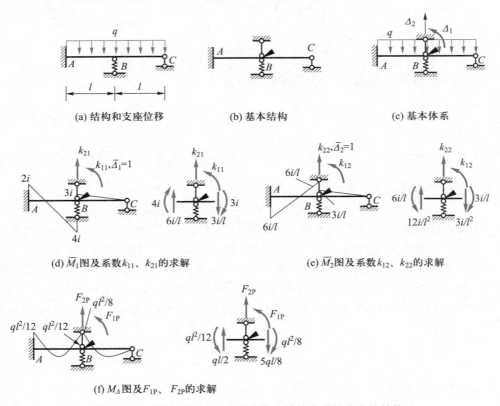

(a) 结构和支座位移   (b) 基本结构   (c) 基本体系

(d) $\overline{M}_1$图及系数k_{11}、k_{21}的求解

(e) $\overline{M}_2$图及系数k_{12}、k_{22}的求解

(f) M_Δ图及F_{1P}、F_{2P}的求解

图 6-12 例题 6-6 图——用位移法计算有弹性支座的结构

解:(1) 确定基本未知量及基本结构。因为有一个刚结点,因此 $n_a = 1$。但本题跨中是弹性支座,荷载下弹性支座无疑要变形,因为是超静定结构,支座反力现在未知,所以这个支座的位移也是未知的,由此可知 $n_1 = 1$。据此分析可得图 6-12b 所示基本结构和图 6-12c 所示基本体系。

（2）写出位移法方程

$$\begin{cases} k_{11}\Delta_1 + k_{12}\Delta_2 + F_{1P} = 0 \\ k_{21}\Delta_1 + k_{22}\Delta_2 + F_{2P} = 0 \end{cases}$$

（3）求系数。得出基本结构后，其余的工作完全和前面的例子相仿，由形常数作单位弯矩图如图 6-12d、e 所示（$i=EI/l$），并取图示隔离体，可求得

$$k_{11} = 7i, \quad k_{12} = k_{21} = -\frac{3i}{l}, \quad k_{22} = \frac{18i}{l^2}$$

由载常数作荷载弯矩图如图 6-12f 所示，并取图示隔离体，可求得

$$F_{1P} = \frac{ql^2}{24}, \quad F_{2P} = \frac{9ql}{8}$$

由此可解得未知位移并可进一步作出最终弯矩图。

两点说明：

● 任何具有弹性支座的问题都应该按此思路求解，即弹性支座处必须加限制位移的约束。抗线位移的弹簧加链杆约束，抗转动的弹簧加刚臂约束。

● 建议读者作为练习，自行完成本题余下的计算，做出最终弯矩图。

［例题 6-7］　试作图 6-13a 所示有侧移刚架的弯矩图。

解：（1）确定基本未知量及基本结构。按位移法基本未知量确定方法，EC 是静定部分，不加约束。C 为刚结点，有一个转角位移。将刚结点变成铰接体系时几何可变，需在 C 或 D 加水平链杆消除可变，故独立线位移 $n_1 = 1$，为 C 和 D 结点的水平位移。由此得 $n = n_a + n_1 = 1 + 1 = 2$，因此，基本结构和基本体系如图 6-12b、c 所示。此体系中 AC 为两端固定单元，BD、CD 均为一端固定一端铰接单元。

（2）写出位移法方程

$$\begin{cases} k_{11}\Delta_1 + k_{12}\Delta_2 + F_{1P} = 0 \\ k_{21}\Delta_1 + k_{22}\Delta_2 + F_{2P} = 0 \end{cases}$$

（3）求系数并解方程。令 $i = \dfrac{EI}{l}$，作基本结构只发生转角位移 $\overline{\Delta}_1 = 1$ 时的单位弯矩图——$\overline{M}_1$ 图（图 6-13d），取图 6-13d 所示隔离体，求得系数

$$k_{11} = 10i, \quad k_{21} = \frac{6i}{l}$$

作基本结构只发生转角位移 $\overline{\Delta}_2 = 1$ 时的单位弯矩图——$\overline{M}_2$ 图（图 6-13e），取图 6-13e 所示隔离体，列力矩平衡方程，求得系数

$$k_{12} = \frac{6i}{l}, \quad k_{22} = \frac{15i}{l^2}$$

作基本结构荷载弯矩图——M_P 图（图 6-13f）。荷载下悬臂部分弯矩图按静定结构作出，超静定部分无荷载。取图 6-13f 所示隔离体，列力矩平衡方程，可得

$$F_{1P} = \frac{F_P l}{2}, \quad F_{2P} = -F_P$$

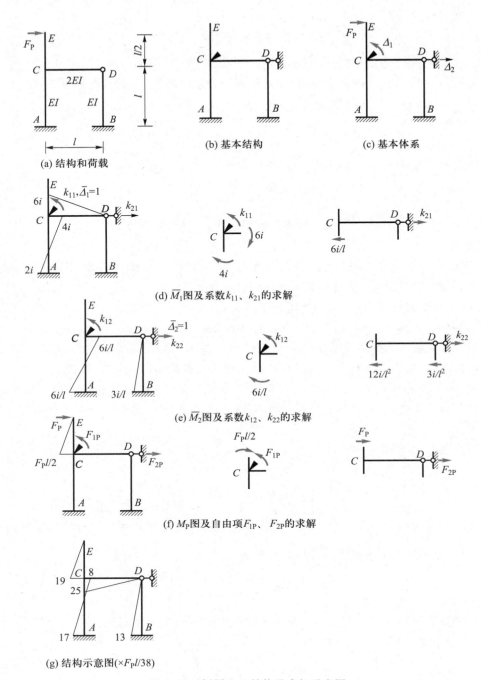

(a) 结构和荷载

(b) 基本结构

(c) 基本体系

(d) $\overline{M}_1$图及系数k_{11}、k_{21}的求解

(e) $\overline{M}_2$图及系数k_{12}、k_{22}的求解

(f) M_P图及自由项F_{1P}、F_{2P}的求解

(g) 结构示意图($\times F_P l/38$)

图 6-13　例题 6-7 结构及求解示意图

将求得的系数代入方程中,解得

$$\Delta_1 = -\frac{9F_P l}{76i}, \quad \Delta_2 = \frac{13F_P l^2}{114i}$$

（4）由 $M = \overline{M}_1 \Delta_1 + \overline{M}_2 \Delta_2 + M_P$ 叠加可得图 6-13g 所示弯矩图。

（5）取出刚结点 C，显然 $\sum M = 0$，即满足平衡条件。从最终弯矩图求柱子杆端剪力，与求 k_{22} 或 F_{2P} 一样取隔离体，可验证 $\sum F_x = 0$。因此，本例题结果是正确的。

说明：根据反力互等定理，刚度系数 $k_{12} = k_{21}$。因此可从 $\overline{M}_2$ 求 k_{12}，也可从 $\overline{M}_1$ 求 k_{21}。显然取隔离体计算链杆反力 k_{21} 的工作量，比取刚结点计算限制转动（刚臂）的约束反力的工作量大，因此对有侧移刚架来说，除侧移引起的限制侧移的链杆反力外，都应该设法由结点的力矩平衡来求。

[例题 6-8] 试求图 6-14a 所示排架的杆端剪力。

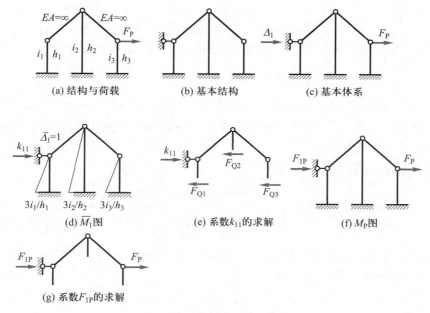

图 6-14　例题 6-8 图

解：（1）此排架无刚结点，三柱平行，柱顶各结点水平位移相同，故只有 1 个位移法基本未知量，基本结构如图 6-14b 所示，基本体系如图 6-14c 所示。

（2）令结点线位移 $\overline{\Delta}_1 = 1$，则由三个杆件的形常数可作出单位弯矩图 $\overline{M}_1$，如图 6-14d 所示。由于荷载作用在铰结点，因此基本结构荷载作用无弯矩，如图 6-14f 所示。

（3）由图 $\overline{M}_1$ 中各柱子的弯矩可求得剪力（也可直接查表 6-1 第 7 号得到）为 $F_{Qj} = \dfrac{3i_j}{h_j^2}$（$j = 1$,

2,3）。由 $\overline{M}_1$ 图取隔离体，可求得刚度系数 $k_{11} = \sum_j F_{Qj} = \sum_j \dfrac{3i_j}{h_j^2}$。由 M_P 图取隔离体，可得 $F_{1P} = -F_P$。

（4）根据总约束反力为零，可得位移法典型方程 $k_{11}\Delta_1 + F_{1P} = 0$。代入系数并求解，可得 Δ_1。

（5）由 $\overline{M}_1\Delta_1 = M$ 可得排架最终弯矩图。

如果本例题左、右两个边柱分别受有 q_1 和 q_2 均布荷载作用如图 6-15a 所示，则可按图 6-15b、c 所示求解得到。图 6-15b 所示为无结点位移情况，因此其弯矩图可直接从载常数得到。再从弯矩图求柱端剪力，然后由隔离体平衡可求得链杆反力 F_R。图 6-15c 所示即为本题情况。两者叠加即为原结构的结果。建议读者自行按此思路进行分析计算，作出图 6-15a 所示结构的弯矩图。为简化计算结果，假设 $h_1 = h_3$，$i_1 = i_3$，$i_2 = 1.5i_1$，$h_2 = 1.2h_1$，$q_2 = 0.6q_1$。

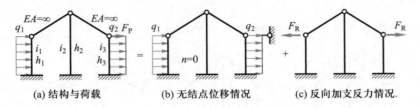

| (a) 结构与荷载 | (b) 无结点位移情况 | (c) 反向加支反力情况. |

图 6-15　非结点荷载情况

[例题 6-9]　试求图 6-16a 所示结构的弯矩图。横梁刚度 $EI_1 = \infty$，柱子刚度为 EI。

解：（1）确定基本未知量及基本结构。本题 $n = n_1 = 2$，基本结构如图 6-16b 所示，基本体系如图 6-16c 所示。

（2）写出位移法方程

$$\begin{cases} k_{11}\Delta_1 + k_{12}\Delta_2 + F_{1P} = 0 \\ k_{21}\Delta_1 + k_{22}\Delta_2 + F_{2P} = 0 \end{cases}$$

（3）求系数并解方程。作基本结构 $\overline{\Delta}_1 = 1$ 的单位弯矩图——$\overline{M}_1$ 图（图 6-16d），取图6-16e 所示隔离体，列力矩平衡方程，求得系数

$$k_{11} = \frac{3i}{2}, \quad k_{21} = -\frac{3i}{2}$$

作基本结构 $\overline{\Delta}_2 = 1$ 的单位弯矩图——$\overline{M}_2$ 图（图 6-16f），取图 6-16g 所示隔离体，列力矩平衡方程，求得系数

$$k_{12} = -\frac{3i}{2}, \quad k_{22} = \frac{15i}{4}$$

作基本结构荷载弯矩图——M_P 图（图 6-16h）。取图 6-16i 所示隔离体，列力矩平衡方程可得

$$F_{1P} = -20 \text{ kN}, \quad F_{2P} = -40 \text{ kN}$$

将求得的系数代入位移法方程中，解得

$$\Delta_1 = -\frac{160}{3i}, \quad \Delta_2 = \frac{80}{3i}$$

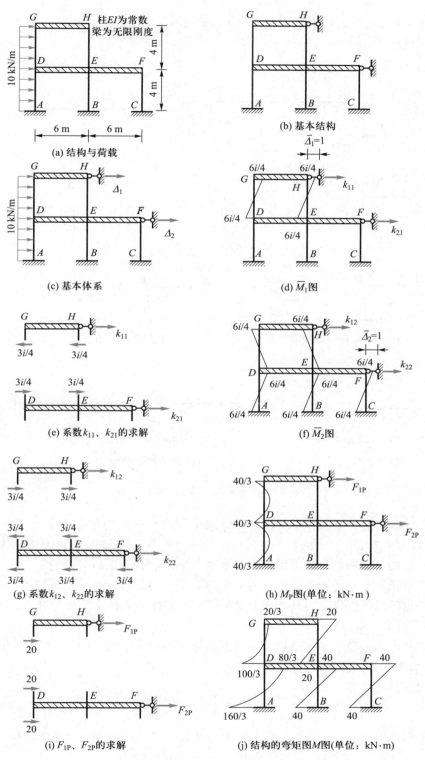

图 6−16　例题 6−9 结构及求解示意图

（4）由 $M = \overline{M}_1\Delta_1 + \overline{M}_2\Delta_2 + M_P$ 叠加可得图 6-16j 所示弯矩图。

［例题 6-10］ 试求图 6-17a 所示结构的弯矩图。EI 为常数。

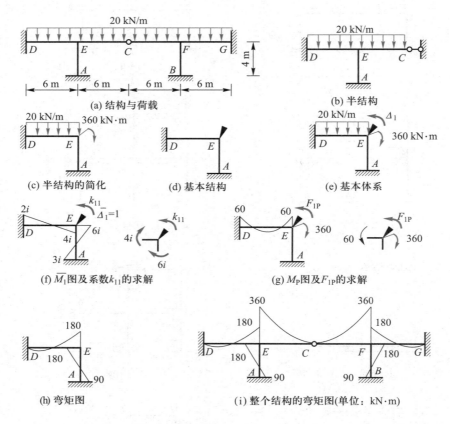

图 6-17 例题 6-10 结构及求解示意图

解：（1）对称性的利用。本题属于对称结构作用对称荷载的情况。取图 6-17b 所示半结构。从图 6-17b 可以看出 C 处的水平链杆对结构的弯矩图不起作用，可以去掉。从图 6-17b 还可以看出，EC 杆的弯矩和剪力都可由静力平衡条件确定，可以将 EC 杆去掉。其上荷载对余下结构的作用可以用一个力偶和一个竖向的集中力表示。因为不计杆件的轴向变形，这个竖向力对结构的弯矩也不起作用，所以，只考虑力偶的作用。去掉 C 处的水平链杆和 EC 杆以后的结构如图 6-17c 所示。

（2）确定基本未知量及基本结构。经过上述简化后的半结构 $n=1$，基本结构如图 6-17d 所示，基本体系如图 6-17e 所示。

（3）写出位移法方程

$$k_{11}\Delta_1 + F_{1P} = 0$$

（4）求系数并解方程。令 $i = \dfrac{EI}{6}$，首先作基本结构的单位弯矩图——$\overline{M}_1$ 图（图 6-17f），取图示隔离体，列力矩平衡方程，求得系数

$$k_{11} = 4i + 6i = 10i$$

作荷载弯矩图——M_P 图（图 6-17g）。取图示隔离体，列力矩平衡方程，可得

$$F_{1P} = 300 \text{ kN} \cdot \text{m}$$

将求得的系数和自由项代入方程中，解得

$$\Delta_1 = -\frac{30}{i}$$

（5）由 $M = \overline{M}_1 \Delta_1 + M_P$ 叠加可得图 6-17h 所示弯矩图。

（6）将 EC 杆的弯矩图加上。再根据弯矩图正对称的性质画出另一半结构的弯矩图。则整个结构的弯矩如图 6-17i 所示。

[例题 6-11] 试求图 6-18a 所示结构的弯矩图。

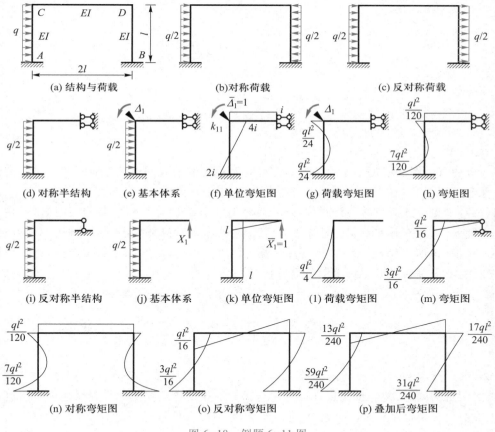

图 6-18 例题 6-11 图

解：（1）对称性的利用。本题属于对称结构作用有任意荷载的情况。将荷载分解为对称荷载和反对称荷载，如图 6-18b、c 所示。

（2）计算对称荷载情况。半结构如图 6-18d 所示，利用位移法计算。位移法基本体系、单位弯矩图、荷载弯矩图如图 6-18e、f、g 所示（$i = EI/l$），位移法方程为

$$k_{11} \Delta_1 + F_{1P} = 0$$

系数和自由项分别为

$$k_{11} = 5i, \quad F_{1P} = -\frac{ql^2}{24}$$

代入方程求得

$$\Delta_1 = \frac{ql^2}{120i}$$

由 $M = \overline{M}_1 \Delta_1 + M_P$ 叠加可得图 6-18h 所示弯矩图。

(3) 计算反对称荷载情况。半结构如图 6-18i 所示,因为位移法 $n = 2$,而力法 $n = 1$,因此利用力法计算。力法基本体系、单位弯矩图、荷载弯矩图如图 6-18j、k、l 所示,力法方程为

$$\delta_{11} X_1 + \Delta_{1P} = 0$$

系数和自由项分别为

$$\delta_{11} = \frac{4l^3}{3EI}, \quad \Delta_{1P} = -\frac{ql^4}{12EI}$$

代入方程求得

$$X_1 = \frac{ql}{16}$$

由 $M = \overline{M}_1 \Delta_1 + M_P$ 叠加可得图 6-18m 所示弯矩图。

(4) 叠加弯矩图。根据半结构的弯矩图可得对称荷载引起的对称弯矩图和反对称荷载引起的反对称弯矩图,如图 6-18n、o 所示。叠加后得最终弯矩图如图 6-18p 所示。

说明:对于受任意荷载的单跨对称结构,当将荷载分解成对称和反对称两组时,对称半结构位移法求解 $n = 1$,反对称半结构力法求解 $n = 1$。这种利用对称性后,不同结构用不同方法求解,以达到未知量(也即工作量)最少的解法,称为联合法。同时也可看到,如何选择解法,应该综合已有的知识,不应该墨守成规只用单一方法。

§6-3　计算无侧移结构的弯矩分配法

在 20 世纪五六十年代,当时的计算工具是"计算尺",为了解决实际工程力法、位移法未知量太多,求解困难的问题,曾经提出过许多种适合手算的逐渐逼近算法。尽管现在计算机已经相当普及,大多数设计单位都已经用计算机辅助设计(CAD)软件进行设计,这些算法的价值已大为降低。但是,考虑到工程技术人员仍有可能遇到需要手算求解的情况,因此,仍然介绍渐进解法中较常用的方法——弯矩分配法。

首先要说明的是,单纯使用弯矩分配法是有条件的:所分析的结构必须没有结点线位移。一些对称的多层多跨刚架在对称荷载作用下最终可化为图 6-19 所示的无侧移刚架,一些主次梁结构分析中,次梁可化为多跨连续梁,它们都是无结点线位移的,因此都可以单纯用弯矩分配法求解。

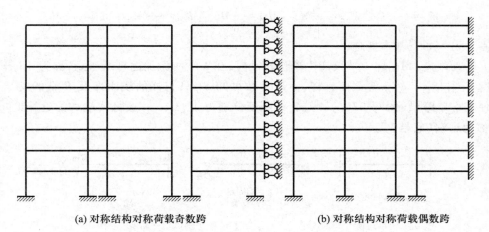

(a) 对称结构对称荷载奇数跨   (b) 对称结构对称荷载偶数跨

图 6-19   可化为无线位移的结构例子

6-2

单结点弯矩分配基本概念

6-3-1   单结点弯矩分配基本概念

首先通过图 6-20 所示结构的位移法分析,引入弯矩分配法的基本思想和有关概念。

设图示结构中各杆件的线刚度分别记为

$$i_j = \frac{EI_j}{l_j} \qquad (j=1,2,3,4)$$

则按位移法可得图 6-21a 所示单位弯矩图和图 6-21b 所示荷载弯矩图。由此可得

$$k_{11} = 4i_1 + i_2 + 3i_3 + 0 \times i_4, \qquad F_{1P} = -M$$

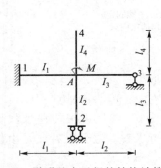

图 6-20   说明基本思想的结构计算简图

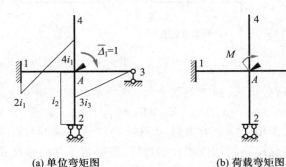

(a) 单位弯矩图   (b) 荷载弯矩图

图 6-21   图 6-20 所示结构的单位弯矩图和荷载弯矩图

从而由位移法方程可求得

$$\Delta_1 = \frac{M}{k_{11}}$$

再由 $\overline{M}_1 \Delta_1 + M_P$ 叠加可得

$$M_{A1}=\frac{4i_1}{k_{11}}M,\quad M_{1A}=\frac{2i_1}{k_{11}}M,\quad M_{A2}=\frac{i_2}{k_{11}}M,\quad M_{2A}=-\frac{i_2}{k_{11}}M,\quad M_{A3}=\frac{3i_3}{k_{11}}M \tag{a}$$

其他为零。引入如下基本概念：

(1) **转动刚度** AB 杆 A 端仅产生单位转动时，在 A 端所施加的杆端弯矩，称为 AB 杆 A 端的转动刚度，记作 S_{AB}。对于等截面直杆，由形常数可知 S_{AB} 只与杆的线刚度及 B 端的支承条件有关。三种基本单跨梁（图 6-22）的 A 端转动刚度分别为 $4i$、$3i$、i，一般将 A 端称为近端（本端），而将 B 端称为远端（它端）。

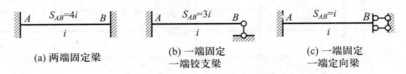

A
S_{AB}=4i
B
i
(a) 两端固定梁
A
S_{AB}=3i
B
i
(b) 一端固定
一端铰支梁
A
S_{AB}=i
B
i
(c) 一端固定
一端定向梁

图 6-22 三类杆的转动刚度

(2) **分配系数** 以结构交汇于 A 结点各杆端的转动刚度总和为分母，以 Ai 杆 A 端的转动刚度为分子，计算得到的值称为该杆端的分配系数，记作 μ_{Ai}。对本例来说，Ai 杆的分配系数为

$$\mu_{Ai}=\frac{S_{Ai}}{\sum_j S_{Aj}}\quad (i=1,2,3,4) \tag{b}$$

显然，A 结点各杆端的分配系数总和应等于 1。

(3) **传递系数** 位移法三类基本杆件 AB，当仅仅一端产生转角位移时，远端的杆端弯矩和近端的杆端弯矩的比值，称为该杆的传递系数，记作 C_{AB}。

三种基本单跨梁的传递系数如图 6-23 所示。

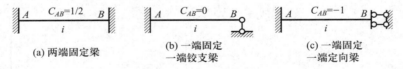

A
C_{AB}=1/2
B
i
(a) 两端固定梁
A
C_{AB}=0
B
i
(b) 一端固定
一端铰支梁
A
C_{AB}=−1
B
i
(c) 一端固定
一端定向梁

图 6-23 三类杆的传递系数

利用这些概念，则本例题中式(a)所示杆端弯矩可表示成

$$M_{A1}=\mu_{A1}M,\quad M_{1A}=C_{A1}M_{A1},\quad M_{A2}=\mu_{A2}M,\quad M_{2A}=C_{A2}M_{A2},\quad M_{A3}=\mu_{A3}M \tag{c}$$

也就是说，作用于结点的力偶 M 将按各杆件该端的分配系数进行分配，然后再按传递系数传送到它端，由此得到各杆件的杆端弯矩，不必再一步一步按位移法进行求解。这可以看成是由位移法导出弯矩分配法的基本思想。

可是，上述例题局限性很大，图 6-20 所示的结构仅受结点力偶作用。非结点力偶作用时该怎么办呢？为此，假设结构各杆件上都受有荷载，如图 6-24a 所示。

在荷载作用下，由载常数可得位移法基本结构各杆端的固端弯矩（设顺时针为正）分别为 M_{Ai}^{F}、M_{iA}^{F} $(i=1,2,3,4)$。

按位移法求解可得

$$F_{1\mathrm{P}}=\sum_{j=1}^{4}M_{Aj}^{\mathrm{F}},\quad \Delta_1=-\frac{F_{1\mathrm{P}}}{k_{11}}$$

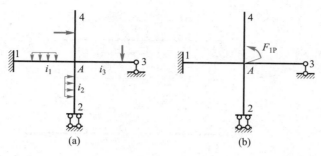

图 6-24

与仅有结点力偶情况相比,此时结点位移相当于由图 6-24b 所示一个 $M=-F_{1P}$ 的集中力偶引起。再由最终弯矩按 $\overline{M}_1\Delta_1+M_P$ 叠加且考虑到上述分配思想,可得

$$M_{Ai}=\mu_{Ai}M+M_{Ai}^F, \qquad M_{iA}=C_{Ai}M+M_{iA}^F \qquad (d)$$

也就是说,对于单个结点转角的结构,可以像位移法一样,先用刚臂固定结点,由载常数求得刚臂上的约束反力 F_{1P},然后根据"它端"约束条件确定各杆端的转动刚度、分配和传递系数,按刚臂约束反力 F_{1P} 的反号进行分配,将分配所得弯矩按传递系数传到它端,最后再与固定端弯矩叠加即可得到各杆的杆端弯矩。这一从位移法导出的、经分配和传递直接求得杆端弯矩的方法即为单结点的弯矩分配法。其实质是,先和位移法一样加约束将结点锁住获得不平衡力矩,然后通过分配和传递释放结点,使产生实际的结点位移而达到平衡。

为了便于下面多结点弯矩分配法思想的说明,除上述已经引入的三个概念外,再补充如下概念:

（4）不平衡力矩 结构无结点转角位移时,交汇于 A 结点各杆件的固端弯矩代数和称为该结点的不平衡力矩。它可由位移法三类杆件的载常数求得。

（5）分配力矩 将 A 结点的不平衡力矩改变符号,乘以交汇于该结点各杆端的分配系数,所得到的杆端弯矩称为该结点各杆端的分配力矩（也称分配弯矩,也即 $-\mu_{Ai}F_{1P}$）。

（6）传递力矩 将 A 结点各杆端的分配力矩乘以传递系数,所得到的杆端弯矩称为该点远端的传递力矩（也称传递弯矩,也即 $-\mu_{Ai}F_{1P}C_{Ai}$）。

6-3-2 单结点弯矩分配举例

[**例题 6-12**] 试用弯矩分配法作图 6-25a 所示连续梁的弯矩图。

解:（1）计算分配系数。根据题目条件可得杆的线刚度分别为 $i_{BA}=\dfrac{EI}{6\text{ m}}$, $i_{BC}=\dfrac{2EI}{6\text{ m}}$,根据它端

支承条件杆的转动刚度分别为 $S_{BA}=\dfrac{4EI}{6\text{ m}}$、$S_{BC}=\dfrac{6EI}{6\text{ m}}$,由此可得分配系数为

$$\mu_{BA}=\frac{S_{BA}}{S_{BA}+S_{BC}}=0.4, \qquad \mu_{BC}=\frac{S_{BC}}{S_{BA}+S_{BC}}=0.6$$

在 B 结点处按 BA、BC 给出分配系数。

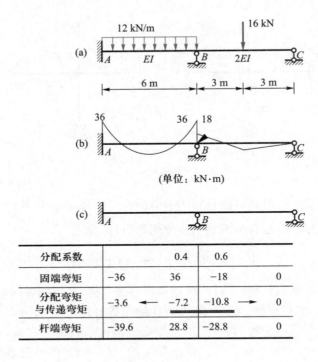

图 6-25　例题 6-12 图

（2）计算固端弯矩。锁定 B 结点，计算荷载作用下的固端弯矩（可通过作荷载弯矩图获得，如图 6-25b 所示）。将固端弯矩分别标注在各杆端下方。

（3）分配与传递。由 B 点固端弯矩的和求得不平衡力矩，变号后乘分配系数得分配弯矩；根据传递系数，将分配弯矩向远端传递。

（4）计算最终弯矩。叠加固端弯矩、分配或传递弯矩，得杆端最终弯矩。

（5）根据杆端弯矩和其上作用的荷载，按区段叠加法作出图 6-25d 所示最终弯矩图。

[例题 6-13]　试用弯矩分配法作图 6-26a 所示梁的弯矩图。

解：（1）计算分配系数。根据题目条件可得杆的线刚度分别为 $i_{BA}=\dfrac{EI}{l}$、$i_{BC}=\dfrac{EI}{l}$，根据它端支

承条件杆的转动刚度分别为 $S_{BA}=\dfrac{4EI}{l}$、$S_{BC}=0$，由此可得分配系数为

$$\mu_{BA}=\frac{S_{BA}}{S_{BA}+S_{BC}}=1, \quad \mu_{BC}=\frac{S_{BC}}{S_{BA}+S_{BC}}=0$$

在 B 结点处按 BA、BC 给出分配系数。

Table for image 2:

分配系数		0.4	0.6	
固端弯矩	−36	36	−18	0
分配弯矩与传递弯矩	−3.6 ←	−7.2	−10.8 →	0
杆端弯矩	−39.6	28.8	−28.8	0

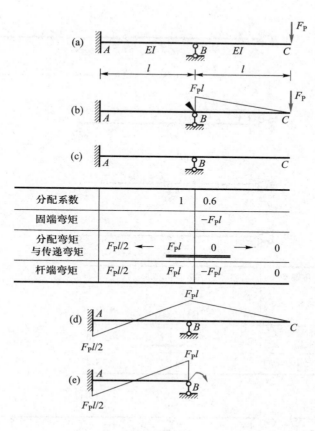

图 6-26 例题 6-13 图

（2）计算固端弯矩。锁定 B 结点，作出图 6-26b 所示荷载弯矩图。将固端弯矩分别标注在杆端下方。

（3）分配与传递。由 B 点固端弯矩的和求得不平衡力矩，变号后乘分配系数得分配弯矩；根据传递系数，将分配弯矩向远端传递。

（4）计算最终弯矩。叠加固端弯矩、分配或传递弯矩，得杆端最终弯矩。

（5）根据杆端弯矩和其上作用的荷载，按区段叠加法作出图 6-26d 所示最终弯矩图。

需要特殊说明的是，本题最终的杆端弯矩结果可以直接作为图 6-26e 所示的固端弯矩使用。在后面的例题中可以看到，这样做可以减少一个分配的结点。

[例题 6-14] 试用弯矩分配法作图 6-27a 所示梁的弯矩图。

解：（1）计算分配系数。首先，将 CD 段静定梁去掉，C 点简化成铰支座。将 CD 部分对截面 C 的作用画上（其中的竖向力对求解弯矩图不影响，故没有画出），如图 6-27b 所示。再根据题目条件可得杆的线刚度分别为 $i_{BA}=\dfrac{3EI}{l}$、$i_{BC}=\dfrac{EI}{l}$，根据它端支承条件杆的转动刚度分别为 $S_{BA}=\dfrac{3EI}{l}$、$S_{BC}=\dfrac{3EI}{l}$，由此可得分配系数为

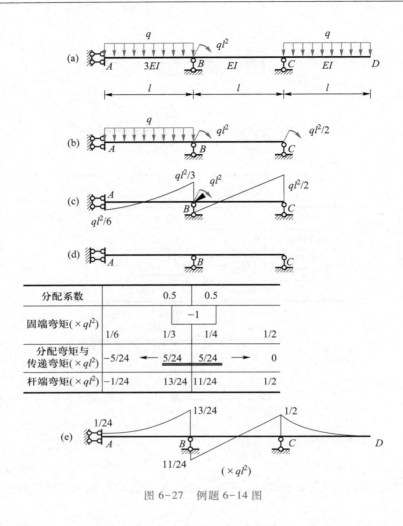

图 6-27   例题 6-14 图

$$\mu_{BA} = \frac{S_{BA}}{S_{BA} + S_{BC}} = 0.5, \quad \mu_{BC} = \frac{S_{BC}}{S_{BA} + S_{BC}} = 0.5$$

（2）计算固端弯矩。根据（1）中说明当锁定 B 结点时，可作出图 6-27c 所示固端弯矩图。将固端弯矩分别标注在相应分配系数下方及它端处。此外，结点 B 集中力偶所引起的刚臂反力偶为 $-ql^2$。

（3）分配与传递。由 B 点固端弯矩的和求得不平衡力矩（刚臂上的总反力），变号后乘分配系数得分配弯矩；根据它端传递系数，将分配弯矩向它端传递。

（4）计算最终弯矩。叠加固端弯矩、分配或传递弯矩，得杆端最终弯矩；根据杆端弯矩和其上荷载，按区段叠加法作出图 6-27e 所示最终弯矩图。

需要强调的是，本题中 B 结点作用有集中力偶（逆时针为正），该集中力偶参与弯矩的分配，但不参加最终杆端弯矩的求和。

[**例题 6-15**]   试用弯矩分配法作图 6-28a 所示无侧移刚架的弯矩图。

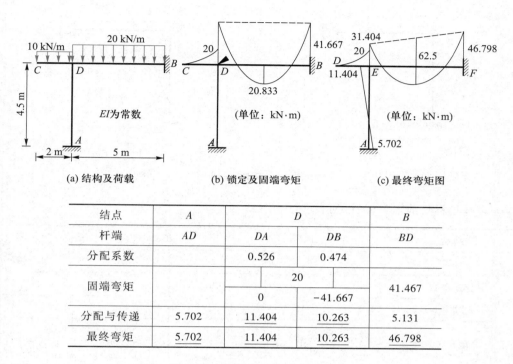

(a) 结构及荷载　　　　(b) 锁定及固端弯矩　　　　(c) 最终弯矩图

结点	A	D		B
杆端	AD	DA	DB	BD
分配系数		0.526	0.474	
固端弯矩		20		41.467
	0		−41.667	
分配与传递	5.702	11.404	10.263	5.131
最终弯矩	<u>5.702</u>	<u>11.404</u>	<u>10.263</u>	<u>46.798</u>

图 6-28　例题 6-15 求解示意图

解：对于刚架，列表比较方便。

（1）计算分配系数。这是一个单结点弯矩分配问题。首先根据题目条件锁定 D 结点。根据题目条件可得杆的线刚度分别为 $i_{DA}=\dfrac{EI}{4.5\text{ m}}$、$i_{DB}=\dfrac{EI}{5\text{ m}}$，根据它端支承条件杆的转动刚度分别为 $S_{DA}=\dfrac{4EI}{4.5\text{ m}}$、$S_{DB}=\dfrac{4EI}{5\text{ m}}$，由此可得分配系数为

$$\mu_{DA}=\frac{S_{DA}}{S_{DA}+S_{DB}}=0.526,\quad \mu_{DB}=\frac{S_{DB}}{S_{DA}+S_{DB}}=0.474$$

将分配系数分别在 D 结点处按 DA 和 DB 给出（因为静定部分分配系数为零，表上未标）。

（2）计算固端弯矩。由载常数可求得各杆的固端弯矩，将固端弯矩分别标注在相应分配系数下方及它端处。同时，需考虑静定部分 CD 对 D 结点的集中力偶作用（逆时针为正）。

（3）分配与传递。由固端弯矩的和求得不平衡力矩，变号后乘分配系数得分配弯矩；根据它端条件确定传递系数，将分配弯矩向它端传递。

（4）计算结构的杆端最终弯矩。叠加固端弯矩、分配或传递弯矩，得杆端最终弯矩。根据杆端弯矩作出图 6-28c 所示最终弯矩图。

[例题 6-16]　试用弯矩分配法作图 6-29a 所示无侧移刚架弯矩图。

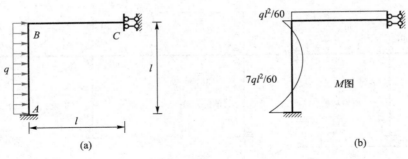

图 6-29 例题 6-16 图

解：计算过程与前题类似，可列表进行。

结点	A	B		C
杆端	AB	BA	BC	CB
分配系数		0.8	0.2	
固端弯矩	$-ql^2/12$	$ql^2/12$		
分配与传递	$-\dfrac{2}{60}ql^2$	$-\dfrac{4}{60}ql^2$	$-\dfrac{1}{60}ql^2$	$\dfrac{1}{60}ql^2$
最终弯矩	$-\dfrac{7}{60}ql^2$	$\dfrac{1}{60}ql^2$	$-\dfrac{1}{60}ql^2$	$\dfrac{1}{60}ql^2$

由最终杆端弯矩作出弯矩图，如图 6-29b 所示。

6-3-3 多结点弯矩分配

单结点弯矩分配法的实质是位移法，只是求解步骤不同，是一种精确的方法。那么对多结点情况能否不列位移法方程，也通过分配、传递等步骤来解决呢？下面解决这个问题。

多结点结构与单结点结构不同的是发生转角的结点不止一个，为了利用计算单结点情况所引入的概念和解法，对于多结点结构可以人为地造成只有一个结点转角的情况。采取的办法是先将所有刚结点锁住，然后逐个放松，每次只放松一个结点。当放松一个结点时，其他结点处于固定状态，这时可利用单结点弯矩分配法计算杆端弯矩和各结点上的不平衡力矩。因为每次放松一个结点时其他结点固定，并不能恢复到各结点的自由状态，所以需对各结点轮流放松，直到各结点上的不平衡力矩可以忽略不计为止，然后将每次计算出的杆端弯矩以及固端弯矩相加即得结构的最终杆端弯矩并据此作出弯矩图。多结点结构的弯矩分配可按如下步骤进行：

（1）计算分配系数。在锁定情况下确定各杆端的转动刚度并计算各结点杆端的分配系数，确定各杆的传递系数。

（2）计算固端弯矩。首先将结构能产生位移（转角位移）的全部结点锁定，根据载常数计算出各杆端的固端弯矩。

（3）分配与传递。选定弯矩分配的顺序（顺序可任意设定，一般来说按结点不平衡力矩大小,先分配不平衡力矩大的再分配小的,这样做收敛速度快一些),在其他结点都仍然锁定的前提下,按此顺序进行单结点分配。对第一个结点,不平衡力矩为该结点固端弯矩的代数和,对第一轮分配的其他结点,不平衡力矩为该结点固端弯矩和传递力矩的代数和。当按此顺序做完一轮分配、传递后,不平衡力矩为传递力矩的代数和。当不平衡力矩小到可以忽略时(也称为达到精度要求时,一般来说,工程要求做2到3轮分配、传递即可)结束分配。

（4）计算杆端最终弯矩。求同一杆端的固端弯矩、分配力矩和传递力矩的代数和,它就是该杆端的最终杆端弯矩。

由单结点分配的物理实质可知,每次进行单结点分配是放松该结点使其产生转动,从而让该结点达到在其他结点锁住的情况下的平衡。由于分配和传递系数小于1(仅一端定向情况传递系数等于1),第二轮分配的不平衡力矩一定比第一轮时小得多,因此一轮一轮的分配、传递就会使不平衡力矩越来越小,也即各结点越来越接近于平衡。从位移法可知,全部结点平衡的解答就是问题的精确解。因此,这样做是可以使杆端弯矩趋近于真实解的。由于实际上并非做无限轮分配、传递,所以这样做所得到的解答是一种渐近的解答。

位移法是一次同时放松全部结点位移,结果导致要解线性代数方程组。上述步骤的弯矩分配,由于每次只做单结点分配、传递,在做每个单结点分配时已经考虑了前面分配结点的传递,从数学上来说,这就是线性方程组的异步迭代法(也称赛德尔迭代法)。

[例题6-17]　试用弯矩分配法作图6-30a所示的连续梁弯矩图。

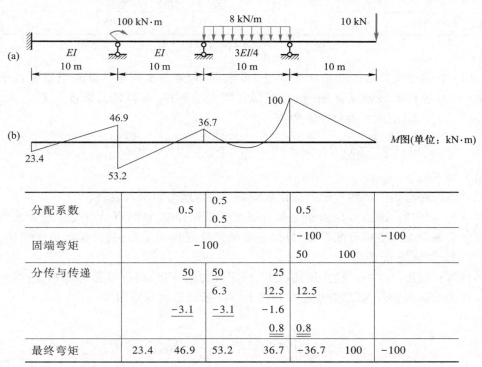

分配系数		0.5	0.5		0.5		
			0.5				
固端弯矩		−100			−100		−100
					50	100	
分传与传递		50	50	25			
			6.3	12.5	12.5		
		−3.1	−3.1	−1.6			
				0.8	0.8		
最终弯矩	23.4	46.9	53.2	36.7	−36.7	100	−100

图6-30　例题6-17求解示意图

解:计算过程如图6-30所示。

[例题6-18]　试用弯矩分配法作图6-31a所示的无侧移刚架结构弯矩图(计算2轮)。

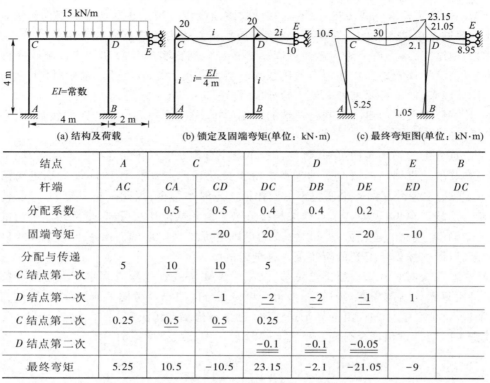

结点	A	C		D			E	B
杆端	AC	CA	CD	DC	DB	DE	ED	DC
分配系数		0.5	0.5	0.4	0.4	0.2		
固端弯矩			−20	20		−20	−10	
分配与传递 C 结点第一次	5	<u>10</u>	<u>10</u>	5				
D 结点第一次			−1	<u>−2</u>	<u>−2</u>	<u>−1</u>	1	
C 结点第二次	0.25	<u>0.5</u>	<u>0.5</u>	0.25				
D 结点第二次				<u>−0.1</u>	<u>−0.1</u>	<u>−0.05</u>		
最终弯矩	5.25	10.5	−10.5	23.15	−2.1	−21.05	−9	

图 6-31　例题 6-18 求解示意图

解：(1)计算分配系数。这是两个结点(多结点)弯矩分配问题。首先根据题目条件锁定 C、D 结点,计算各杆的线刚度如图所示,根据它端支承条件,可得转动刚度分别为 $S_{CA}=S_{CD}=S_{DB}=S_{DC}=4i$、$S_{DE}=2i$,由此可得分配系数为

$$\mu_{CA}=\mu_{CD}=\frac{4i}{4i+4i}=0.5,\quad \mu_{DB}=\mu_{DC}=\frac{4i}{4i+4i+2i}=0.4,\quad \mu_{DE}=\frac{2i}{4i+4i+2i}=0.2$$

将这些结果填入表格。

(2)计算固端弯矩。固端弯矩由载常数得到。将固端弯矩填入表格。

(3)分配与传递。因为 C 结点不平衡力矩大所以先分配,D 结点后分配。按所求得的不平衡力矩变号后乘分配系数得分配弯矩;根据它端条件确定传递系数,将分配弯矩向它端传递,并返第(3)步进行两轮分配传递。

(4)计算杆端最终弯矩。叠加固端弯矩、分配或传递弯矩,得杆端最终弯矩;根据杆端弯矩及其上面作用的荷载,利用区段叠加法作出图 6-31c 所示最终弯矩图。

§6-4　计算有侧移结构的反弯点法

弯矩分配法单独使用只能计算无侧移结构的内力,而下面介绍的反弯点法(即 D 值法)可以计算一些有侧移结构的内力。对于多层框架结构在水平荷载作用下的内力计算,这种方法仍是

目前手算通常采用的方法。

反弯点法基于两个概念:一是剪力分配,二是反弯点确定。对于受水平荷载作用的结构,首先利用剪力分配求出柱的剪力,然后再利用剪力由反弯点位置计算弯矩,最后用弯矩分配确定梁的弯矩。

6-4-1　剪力分配系数及剪力分配法

下面以求图 6-32a 所示排架的内力为例介绍剪力分配的概念。

此排架柱顶各结点水平位移相同,故位移法计算时只有柱端的水平位移一个基本未知量,如图 6-32b 所示。

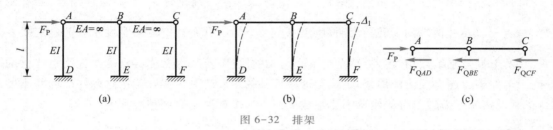

图 6-32　排架

杆端剪力可以表示为:

$$F_{QAD} = S_{AD}\Delta_1, \quad F_{QBE} = S_{BE}\Delta_1, \quad F_{QCF} = S_{CF}\Delta_1 \tag{6-3}$$

其中,$S_{AD} = 3i_{AD}/l^2$,为 AD 杆件两端发生单位相对线位移时的杆端剪力,称为该杆件的**侧移刚度系数**;BE、CF 杆件的侧移刚度分别为 $S_{BE} = 3i_{BE}/l^2$ 和 $S_{CF} = 3i_{CF}/l^2$。

由隔离体(图 6-32c)的平衡,可得:

$$F_P - F_{QAD} - F_{QBE} - F_{QCF} = 0 \tag{a}$$

或

$$F_P - F_Q = 0 \tag{b}$$

其中,$F_Q = F_{QAD} + F_{QBE} + F_{QCF}$,为各杆件所承担的总剪力,称为层间剪力。将式(6-3)代入式(a),得

$$F_P - S_{AD}\Delta_1 - S_{BE}\Delta_1 - S_{CF}\Delta_1 = 0$$

解方程,得

$$\Delta_1 = \frac{1}{S_{AD} + S_{BE} + S_{CF}} F_P$$

代入式(6-3),并注意到式(b),可得杆端剪力

$$F_{QAD} = \frac{S_{AD}}{S_{AD} + S_{BE} + S_{CF}} F_Q$$

$$F_{QBE} = \frac{S_{BE}}{S_{AD} + S_{BE} + S_{CF}} F_Q$$

$$F_{QCF} = \frac{S_{CF}}{S_{AD} + S_{BE} + S_{CF}} F_Q \tag{c}$$

与弯矩分配法类似,记 $\mu_j = \dfrac{S_j}{\sum\limits_i S_i}$,称为**剪力分配系数**,那么杆端剪力可以表示为

$$F_{QAD} = \mu_{AD} F_Q, \quad F_{QBE} = \mu_{BE} F_Q, \quad F_{QCF} = \mu_{CF} F_Q$$

即各杆所承担的剪力是按各杆侧移刚度的大小来分配的,可以通过剪力分配系数和总剪力来计算,这种方法称为**剪力分配法**。一般只用于水平荷载作用下的排架和框架的柱的剪力计算。总剪力也称为**层间剪力**,一般通过平衡方程计算,如图 6-33 所示的框架结构,第 i 层的层间剪力为

$$F_{Qi} = \sum_{j=i}^{n} F_{Pj}$$

计算各柱的剪力分配系数需先确定各柱的侧移刚度系数。侧移刚度系数的计算共有图 6-34 所示结构中的三根柱子所代表的三种情况:AD 柱一端无转角,另一端铰结点,侧移刚度系数为 $S = \dfrac{3i}{l^2}$;BE 柱两端均无转角,侧移刚度系数为 $S = \dfrac{12i}{l^2}$;CF 柱的侧移刚度系数的确定要复杂一些,它的上端是刚结点,有转角,转角的大小与梁的刚度有关,那么侧移刚度的大小也与梁的刚度有关,若上端还连有其他杆件,那么还与这些杆件的刚度有关。实际确定这种柱的侧移刚度系数是在假设两端均无转角时的侧移刚度系数上通过一个调整系数调整得到的,即

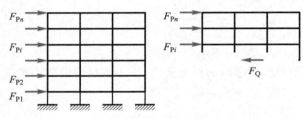

图 6-33　框架的层间剪力

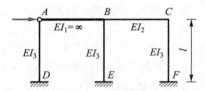

图 6-34　侧移刚度系数的三种情况

$$S = \alpha \frac{12i}{l^2} \tag{6-4}$$

其中,α 为考虑框架结点转动对柱的侧移刚度系数影响的系数,它可通过根据两端所连接的梁柱刚度查表确定(限于篇幅,表略,需要时可参阅建筑结构抗震设计教材)。有了各柱的侧移刚度系数即可计算剪力分配系数并进行剪力分配。

[**例题 6-19**]　试求图 6-35a 所示框架各柱的剪力。图中圆括号内的数字为杆件的相对线刚度。

解:因为梁的刚度比柱大许多,可近似地将梁看成是刚性的(当梁与柱的线刚度比大于 3 时,将梁看成刚性的误差一般不会超过 5%)。各柱侧移刚度系数按式(6-4)计算,因为两端均无转角,$\alpha = 1$。

三层的层间剪力为

$$F_{Q3} = 8 \text{ kN}$$

三层各柱的剪力(从左至右)分别为

$$F_{Q31} = \frac{S_{31}}{S_{31} + S_{32} + S_{33}} \times F_{Q3} = \frac{1.5}{1.5 + 2 + 1} \times 8 \text{ kN} = 2.7 \text{ kN}$$

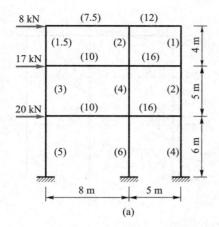
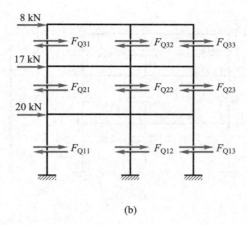

图 6-35   例题 6-19 图

$$F_{Q32} = \frac{S_{32}}{S_{31}+S_{32}+S_{33}} \times F_{Q3} = \frac{2}{1.5+2+1} \times 8 \text{ kN} = 3.5 \text{ kN}$$

$$F_{Q33} = \frac{S_{33}}{S_{31}+S_{32}+S_{33}} \times F_{Q3} = \frac{1}{1.5+2+1} \times 8 \text{ kN} = 1.8 \text{ kN}$$

二层的层间剪力为

$$F_{Q2} = 25 \text{ kN}$$

二层各柱的剪力分别为

$$F_{Q21} = 8.3 \text{ kN}, \quad F_{Q22} = 11.1 \text{ kN}, \quad F_{Q23} = 5.6 \text{ kN}$$

一层的层间剪力为

$$F_{Q1} = 45 \text{ kN}$$

一层各柱的剪力分别为

$$F_{Q11} = 15 \text{ kN}, \quad F_{Q12} = 18 \text{ kN}, \quad F_{Q13} = 12 \text{ kN}$$

6-4-2   反弯点法

将柱中截面弯矩为零的点称为反弯点,该点是由某侧纤维受拉转向另一侧受拉的分界点。若该点位置已知,则截面弯矩值等于剪力乘以该截面到反弯点的距离。确定反弯点的位置也分为图 6-34 所示结构中三根柱所代表的三种情况:AD 柱的反弯点在铰接截面处;BE 柱两端均无转角,反弯点在中间;CF 柱的反弯点位置与上端截面的转角有关,实际计算时需根据柱子两端所连接的梁柱的刚度和柱子所在层数查表确定(表略)。

由柱子的反弯点位置和柱子的剪力作出柱子弯矩图后,再利用平衡条件和弯矩分配的概念求梁端的截面弯矩,进而即可作出弯矩图。下面举例说明。

[例题 6-20]   试作例题 6-19 中结构的弯矩图。已知:一般层因梁线刚度比柱大得多,可设反弯点高度为 1/2 柱高,首层因梁线刚度比柱大得较少,故可设为 2/3 柱高。

解:在例题 6-19 中已求得各柱的剪力,由已知的反弯点高度可求出柱端截面的弯矩。将各柱在反弯点截面处截断,如图 6-36a 所示,据此求出各柱端截面的弯矩为:

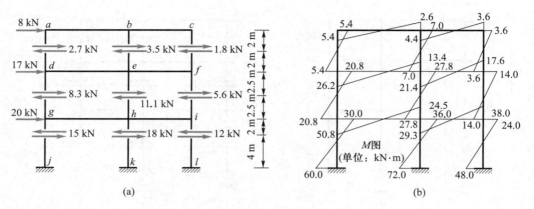

图 6-36　例题 6-20 图

三层

$$M_{ad} = M_{da} = 2.7 \text{ kN} \times 2 \text{ m} = 5.4 \text{ kN} \cdot \text{m}$$

$$M_{be} = M_{eb} = 3.5 \text{ kN} \times 2 \text{ m} = 7 \text{ kN} \cdot \text{m}$$

$$M_{cf} = M_{fc} = 1.8 \text{ kN} \times 2 \text{ m} = 3.6 \text{ kN} \cdot \text{m}$$

二层

$$M_{dg} = M_{gd} = 8.3 \text{ kN} \times 2.5 \text{ m} = 20.8 \text{ kN} \cdot \text{m}$$

$$M_{eh} = M_{he} = 11.1 \text{ kN} \times 2.5 \text{ m} = 27.8 \text{ kN} \cdot \text{m}$$

$$M_{fi} = M_{if} = 5.6 \text{ kN} \times 2.5 \text{ m} = 14 \text{ kN} \cdot \text{m}$$

首层

$$M_{gj} = 15 \text{ kN} \times 2 \text{ m} = 30 \text{ kN} \cdot \text{m}$$

$$M_{jg} = 15 \text{ kN} \times 4 \text{ m} = 60 \text{ kN} \cdot \text{m}$$

$$M_{hk} = 18 \text{ kN} \times 2 \text{ m} = 36 \text{ kN} \cdot \text{m}$$

$$M_{kh} = 18 \text{ kN} \times 4 \text{ m} = 72 \text{ kN} \cdot \text{m}$$

$$M_{il} = 12 \text{ kN} \times 2 \text{ m} = 24 \text{ kN} \cdot \text{m}$$

$$M_{li} = 12 \text{ kN} \times 4 \text{ m} = 48 \text{ kN} \cdot \text{m}$$

计算梁端截面的弯矩:

当梁端结点上连接一根梁时,由结点平衡条件可计算梁端截面的弯矩。当梁端结点上连接两个梁时,各梁端所承担的弯矩由弯矩分配系数确定。

$$M_{ab} = M_{ad} = 5.4 \text{ kN} \cdot \text{m}$$

$$M_{ba} = \frac{7.5}{12+7.5} \times 7 \text{ kN} \cdot \text{m} = 2.7 \text{ kN} \cdot \text{m}$$

$$M_{bc} = \frac{12}{12+7.5} \times 7 \text{ kN} \cdot \text{m} = 4.3 \text{ kN} \cdot \text{m}$$

$$M_{de} = 5.4 \text{ kN} \cdot \text{m} + 20.8 \text{ kN} \cdot \text{m} = 26.2 \text{ kN} \cdot \text{m}$$

$$M_{ed} = \frac{10}{10+16} \times (7 \text{ kN} \cdot \text{m} + 27.8 \text{ kN} \cdot \text{m}) = 13.4 \text{ kN} \cdot \text{m}$$

$$M_{fe} = \frac{16}{10+16} \times (7 \text{ kN} \cdot \text{m} + 27.8 \text{ kN} \cdot \text{m}) = 21.4 \text{ kN} \cdot \text{m}$$

其余计算从略。

由各杆端弯矩即可作出弯矩图,如图 6-36b 所示。

以上作弯矩图的方法称为反弯点法。当反弯点高度和侧移刚度系数需要查表确定时,此法即为 D 值法。

§6-5 结论与讨论

6-5-1 结论

• 在位移法列举的一些典型例子后,以"说明"的形式给出了由该题总结得到的结论或深入一步的讨论。希望读者能很好地理解这些结论,更希望读者在自行练习时也能仿此及时总结。

• 位移法的思路本质上也是化未知问题为已知问题,但它的已知问题是基于力法求解结果的单跨梁形常数和载常数。它的做法是设法将结构变成会计算(有形、载常数)的单跨梁集合,在自动满足位移协调条件的前提下,使荷载、结点位移共同作用时,结构应该处于平衡状态(结点和部分隔离体都平衡)来建立位移法方程。和力法一样,深刻理解这一"先拆成单元(杆),后合回成结构"的基本思路,就能解决一切结构在任意外因下的计算问题。

6-5-2 讨论

• 高层结构为了减小侧移一般都设置有剪力墙,其简化计算方案之一是将剪力墙也当作杆件处理,整个结构变成框架。但是,代表剪力墙的杆件必须考虑剪切变形的影响。为建立此类杆件的形、载常数,用力法求解单跨梁时,位移系数的计算既要考虑弯曲变形,也要考虑剪切变形。即

$$\delta_{ij} = \int_0^l \left(\frac{\overline{M}_i \overline{M}_j}{EI} + \frac{k\overline{F}_{Qi}\overline{F}_{Qj}}{GA} \right) dx, \quad \Delta_{iP} = \int_0^l \left(\frac{\overline{M}_i M_P}{EI} + \frac{k\overline{F}_{Qi}F_{QP}}{GA} \right) dx$$

建议读者按此思路建立考虑剪切变形影响的两端固定梁的形、载常数。

思 考 题

1. 超静定结构的超静定次数、位移法基本未知量个数是否唯一? 为什么?

2. 如何理解两端固定梁的形、载常数是最基本的,一端固定一端铰支和一端固定一端定向这两类梁的形、载常数可认为是导出的?

3. 由典型方程法求解时,是如何体现超静定结构必须综合考虑"平衡、变形和本构关系"三方面的原则?

* 4. 支座位移、温度改变等作用下的位移法求解是如何处理的?

5. 荷载作用下为什么求内力时可用杆件的相对刚度,而求位移时必须用绝对刚度?

6. 在力法和位移法中,各以什么方式满足平衡和位移协调条件?

7. 非结点的截面位移可否作为位移法的基本未知量? 位移法能否解静定结构?

8. 不平衡力矩如何计算? 为什么不平衡力矩要反号分配?

9. 何谓转动刚度、分配系数、分配弯矩、传递系数、传递力矩? 它们如何确定或计算?

10. 为什么弯矩法分配随分配、传递的轮数增加会趋于收敛?

11. 弯矩分配法的求解前提是无结点线位移,为什么连续梁有支座已知位移时,结点有线位移,而仍然能用弯矩分配法求解?

习　　题

6-1　试确定图示结构位移法基本未知量的个数。

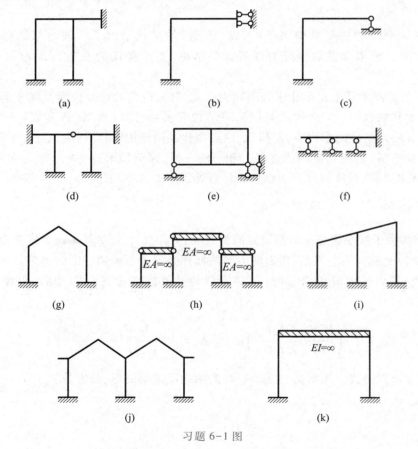

习题 6-1 图

6-2　试用位移法作图示结构的 M 图,并作出结构变形图。各杆 EI, l 相同,$q = 26$ kN/m,$l = 6$ m。

6-3　试用位移法作图示结构 M 图,并作出结构变形图。

6-4　试作图示刚架的 M 图。

6-5　试作图示刚架的 M 图。

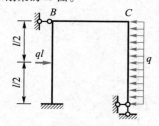

习题 6-2 图

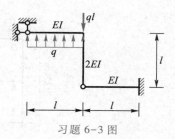

习题 6-3 图

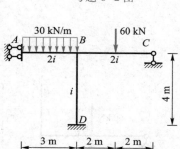

习题 6-4 图

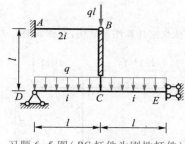

习题 6-5 图（BC 杆件为刚性杆件）

6-6　试作图示刚架的 M 图。

6-7　试作图示刚架的 M 图。

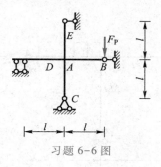

习题 6-6 图

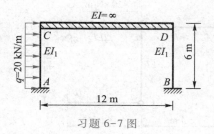

习题 6-7 图

6-8　试用位移法计算图示结构,并作内力图。

6-9　试用位移法计算图示结构,并作内力图。

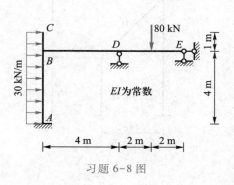

习题 6-8 图

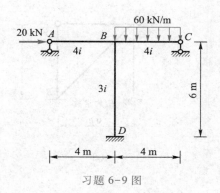

习题 6-9 图

6-10 试用位移法计算图示结构,并作内力图。EI 为常数。

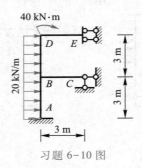

习题 6-10 图

6-11 试用位移法计算图示结构,并作 M 图。EI 为常数。

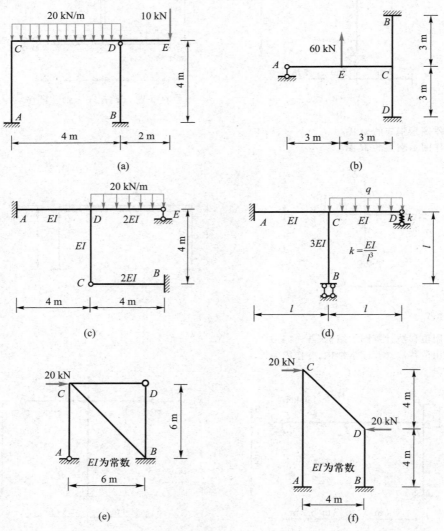

习题 6-11 图

6-12 试用位移法计算图示结构,作 *M* 图,并作出结构变形图。*EI* 为常数。

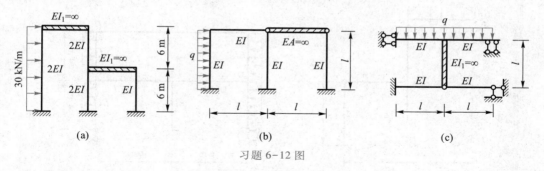

(a)　　　　　　　　　(b)　　　　　　　　　(c)

习题 6-12 图

6-13 试用位移法计算图示结构,作 *M* 图,并作出结构变形图。(提示:结构对称)

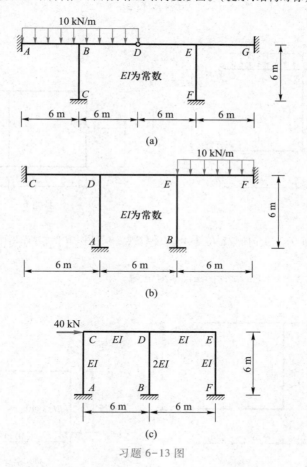

习题 6-13 图

6-14 试作图示刚架的内力图。

6-15 试用位移法求图示结构弹簧支座 *A* 的反力 F_A,设 $k = \dfrac{3i}{l^2}$, $i = \dfrac{EI}{l}$。

6-16 试用位移法计算图示结构,作 *M* 图,并作出结构变形图。各杆 *EI* 为常数。

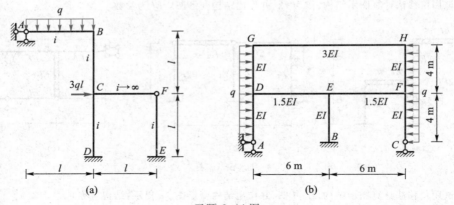

习题 6-14 图

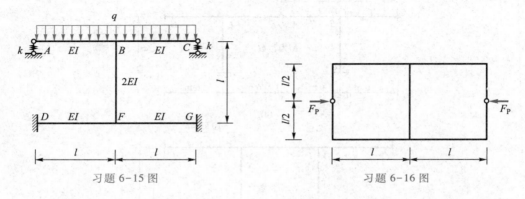

习题 6-15 图　　　　　　习题 6-16 图

6-17 图示结构,已知 D 点的竖向位移等于 $4F_P/(3EI)$($\downarrow$),试作 M 图,并作出结构变形图。$F_P = 10$ kN,EI 为常数。

6-18 设支座 B 下沉 $\Delta_B = 0.5$ cm,试作图示刚架的 M 图。

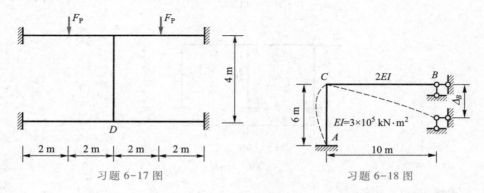

习题 6-17 图　　　　　　习题 6-18 图

6-19 如图所示连续梁,设支座 C 下沉 1 cm,试作 M 图。

6-20 试作图示有弹性支座的梁的 M 图,$k = \dfrac{3EI}{2l^3}$,EI 为常数。

6-21 试计算图示结构,作 M 图,并作出结构变形图。$EI = 4.8 \times 10^4$ kN·m^2。

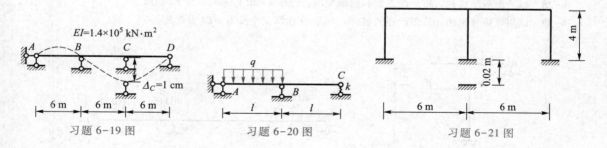

习题 6-19 图　　　习题 6-20 图　　　习题 6-21 图

6-22　图示等截面正方形刚架,内部温度升高 t,杆截面厚度为 h,温度膨胀系数为 α,试作 M 图,并作出结构变形图。

6-23　试用弯矩分配法计算图示连续梁,作 M 图,并作出结构变形图。

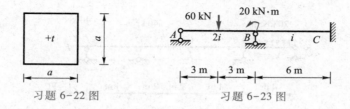

习题 6-22 图　　　习题 6-23 图

6-24　试用弯矩分配法计算图示无侧移刚架,作 M 图,并作出结构变形图。

6-25　试用弯矩分配法计算图示结构,并作 M 图。

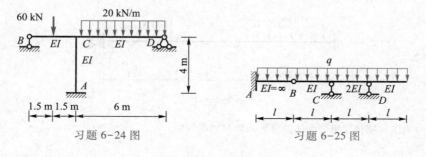

习题 6-24 图　　　习题 6-25 图

6-26　试用弯矩分配法计算图示结构,作 M 图,并作出结构变形图。

6-27　已知图示结构的弯矩分配系数 $\mu_{A1}=8/13,\mu_{A2}=2/13,\mu_{A3}=3/13$,试作 M 图。

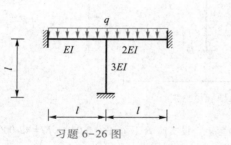
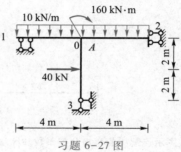

习题 6-26 图　　　习题 6-27 图

6-28 试求图示结构的弯矩分配系数和固端弯矩。已知 $q=20$ kN/m,各杆 EI 相同。

6-29 试用弯矩分配法计算图示连续梁,作 M 图,并计算支座反力。EI 为常数。

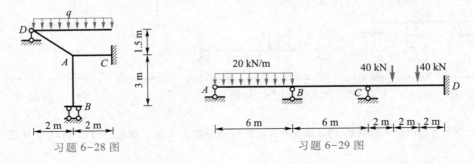

习题 6-28 图　　　　　　习题 6-29 图

6-30 试用弯矩分配法计算图示连续梁,作 M 图,并计算支座反力。EI 为常数。

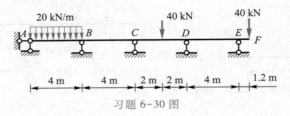

习题 6-30 图

6-31 试作图示连续梁 M 图,并作出结构变形图。结点 B 处各杆的弯矩分配系数分别为 $\mu_{BA}=0.375$,$\mu_{BC}=0.625$。

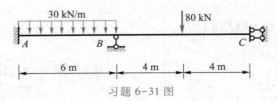

习题 6-31 图

6-32 试写出图示结构弯矩分配法的分配系数与固端弯矩。

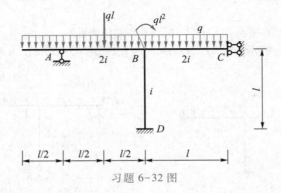

习题 6-32 图

6-33 试求图示连续梁的弯矩分配系数和固端弯矩。设支座 B 下沉 $\Delta_B=0.03$ m,$EI=42\,000$ kN·m²。

6-34 试用弯矩分配法作图示连续梁的弯矩图。(分配两轮)

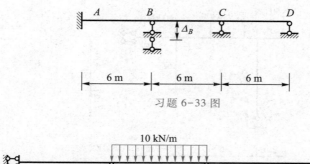

习题 6-33 图

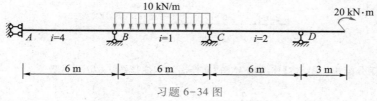

习题 6-34 图

6-35　试用弯矩分配法计算图示刚架,作 M 图。EI 为常数。

6-36　试用弯矩分配法计算图示刚架,作 M 图。EI 为常数。

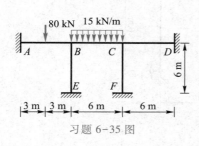

习题 6-35 图

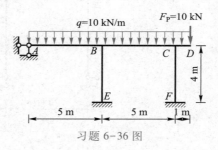

习题 6-36 图

6-37　试用弯矩分配法计算图示刚架,作 M 图。EI 为常数。

6-38　试用弯矩分配法计算图示刚架,作 M 图,并作出结构变形图。EI 为常数。

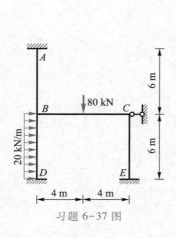

习题 6-37 图

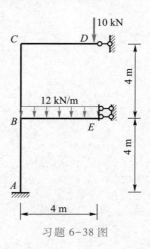

习题 6-38 图

6-39　试用弯矩分配法计算图示刚架,并作 M 图。(分配两轮)。

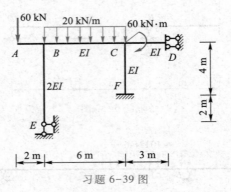

习题 6-39 图

6-40 试用弯矩分配法作图示对称结构 *M* 图,并作出结构变形图。(*EI* 为常数)

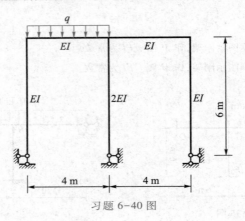

习题 6-40 图

参考答案 A6

第7章 矩阵位移法

矩阵位移法是以结构位移为基本未知量，借助矩阵进行分析，用计算机进行各种杆系结构受力、变形计算的统一方法，是第 6 章中位移法的直接拓展。工程设计中所用计算程序基本都是按矩阵位移法原理编写的。

§7-1 概　　述

第 6 章中所介绍的位移法，不管是平衡方程法建立位移法方程，还是用典型方程法建立位移法方程，其基本思路都是：以结构结点位移作基本未知量，将要分析的结构拆成已知结点力-结点位移关系的单跨梁集合，通过强令结构发生待定的基本未知位移，在各个单跨梁受力分析结果的基础上，通过保证结构平衡建立位移法的线性代数方程组，从而求得基本未知量。当位移未知量数目很大时，方程的建立和手工求解是十分困难的。由于计算技术的发展，将位移法的上述思想加以推广，以矩阵这一数学工具进行推演，通过编制程序用计算机进行数值求解，这就是本章要介绍的矩阵位移法。另外，作为力法的拓展，还有矩阵力法，但由于其程序实现不如矩阵位移法通用、简单，因此应用较少，故本书不予介绍。

矩阵位移法解算杆系结构时，仍然是以结点位移为基本未知量。因此，首先用结点将结构拆分成若干个单元（即一系列单跨梁）。对于杆系结构，一般取杆件的交汇点、截面的变化点、支承点、有时也以集中荷载的作用点作为结点，而所谓单元则为两结点间的等截面直线杆段。通过确定结点和单元，就可把一个杆系结构分解成由一系列等截面直杆（单元）组成的集合体。这实际上就是位移法"拆"的过程，在矩阵位移法中一般称为"结构离散"。

对于曲杆、连续变截面等的结构，为了实现将其拆成等直单元的目的，如图 7-1 所示，需要首先做如下近似处理："以一系列短的直杆代替曲杆、以短的等截面直杆组成的阶状变截面杆代替连续变截面杆"。这样处理后，就可以按上述原则确定结点将其拆成单元了。显然，这样处理的计算结果是近似的，计算精度取决于划分单元的多少。当然，这样的处理不是必须的，也可直接建立它们相应的单元特性公式，用于精确分析。但对于初学者此内容超出了本课程教学要求，因此不予介绍。

根据位移法思想，用矩阵位移法解算杆系结构时，主要应解决以下一些问题：

● 单元分析——研究单元的力学特性，建立单元杆端力和杆端位移之间的关系式，这相当于位移法建立形常数和载常数以及转角位移方程。

● 整体分析——研究整体的平衡条件，解决结点平衡方程组的组成方法等问题，这相当于位移法建立典型方程。

● 编制程序——确定编程语言，根据矩阵位移法原理编写计算程序供结构计算使用。

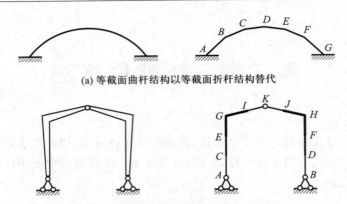

(a) 等截面曲杆结构以等截面折杆结构替代

(b) 连续变截面结构以阶梯状等截面折杆结构替代

图 7-1　曲杆结构、连续变截面结构的处理方法

在解决单元分析和整体分析以前,除上述确定结点以便将结构拆成单元的工作外,还应该做以下结构离散化工作,它包括两方面含义:

- 离散化　对用结点将结构进行划分所得到的单元集合体,按一定顺序对结点、单元分别加以编号,为用数字描述结构(数据化)做准备。
- 数据化　用数字描述结点坐标、单元材料与截面特性以及支承信息和荷载信息等。

具体来说,结构的离散化要在计算简图上做以下几项工作:

- 整体坐标系　对整个结构确定一个统一的坐标系 Oxy,称为整体坐标系,以便确定结点位置和由单元特性组成平衡方程组时有统一的"标准"。
- 结点编码　在确定结点后,对结点进行数字顺序编号,此号码称为结点整体码(或称为整体编码)。属于同一单元的结点,称为相关(或相邻)结点。为了节省计算机储存空间和提高效率,应该尽可能减小相关结点编号的最大差值。
- 单元编号　对单元按一定顺序进行数字编号,称为单元码,习惯上用①、②等符号标记。为便于分析,一般可按杆件类型依次编排。例如,刚架可以先编梁的号码后编柱的或反之,但是这不是必须的。
- 单元坐标系　单元在整体坐标中的位置,除单元轴线共线的多跨静定梁和连续梁以外,一般不会全相同,为能对各单元用统一方法进行分析,需要为每一单元确定一个固定于单元的局部坐标系 $\overline{Ox}\,\overline{y}$(或 $\overline{Ox}\,\overline{y}\,\overline{z}$)。一般以杆件轴线的某一方向作为 $\overline{x}$ 轴的正向,在轴线上以箭头作正方向标记,另外的坐标轴与截面形心主轴一致。本书采用右手坐标系。
- 位移编码　结构不同,结点位移个数不同。如连续梁每个结点只有一个转角,平面桁架每个结点有沿坐标方向的两个线位移,空间刚架每个结点有六个位移(三个线位移 u、v、w,三个转角位移 θ_x、θ_y、θ_z)等。根据具体问题,按结点编码自小到大的顺序,对每个结点位移进行顺序编码,这一位移顺序号称为结点整体位移码。后面在某些分析中将已知位移为零的号码都编为零,其他位移再按结点顺序编排。

除上述工作外,在建立单元坐标后,单元有两个结点,以 $\overline{1}$ 记单元起点,$\overline{2}$ 记单元终点,它们称为单元局部结点码。根据具体问题,每个单元结点的位移个数不同,如连续梁单元的结点只有一个转角位移、平面刚架单元的结点有两个平动位移和一个转角位移等，按 $\overline{1}$、$\overline{2}$ 的顺序将这些单元结点位移进行编码，这些位移编码称为单元局部位移码。

平面和空间刚架上述离散化过程可用图 7-2 所示加以说明。

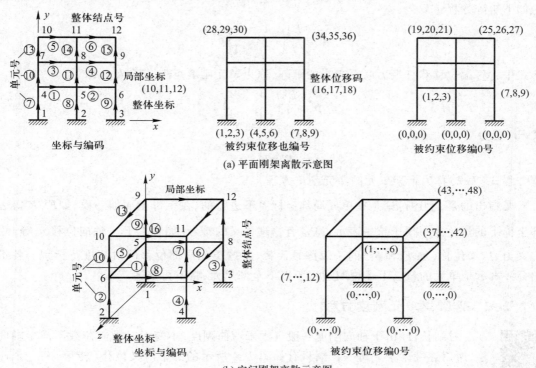

(a) 平面刚架离散示意图

(b) 空间刚架离散示意图

图 7-2　结构离散化过程

§7-2　单元刚度方程

本节将在位移法基础上，解决单元分析问题——建立单元杆端位移与杆端力间的关系，为整体分析做准备。

7-2-1　平面桁架单元刚度方程

对于桁架杆件单元，杆件只产生拉、压变形，如图 7-3 所示，当杆件产生杆端位移 $\overline{u}_{\overline{1}}$ 和 $\overline{u}_{\overline{2}}$ 时，在局部坐标系下根据材料力学可得杆端所需作用的杆端力为

$$\overline{F}_{N\overline{2}}=\frac{EA}{l}(\overline{u}_{\overline{2}}-\overline{u}_{\overline{1}}),\quad \overline{F}_{N\overline{1}}=-\frac{EA}{l}(\overline{u}_{\overline{2}}-\overline{u}_{\overline{1}}) \qquad (a)$$

式中，E 为单元材料的弹性模量，A 为单元截面面积，l 为单元的长度。

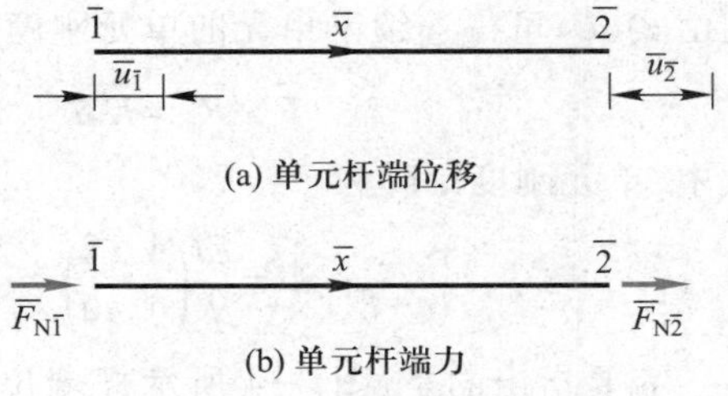

(a) 单元杆端位移

(b) 单元杆端力

图 7-3　桁架单元

如果引入单元杆端位移矩阵 $\overline{\boldsymbol{\delta}}^e = \begin{pmatrix} \overline{u_{\overline{1}}} \\ \overline{u_{\overline{2}}} \end{pmatrix} = \begin{pmatrix} \overline{\delta}_1 \\ \overline{\delta}_2 \end{pmatrix}$ 和单元杆端力矩阵 $\overline{\boldsymbol{F}}^e = \begin{pmatrix} \overline{F}_{N\overline{1}} \\ \overline{F}_{N\overline{2}} \end{pmatrix} = \begin{pmatrix} \overline{F}_1 \\ \overline{F}_2 \end{pmatrix}$ ，则式（a）可

写为如下矩阵方程：

$$\overline{\boldsymbol{F}}^e = \frac{EA}{l} \begin{pmatrix} 1 & -1 \\ -1 & 1 \end{pmatrix} \overline{\boldsymbol{\delta}}^e \tag{b}$$

在上式中将杆端位移和杆端力联系起来的矩阵，称为单元刚度矩阵，记作 $\overline{\boldsymbol{k}}^e$ 。即

$$\overline{\boldsymbol{k}}^e = \frac{EA}{l} \begin{pmatrix} 1 & -1 \\ -1 & 1 \end{pmatrix} \tag{7-1}$$

则式（b）写为

$$\overline{\boldsymbol{F}}^e = \overline{\boldsymbol{k}}^e \overline{\boldsymbol{\delta}}^e \tag{7-2}$$

矩阵方程式（7-2）称为桁架单元的单元刚度方程。

需要指出的是，上述讨论是在单元局部坐标系下进行的，在字母上面加一横，如 $\overline{\boldsymbol{F}}^e$、$\overline{\boldsymbol{k}}^e$ 等表示局部坐标下的量。为了便于统一表示，将带有物理含义的符号（如轴力 $\overline{F}_{N\overline{1}}$、轴向位移 $\overline{u}_{\overline{1}}$ 等）用表示广义力、广义位移（如 $\overline{F}_1$ 和 $\overline{\delta}_1$）的一般符号代替，并按单元局部位移码对其进行标识。各量的上角标 e 表示是单元的量。上述说明适用于以下全部单元，将不再赘述。

7-2-2　连续梁单元刚度方程

7-1

连续梁单元
刚度方程

对细长杆，由于轴向刚度一般远大于弯曲刚度，小变形时横向荷载不产生轴向位移，所以连续梁单元每一杆端只有如图 7-4 所示的一个广义位移（转角）和一个广义力（弯矩）。根据两端固定梁的形、载常数和叠加原理（像建立转角位移方程一样），可得

$$\overline{F}_1 = 4i\overline{\delta}_1 + 2i\overline{\delta}_2 - \overline{F}_1^F, \qquad \overline{F}_2 = 2i\overline{\delta}_1 + 4i\overline{\delta}_2 - \overline{F}_2^F \tag{c}$$

式中，i 为单元的线刚度，刚度系数以与转角正向一致为正，$\overline{F}_i^F (i=1,2)$ 为由单元上的荷载所引起的固端弯矩（顺时针为正）。

将单元杆端位移、杆端力和固端力矩阵分别记作

$$\overline{\boldsymbol{\delta}}^e = \begin{pmatrix} \overline{\delta}_1 & \overline{\delta}_2 \end{pmatrix}^T, \quad \overline{\boldsymbol{F}}^e = \begin{pmatrix} \overline{F}_1 & \overline{F}_2 \end{pmatrix}^T, \quad \overline{\boldsymbol{F}}^{Fe} = \begin{pmatrix} \overline{F}_1^F & \overline{F}_2^F \end{pmatrix}^T \tag{d}$$

则由式（c）可得连续梁单元的单元刚度方程为

$$\overline{\boldsymbol{F}}^e + \overline{\boldsymbol{F}}^{Fe} = \overline{\boldsymbol{k}}^e \overline{\boldsymbol{\delta}}^e \tag{7-3a}$$

式中，单元刚度矩阵为

$$\overline{\boldsymbol{k}}^e = \frac{EI}{l} \begin{pmatrix} 4 & 2 \\ 2 & 4 \end{pmatrix} \tag{7-4}$$

需要指出的是，图 7-4 所示杆端位移、杆端力都是规定逆时针为正，而前几章中固端弯矩规定是顺时针为正的，这

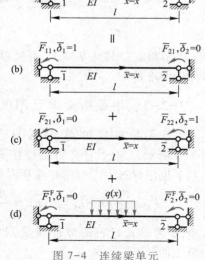

图 7-4　连续梁单元

时单元刚度方程为式(7-3a)。如果定义单元固端弯矩和杆端力一样以逆时针为正(以下均假设固端力和杆端力正向相同),则单元刚度方程改为

$$\overline{F}^e - \overline{F}^{Fe} = \overline{k}^e \overline{\delta}^e \tag{7-3b}$$

如果将单元上受荷载作用而产生的杆端力按局部位移码组成的矩阵称为单元等效结点荷载矩阵(这里等效的含义是所产生的结点位移是相等的),记作$\overline{F}_E^e$。则单元刚度方程改为

$$\overline{F}^e + \overline{F}_E^e = \overline{k}^e \overline{\delta}^e \tag{7-5}$$

可见,单元等效结点荷载矩阵与单元固端力矩阵之间存在$\overline{F}_E^e = -\overline{F}^{Fe}$。注意:在假设固端力和杆端力正向相同的条件下,这一结论同样适用于以下单元。

7-2-3 不考虑轴向变形的平面弯曲单元刚度方程

不考虑轴向变形,平面弯曲单元杆端位移、杆端力如图7-5a所示。仿照连续梁单元,利用叠加原理、形常数(单元上有荷载时还需用载常数)建立此单元的单元刚度方程(也称为转角位移方程)。其结果为

单元上无荷载时 $\quad\quad \overline{F}^e = \overline{k}^e \overline{\delta}^e \quad\quad (7\text{-}6a)$

单元上有荷载时 $\quad\quad \overline{F}^e + \overline{F}_E^e = \overline{k}^e \overline{\delta}^e \quad\quad (7\text{-}6b)$

式中

单元杆端位移矩阵为 $\quad \overline{\delta}^e = \begin{pmatrix} \overline{\delta}_1 & \overline{\delta}_2 & \overline{\delta}_3 & \overline{\delta}_4 \end{pmatrix}^T$

$$(7\text{-}7a)$$

单元杆端力矩阵为 $\quad \overline{F}^e = \begin{pmatrix} \overline{F}_1 & \overline{F}_2 & \overline{F}_3 & \overline{F}_4 \end{pmatrix}^T$

$$(7\text{-}7b)$$

单元等效结点荷载矩阵为 $\overline{F}_E^e = -\begin{pmatrix} \overline{F}_1^F & \overline{F}_2^F & \overline{F}_3^F & \overline{F}_4^F \end{pmatrix}^T = -\overline{F}^{Fe}$

$$(7\text{-}7c)$$

单元刚度矩阵为

$$\overline{k}^e = \begin{pmatrix} \dfrac{12EI}{l^3} & \dfrac{6EI}{l^2} & -\dfrac{12EI}{l^3} & \dfrac{6EI}{l^2} \\[2mm] \dfrac{6EI}{l^2} & \dfrac{4EI}{l} & -\dfrac{6EI}{l^2} & \dfrac{2EI}{l} \\[2mm] \cdots & \cdots & \cdots & \cdots \\[2mm] -\dfrac{12EI}{l^3} & -\dfrac{6EI}{l^2} & \dfrac{12EI}{l^3} & -\dfrac{6EI}{l^2} \\[2mm] \dfrac{6EI}{l^2} & \dfrac{2EI}{l} & -\dfrac{6EI}{l^2} & \dfrac{4EI}{l} \end{pmatrix} \tag{7-7d}$$

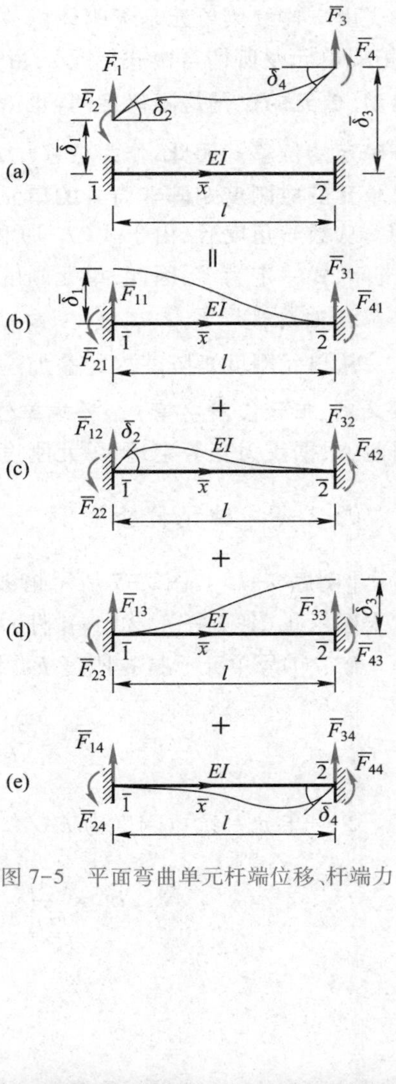

需要强调指出的是,这里假定单元固端力(固端剪力和固端弯矩)正向规定与图7-5所示杆端力正向相同,这和第

图7-5 平面弯曲单元杆端位移、杆端力

6 章中的规定是不同的。

7-2-4　平面弯曲自由式单元刚度方程

在上述基础上,在图 7-6 所示杆端位移、杆端力规定的情形下,平面自由式单元的单元刚度方程、单元刚度矩阵和单元等效结点荷载等,留给读者根据形、载常数和叠加原理自行写出(可参看 §7-3 单元分析子程序或例题 7-5),以便进一步掌握基本概念。

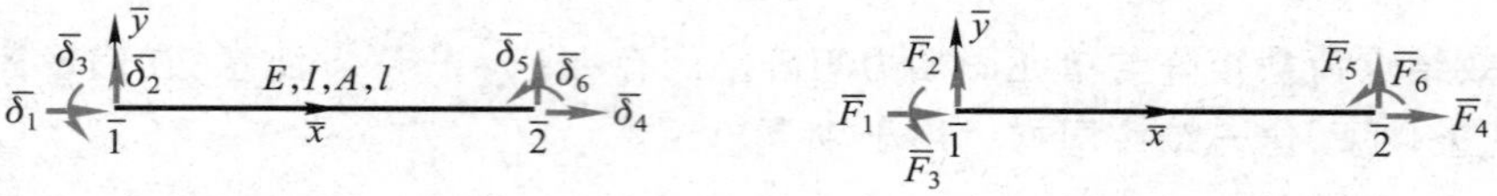

图 7-6　自由式单元杆端位移和杆端力

7-2-5　单元刚度矩阵性质

1. 奇异性

由于连续梁单元是无刚体位移的,它的单元刚度矩阵 $\bar{k}^e$[式(7-4)]是可逆的。而其他单元(桁架单元及所谓自由式单元),由于单元位移是自由的,在给定平衡外力作用下可以产生惯性运动,单元的位置是不确定的,也就是说在已知平衡外力作用下,由单元刚度方程不可能求得唯一确定的位移。因此,作为位移-力之间的联系矩阵 $\bar{k}^e$ 一定是奇异的。由此解释可见,要使自由式单元变成刚度矩阵非奇异的单元,必须引入足以限制单元产生刚体位移的约束条件。

从数学角度看,由于式(7-1)和式(7-7d)所示矩阵存在线性相关的行、列(不独立),其对应的行列式一定为零,因此,单元刚度矩阵是奇异的。

2. 对称性

从单元刚度矩阵建立的叠加过程可见,单元刚度矩阵元素 $\bar{k}^e_{ij}$ 实际上都是反力系数,$\bar{k}^e_{ij}$ 的物理意义是:单元仅发生第 j 个杆端单位位移时,在第 i 个杆端位移对应的约束上所需施加的杆端力。因此,根据反力互等定理,单元刚度矩阵一定是对称的,即 $\bar{k}^e_{ij}=\bar{k}^e_{ji}$。

7-2-6　单元分析举例

[例题 7-1]　图 7-7 所示桁架 $l=2$ m,各杆 $EA=1.2\times10^6$ kN,局部坐标 $\bar{x}$ 如图中箭头所示。试求图示①(1-2 杆)、②(1-4 杆)单元的局部坐标系下的单元刚度矩阵。

解:①号单元　抗拉刚度 $EA/l=6\times10^5$ kN/m,由式(7-1)可得

$$\bar{k}^{①}=\frac{EA}{l}\begin{pmatrix}1 & -1\\-1 & 1\end{pmatrix}=6\times10^5\begin{pmatrix}1 & -1\\-1 & 1\end{pmatrix}\text{ kN/m}$$

②号单元　抗拉刚度为 $EA/\sqrt{2}\,l=4.242\,6\times10^5$ kN/m,由式(7-1)可得

$$\bar{k}^{②}=\frac{EA}{\sqrt{2}\,l}\begin{pmatrix}1 & -1\\-1 & 1\end{pmatrix}=4.242\,6\times10^5\begin{pmatrix}1 & -1\\-1 & 1\end{pmatrix}\text{ kN/m}$$

请考虑 1-3 和 3-2 单元的 $\bar{\boldsymbol{k}}^e$。

[例题 7-2] 图 7-8 所示为不考虑轴向变形的平面刚架，各杆 $EI = 2.16 \times 10^5$ kN·m^2，局部坐标系 $\bar{x}$ 如图所示。试求图示各单元的局部坐标系下的单元刚度矩阵。

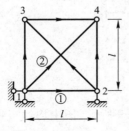
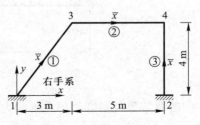

图 7-7 桁架单元例题　　　　图 7-8 不考虑轴向变形的刚架

解：①号单元　单元长度 $l = 5$ m，则

$$\frac{12EI}{l^3} = 20\ 736 \text{ kN/m}, \quad \frac{6EI}{l^2} = 51\ 840 \text{ kN}$$

$$\frac{2EI}{l} = 86\ 400 \text{ kN·m}, \quad \frac{4EI}{l} = 172\ 800 \text{ kN·m}$$

将上述数值结果代入式(7-7d)，可得①号单元的单元刚度矩阵为

$$\bar{\boldsymbol{k}}^{①} = \begin{pmatrix} 20\ 736 \text{ kN/m} & 51\ 840 \text{ kN} & -20\ 736 \text{ kN/m} & 51\ 840 \text{ kN} \\ 51\ 840 \text{ kN} & 172\ 800 \text{ kN·m} & -51\ 840 \text{ kN} & 86\ 400 \text{ kN·m} \\ -20\ 736 \text{ kN/m} & -51\ 840 \text{ kN} & 20\ 736 \text{ kN/m} & -51\ 840 \text{ kN} \\ 51\ 840 \text{ kN} & 86\ 400 \text{ kN·m} & -51\ 840 \text{ kN} & 172\ 800 \text{ kN·m} \end{pmatrix}$$

②号单元　抗弯刚度和单元长度与①号单元一样，因此，局部坐标系下单元刚度矩阵也完全一样：

$$\bar{\boldsymbol{k}}^{②} = \bar{\boldsymbol{k}}^{①}$$

③号单元　单元长度 $l = 4$ m，则

$$\frac{12EI}{l^3} = 40\ 500 \text{ kN/m}, \quad \frac{6EI}{l^2} = 81\ 000 \text{ kN}, \quad \frac{2EI}{l} = 108\ 000 \text{ kN·m}, \quad \frac{4EI}{l} = 216\ 000 \text{ kN·m}$$

将上述数值结果代入式(7-7d)，可得③号单元的局部坐标系下单元刚度矩阵为

$$\bar{\boldsymbol{k}}^{③} = \begin{pmatrix} 40\ 500 \text{ kN/m} & 81\ 000 \text{ kN} & -40\ 500 \text{ kN/m} & 81\ 000 \text{ kN} \\ 81\ 000 \text{ kN} & 216\ 000 \text{ kN·m} & -81\ 000 \text{ kN} & 108\ 000 \text{ kN·m} \\ -40\ 500 \text{ kN/m} & -81\ 000 \text{ kN} & 40\ 500 \text{ kN/m} & -81\ 000 \text{ kN} \\ 81\ 000 \text{ kN} & 108\ 000 \text{ kN·m} & -81\ 000 \text{ kN} & 216\ 000 \text{ kN·m} \end{pmatrix}$$

[例题 7-3]　如果图 7-8 所示②号单元上受有向下满跨均布荷载(图 7-9),其集度 q 为 18 kN/m。试写出②号单元的单元等效结点荷载矩阵 $\overline{\pmb{F}}_E^{②}$。

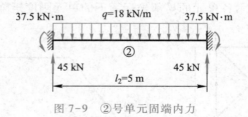

图 7-9　②号单元固端内力

解：由表 6-1 中的载常数可得②号单元固端力如图 7-9 所示(图中均为实际受力方向)。在固端力正向规定和杆端力正向规定一致,即沿右手系局部坐标正向为正时,固端力矩阵 $\overline{\pmb{F}}^{F②}$ 为

$$\overline{\pmb{F}}^{F②} = (45 \text{ kN} \quad 37.5 \text{ kN}\cdot\text{m} \quad 45 \text{ kN} \quad -37.5 \text{ kN}\cdot\text{m})^{\text{T}}$$

根据等效结点荷载矩阵和固端力矩阵之间的关系式(7-7c),则可得②号单元等效结点荷载矩阵

$$\overline{\pmb{F}}_E^{②} = (-45 \text{ kN} \quad -37.5 \text{ kN}\cdot\text{m} \quad -45 \text{ kN} \quad 37.5 \text{ kN}\cdot\text{m})^{\text{T}}$$

由此可见,等效结点荷载矩阵可按如下步骤求解：

- 根据载常数计算并按实际固端力的方向反向画在单元杆端上；
- 根据杆端位移编号顺序、杆端力正向规定,由固端力组成等效结点荷载矩阵。

7-2-7　单元分析子程序

计算各类杆件单元局部坐标系下单元刚度矩阵的算法见表 7-1。

表 7-1　各类杆件单元局部坐标系下的单元刚度矩阵计算

1. 初始计算。

　　1.1　确定单元信息：E, A, l。

2. 根据单元类型计算单元刚度。

　　2.1　平面桁架单元：$\overline{\pmb{k}}^e = \dfrac{EA}{l}\begin{pmatrix} 1 & -1 \\ -1 & 1 \end{pmatrix}$。

　　2.2　连续梁单元：$\overline{\pmb{k}}^e = \dfrac{EI}{l}\begin{pmatrix} 4 & 2 \\ 2 & 4 \end{pmatrix}$。

　　2.3　自由式梁柱弯曲单元：$\overline{\pmb{k}}^e = \begin{pmatrix} \overline{\pmb{k}}^1 & \overline{\pmb{k}}^2 \\ (\overline{\pmb{k}}^2)^{\text{T}} & \overline{\pmb{k}}^3 \end{pmatrix}$,其中

$$\overline{\pmb{k}}^1 = \begin{pmatrix} \dfrac{EA}{l} & 0 & 0 \\ 0 & \dfrac{12EI}{l^3} & \dfrac{6EI}{l^2} \\ 0 & \dfrac{6EI}{l^2} & \dfrac{4EI}{l} \end{pmatrix}, \quad \overline{\pmb{k}}^2 = \begin{pmatrix} -\dfrac{EA}{l} & 0 & 0 \\ 0 & -\dfrac{12EI}{l^3} & \dfrac{6EI}{l^2} \\ 0 & -\dfrac{6EI}{l^2} & \dfrac{2EI}{l} \end{pmatrix}, \quad \overline{\pmb{k}}^3 = \begin{pmatrix} \dfrac{EA}{l} & 0 & 0 \\ 0 & \dfrac{12EI}{l^3} & -\dfrac{6EI}{l^2} \\ 0 & -\dfrac{6EI}{l^2} & \dfrac{4EI}{l} \end{pmatrix}$$

计算单元等效结点荷载的算法见表 7-2。

表 7-2 单元等效结点荷载计算

1. 初始化。

  1.1 确定单元以及荷载信息：$\dfrac{EA}{l}$，$\dfrac{EI}{l}$，l，c(荷载位置)，α(温度工况时的线膨胀系数)，P(荷载数值)，t(温度)。

2. 根据荷载类型计算单元等效结点荷载。

  2.1 横向均布荷载：$\overline{\boldsymbol{F}}_{\mathrm{E}}^{e}=(0\quad F_2\quad F_3\quad 0\quad F_5\quad F_6)$，其中

$$F_2=-\frac{Pc}{2}\left(2-2\,\frac{c^2}{l^2}+\frac{c^3}{l^3}\right),\quad F_3=-\frac{Pc^2}{12}\left(6-8\,\frac{c}{l}+3\,\frac{c^2}{l^2}\right),\quad F_5=-Pc-F_2,\quad F_6=\frac{Pc^3}{12l}\left(4-3\,\frac{c}{l}\right)$$

  2.2 横向集中力：$\overline{\boldsymbol{F}}_{\mathrm{E}}^{e}=(0\quad F_2\quad F_3\quad 0\quad F_5\quad F_6)$，其中

$$F_2=-P\left(\frac{l-c}{l}\right)^2\left(1+2\,\frac{c}{l}\right),\quad F_3=-Pc\left(\frac{l-c}{l}\right)^2,\quad F_5=-\frac{Pc^2}{l^2}\left(1+2\,\frac{l-c}{l}\right),\quad F_6=P(l-c)\frac{c^2}{l^2}$$

  2.3 纵向集中力：$\overline{\boldsymbol{F}}_{\mathrm{E}}^{e}=(F_1\quad 0\quad 0\quad F_4\quad 0\quad 0)$，其中

$$F_1=-\frac{P(l-c)}{l},\quad F_4=-\frac{Pc}{l}$$

  2.4 均布水平力：$\overline{\boldsymbol{F}}_{\mathrm{E}}^{e}=(F_1\quad 0\quad 0\quad F_4\quad 0\quad 0)$，其中

$$F_1=-\frac{Pc^2}{2l},\ F_4=-(Pc+F_1)$$

  2.5 三角形分布力：$\overline{\boldsymbol{F}}_{\mathrm{E}}^{e}=(0\quad F_2\quad F_3\quad 0\quad F_5\quad F_6)$，其中

$$F_5=-Pc\left(\frac{3c^2}{4l^2}-\frac{2c^3}{5l^3}\right),\quad F_3=-\left(\frac{Pc}{2}+F_5\right),\quad F_3=-\frac{Pc^2}{3}\left(1-\frac{3c}{2l}+\frac{3c^2}{5l^2}\right),\quad F_6=Pc^2\left(\frac{c}{4l}-\frac{c^2}{5l^2}\right)$$

  2.6 集中力偶：$\overline{\boldsymbol{F}}_{\mathrm{E}}^{e}=(0\quad F_2\quad F_3\quad 0\quad F_5\quad F_6)$，其中

$$F_2=6P\left(1-\frac{c}{l}\right)\frac{c}{l^2},\quad F_5=-F_2,\quad F_3=-P\left(1-\frac{c}{l}\right)\left(2-3\,\frac{l-c}{l}\right),\quad F_6=\frac{Pc}{l}\left(2-3\,\frac{c}{l}\right)$$

  2.7 两侧等温：$\overline{\boldsymbol{F}}_{\mathrm{E}}^{e}=(F_1\quad 0\quad 0\quad F_4\quad 0\quad 0)$，其中

$$F_1=EAt\alpha,\quad F_4=-F_1$$

  2.8 温差：$\overline{\boldsymbol{F}}_{\mathrm{E}}^{e}=(0\quad 0\quad F_3\quad 0\quad 0\quad F_6)$，其中

$$F_3=2\alpha tl\sqrt{\frac{EA}{l}\,\frac{l}{12EI}}\,\frac{EI}{l}=\frac{2\alpha EIt}{h},\quad F_6=-F_3$$

§7-3 坐标转换问题

结构离散化时,建立了两种坐标系——结构整体坐标系和单元局部坐标系。单元分析中,位移、力都是在单元局部坐标系下定义的(在字母上加上划线表示)。而实际结构中的每个杆件(即单元)方位除连续梁、多跨静定梁之外各不相同,要考虑结点位移协调、受力平衡,应该有一

个统一的标准,因而引入结构整体坐标系。两种坐标系下的同一物理量存在着相互转换关系,将局部坐标系下表达的量转换成整体坐标系下表达的量,或相反,均称为坐标转换。

7-3-1　平面自由式单元位移、力的坐标转换

平面弯曲自由式单元在两个坐标系下的杆端位移和杆端力如图 7-10 所示。字母上加上划线的量为局部坐标系下的量,未加上划线的量是整体坐标系下的量。根据图示几何关系,杆端 $\overline{1}$ 局部坐标系下的位移可以用杆端整体坐标下的位移表示如下:

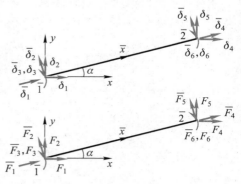

$$\overline{\delta}_1 = \delta_1 \cos\alpha + \delta_2 \sin\alpha, \quad \overline{\delta}_2 = -\delta_1 \sin\alpha + \delta_2 \cos\alpha, \quad \overline{\delta}_3 = \delta_3$$

以矩阵方程表示为

$$\boldsymbol{\overline{\delta}}_{\overline{1}} = \begin{pmatrix} \overline{\delta}_1 \\ \overline{\delta}_2 \\ \overline{\delta}_3 \end{pmatrix} = \begin{pmatrix} \cos\alpha & \sin\alpha & 0 \\ -\sin\alpha & \cos\alpha & 0 \\ 0 & 0 & 1 \end{pmatrix} \begin{pmatrix} \delta_1 \\ \delta_2 \\ \delta_3 \end{pmatrix} = \boldsymbol{\lambda} \boldsymbol{\delta}_{\overline{1}}$$

图 7-10　单元杆端位移、杆端力坐标转换

式中,α 为两坐标系之间的夹角(图示逆时针转角为正),结点(位移)坐标转换矩阵 $\boldsymbol{\lambda}$ 为

$$\boldsymbol{\lambda} = \begin{pmatrix} \cos\alpha & \sin\alpha & 0 \\ -\sin\alpha & \cos\alpha & 0 \\ 0 & 0 & 1 \end{pmatrix} \tag{7-8}$$

同理,杆端 $\overline{1}$ 整体坐标系下的杆端力可以用局部坐标系下的杆端力表示如下:

$$F_1 = \overline{F}_1 \cos\alpha - \overline{F}_2 \sin\alpha, \quad F_2 = \overline{F}_1 \sin\alpha + \overline{F}_2 \cos\alpha, \quad F_3 = \overline{F}_3$$

以矩阵方程表示为

$$\boldsymbol{F}_{\overline{1}} = \begin{pmatrix} F_1 \\ F_2 \\ F_3 \end{pmatrix} = \begin{pmatrix} \cos\alpha & -\sin\alpha & 0 \\ \sin\alpha & \cos\alpha & 0 \\ 0 & 0 & 1 \end{pmatrix} \begin{pmatrix} \overline{F}_1 \\ \overline{F}_2 \\ \overline{F}_3 \end{pmatrix} = \boldsymbol{\lambda}^{\mathrm{T}} \boldsymbol{\overline{F}}_{\overline{1}}$$

读者不难写出杆端 $\overline{2}$ 位移和力之间的转换关系。基于这些关系,单元杆端位移、杆端力之间的关系为

$$\boldsymbol{\overline{\delta}}^e = \begin{pmatrix} \boldsymbol{\overline{\delta}}_{\overline{1}} \\ \boldsymbol{\overline{\delta}}_{\overline{2}} \end{pmatrix} = \begin{pmatrix} \boldsymbol{\lambda} & \mathbf{0} \\ \mathbf{0} & \boldsymbol{\lambda} \end{pmatrix} \begin{pmatrix} \boldsymbol{\delta}_{\overline{1}} \\ \boldsymbol{\delta}_{\overline{2}} \end{pmatrix} = \boldsymbol{T} \boldsymbol{\delta}^e \tag{7-9a}$$

$$\boldsymbol{F}^e = \begin{pmatrix} \boldsymbol{F}_{\overline{1}} \\ \boldsymbol{F}_{\overline{2}} \end{pmatrix} = \begin{pmatrix} \boldsymbol{\lambda}^{\mathrm{T}} & \mathbf{0} \\ \mathbf{0} & \boldsymbol{\lambda}^{\mathrm{T}} \end{pmatrix} \begin{pmatrix} \boldsymbol{\overline{F}}_{\overline{1}} \\ \boldsymbol{\overline{F}}_{\overline{2}} \end{pmatrix} = \boldsymbol{T}^{\mathrm{T}} \boldsymbol{\overline{F}}^e \tag{7-9b}$$

式中,$\boldsymbol{T}$ 如式(7-9)所示由结点坐标转换矩阵 $\boldsymbol{\lambda}$ 块对角组成,称为单元坐标转换矩阵。对于正交坐标系,由于 $\boldsymbol{\lambda}^{-1} = \boldsymbol{\lambda}^{\mathrm{T}}$,因此 $\boldsymbol{T}^{-1} = \boldsymbol{T}^{\mathrm{T}}$。这说明 $\boldsymbol{\lambda}$ 和 $\boldsymbol{T}$ 是正交矩阵。

7-3-2　平面自由式单元整体坐标系下的单元刚度方程

当单元上有荷载作用时，单元等效结点荷载矩阵 $\boldsymbol{F}_E^e$ 和单元杆端力矩阵 $\boldsymbol{F}^e$ 一样，存在式（7-9b）的转换关系。因此有

$$(\boldsymbol{F}+\boldsymbol{F}_E)^e = \boldsymbol{T}^T(\overline{\boldsymbol{F}}+\overline{\boldsymbol{F}}_E)^e$$

将单元局部坐标系下的单元刚度方程代入，可得

$$(\boldsymbol{F}+\boldsymbol{F}_E)^e = \boldsymbol{T}^T(\overline{\boldsymbol{F}}+\overline{\boldsymbol{F}}_E)^e = \boldsymbol{T}^T\overline{\boldsymbol{k}}^e\overline{\boldsymbol{\delta}}^e$$

再将式（7-9a）位移转换关系代入，可得

$$(\boldsymbol{F}+\boldsymbol{F}_E)^e = \boldsymbol{T}^T(\overline{\boldsymbol{F}}+\overline{\boldsymbol{F}}_E)^e = \boldsymbol{T}^T\overline{\boldsymbol{k}}^e\overline{\boldsymbol{\delta}}^e = \boldsymbol{T}^T\overline{\boldsymbol{k}}^e\boldsymbol{T}\boldsymbol{\delta}^e \tag{a}$$

这是联系整体坐标系下单元杆端位移和单元杆端力的方程，称为整体坐标下的单元刚度方程。如果引入整体坐标系下的单元刚度矩阵为

$$\boldsymbol{k}^e = \boldsymbol{T}^T\overline{\boldsymbol{k}}^e\boldsymbol{T} \tag{7-10}$$

则整体坐标系下单元刚度方程式（a）可改写为

$$(\boldsymbol{F}+\boldsymbol{F}_E)^e = \boldsymbol{k}^e\boldsymbol{\delta}^e \tag{7-11}$$

可见在形式上，式（7-11）和式（7-5）是一样的。但必须清楚，上式中的量都是对整体坐标的。

7-3-3　平面桁架单元的坐标转换

平面桁架单元的坐标转换有两种做法。其一是由 7-3-1 节所建立的两类量间的关系，局部坐标系下的位移用整体坐标系下的位移表示为

$$\begin{pmatrix} \overline{\delta}_1 \\ \overline{\delta}_2 \end{pmatrix} = \begin{pmatrix} \cos\alpha & \sin\alpha & 0 & 0 \\ 0 & 0 & \cos\alpha & \sin\alpha \end{pmatrix}\begin{pmatrix} \delta_1 & \delta_2 & \delta_3 & \delta_4 \end{pmatrix}^T$$

整体坐标系下的力用局部坐标系下的力表示为

$$\begin{pmatrix} F_1 & F_2 & F_3 & F_4 \end{pmatrix}^T = \begin{pmatrix} \cos\alpha & \sin\alpha & 0 & 0 \\ 0 & 0 & \cos\alpha & \sin\alpha \end{pmatrix}^T\begin{pmatrix} \overline{F}_1 \\ \overline{F}_2 \end{pmatrix}$$

式中，$\overline{\delta}_i(i=1,2)$、$\overline{F}_i(i=1,2)$ 分别是局部坐标系下的杆端轴向位移和轴力；

$\delta_{2i+1}(i=0,1)$、$F_{2i+1}(i=0,1)$ 分别是整体坐标系下 x 方向的杆端位移和力；

$\delta_{2i}(i=1,2)$、$F_{2i}(i=1,2)$ 分别是整体坐标系下 y 方向的杆端位移和力。

这时坐标转换矩阵 $\boldsymbol{T}$ 为

$$\boldsymbol{T} = \begin{pmatrix} \cos\alpha & \sin\alpha & 0 & 0 \\ 0 & 0 & \cos\alpha & \sin\alpha \end{pmatrix} \tag{7-12}$$

整体坐标系下单元刚度矩阵为 $\boldsymbol{k}^e = \boldsymbol{T}^T\overline{\boldsymbol{k}}^e\boldsymbol{T}$，其中 $\overline{\boldsymbol{k}}^e$ 由式（7-1）计算。

另一种做法是，将单元局部坐标系下的杆端位移扩展成 4 个，分别表示轴向和横向位移，即 $\overline{\boldsymbol{\delta}}^e = \begin{pmatrix} \overline{\delta}_1 & \overline{\delta}_2 & \overline{\delta}_3 & \overline{\delta}_4 \end{pmatrix}^T$，这时局部坐标系下单元刚度矩阵也应扩展成

$$\bar{k}^e = \frac{EA}{l} \begin{pmatrix} 1 & 0 & -1 & 0 \\ 0 & 0 & 0 & 0 \\ -1 & 0 & 1 & 0 \\ 0 & 0 & 0 & 0 \end{pmatrix} \tag{7-13}$$

根据 7-3-1 节所建立的两类量间的关系,相应的单元坐标转换矩阵 T 为

$$T = \begin{pmatrix} \cos\alpha & \sin\alpha & 0 & 0 \\ -\sin\alpha & \cos\alpha & 0 & 0 \\ 0 & 0 & \cos\alpha & \sin\alpha \\ 0 & 0 & -\sin\alpha & \cos\alpha \end{pmatrix} \tag{7-14}$$

整体坐标系下单元刚度矩阵仍为 $k^e = T^{\mathrm{T}} \bar{k}^e T$。由矩阵乘法不难验证两种做法结果是一样的。

7-3-4 坐标转换程序段

计算不同类型单元坐标转换矩阵的算法见表 7-3。

表 7-3 不同类型单元的坐标转换矩阵

1. 初始信息。

    1.1 确定单元夹角: α。

2. 根据单元类型计算坐标转换矩阵。

    2.1 平面桁架单元: $T = \begin{pmatrix} \boldsymbol{\lambda} & 0 \\ 0 & \boldsymbol{\lambda} \end{pmatrix}$, $\boldsymbol{\lambda} = \begin{pmatrix} \cos\alpha & \sin\alpha \\ -\sin\alpha & \cos\alpha \end{pmatrix}$。

    2.2 自由式梁柱弯曲单元: $T = \begin{pmatrix} \boldsymbol{\lambda} & 0 \\ 0 & \boldsymbol{\lambda} \end{pmatrix}$, $\boldsymbol{\lambda} = \begin{pmatrix} \cos\alpha & \sin\alpha & 0 \\ -\sin\alpha & \cos\alpha & 0 \\ 0 & 0 & 1 \end{pmatrix}$。

7-3-5 坐标转换举例

[例题 7-4] 试求例题 7-1 桁架中①、②两单元的整体坐标系下单元刚度矩阵。

解: 由于①单元 $\alpha = 0$,因此,式(7-14) T 为单位矩阵,此时整体坐标系下单元刚度矩阵和局部坐标系下单元刚度矩阵相同,矩阵阶数为 4×4 阶,与式(7-13)相同:

$$k^{①} = \frac{EA}{l} \begin{pmatrix} 1 & 0 & -1 & 0 \\ 0 & 0 & 0 & 0 \\ -1 & 0 & 1 & 0 \\ 0 & 0 & 0 & 0 \end{pmatrix} = 6 \times 10^5 \begin{pmatrix} 1 & 0 & -1 & 0 \\ 0 & 0 & 0 & 0 \\ -1 & 0 & 1 & 0 \\ 0 & 0 & 0 & 0 \end{pmatrix} \text{ kN/m}$$

②单元 $\alpha = 45°$,若引入记号 $c = \cos\alpha$、$s = \sin\alpha$,根据式(7-13)和式(7-14)、矩阵乘法并考虑 $c^2 = s^2 = cs = 0.5$,可得

$$\mathbf{k}^{②}=\mathbf{T}^{\mathrm{T}}\overline{\mathbf{k}}^{②}\mathbf{T}=\begin{pmatrix} c & -s & 0 & 0 \\ s & c & 0 & 0 \\ 0 & 0 & c & -s \\ 0 & 0 & s & c \end{pmatrix}\frac{EA}{\sqrt{2}\,l}\begin{pmatrix} 1 & 0 & -1 & 0 \\ 0 & 0 & 0 & 0 \\ -1 & 0 & 1 & 0 \\ 0 & 0 & 0 & 0 \end{pmatrix}\begin{pmatrix} c & s & 0 & 0 \\ -s & c & 0 & 0 \\ 0 & 0 & c & s \\ 0 & 0 & -s & c \end{pmatrix}$$

$$=\frac{EA}{\sqrt{2}\,l}\begin{pmatrix} c^2 & cs & -c^2 & -cs \\ cs & s^2 & -cs & -s^2 \\ -c^2 & -cs & c^2 & cs \\ -cs & -s^2 & cs & s^2 \end{pmatrix}=2.121\,3\times10^5\begin{pmatrix} 1 & 1 & -1 & -1 \\ 1 & 1 & -1 & -1 \\ -1 & -1 & 1 & 1 \\ -1 & -1 & 1 & 1 \end{pmatrix}\text{ kN/m}$$

由计算过程可知,任意倾角 α 时桁架单元整体坐标系下单元刚度矩阵为

$$\mathbf{k}^e=\frac{EA}{l}\begin{pmatrix} \mathbf{t} & -\mathbf{t} \\ -\mathbf{t} & \mathbf{t} \end{pmatrix},\qquad \mathbf{t}=\begin{pmatrix} c^2 & cs \\ cs & s^2 \end{pmatrix} \tag{7-15}$$

[例题 7-5] 试求例题 7-2 中图 7-8 所示刚架考虑轴向变形时①、③两单元整体坐标系下的单元刚度矩阵,$EA=7.2\times10^6$ kN,$EI=2.16\times10^5$ kN·m^2。

解:对于等直杆单元,轴向变形不产生弯曲变形和剪切变形,同样弯曲和剪切变形也不产生轴向变形,因此,根据叠加原理考虑轴向变形的局部坐标系下自由式单元的单元刚度矩阵和单元刚度方程为

$$\overline{\mathbf{k}}^e=\begin{pmatrix} \dfrac{EA}{l} & 0 & 0 & -\dfrac{EA}{l} & 0 & 0 \\[2mm] 0 & \dfrac{12EI}{l^3} & \dfrac{6EI}{l^2} & 0 & -\dfrac{12EI}{l^3} & \dfrac{6EI}{l^2} \\[2mm] 0 & \dfrac{6EI}{l^2} & \dfrac{4EI}{l} & 0 & -\dfrac{6EI}{l^2} & \dfrac{2EI}{l} \\ \hdashline -\dfrac{EA}{l} & 0 & 0 & \dfrac{EA}{l} & 0 & 0 \\[2mm] 0 & -\dfrac{12EI}{l^3} & -\dfrac{6EI}{l^2} & 0 & \dfrac{12EI}{l^3} & -\dfrac{6EI}{l^2} \\[2mm] 0 & \dfrac{6EI}{l^2} & \dfrac{2EI}{l} & 0 & -\dfrac{6EI}{l^2} & \dfrac{4EI}{l} \end{pmatrix}\begin{matrix} \overline{u}_{\overline{1}}=\overline{\delta}_1 \\[2mm] \overline{v}_{\overline{1}}=\overline{\delta}_2 \\[2mm] \overline{\theta}_{\overline{1}}=\overline{\delta}_3 \\[2mm] \overline{u}_{\overline{2}}=\overline{\delta}_4 \\[2mm] \overline{v}_{\overline{2}}=\overline{\delta}_5 \\[2mm] \overline{\theta}_{\overline{2}}=\overline{\delta}_6 \end{matrix} \tag{7-16a}$$

$$\overline{\mathbf{F}}^e+\overline{\mathbf{F}}_{\mathrm{E}}^e=\begin{pmatrix} \overline{\mathbf{F}}_1^e+\overline{\mathbf{F}}_{\mathrm{E},1}^e \\ \overline{\mathbf{F}}_2^e+\overline{\mathbf{F}}_{\mathrm{E},2}^e \end{pmatrix}=\begin{pmatrix} \overline{\mathbf{k}}_{11} & \overline{\mathbf{k}}_{12} \\ \overline{\mathbf{k}}_{21} & \overline{\mathbf{k}}_{22} \end{pmatrix}^e\begin{pmatrix} \overline{\boldsymbol{\delta}}_1 \\ \overline{\boldsymbol{\delta}}_2 \end{pmatrix}^e=\overline{\mathbf{k}}^e\overline{\boldsymbol{\delta}}^e \tag{7-16b}$$

式中,$\overline{u}_{\overline{1}}$、$\overline{v}_{\overline{1}}$、$\overline{\theta}_{\overline{1}}$ 等为常用的位移符号。同样,单元等效结点荷载矩阵也可按位移排列顺序由对应的固端力组成。将已知数据代入式(7-16),即可得①、③单元局部坐标下的单元刚度矩阵分别为

$$\bar{k}^{\text{①}} = \begin{pmatrix} 144 \text{ kN/m} & 0 & 0 & -144 \text{ kN/m} & 0 & 0 \\ 0 & 2.073\ 6 \text{ kN/m} & 5.184 \text{ kN} & 0 & -2.073\ 6 \text{ kN/m} & 5.184 \text{ kN} \\ 0 & 5.184 \text{ kN} & 17.28 \text{ kN} \cdot \text{m} & 0 & -5.184 \text{ kN} & 8.64 \text{ kN} \cdot \text{m} \\ -144 \text{ kN/m} & 0 & 0 & 144 \text{ kN/m} & 0 & 0 \\ 0 & -2.073\ 6 \text{ kN/m} & -5.184 \text{ kN} & 0 & 2.073\ 6 \text{ kN/m} & -5.184 \text{ kN} \\ 0 & 5.184 \text{ kN} & 8.64 \text{ kN} \cdot \text{m} & 0 & -5.184 \text{ kN} & 17.28 \text{ kN} \cdot \text{m} \end{pmatrix} \times 10^4$$

$$\bar{k}^{\text{③}} = \begin{pmatrix} 180 \text{ kN/m} & 0 & 0 & -180 \text{ kN/m} & 0 & 0 \\ 0 & 4.05 \text{ kN/m} & 8.1 \text{ kN} & 0 & -4.05 \text{ kN/m} & 8.1 \text{ kN} \\ 0 & 8.1 \text{ kN} & 21.6 \text{ kN} \cdot \text{m} & 0 & -8.1 \text{ kN} & 10.8 \text{ kN} \cdot \text{m} \\ -180 \text{ kN/m} & 0 & 0 & 180 \text{ kN/m} & 0 & 0 \\ 0 & -4.05 \text{ kN/m} & -8.1 \text{ kN} & 0 & 4.05 \text{ kN/m} & -8.1 \text{ kN} \\ 0 & 8.1 \text{ kN} & 10.8 \text{ kN} \cdot \text{m} & 0 & -8.1 \text{ kN} & 21.6 \text{ kN} \cdot \text{m} \end{pmatrix} \times 10^4$$

①单元 $\cos \alpha = 0.6, \sin \alpha = 0.8 (\alpha = 53.13°)$，③单元 $\cos \alpha = 0, \sin \alpha = 1 (\alpha = 90°)$。由此可得坐标转换矩阵分别为

$$T = \begin{pmatrix} \boldsymbol{\lambda} & \boldsymbol{0} \\ \boldsymbol{0} & \boldsymbol{\lambda} \end{pmatrix}, \quad \boldsymbol{\lambda}^{\text{①}} = \begin{pmatrix} 0.6 & 0.8 & 0 \\ -0.8 & 0.6 & 0 \\ 0 & 0 & 1 \end{pmatrix}, \quad \boldsymbol{\lambda}^{\text{③}} = \begin{pmatrix} 0 & 1 & 0 \\ -1 & 0 & 0 \\ 0 & 0 & 1 \end{pmatrix}$$

由 $\boldsymbol{k}^e = \boldsymbol{T}^{\text{T}} \bar{\boldsymbol{k}}^e \boldsymbol{T}$ 即可求得

$$\boldsymbol{k}^{\text{①}} = \left(\begin{array}{ccc|ccc} 53.17 \text{ kN/m} & 68.12 \text{ kN/m} & -4.15 \text{ kN} & -53.17 \text{ kN/m} & -68.12 \text{ kN/m} & -4.15 \text{ kN} \\ 68.12 \text{ kN/m} & 92.91 \text{ kN/m} & 3.11 \text{ kN} & -68.12 \text{ kN/m} & -92.91 \text{ kN/m} & 3.11 \text{ kN} \\ -4.15 \text{ kN} & 3.11 \text{ kN} & 17.28 \text{ kN} \cdot \text{m} & 4.15 \text{ kN} & -3.11 \text{ kN} & 8.64 \text{ kN} \cdot \text{m} \\ \hline -53.17 \text{ kN/m} & -68.12 \text{ kN/m} & 4.15 \text{ kN} & 53.17 \text{ kN/m} & 68.12 \text{ kN/m} & 4.15 \text{ kN} \\ -68.12 \text{ kN/m} & -92.91 \text{ kN/m} & -3.11 \text{ kN} & 68.12 \text{ kN/m} & 92.91 \text{ kN/m} & -3.11 \text{ kN} \\ -4.15 \text{ kN} & 3.11 \text{ kN} & 8.64 \text{ kN} \cdot \text{m} & 4.15 \text{ kN} & -3.11 \text{ kN} & 17.28 \text{ kN} \cdot \text{m} \end{array} \right) \times 10^4$$

$$\boldsymbol{k}^{\text{③}} = \left(\begin{array}{ccc|ccc} 4.05 \text{ kN/m} & 0 & -8.1 \text{ kN} & -4.05 \text{ kN/m} & 0 & -8.1 \text{ kN} \\ 0 & 180 \text{ kN/m} & 0 & 0 & -180 \text{ kN/m} & 0 \\ -8.1 \text{ kN} & 0 & 21.6 \text{ kN} \cdot \text{m} & 8.1 \text{ kN} & 0 & 10.8 \text{ kN} \cdot \text{m} \\ \hline -4.05 \text{ kN/m} & 0 & 8.1 \text{ kN} & 4.05 \text{ kN/m} & 0 & 8.1 \text{ kN} \\ 0 & -180 \text{ kN/m} & 0 & 0 & 180 \text{ kN/m} & 0 \\ -8.1 \text{ kN} & 0 & 10.8 \text{ kN} \cdot \text{m} & 8.1 \text{ kN} & 0 & 21.6 \text{ kN} \cdot \text{m} \end{array} \right) \times 10^4$$

对比 $\boldsymbol{k}^{\text{③}}$ 和 $\bar{\boldsymbol{k}}^{\text{③}}$ 可以发现，对于倾角为90°的单元，整体坐标系下单元刚度矩阵可以按一定的规则对局部坐标系下单元刚度矩阵作变换得到，不需要作坐标变换的矩阵乘。这一变换规则，请读者自行总结。

§7-4 整体分析

在建立了整体坐标系下单元刚度方程(单元刚度矩阵、单元等效结点荷载矩阵)以后,和位移法一样,要通过建立结点平衡方程得到结构的整体平衡方程,这就是所谓整体分析。

7-4-1 连续梁结构刚度方程

为便于理解,先以图7-11所示最简单的连续梁结构为例讨论整体分析问题。图示连续梁有4个结点,分为三个单元,自左到右分别为①、②、③单元,截面 $EI = 2.16 \times 10^5 \text{ kN} \cdot \text{m}^2$,单元上所受荷载如图所示。整体坐标系为右手系。

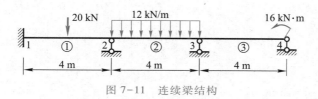

图 7-11　连续梁结构

因为三个单元的线刚度一样,所以三个单元的单元刚度矩阵相同,均为

$$\boldsymbol{k}^e = \begin{pmatrix} k_{11} & k_{12} \\ k_{21} & k_{22} \end{pmatrix} = 2.16 \times 10^5 \begin{pmatrix} 1 & 0.5 \\ 0.5 & 1 \end{pmatrix} \text{ kN} \cdot \text{m}$$

根据7-2节的介绍,由载常数可得①、②单元等效结点荷载矩阵分别为

$$\boldsymbol{F}_{\text{E}}^{①} = (-10 \text{ kN} \cdot \text{m} \quad 10 \text{ kN} \cdot \text{m})^{\text{T}}, \qquad \boldsymbol{F}_{\text{E}}^{②} = (-16 \text{ kN} \cdot \text{m} \quad 16 \text{ kN} \cdot \text{m})^{\text{T}}$$

各单元的单元刚度方程分别为

7-2
非结点荷载
的处理

$$\begin{pmatrix} F_{\bar{1}} \\ F_{\bar{2}} \end{pmatrix}^{①} + \begin{pmatrix} F_{\text{E}\bar{1}} \\ F_{\text{E}\bar{2}} \end{pmatrix}^{①} = \begin{pmatrix} F_{\bar{1}} \\ F_{\bar{2}} \end{pmatrix}^{①} + \begin{pmatrix} -10 \text{ kN} \cdot \text{m} \\ 10 \text{ kN} \cdot \text{m} \end{pmatrix} = \begin{pmatrix} k_{11} & k_{12} \\ k_{21} & k_{22} \end{pmatrix}^{①} \begin{pmatrix} \delta_{\bar{1}} \\ \delta_{\bar{2}} \end{pmatrix}^{①}$$

$$\begin{pmatrix} F_{\bar{1}} \\ F_{\bar{2}} \end{pmatrix}^{②} + \begin{pmatrix} F_{\text{E}\bar{1}} \\ F_{\text{E}\bar{2}} \end{pmatrix}^{②} = \begin{pmatrix} F_{\bar{1}} \\ F_{\bar{2}} \end{pmatrix}^{②} + \begin{pmatrix} -16 \text{ kN} \cdot \text{m} \\ 16 \text{ kN} \cdot \text{m} \end{pmatrix} = \begin{pmatrix} k_{11} & k_{12} \\ k_{21} & k_{22} \end{pmatrix}^{②} \begin{pmatrix} \delta_{\bar{1}} \\ \delta_{\bar{2}} \end{pmatrix}^{②} \qquad (\text{a})$$

$$\begin{pmatrix} F_{\bar{1}} \\ F_{\bar{2}} \end{pmatrix}^{③} = \begin{pmatrix} k_{11} & k_{12} \\ k_{21} & k_{22} \end{pmatrix}^{③} \begin{pmatrix} \delta_{\bar{1}} \\ \delta_{\bar{2}} \end{pmatrix}^{③}$$

当将单元组装成结构时,应该满足位移协调条件。对于本例题,单元局部坐标系下位移和整体坐标系下位移之间应该满足如下关系:

$$\delta_{\bar{1}}^{①} = \delta_1, \quad \delta_{\bar{2}}^{①} = \delta_2 = \delta_{\bar{1}}^{②}, \quad \delta_{\bar{2}}^{②} = \delta_3 = \delta_{\bar{1}}^{③}, \quad \delta_{\bar{2}}^{③} = \delta_4 \qquad (\text{b})$$

将结构结点位移按结点顺序排列组成矩阵,并称此矩阵为结构结点位移矩阵,记为 $\boldsymbol{\Delta}$,则

$$\boldsymbol{\Delta} = (\delta_1 \quad \delta_2 \quad \delta_3 \quad \delta_4)^{\text{T}} \qquad (7\text{-}17)$$

如图7-11所示,1结点有未知的支座反力矩 F_{R1} 作用,4结点有已知力偶 16 kN·m 作用,2、3结点无荷载作用,将这些直接作用于结点的荷载按结点顺序排列成矩阵,称为直接结点荷载矩

阵,记为 $\boldsymbol{P}_{\mathrm{D}}$,则有

$$\boldsymbol{P}_{\mathrm{D}} = \begin{pmatrix} F_{\mathrm{R1}} & 0 & 0 & 16 \ \mathrm{kN \cdot m} \end{pmatrix}^{\mathrm{T}} \tag{7-18}$$

接着取 4 个结点为隔离体如图 7-12 所示,考虑其平衡,注意到作用于结点的杆端力和作用于杆端的杆端力互为作用、反作用关系,因此有

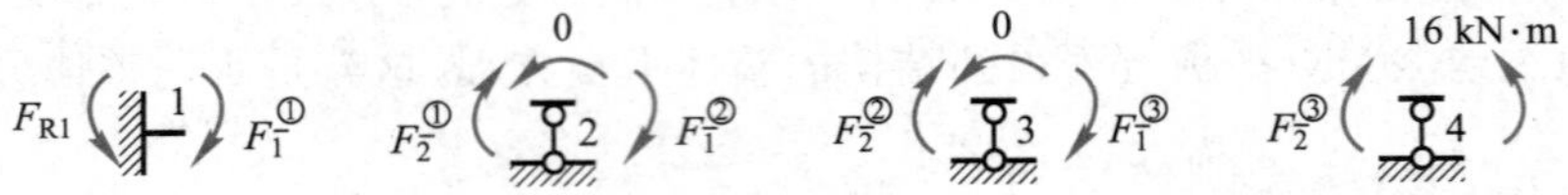

图 7-12　结点受力图

$$F_{\mathrm{R1}} = F_1^{①}, \quad 0 = (F_2^{①} + F_1^{②}), \quad 0 = (F_2^{②} + F_1^{③}), \quad 16 \ \mathrm{kN \cdot m} = F_2^{③}$$

以矩阵方程表示则上述平衡方程可表示为

$$\boldsymbol{P}_{\mathrm{D}} = \begin{pmatrix} F_{\mathrm{R1}} \\ 0 \\ 0 \\ 16 \ \mathrm{kN \cdot m} \end{pmatrix} = \begin{pmatrix} F_1^{①} \\ F_2^{①} \\ 0 \\ 0 \end{pmatrix} + \begin{pmatrix} 0 \\ F_1^{②} \\ F_2^{②} \\ 0 \end{pmatrix} + \begin{pmatrix} 0 \\ 0 \\ F_1^{③} \\ F_2^{③} \end{pmatrix} \tag{c}$$

考虑到式(a)、(b)和式(7-17)有

$$\begin{pmatrix} F_1^{①} \\ F_2^{①} \\ 0 \\ 0 \end{pmatrix} = \begin{pmatrix} k_{11}^{①} & k_{12}^{①} & 0 & 0 \\ k_{21}^{①} & k_{22}^{①} & 0 & 0 \\ 0 & 0 & 0 & 0 \\ 0 & 0 & 0 & 0 \end{pmatrix} \begin{pmatrix} \delta_1 \\ \delta_2 \\ \delta_3 \\ \delta_4 \end{pmatrix} - \begin{pmatrix} -10 \ \mathrm{kN \cdot m} \\ 10 \ \mathrm{kN \cdot m} \\ 0 \\ 0 \end{pmatrix}$$

$$\begin{pmatrix} 0 \\ F_1^{②} \\ F_2^{②} \\ 0 \end{pmatrix} = \begin{pmatrix} 0 & 0 & 0 & 0 \\ 0 & k_{11}^{②} & k_{12}^{②} & 0 \\ 0 & k_{21}^{②} & k_{22}^{②} & 0 \\ 0 & 0 & 0 & 0 \end{pmatrix} \begin{pmatrix} \delta_1 \\ \delta_2 \\ \delta_3 \\ \delta_4 \end{pmatrix} - \begin{pmatrix} 0 \\ -16 \ \mathrm{kN \cdot m} \\ 16 \ \mathrm{kN \cdot m} \\ 0 \end{pmatrix} \tag{d}$$

$$\begin{pmatrix} 0 \\ 0 \\ F_1^{③} \\ F_2^{③} \end{pmatrix} = \begin{pmatrix} 0 & 0 & 0 & 0 \\ 0 & 0 & 0 & 0 \\ 0 & 0 & k_{11}^{③} & k_{12}^{③} \\ 0 & 0 & k_{21}^{③} & k_{22}^{③} \end{pmatrix} \begin{pmatrix} \delta_1 \\ \delta_2 \\ \delta_3 \\ \delta_4 \end{pmatrix}$$

将式(d)代入平衡方程式(c),则可得

$$\boldsymbol{P}_{\mathrm{D}} = \begin{pmatrix} F_{\mathrm{R1}} \\ 0 \\ 0 \\ 16 \ \mathrm{kN \cdot m} \end{pmatrix} = \begin{pmatrix} k_{11}^{①} & k_{12}^{①} & 0 & 0 \\ k_{21}^{①} & k_{22}^{①}+k_{11}^{②} & k_{12}^{②} & 0 \\ 0 & k_{21}^{②} & k_{22}^{②}+k_{11}^{③} & k_{12}^{③} \\ 0 & 0 & k_{21}^{③} & k_{22}^{③} \end{pmatrix} \begin{pmatrix} \delta_1 \\ \delta_2 \\ \delta_3 \\ \delta_4 \end{pmatrix} - \begin{pmatrix} F_{\mathrm{E1}}^{①} \\ F_{\mathrm{E2}}^{①}+F_{\mathrm{E1}}^{②} \\ F_{\mathrm{E2}}^{②}+F_{\mathrm{E1}}^{③} \\ F_{\mathrm{E2}}^{③} \end{pmatrix} \tag{e}$$

如果引入记号

$$\boldsymbol{P}_{\mathrm{E}} = \begin{pmatrix} F_{\mathrm{E1}}^{①} & F_{\mathrm{E2}}^{①}+F_{\mathrm{E1}}^{②} & F_{\mathrm{E2}}^{②}+F_{\mathrm{E1}}^{③} & F_{\mathrm{E2}}^{③} \end{pmatrix}^{\mathrm{T}} = \begin{pmatrix} -10 & -6 & 16 & 0 \end{pmatrix}^{\mathrm{T}} \mathrm{kN \cdot m} \tag{7-19}$$

$$K=\begin{pmatrix} k_{11}^① & k_{12}^① & 0 & 0 \\ k_{21}^① & k_{22}^①+k_{11}^② & k_{12}^② & 0 \\ 0 & k_{21}^② & k_{22}^②+k_{11}^③ & k_{12}^③ \\ 0 & 0 & k_{21}^③ & k_{22}^③ \end{pmatrix} \qquad (7\text{-}20)$$

$$P=P_D+P_E \qquad (7\text{-}21)$$

其中,P_E称为结构原始等效结点荷载矩阵,K称为结构原始刚度矩阵,P称为结构原始综合结点荷载矩阵。则式(e)可改写为

$$K\Delta=P \qquad (7\text{-}22)$$

式(7-22)即为结构的原始刚度方程,它是结构结点平衡的矩阵表示。

这里需要指出以下几点:

- 对于连续梁结构,结构原始刚度矩阵是一个对称的三对角矩阵。其元素可以由各单元刚度矩阵元素累加组成,其累加规则请读者参照式(7-20)自行总结。

- 结构原始等效结点荷载矩阵可以由各单元等效结点荷载矩阵元素累加组成,其累加规则请读者参照式(7-19)自行总结。

- 结构结点位移矩阵中包含边界处的已知位移(上述分析中 $\delta_1=0$)。结构原始综合结点荷载矩阵中包含边界的支座反力(上述分析中的 F_{R1}),它们目前是未知的。结构原始刚度方程还需要做边界条件处理后才能求解。因此,上面所建立的各矩阵均冠有"原始"二字,而将这种建立结构刚度方程的方法称为**后处理法**。

- 如果把零位移的结点号编为0,对图7-11所示连续梁,结点号成为0、1、2、3。当由各单元刚度矩阵元素累加组成结构刚度矩阵和等效结点荷载矩阵时,相应于零位移的元素不累加,则最终得到的结构刚度方程成为

$$K\Delta=\begin{pmatrix} k_{22}^①+k_{11}^② & k_{12}^② & 0 \\ k_{21}^② & k_{22}^②+k_{11}^③ & k_{12}^③ \\ 0 & k_{21}^③ & k_{22}^③ \end{pmatrix}\begin{pmatrix} \delta_1 \\ \delta_2 \\ \delta_3 \end{pmatrix}=P_D+P_E=\begin{pmatrix} 0 \\ 0 \\ 16\ \text{kN}\cdot\text{m} \end{pmatrix}+\begin{pmatrix} -6\ \text{kN}\cdot\text{m} \\ 16\ \text{kN}\cdot\text{m} \\ 0 \end{pmatrix}$$

这种在组成结构刚度方程过程中已经考虑零位移条件的方法称为**先处理法**。

- 对先处理法得到的结构刚度方程进行求解,可求得结构结点位移 Δ。进一步和已知边界位移一起可得到各单元的结点位移,利用单元刚度方程就可以求得单元杆端力。由所得到的单元杆端力和单元荷载,可求得任意截面的内力以及支座反力。

7-4-2 平面刚架结构刚度方程

为便于理解,先以例题7-2所示刚架在图7-13所示荷载下的分析为例进行说明,有关坐标系及编码如图所示。从例题7-5可见,如果将单元杆端位移矩阵分成单元$\overline{1}$、$\overline{2}$两个结点位移矩阵,即

$$\boldsymbol{\delta}^e=\begin{pmatrix} \delta_{\overline{1}} \\ \delta_{\overline{2}} \end{pmatrix}^e \qquad (7\text{-}23)$$

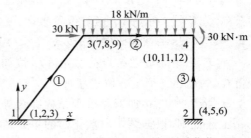

图7-13 例题7-2刚架所受荷载

则整体坐标系下单元刚度方程也应做如下相应的修改：

$$\left(\begin{pmatrix}\boldsymbol{F}_{\bar{1}}\\ \boldsymbol{F}_{\bar{2}}\end{pmatrix}+\begin{pmatrix}\boldsymbol{F}_{\mathrm{E}\bar{1}}\\ \boldsymbol{F}_{\mathrm{E}\bar{2}}\end{pmatrix}\right)^{e}=\begin{pmatrix}\boldsymbol{k}_{11}&\boldsymbol{k}_{12}\\ \boldsymbol{k}_{21}&\boldsymbol{k}_{22}\end{pmatrix}^{e}\begin{pmatrix}\boldsymbol{\delta}_{\bar{1}}\\ \boldsymbol{\delta}_{\bar{2}}\end{pmatrix}^{e} \tag{7-24}$$

式（7-24）和连续梁单元刚度方程相比，前者"元素"为子矩阵（见例题 7-5，子矩阵如虚线所示分割），后者元素为数值。注意到这一点，则像连续梁一样取图 7-13 所示的 4 个结点考虑平衡并作类似的分析，即可建立平面刚架的结构刚度方程：（建议读者仿照连续梁自行画出结点受力图并进行分析，以便切实理解和掌握整体分析。）

$$\boldsymbol{K\Delta}=\boldsymbol{P}=\boldsymbol{P}_{\mathrm{D}}+\boldsymbol{P}_{\mathrm{E}} \tag{7-25}$$

式中

$$\boldsymbol{\Delta}=\begin{pmatrix}\boldsymbol{\delta}_{1}^{\mathrm{T}}&\boldsymbol{\delta}_{2}^{\mathrm{T}}&\boldsymbol{\delta}_{3}^{\mathrm{T}}&\boldsymbol{\delta}_{4}^{\mathrm{T}}\end{pmatrix}^{\mathrm{T}},\ \boldsymbol{\delta}_{i}=\begin{pmatrix}u&v&\theta\end{pmatrix}_{i}^{\mathrm{T}}\quad(i=1,2,3,4) \tag{7-26}$$

$$\boldsymbol{P}_{\mathrm{D}}=\begin{pmatrix}\boldsymbol{P}_{\mathrm{D1}}^{\mathrm{T}}&\boldsymbol{P}_{\mathrm{D2}}^{\mathrm{T}}&\boldsymbol{P}_{\mathrm{D3}}^{\mathrm{T}}&\boldsymbol{P}_{\mathrm{D4}}^{\mathrm{T}}\end{pmatrix}^{\mathrm{T}},\ \boldsymbol{P}_{\mathrm{D}i}=\begin{pmatrix}F_{\mathrm{P}x}&F_{\mathrm{P}y}&M\end{pmatrix}_{i}^{\mathrm{T}}\quad(i=1,2,3,4) \tag{7-27}$$

其中

$$\boldsymbol{P}_{\mathrm{D3}}=\begin{pmatrix}30\ \mathrm{kN}&0&0\end{pmatrix}^{\mathrm{T}},\ \boldsymbol{P}_{\mathrm{D4}}=\begin{pmatrix}0&0&30\ \mathrm{kN\cdot m}\end{pmatrix}^{\mathrm{T}}\quad(\boldsymbol{P}_{\mathrm{D1}}\text{和}\boldsymbol{P}_{\mathrm{D2}}\text{由支座反力组成})$$

$$\boldsymbol{P}_{\mathrm{E}}=\begin{pmatrix}\boldsymbol{P}_{\mathrm{E1}}^{\mathrm{T}}&\boldsymbol{P}_{\mathrm{E2}}^{\mathrm{T}}&\boldsymbol{P}_{\mathrm{E3}}^{\mathrm{T}}&\boldsymbol{P}_{\mathrm{E4}}^{\mathrm{T}}\end{pmatrix}^{\mathrm{T}},\ \boldsymbol{P}_{\mathrm{E}i}=\begin{pmatrix}F_{\mathrm{E}x}&F_{\mathrm{E}y}&M_{\mathrm{E}}\end{pmatrix}_{i}^{\mathrm{T}}\quad(i=1,2,3,4) \tag{7-28}$$

由例题 7-3 可知

$$\boldsymbol{P}_{\mathrm{E3}}=\begin{pmatrix}0&-45\ \mathrm{kN}&-37.5\ \mathrm{kN\cdot m}\end{pmatrix}^{\mathrm{T}},\ \boldsymbol{P}_{\mathrm{E4}}=\begin{pmatrix}0&-45\ \mathrm{kN}&37.5\ \mathrm{kN\cdot m}\end{pmatrix}^{\mathrm{T}},\ \boldsymbol{P}_{\mathrm{E1}}=\boldsymbol{P}_{\mathrm{E2}}=\boldsymbol{0}$$

结构原始刚度矩阵为

$$\boldsymbol{K}=\begin{pmatrix}\boldsymbol{k}_{11}^{①}&\boldsymbol{0}&\boldsymbol{k}_{12}^{①}&\boldsymbol{0}\\ \boldsymbol{0}&\boldsymbol{k}_{11}^{③}&\boldsymbol{0}&\boldsymbol{k}_{12}^{③}\\ \boldsymbol{k}_{21}^{①}&\boldsymbol{0}&\boldsymbol{k}_{22}^{①}+\boldsymbol{k}_{11}^{②}&\boldsymbol{k}_{12}^{②}\\ \boldsymbol{0}&\boldsymbol{k}_{21}^{③}&\boldsymbol{k}_{21}^{②}&\boldsymbol{k}_{22}^{②}+\boldsymbol{k}_{22}^{③}\end{pmatrix} \tag{7-29}$$

式中各子矩阵可从例题 7-5 获得（②号单元整体坐标系下单元刚度矩阵等于局部坐标系下单元刚度矩阵）。单元杆端位移矩阵和结构结点位移矩阵间存在以下对应关系：

$$\boldsymbol{\delta}^{①}=\begin{pmatrix}\boldsymbol{\delta}_{1}^{\mathrm{T}}&\boldsymbol{\delta}_{3}^{\mathrm{T}}\end{pmatrix}^{\mathrm{T}},\quad\boldsymbol{\delta}^{②}=\begin{pmatrix}\boldsymbol{\delta}_{3}^{\mathrm{T}}&\boldsymbol{\delta}_{4}^{\mathrm{T}}\end{pmatrix}^{\mathrm{T}},\quad\boldsymbol{\delta}^{③}=\begin{pmatrix}\boldsymbol{\delta}_{2}^{\mathrm{T}}&\boldsymbol{\delta}_{4}^{\mathrm{T}}\end{pmatrix}^{\mathrm{T}} \tag{f}$$

上述符号的含义和连续梁完全相同。

1. 后处理法集成结构整体原始刚度方程

从式（7-29）进行归纳，可得后处理法集成结构原始刚度方程规则如下：

- 设单元局部结点码 $\bar{1}$、$\bar{2}$ 所对应的结构整体结点码分别为 i 和 j，则单元刚度子矩阵（以下简称为子矩阵）$\boldsymbol{k}_{11}^{e}$ 送 $\boldsymbol{K}$ 的 i 行 i 列子矩阵位置累加，子矩阵 $\boldsymbol{k}_{12}^{e}$ 送 $\boldsymbol{K}$ 的 i 行 j 列子矩阵位置累加，子矩阵 $\boldsymbol{k}_{21}^{e}$ 送 $\boldsymbol{K}$ 的 j 行 i 列子矩阵位置累加，子矩阵 $\boldsymbol{k}_{22}^{e}$ 送 $\boldsymbol{K}$ 的 j 行 j 列子矩阵位置累加。

- $\boldsymbol{P}_{\mathrm{D}}$ 根据结点编码顺序，按式（7-27）直接组成。

- $\boldsymbol{P}_{\mathrm{E}}$ 由单元等效结点荷载矩阵 $\boldsymbol{F}_{\mathrm{E}}^{e}$ 按如下规则集成：子矩阵 $\boldsymbol{F}_{\mathrm{E1}}^{e}$ 送 $\boldsymbol{P}_{\mathrm{E}}$ 的 i 子矩阵位置累加，子矩阵 $\boldsymbol{F}_{\mathrm{E2}}^{e}$ 送 $\boldsymbol{P}_{\mathrm{E}}$ 的 j 子矩阵位置累加。

- 将 $\boldsymbol{P}_{\mathrm{E}}$ 和 $\boldsymbol{P}_{\mathrm{D}}$ 相加即可得到结构综合等效结点荷载矩阵 $\boldsymbol{P}$。

利用上述规则，根据结构离散化时的单元结点信息——单元局部码对应的结构整体结点码，即可集成得到结构原始刚度方程。上述形成刚度方程的方法称为直接刚度法。

2. 结构原始刚度矩阵性质

由结构原始刚度方程可得结构原始刚度矩阵 $\boldsymbol{K}$ 中元素 K_{ij} 的物理意义为,当仅发生广义位移 $\Delta_j = 1$ 时,在第 i 个广义位移对应处所需施加的广义力。

对于由自由式单元刚度矩阵集成的结构原始刚度矩阵,具有以下性质:

- **对称性** 由反力互等定理可得 $K_{ij} = K_{ji}$,因此 $\boldsymbol{K}$ 是对称矩阵。
- **奇异性** 因为所有单元都是自由式的,未进行位移边界条件处理前结构存在刚性位移,在给定平衡的外荷载作用下不可能确定其惯性运动,即不可能确定结构的位移,因此 $\boldsymbol{K}$ 是奇异的。
- **稀疏性** 根据集成规则,有单元相连接的杆端结点称为相关结点,无单元连接的结点为不相关结点。显然如果 i 和 j 为不相关结点时,则 $\boldsymbol{K}$ 中的子矩阵 $\boldsymbol{K}_{ij} = \boldsymbol{K}_{ji} = \boldsymbol{0}$。因此,如果在结构离散化时注意了使相关结点编码的最大差值尽可能小(即所谓合理编码),则结构原始刚度矩阵 $\boldsymbol{K}$ 只在对角线附近较小的一条带状区域内有非零子矩阵,因此 $\boldsymbol{K}$ 具有稀疏性。由于对称性,从主对角线元素到离得最远的非零元素间的距离称为半带宽(可以是行,也可以是列),对于像图 7-13 所示的全部刚接的结构,其最大半带宽 = 3×(相关结点编码最大差值+1) = 3×(2+1) = 9。

3. 边界条件处理

因为用自由式单元集成的原始刚度矩阵具有奇异性,因此,必须引入足以阻止刚体位移的约束条件(也称为位移边界条件)。常用的位移边界条件处理方法有两种:

- **乘大数法** 假设结构中某一个位移约束条件为 $\Delta_i = C_i$,N 为一个很大的数。所谓乘大数法是将 K_{ii} 用 NK_{ii} 替换,综合等效结点荷载元素 P_i 用 $NK_{ii}C_i$ 替换。为什么这样做能满足约束条件,这个问题留给读者自行研究(提示:考虑第 i 个刚度方程展开式)。
- **置换法** 仍然假设结构中某一个位移约束条件为 $\Delta_i = C_i$,置换法需要做以下处理:

(1) 将综合等效结点荷载矩阵中元素 $P_j(j \neq i)$ 用 $P_j - K_{ji}C_i$ 置换;

(2) 将 $K_{ij}(i \neq j)$ 和 $K_{ji}(i \neq j)$ 即 i 行 j 列上非对角线元素全部置换成 0;

(3) 将 K_{ii} 置换成 1,P_i 置换成 C_i。

上述两种方法都能使结构约束条件满足而且处理后的刚度方程等价。若有 n 个已知位移边界条件,则作 n 次上述处理即可。

4. 定位向量及先处理法集成结构刚度矩阵

事实上,结构刚度矩阵元素是由单元刚度矩阵元素组成的,只要确定了单元刚度矩阵各元素在结构刚度矩阵中的位置,就可以由单元刚度矩阵元素直接集成结构刚度矩阵,下面就来解决这一问题。

- **位移码** 按先起点 $\bar{1}$ 后终点 $\bar{2}$ 将杆端位移顺序排列的单元位移序号,称为单元局部位移码。而按整体结点码的顺序将结点位移顺序排列的位移序号,称为整体位移码。按先处理法整体位移码编号(被约束无位移的位移编码记为 0)如图 7-14 所示。

- **定位向量定义** 由单元局部位移码所对应的结构整体位移码所组成的向量,称为单元的定位向量。如图 7-14 所示结构各单元的定位向量为

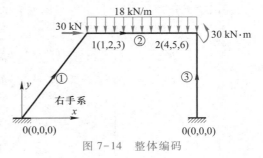

图 7-14 整体编码

单元① $(0,0,0,1,2,3)$

$$单元②　(1,2,3,4,5,6)$$
$$单元③　(0,0,0,4,5,6)$$

- **按定位向量集成规则**　用单元定位向量确定单元刚度矩阵每个元素在结构刚度矩阵中位置的方法是：

（1）先求出单元 e 在整体坐标系中的刚度矩阵 $\boldsymbol{k}^e$。

（2）将单元 e 的定位向量分别写在单元刚度矩阵 $\boldsymbol{k}^e$ 的上方和右侧（或左侧）。这样，$\boldsymbol{k}^e$ 的元素 k_{ij}^e 的行、列号就分别与单元定位向量对应的一个分量相匹配。

（3）若单元定位向量的某个分量为零，则 $\boldsymbol{k}^e$ 中相应的行和列可以删去，即不必向结构刚度矩阵 $\boldsymbol{K}$ 中叠加。

（4）单元定位向量中不为零的行、列分量，就是 $\boldsymbol{k}^e$ 中元素 k_{ij}^e 在结构刚度矩阵 $\boldsymbol{K}$ 中的行码和列码。按照单元定位向量中非零分量给出的行码和列码，就能够将单元刚度矩阵 $\boldsymbol{k}^e$ 的元素正确地累加到结构刚度矩阵 $\boldsymbol{K}$ 中去。

例如，图 7-14 所示结构各单元的单元刚度矩阵为

$$
\boldsymbol{k}^{①}=
\begin{pmatrix}
k_{11} & k_{12} & k_{13} & k_{14} & k_{15} & k_{16}\\
k_{21} & k_{22} & k_{23} & k_{24} & k_{25} & k_{26}\\
k_{31} & k_{32} & k_{33} & k_{34} & k_{35} & k_{36}\\
k_{41} & k_{42} & k_{43} & k_{44} & k_{45} & k_{46}\\
k_{51} & k_{52} & k_{53} & k_{54} & k_{55} & k_{56}\\
k_{61} & k_{62} & k_{63} & k_{64} & k_{65} & k_{66}
\end{pmatrix}
\begin{matrix}^{①}0\\0\\0\\1\\2\\3\end{matrix}
,\quad
\boldsymbol{k}^{②}=
\begin{pmatrix}
k_{11} & k_{12} & k_{13} & k_{14} & k_{15} & k_{16}\\
k_{21} & k_{22} & k_{23} & k_{24} & k_{25} & k_{26}\\
k_{31} & k_{32} & k_{33} & k_{34} & k_{35} & k_{36}\\
k_{41} & k_{42} & k_{43} & k_{44} & k_{45} & k_{46}\\
k_{51} & k_{52} & k_{53} & k_{54} & k_{55} & k_{56}\\
k_{61} & k_{62} & k_{63} & k_{64} & k_{65} & k_{66}
\end{pmatrix}
\begin{matrix}^{②}1\\2\\3\\4\\5\\6\end{matrix}
$$

（以上 $\boldsymbol{k}^{①}$ 上方标号为 $0\ 0\ 0\ 1\ 2\ 3$，$\boldsymbol{k}^{②}$ 上方标号为 $1\ 2\ 3\ 4\ 5\ 6$）

$$
\boldsymbol{k}^{③}=
\begin{pmatrix}
k_{11} & k_{12} & k_{13} & k_{14} & k_{15} & k_{16}\\
k_{21} & k_{22} & k_{23} & k_{24} & k_{25} & k_{26}\\
k_{31} & k_{32} & k_{33} & k_{34} & k_{35} & k_{36}\\
k_{41} & k_{42} & k_{43} & k_{44} & k_{45} & k_{46}\\
k_{51} & k_{52} & k_{53} & k_{54} & k_{55} & k_{56}\\
k_{61} & k_{62} & k_{63} & k_{64} & k_{65} & k_{66}
\end{pmatrix}
\begin{matrix}^{③}0\\0\\0\\4\\5\\6\end{matrix}
$$

（$\boldsymbol{k}^{③}$ 上方标号为 $0\ 0\ 0\ 4\ 5\ 6$）

利用单元定位向量按上述规则累加后的结构刚度矩阵为

$$
\boldsymbol{K}=
\begin{bmatrix}
k_{44}^{①}+k_{11}^{②} & k_{45}^{①}+k_{12}^{②} & k_{46}^{①}+k_{13}^{②} & k_{14}^{②} & k_{15}^{②} & k_{16}^{②}\\
k_{54}^{①}+k_{21}^{②} & k_{55}^{①}+k_{22}^{②} & k_{56}^{①}+k_{23}^{②} & k_{24}^{②} & k_{25}^{②} & k_{26}^{②}\\
k_{64}^{①}+k_{31}^{②} & k_{65}^{①}+k_{32}^{②} & k_{66}^{①}+k_{33}^{②} & k_{3}^{②} & k_{35}^{②} & k_{36}^{②}\\
k_{41}^{②} & k_{42}^{②} & k_{43}^{②} & k_{44}^{②}+k_{44}^{③} & k_{45}^{②}+k_{45}^{③} & k_{46}^{②}+k_{46}^{③}\\
k_{51}^{②} & k_{52}^{②} & k_{53}^{②} & k_{54}^{②}+k_{54}^{③} & k_{55}^{②}+k_{55}^{③} & k_{56}^{②}+k_{56}^{③}\\
k_{61}^{②} & k_{62}^{②} & k_{63}^{②} & k_{64}^{②}+k_{64}^{③} & k_{65}^{②}+k_{65}^{③} & k_{66}^{②}+k_{66}^{③}
\end{bmatrix}
\begin{matrix}1\\2\\3\\4\\5\\6\end{matrix}
\tag{7-30}
$$

（$\boldsymbol{K}$ 上方列标号为 $1\ 2\ 3\ 4\ 5\ 6$）

上述集成过程表明:主对角线元素是由同一结点相关单元的刚度矩阵主对角线元素叠加而成,因此一定是正值。副对角线元素是由定位向量所对应的单元刚度矩阵副对角线元素累加而成,可为正,可为负,亦可以为零。

同理,结构等效荷载矩阵也可由单元等效结点荷载矩阵累加得到。如何累加请读者自行考虑。

由于定位向量中考虑了支座对位移的限制,而且集成时没有考虑这些元素,相当于集成时已经对支座限制住的位移进行了处理,因此这种集成方法称为**先处理法**。先处理法的结构刚度矩阵最大半带宽 = 相关结点最大位移码差值 + 1,对于图 7-14 所示结构刚度矩阵,最大半带宽 = 5 + 1 = 6,显然比后处理法节省计算机存储单元。

7-4-3 结构刚度方程集成子程序段

先处理法集成结构刚度矩阵的算法见表 7-4。

表 7-4 先处理法集成结构刚度矩阵

1. 确定单元对应的单元信息:单元类型,单元材料属性,单元倾角。
2. 形成局部坐标系下单元刚度矩阵。
   2.1 根据单元类型参照表 7-1 计算局部单元刚度矩阵 $\bar{\boldsymbol{k}}^e$。
3. 形成整体坐标下系单元刚度矩阵。
   3.1 倾角检查:若单元倾角的余弦不等于 1,则执行 3.2 至 3.3 步;若满足,则跳过这些步骤,令 $\boldsymbol{k}^e = \bar{\boldsymbol{k}}^e$,并直接执行第 4.步。
   3.2 根据单元类型参照表 7-3 计算坐标转换矩阵 $\boldsymbol{T}$。
   3.3 获得整体单元刚度矩阵:$\boldsymbol{k}^e = \boldsymbol{T}^{\mathrm{T}} \bar{\boldsymbol{k}}^e \boldsymbol{T}$。
4. 确定单元的定位向量。
   4.1 根据单元号确定单元的起点结点号与终点结点号。
   4.2 根据单元起点与终点结点号在经过先处理的整体位移码中获得对应的单元定位向量。
5. 集成结构刚度矩阵。
   5.1 单元局部位移码与定位向量一一对应,整体单元刚度矩阵的行、列号分别与定位向量的分量一一对应。
   5.2 按照非零定位向量分量给出的行、列号将将整体单元刚度矩阵中的元素累加到结构刚度矩阵中,为 0 的定位向量分量对应的整体单元刚度矩阵元素不必累加至结构刚度矩阵中。
6. 遍历全部单元号,对下一个单元号重复第 1 步至第 5 步。

先处理法形成荷载列阵的算法见表 7-5,先处理法形成定位向量的算法见表 7-6。表 7-1 至表 7-6 中算法对应的 Fortran 90 程序见二维码 7-3。

7-3
表 7-1 至表 7-6 中算法对应的 Fortran 90 程序

表 7-5　先处理法形成荷载列阵

1. 确定工况对应的荷载信息。

　　1.1　确定该工况的单元荷载数量并对单元荷载进行编号。

2. 计算不同编号单元荷载的等效结点荷载。

　　2.1　确定该编号单元荷载相关信息以及作用的单元号与单元类型。

　　2.2　根据该荷载工况计算单元等效结点荷载 $\overline{\boldsymbol{F}}_{\mathrm{E}}^{e}$。

　　2.3　倾角检查:若单元倾角的余弦不等于 1,则执行 2.4 至 2.5 步;若满足,则跳过这些步骤,令 $\boldsymbol{F}_{\mathrm{E}}^{e}=\overline{\boldsymbol{F}}_{\mathrm{E}}^{e}$,
　　　　并直接执行第 3 步。

　　2.4　根据单元类型参照表 7-3 计算坐标转换矩阵 $\boldsymbol{T}$。

　　2.5　获得整体坐标系下的单元等效结点荷载: $\boldsymbol{F}_{\mathrm{E}}^{e}=\boldsymbol{T}^{\mathrm{T}}\overline{\boldsymbol{F}}_{\mathrm{E}}^{e}$。

3. 获得单元的定位向量。

　　3.1　根据单元号确定单元的起点结点号与终点结点号。

　　3.2　根据单元起点与终点结点号在经过先处理的整体位移码中获得对应的单元定位向量。

4. 集成结构等效结点荷载列阵。

　　4.1　单元局部位移码与定位向量一一对应,单元等效结点荷载的行号分别与定位向量的分量一一对应。

　　4.2　按照非零定位向量分量给出的行号将单元等效结点荷载中的元素累加到结构等效结点荷载列阵
　　　　中,为 0 的定位向量分量对应的单元等效结点荷载列阵中的元素不必参与累加。

5. 遍历该工况的全部荷载编号,对下一个编号的单元荷载重复第 2 步至第 4 步。

6. 遍历全部荷载工况,对下一个工况重复第 1 步至第 5 步。

表 7-6　先处理法形成定位向量

1. 确定单元信息。

　　1.1　确定该单元的单元类型、单元两端结点号。

　　1.2　确定结点位移码。

2. 根据单元两端总位移数形成定位向量。

　　2.1　单元总位移数为 4:确定单元起点与终点对应的整体结点位移码 (u_1, u_2) 和 (v_1, v_2),确定单元定位
　　　　向量为 (u_1, u_2, v_1, v_2)。

　　2.2　单元总位移数为 6:确定单元起点与终点对应的整体结点位移码 (u_1, u_2, u_3) 和 (v_1, v_2, v_3),确定单元
　　　　定位向量为 $(u_1, u_2, u_3, v_1, v_2, v_3)$。

7-4-4 结构刚度方程集成举例

[例题 7-6] 试用后处理法建立图 7-13 所示编码和先处理法建立图 7-14 所示编码刚架的结构刚度方程。

解:(1)后处理法集成

设 1 结点的支座反力分别为 F_{1x}、F_{1y}、M_1,2 结点支座反力为 F_{2x}、F_{2y}、M_2,则直接作用结点荷载矩阵按式(7-27)根据结点号集成结果为

$$\boldsymbol{P}_D = (\; F_{1x} \quad F_{1y} \quad M_1 \quad F_{2x} \quad F_{2y} \quad M_2 \quad 30 \text{ kN} \quad 0 \quad 0 \quad 0 \quad 0 \quad 30 \text{ kN} \cdot \text{m} \;)^T$$

单元②的 $\alpha = 0$,所以整体坐标系下的等效结点荷载矩阵和局部坐标系下的等效结点荷载矩阵相同,即

$$\boldsymbol{F}_E^{②} = (\; 0 \quad -45 \text{ kN} \quad -37.5 \text{ kN} \cdot \text{m} \quad 0 \quad -45 \text{ kN} \quad 37.5 \text{ kN} \cdot \text{m} \;)^T$$

①、③单元上无荷载,因此 $\boldsymbol{F}_E^{①} = \boldsymbol{F}_E^{③} = \boldsymbol{0}$。基于此,式(7-28)所示结构等效结点荷载矩阵为

$$\boldsymbol{P}_E = (\; 0 \quad 0 \quad 0 \quad 0 \quad 0 \quad 0 \quad 0 \quad -45 \text{ kN} \quad -37.5 \text{ kN} \cdot \text{m} \quad 0 \quad -45 \text{ kN} \quad 37.5 \text{ kN} \cdot \text{m} \;)^T$$

由此可得结构综合结点荷载矩阵为

$$\boldsymbol{P} = (\; F_{1x} \quad F_{1y} \quad M_1 \quad F_{2x} \quad F_{2y} \quad M_2 \quad 30 \text{ kN} \quad -45 \text{ kN} \quad -37.5 \text{ kN} \cdot \text{m} \quad 0 \quad 45 \text{ kN} \quad 67.5 \text{ kN} \cdot \text{m} \;)^T$$

利用例题 7-5 的整体坐标系下单元刚度矩阵结果($\boldsymbol{k}^② = \overline{\boldsymbol{k}}^①$),按直接刚度法集成,结构刚度矩阵如式(7-29),其 3×3 的子矩阵如下:

$$\boldsymbol{K}_{11} = \begin{pmatrix} 53.17 \text{ kN/m} & 68.12 \text{ kN/m} & -4.15 \text{ kN} \\ 68.12 \text{ kN/m} & 92.91 \text{ kN/m} & 3.11 \text{ kN} \\ -4.15 \text{ kN} & 3.11 \text{ kN} & 17.28 \text{ kN} \cdot \text{m} \end{pmatrix} \times 10^4, \quad \boldsymbol{K}_{12} = \boldsymbol{K}_{23} = \boldsymbol{K}_{14} = \boldsymbol{0}$$

$$\boldsymbol{K}_{13} = \begin{pmatrix} -53.17 \text{ kN/m} & -68.12 \text{ kN/m} & -4.15 \text{ kN} \\ -68.12 \text{ kN/m} & -92.91 \text{ kN/m} & 3.11 \text{ kN} \\ 4.15 \text{ kN} & 3.11 \text{ kN} & 8.64 \text{ kN} \cdot \text{m} \end{pmatrix} \times 10^4$$

$$\boldsymbol{K}_{22} = \begin{pmatrix} 4.05 \text{ kN/m} & 0 & -8.1 \text{ kN} \\ 0 & 180 \text{ kN/m} & 0 \\ -8.1 \text{ kN} & 0 & 21.6 \text{ kN} \cdot \text{m} \end{pmatrix} \times 10^4$$

$$\boldsymbol{K}_{24} = \begin{pmatrix} -4.05 \text{ kN/m} & 0 & -8.1 \text{ kN} \\ 0 & -180 \text{ kN/m} & 0 \\ 8.1 \text{ kN} & 0 & 10.8 \text{ kN} \cdot \text{m} \end{pmatrix} \times 10^4$$

$$\boldsymbol{K}_{33} = \begin{pmatrix} 197.17 \text{ kN/m} & 68.12 \text{ kN/m} & 4.15 \text{ kN} \\ 68.12 \text{ kN/m} & 94.98 \text{ kN/m} & 2.074 \text{ kN} \\ 4.15 \text{ kN} & 2.074 \text{ kN} & 34.56 \text{ kN} \cdot \text{m} \end{pmatrix} \times 10^4$$

$$\boldsymbol{K}_{34} = \begin{pmatrix} -144 \text{ kN/m} & 0 & 0 \\ 0 & -2.07 \text{ kN/m} & 5.184 \text{ kN} \\ 0 & -5.184 \text{ kN} & 8.64 \text{ kN} \cdot \text{m} \end{pmatrix} \times 10^4$$

$$\boldsymbol{K}_{44} = \begin{pmatrix} 148.1 \text{ kN/m} & 0 & 8.1 \text{ kN} \\ 0 & 182.07 \text{ kN/m} & -5.184 \text{ kN} \\ 8.1 \text{ kN} & -5.184 \text{ kN} & 38.88 \text{ kN} \cdot \text{m} \end{pmatrix} \times 10^4$$

由于对称性，$\boldsymbol{K}_{ij} = \boldsymbol{K}_{ji}^{\mathrm{T}}\,(i,j=1,2,3,4)$。有了上述结果，按式（7-29）即可得到后处理法的结构刚度方程

$$\boldsymbol{K\Delta} = \boldsymbol{P}$$

（2）先处理法集成

此结构各单元的定位向量和符号表达的结构刚度矩阵已在 7-4-2 中给出［见式（7-30）］，将例题 7-5 算出的各单元的刚度矩阵具体元素数值代入后可得

$$\boldsymbol{K} = \begin{pmatrix} 197.17\ \text{kN/m} & 68.12\ \text{kN/m} & 4.15\ \text{kN} & -144\ \text{kN/m} & 0 & 0 \\ 68.12\ \text{kN/m} & 94.98\ \text{kN/m} & 2.074\ \text{kN} & 0 & -2.07\ \text{kN/m} & 5.18\ \text{kN} \\ 4.15\ \text{kN} & 2.074\ \text{kN} & 34.56\ \text{kN} \cdot \text{m} & 0 & -5.18\ \text{kN} & 8.64\ \text{kN} \cdot \text{m} \\ -144\ \text{kN/m} & 0 & 0 & 148.1\ \text{kN/m} & 0 & 8.1\ \text{kN} \\ 0 & -2.07\ \text{kN/m} & -5.18\ \text{kN} & 0 & 182.07\ \text{kN/m} & -5.184\ \text{kN} \\ 0 & 5.18\ \text{kN} & 8.64\ \text{kN} \cdot \text{m} & 8.1\ \text{kN} & -5.184\ \text{kN} & 38.88\ \text{kN} \cdot \text{m} \end{pmatrix} \times 10^{4}$$

显然，这一结果和后处理法中划去 1、2 结点对应子矩阵后的结构刚度矩阵相同。后处理法必须对刚度矩阵引入边界条件后才能求解，而且是解 12 阶的方程。先处理法不需要再处理零位移约束条件，只需求解 6 阶的方程。

根据结点位移码，由图 7-14 所示直接可得

$$\boldsymbol{P}_{\mathrm{D}} = (30\ \text{kN} \quad 0 \quad 0 \quad 0 \quad 0 \quad 30\ \text{kN} \cdot \text{m})^{\mathrm{T}}$$

由单元②的等效结点荷载可得

$$\boldsymbol{P}_{\mathrm{E}} = (0 \quad -45\ \text{kN} \quad -37.5\ \text{kN} \cdot \text{m} \quad 0 \quad -45\ \text{kN} \quad 37.5\ \text{kN} \cdot \text{m})^{\mathrm{T}}$$

从而可得综合结点荷载矩阵为

$$\boldsymbol{P} = \boldsymbol{P}_{\mathrm{D}} + \boldsymbol{P}_{\mathrm{E}} = (30\ \text{kN} \quad -45\ \text{kN} \quad -37.5\ \text{kN} \cdot \text{m} \quad 0 \quad -45\ \text{kN} \quad 67.5\ \text{kN} \cdot \text{m})^{\mathrm{T}}$$

结构刚度方程为

$$\boldsymbol{K\Delta} = \boldsymbol{P}$$

§7-5　结构刚度和综合结点荷载元素速算法及单元内力计算

矩阵位移法一般均需编制程序用计算机进行数值计算，这时要求解结构刚度方程

$$\boldsymbol{K\Delta} = \boldsymbol{P}$$

结构刚度矩阵和综合结点荷载矩阵正确与否，直接影响结构受力、变形分析的正确性。为此，在编制和调试计算机程序时通常要对结构刚度矩阵和综合结点荷载矩阵的元素进行校核，其中一种方法是通过基本概念快速计算出结构刚度矩阵或综合结点荷载矩阵中的某几个元素，将其与计算机输出的相应结果对比，从而判别程序的可靠性。此外，从刚度方程求得结点位移并非最终目的，进行结构设计还必须进行内力的计算。因此，本节首先介绍结构刚度矩阵元素和综合结点荷载矩阵元素确定的速算方法，使有关力学概念更加清晰。然后介绍求得结构位移后单元内力的计算方法。

7-5-1 结构刚度矩阵元素速算确定方法

结构刚度矩阵元素 K_{ij} 的物理意义是:当仅结构第 j 个位移分量产生单位位移时,与第 i 个位移相应的"附加约束"上的反力(或称所需施加的力)。速算方法就是利用这一概念和等截面直杆的形常数,不经单元分析和集成而获得结构刚度矩阵中任何指定元素的方法。

结构刚度矩阵元素 K_{ij} 的速算步骤为:

(1) 如果第 i 个位移和第 j 个位移分量间没有直接的单元连接,$K_{ij}=0$。否则继续以下步骤。

(2) 从结构中取出和 Δ_j 相关联的(存在单元连接的)单元部分,所取出部分的结点认为均有限制位移的约束,不能产生任何位移。

(3) 令所取出部分的结构仅产生 $\Delta_j=1$ 的位移,作单位弯矩图(或单位内力图)。

(4) 像位移法一样,根据形常数和结点或隔离体平衡的条件,求与 $\Delta_i=1$ 相应的"附加约束"上的总反力,其值即为 K_{ij}。

下面举例加以说明:

[例题 7-7] 结构及其相关编码如图 7-15a 所示,各杆 EI、EA 和长度 l 均为常数。试求结构刚度矩阵元素 K_{44}、K_{66}、$K_{4,13}$、$K_{6,15}$。

解:(1) 求 K_{44}。取出与位移码 4(结点码 5)相关的部分,并作出求 K_{44} 时单位位移状态和内力图,如图 7-15b 所示。

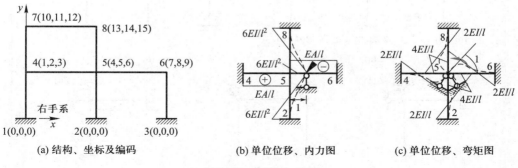

(a) 结构、坐标及编码   (b) 单位位移、内力图   (c) 单位位移、弯矩图

图 7-15 例题 7-7 图

由图示的形常数和 5 结点 $\sum F_x=0$ 可得

$$K_{44}=\frac{2EA}{l}+\frac{24EI}{l^3}$$

(2) 求 K_{66}。取出的部分、单位位移状态如图 7-15c 所示,由图示的形常数和 5 结点 $\sum M=0$ 立即可得

$$K_{66}=\frac{16EI}{l}$$

(3) 求 $K_{4,13}$。由对称性可知 $K_{4,13}=K_{13,4}$,因此仍可以图 7-15b 计算。从图 7-15b 中取 8 结点,由 5-8 杆的剪力和 8 结点 $\sum F_x=0$,可得

$$K_{13,4}=K_{4,13}=-\frac{12EI}{l^3}$$

（4）求 $K_{6,15}$。同样，因对称性仍可取图 7-15c 进行计算。从图 7-15c 中取 8 结点，由 $\sum M = 0$ 可得

$$K_{15,6} = K_{6,15} = \frac{2EI}{l}$$

有了上述手算的结果，与调试程序时输出的这些元素值相比，即可检查程序的正确性：

- 输入数据经检查完全正确时，看结构刚度矩阵是否正确。
- 当已验证结构刚度矩阵正确实现集成规则时，可检验输入的信息（或生成的定位向量）是否有问题。

本例题的分析过程表明，只要概念很清楚，形常数很熟，速算求结构刚度矩阵元素是十分容易的。

[例题 7-8]　结构和刚度情况同例题 7-7，但不考虑轴向变形，位移编码如图 7-16a 所示，试求结构刚度矩阵元素 K_{11}、K_{27}、K_{15}、K_{55}。

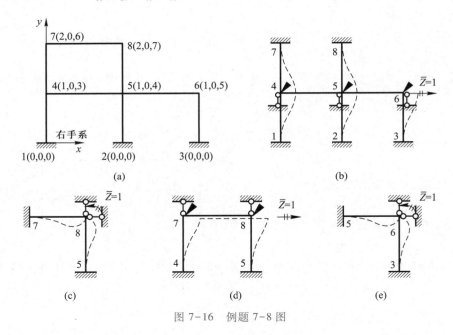

图 7-16　例题 7-8 图

解：（1）求 K_{11}。当仅仅发生 $\Delta_1 = 1$ 时，取出刚架相关部分并作出单位位移图（请读者自行画出 M 图）如图 7-16b 所示，由形常数和横梁隔离体 $\sum F_x = 0$ 可得

$$K_{11} = \frac{60EI}{l^3}$$

（2）求 K_{27}。当仅仅 $\Delta_7 = 1$ 时，取出刚架相关部分并作出单位位移图（请读者自行画出 M 图）如图 7-16c 所示，由此求得 5-8 杆的剪力，再由结点 8 的 $\sum F_x = 0$，可得

$$K_{27} = \frac{6EI}{l^2}$$

根据对称性 $K_{ij} = K_{ji}$ 及元素物理意义，也可由图 7-16d 所示单位位移图（请读者自行画出 M

图）从 8 结点的力矩平衡方程求得

$$K_{72} = \frac{6EI}{l^2} = K_{27}$$

显然后一方法比较简单些。

（3）求 K_{15}。为求 K_{15}，可从图 7-16b 取 6 结点由其力矩平衡方程求得

$$K_{51} = \frac{6EI}{l^2} = K_{15}$$

（4）求 K_{55}。为求 K_{55}，取出部分、单位位移图（请读者自行画出 M 图）如图 7-16e 所示，从 6 结点 $\sum M = 0$，可得

$$K_{55} = \frac{8EI}{l}$$

7-5-2 综合结点荷载元素的速算确定方法

局部坐标系下单元等效结点荷载和单元固端力之间的关系为

$$\overline{F}_E^e = -\overline{F}^{Fe}$$

速算法就是用这个关系（概念）和等直杆载常数来获得单元的等效结点荷载。将等效结点荷载按其局部坐标方向作用于结构结点上，再与结构直接作用结点荷载一起在整体坐标方向投影，便可获得综合结点荷载元素的数值。

速算综合结点荷载矩阵元素的步骤为：

- 根据单元上的荷载状况和两端固定梁（视位移编码情形，也可不是两端固定梁）的载常数，将单元上的荷载按单元局部坐标方向将固端力改变方向"移置"到结点上。
- 将局部坐标方向的等效结点荷载和直接结点荷载向整体坐标方向投影。
- 根据整体位移码，将相同编码上全部结点荷载分量累加即可得到与此位移码相应的综合结点荷载元素。

必须再次强调，$\overline{F}^{Fe}$ 正向的规定和第 6 章里载常数表内固端弯矩、固端剪力和固端轴力正向规定（轴力拉、剪力和弯矩顺时针为正）间有些差别，这可由图 7-17 所示两者正向规定看出，图 7-17a 所示为 $\overline{F}^{Fe}$ 元素的正向规定，图 7-17b 所示为固端内力的正向规定。

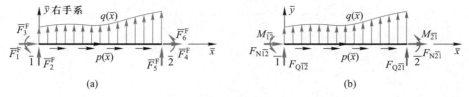

图 7-17　固端力矩阵元素和固端内力正号规定

从图 7-17 可见，等效结点荷载与固端内力间的关系为

$$\overline{F}_E^e = -\overline{F}^{Fe} = \begin{pmatrix} F_{N\overline{12}} & -F_{Q\overline{12}} & M_{\overline{12}} & -F_{N\overline{21}} & F_{Q\overline{21}} & M_{\overline{21}} \end{pmatrix}^T \tag{7-31}$$

［例题 7-9］　试求图 7-18a 所示结构的原始综合结点荷载矩阵 P。

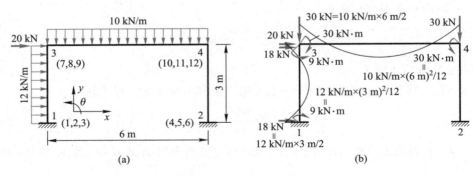

图 7-18　例题 7-9 图

解：由所示荷载，根据载常数表和式（7-31）将单元等效结点荷载和直接作用结点荷载按单元局部坐标作用于结构图上，结果如图 7-18b 所示。

由图 7-18b 求相对整体坐标的 $\sum F_x$、$\sum F_y$ 和 $\sum M$ 可得各结点的原始综合结点荷载为

$$\boldsymbol{P}_1 = (18 \text{ kN} + F_{1x} \quad F_{1y} \quad -9 \text{ kN} \cdot \text{m} + M_1)^T, \quad \boldsymbol{P}_2 = (F_{2x} \quad F_{2y} \quad M_2)^T$$

$$\boldsymbol{P}_3 = (38 \text{ kN} \quad -30 \text{ kN} \quad -21 \text{ kN} \cdot \text{m})^T, \quad \boldsymbol{P}_4 = (0 \quad -30 \text{ kN} \quad 30 \text{ kN} \cdot \text{m})^T$$

由上述结果按结点位移码顺序，即得结构的原始综合结点荷载列阵 $\boldsymbol{P}$。

[**例题 7-10**]　试用定位向量先处理法集成图 7-19a 所示不考虑轴向变形的结构综合结点荷载列阵 $\boldsymbol{P}$。

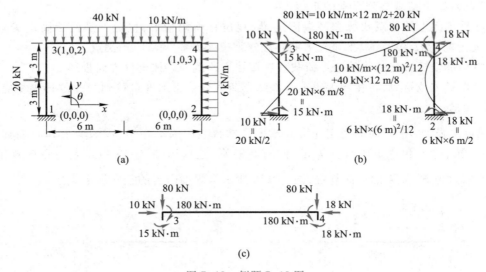

图 7-19　例题 7-10 图

解：不考虑杆件轴向变形时的结点位移编码如图 7-19a 所示。由载常数和式（7-31），与例题 7-9 相似，可获得各单元等效结点荷载如图 7-19b 所示。由于本题要求用定位向量先处理法，根据集成规律位移码为零可不必集成，因此也可不画图 7-19b，而改为只画图 7-19c 部分。由 $\sum F_x$ 可得 $P_1 = -8 \text{ kN}$，由 $\sum M_3$ 可得 $P_2 = -165 \text{ kN} \cdot \text{m}$，由 $\sum M_4$ 可得 $P_3 = 162 \text{ kN} \cdot \text{m}$。由此可得

$$\boldsymbol{P} = (-8 \text{ kN} \quad -165 \text{ kN} \cdot \text{m} \quad 162 \text{ kN} \cdot \text{m})^T$$

[例题7-11]　对于图7-20a所示结构,试用先处理法集成综合结点荷载矩阵 **P**。

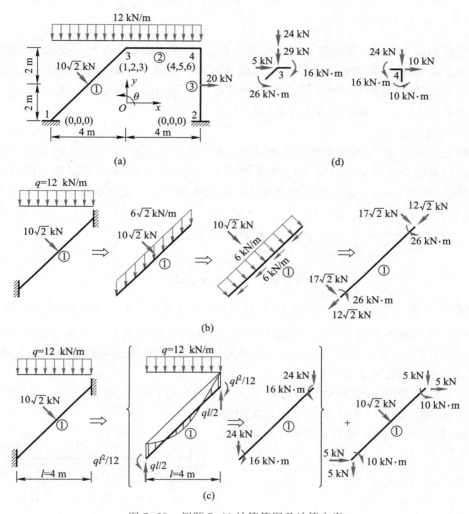

图7-20　例题7-11计算简图及计算方案

解:求解②、③单元等效荷载的方法显然与前两例相同,而①单元是斜杆,需要另行处理。有两种方法:

- 第一种做法是,首先如图7-20b所示将沿水平长度的均布荷载转换成垂直杆轴方向和沿杆轴方向的均布荷载,然后考虑杆上三种(两个分布荷载、一个集中力)相对局部坐标的荷载,由各自的载常数与式(7-31),叠加后可得图7-20b所示单元局部坐标系下的等效结点荷载。

- 另一种做法是,沿水平长度的均布荷载直接利用其"载常数"如图7-20c所示,再利用式(7-31)并考虑垂直杆轴的作用荷载,可得单元等效结点荷载。

不难验证,二者计算结果相同。

根据①、②、③单元的计算结果,3、4结点受力图如图7-20d所示(已统一投影到整体坐标方向)。由此不难看出

$$P = (5 \text{ kN} \quad -53 \text{ kN} \quad 10 \text{ kN} \cdot \text{m} \quad 10 \text{ kN} \quad -24 \text{ kN} \quad 26 \text{ kN} \cdot \text{m})^{\text{T}}$$

7-5-3 单元内力计算

经过整体分析并且引入了边界已知位移条件后,只要杆件体系是几何不变的,结构刚度方程就一定是非奇异的,因此可求得结构全部结点位移。有了位移可以解决结构的刚度问题。但实际工程设计中,更感兴趣的是结构内力。下面假设在求得结构结点位移矩阵 $\boldsymbol{\Delta}$ 的情形下,讨论单元杆端力和单元上任意一截面的内力计算问题。

1. 单元杆端力的计算

根据单元结点信息(即单元两端结点整体码)或单元定位向量(单元整体位移码向量),即可从结构结点位移矩阵 $\boldsymbol{\Delta}$ 中取出该单元的整体坐标系下的位移矩阵 $\boldsymbol{\delta}^e$。根据单元的结点坐标信息,可以求出倾角的 $\cos \alpha$、$\sin \alpha$,从而形成单元坐标转换矩阵 $\boldsymbol{T}$。又根据单元分析和位移坐标转换可知

$$\overline{\boldsymbol{F}}^e + \overline{\boldsymbol{F}}_{\text{E}}^e = \overline{\boldsymbol{k}}^e \overline{\boldsymbol{\delta}}^e, \qquad \overline{\boldsymbol{\delta}}^e = \boldsymbol{T} \boldsymbol{\delta}^e$$

由此可得

$$\overline{\boldsymbol{F}}^e = \overline{\boldsymbol{k}}^e \boldsymbol{T} \boldsymbol{\delta}^e - \overline{\boldsymbol{F}}_{\text{E}}^e = \overline{\boldsymbol{k}}^e \boldsymbol{T} \boldsymbol{\delta}^e + \overline{\boldsymbol{F}}^{\text{Fe}} \tag{7-32}$$

上式即为单元杆端力的计算公式。由此可见,$\overline{\boldsymbol{F}}^e$ 包含两部分:其一为位移引起的杆端力,即 $\overline{\boldsymbol{k}}^e \boldsymbol{T} \boldsymbol{\delta}^e$;另一为等效结点荷载或固端力引起的杆端力,显然只有单元上有非结点荷载作用时才有此项。对于平面刚架,要注意习惯上的内力符号规定和本章对杆端力符号规定间的差异!

2. 单元内任一截面的内力

对于杆系结构来说,有了杆端力即可将单元视为静定梁(简支、悬臂均可)。利用第 3 章已掌握的方法,由截面法即可求得单元内任意截面的内力。下面以图 7-21 所示悬臂梁为例,建立内力计算公式如下:

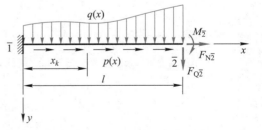

$$F_{Nk} = F_{N\overline{2}} + \int_{x_k}^{l} p(x) \, \mathrm{d}x$$

$$F_{Qk} = F_{Q\overline{2}} + \int_{x_k}^{l} q(x) \, \mathrm{d}x$$

$$M_k = M_{\overline{2}} + \int_{x_k}^{l} q(x)(x - x_k) \, \mathrm{d}x + F_{Q\overline{2}}(l - x_k)$$

图 7-21 截面内力计算

如果有了具体的分布荷载 $p(x)$、$q(x)$ 变化规律,由上式即可得到具体荷载下的任一截面内力。要注意的是:图 7-21 中的杆端力采用的是轴力拉为正,剪力和弯矩顺时针为正。

7-5-4 计算程序的主程序框图

图 7-22 给出了计算程序的主程序框图及其所调用子程序间的关系。限于篇幅,对计算程序不再赘述。更多细节可参看《结构力学程序设计及应用》(王焕定主编,高等教育出版社,2001),以供读者学习时参考。

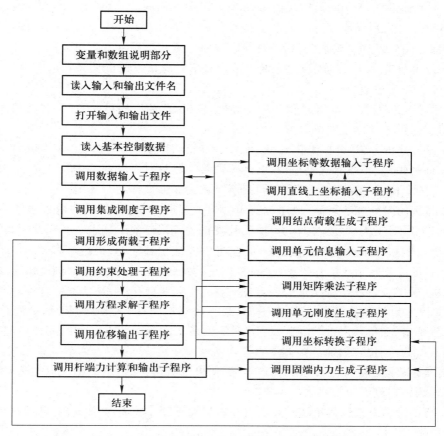

图 7-22 计算程序的主程序框图及子程序调用关系

§7-6 结论与讨论

7-6-1 结论

● 矩阵位移法是求解静定、超静定杆系结构的计算机统一方法。和普通位移法最主要的不同之处是,它借助矩阵将位移法分析公式化,从而实现"把烦琐交给计算机",使大型复杂结构分析计算可以容易、精确地实现。

● 由本章可见,结构计算简图的数据化,是采用计算机程序进行结构分析的基础。由集成规则可知,如何进行结点整体编码或整体位移编码将直接影响结构刚度矩阵的半带宽,因此影响求解规模和效率。在离散化时应该根据半带宽计算方法,尽可能使其减小。

● 由于本章只建立了等截面直杆的单元刚度方程,因此对于拱、曲杆结构和连续变截面等结构,必须用等截面直杆做待分析结构的近似处理。当然,如果建立起相应的曲杆、变截面杆等的单元刚度方程,就可像直杆结构一样直接进行离散。

• 单元分析也称为建立单元杆端位移和单元杆端力之间的关系,它是矩阵位移法的基础。对于单元局部坐标系,单元刚度方程实质上就是位移法的转角位移方程。所不同的仅在符号的正向规定,因此只要熟记形、载常数,利用叠加原理即可得到单元刚度方程。

• 坐标转换的实质是寻找同一量在两个坐标系下对应量之间的关系。明确这一点,任何单元的转换矩阵 $\boldsymbol{T}$ 就不难获得。

• 自由式单元刚度矩阵具有对称性和奇异性。有位移约束的单元,如果位移约束能限制单元发生刚体位移,则单元刚度矩阵是非奇异的。

• 从计算机分析考虑,分析工作规范、统一,程序设计就简单、方便。计算机分析原则上不怕未知量多,而是怕乱、怕没有规则。因此,矩阵位移法分析时一般都考虑轴向变形,即对于平面刚架每结点有三个位移。这时整体分析的物理实质是:保证全部结点平衡。

• 后处理法比先处理法易懂,程序也简单。但方程阶次高,无位移的约束也要作边界条件处理,求解效率低,对于大型复杂结构,可能受计算机硬件限制而不能求解。因此,目前已很少应用。但由此引出的边界条件处理方法,对于已知非零支座位移问题,仍然是需要的。

• 定位向量是单元结点位移码排成的列阵,它是先处理法的基础。深刻理解定位向量先处理法集成规则,是实现各种结构刚度矩阵存储方法(等半带宽存储、变带宽一维存储等——可参看《结构力学程序设计及应用》,王焕定主编,高等教育出版社,2001)和相应求解算法的基础。集成的基本规则是,当单元局部行、列号(i,j)对应的定位向量非零行、列号为(r,s)时,整体单元刚度矩阵元素 k_{ij} 送 K_{rs} 位置累加。整体单元等效结点荷载矩阵元素 P_{Ei} 送 P_r 位置累加。

• 深刻理解结构刚度矩阵元素的物理意义,便可根据形常数,从结构中取相关联的一部分,列平衡方程得到结构刚度矩阵指定的元素。

• 综合结点荷载由直接作用在结点上的荷载以及等效结点荷载组成,它可根据相关单元由载常数快速确定。

• 对于单元上有非结点荷载作用的情形,单元的杆端力由单元杆端位移及荷载引起的固端内力确定,公式为 $\overline{\boldsymbol{F}}^e = \overline{\boldsymbol{k}}^e \boldsymbol{T} \boldsymbol{\delta}^e - \overline{\boldsymbol{F}}^e_E = \overline{\boldsymbol{k}}^e \boldsymbol{T} \boldsymbol{\delta}^e + \overline{\boldsymbol{F}}^{Fe}$。必须注意:此公式的条件是固端内力的符号规定和杆端内力规定相同。

• 单元上任意截面的内力,在求得杆端力后,可用截面法确定。

7-6-2 讨论

• 对只受扭矩作用的单元,设剪切模量为 G,极惯性矩为 I_P,单元长度为 l,请读者根据材料力学知识,自行写出扭转单元的局部坐标系下的单元刚度矩阵,并与平面桁架单元进行比较。

• 图 7-23 所示为交叉梁结构(或称格栅结构),它和刚架结构的主要区别在于荷载作用垂直于杆轴所在平面(xy 平面),在忽略轴向变形的情形下,交叉梁单元的局部坐标系下的杆端位移为 z 方向的挠度 w、绕 $\overline{x}$ 轴的转角 $\theta_{\overline{x}}$ 和绕 $\overline{y}$ 轴的转角 $\theta_{\overline{y}}$,与其对应的杆端力为 z 方向的剪力、绕 $\overline{x}$ 轴的扭矩和在 $\overline{yz}$ 平面内的弯矩,正向规定均为沿右手坐标系的正方向为正。在上述说明情形下,

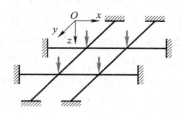

图 7-23　交叉梁结构示意

利用形、载常数和叠加原理即可获得交叉梁单元的局部坐标系下的单元刚度方程。这一问题留待读者自行解决。

• 对于一端三个位移,另一端只有两个线位移的"一固一铰"平面刚架单元,"铰"端弯矩等于零,转角不作为独立未知量,利用弯矩为零的条件,可以把非独立的转角位移用其他位移表示,从而将自由式单元刚度矩阵改造成此类单元的单元刚度矩阵。有兴趣的读者可按这一思路自行推导。

• 从原始结构刚度矩阵的性质(奇异性),能否考虑用矩阵位移法解决体系的可变性分析?这个问题也留给有兴趣的读者自行研究。

思　考　题

1. 矩阵位移法和典型方程法有何异同?
2. 何谓单元刚度矩阵 k^e,其元素 k_{ij} 的物理意义是什么?
3. 为什么要进行坐标转换? 什么时候可以不进行坐标转换?
4. 何谓定位向量? 试述如何将单元刚度矩阵元素和等效结点荷载按定位向量进行组装。
5. 如何求单元等效结点荷载? 等效的含义是什么?
6. 当结构具有弹性支承或已知支座位移时应如何处理?
7. 如何快速确定结构整体刚度矩阵元素 K_{rs}?
8. 如何快速确定综合等效结点荷载矩阵元素?
9. 矩阵位移法如何处理温度改变问题?

习　题

7-1　试用矩阵位移法计算图示连续梁。EI 为常数。

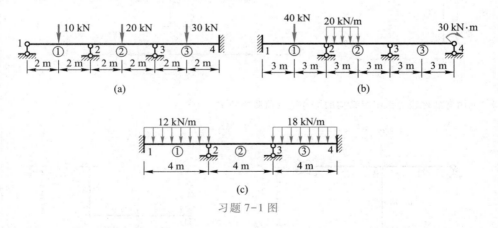

习题 7-1 图

7-2　试求图示刚架的结构刚度矩阵(不计杆件的轴向变形),设 $E = 21 \times 10^4$ MPa,$I = 6.4 \times 10^{-5}$ m^4。

7-3　试求图示刚架的结构刚度矩阵(计杆件的轴向变形),设各杆几何尺寸相同,$l = 5$ m,$A = 0.5$ m^2,$I = 1/24$ m^4,$E = 3 \times 10^7$ kN/m^2。

7-4　试用先处理法建立图示结构的刚度矩阵,已知 EI 为常数。

7-5　试用先处理法建立图示结构的刚度矩阵。设 $E = 21 \times 10^4$ MPa,$I = 6.4 \times 10^{-5}$ m^4,$A = 2 \times 10^{-3}$ m^2。

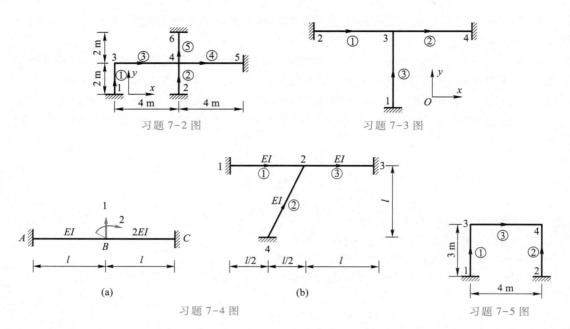

习题 7-2 图　　　　习题 7-3 图

习题 7-4 图

习题 7-5 图

7-6　图示折杆单元的 EI 为常量,以 1 和 2 结点的线位移 $(u_1 \quad v_1 \quad u_2 \quad v_2)^T$ 为单元的结点位移向量,试列出该折杆单元的刚度矩阵 $\boldsymbol{k}^e$,忽略杆的轴向变形。

7-7　试用先处理法写出图示梁的综合结点荷载矩阵 $\boldsymbol{P}$。

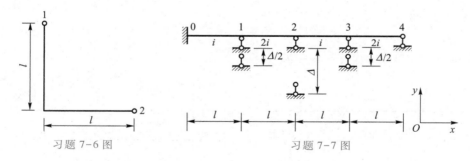

习题 7-6 图　　　　习题 7-7 图

7-8　试用先处理法写出图示结构的综合结点荷载矩阵 $\boldsymbol{P}$。

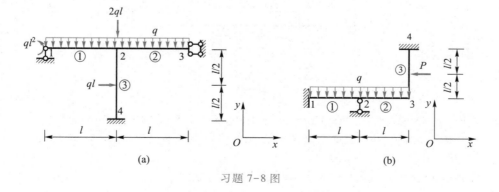

(a)　　　　(b)

习题 7-8 图

7-9 试用矩阵位移先处理法求图示桁架各杆内力。各杆 EA 相同。

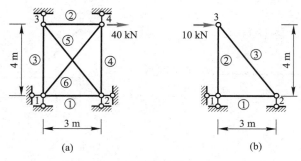

(a)　　　　　　　　　　　　　　　(b)

习题 7-9 图

7-10 试用矩阵位移法求图示桁架各杆内力。各杆 E 相同。

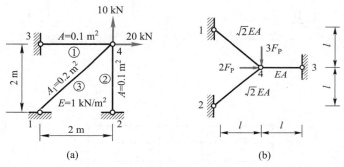

(a)　　　　　　　　　　　　　　　(b)

习题 7-10 图

7-11 试求杆 1-2 的杆端力矩阵中的第 6 个元素。已知图示结构中杆 1-2 的杆端位移矩阵为 $\delta_{12} =$ $(0\quad 0\quad -0.325\,7\quad -0.030\,5\quad -0.161\,6\quad -0.166\,7)^{\mathrm{T}}$。

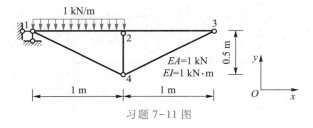

习题 7-11 图

7-12 试用矩阵位移法求:

(1) 单元 1 在局部坐标系下的等效结点荷载矩阵(结点 1 为原点)。

(2) 若已求得结点 1 的竖向位移为 v_1,结点 2 的三个位移分别为 u_2、v_2、θ_2,写出单元 1 在结点 2 处的杆端轴力、剪力和弯矩表达式(界面刚度为 EI 和 EA)。

7-13 试求解图示刚架并作内力图。各杆 E、I、A 相同,且 $A = 12\sqrt{2}\,I/l^2$。

7-14 试求解图示刚架并作内力图。各杆 $E = 1.0 \times 10^5$ MPa,$I = 1.0 \times 10^{-4}$ m^4,$A = 1.0 \times 10^{-3}$ m^2。

7-15 试求解图示结构。梁柱均为 C30 混凝土材料,柱截面为 40 cm×40 cm,梁截面为 40 cm×60 cm,设全部梁上所受恒载(固定荷载)为 40 kN/m、活载为 15 kN/m。图中黑点(如 1、9、37 等)表示数据化时的控制结点,勿将其当成铰结点。

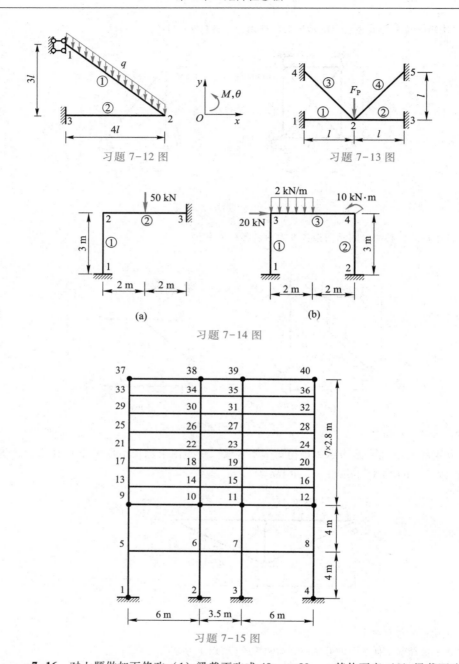

习题 7-12 图

习题 7-13 图

(a)   (b)

习题 7-14 图

习题 7-15 图

7-16　对上题做如下修改：（1）梁截面改成 40 cm×80 cm，其他不变；（2）梁截面改成 40 cm×80 cm，梁上恒载增加 20%，其他不变；（3）梁截面改成 40 cm×80 cm，梁上恒载增加 20%，柱受到 10 kN/m 的水平风荷载，其他不变；（4）在（3）的基础上，如果地下两层层高增至 5 m，其他不变；（5）自行再改变一些参数进行计算。

第8章 移动荷载作用下的结构分析

工程中有些结构在承受位置不变的固定荷载(也称恒载)的同时,还可能承受活荷载作用。结构在活荷载作用下,内力与位移等物理量的大小将随荷载位置的变化或荷载分布区域的不同而变化,这些量的变化范围及最大值等是设计时所需要的。对于线性弹性结构,它们可利用"影响线"予以解决。

本章首先介绍影响线的概念及作法,然后讨论其在结构设计中的应用。

§8-1 移动荷载及影响线概念

8-1-1 活荷载

方向、大小不变,仅作用位置变化的荷载称为移动荷载,如行驶的车辆对桥梁的作用,工业厂房中开动的行车对吊车梁的作用等。移动荷载是一种随时间改变的荷载,但它并不使结构发生激烈振动,即它使结构所产生的惯性力与结构上其他静荷载相比是可以略去不计的,因此不需要考虑结构的受力和变形随时间改变的规律,而只需研究移动荷载处于不同位置时结构的受力和变形等随荷载位置改变的规律。

结构上时有时无,可以任意分布的荷载称为定位荷载(或称短期荷载);如楼板上的人群、仓库中的货物、不固定的设备等对结构的作用均属定位荷载。

上述两种荷载统称为活荷载。

8-1-2 影响线

结构实际可能承受的移动荷载是多种多样的,如桥梁所受的移动荷载有行驶中的一辆汽车或一个车队,也可能是火车或履带式车辆等。所受荷载不同,反力、内力以及位移等随荷载作用位置变化的规律自然也不同。为解决不同移动荷载作用下的计算,基于线性弹性结构的叠加原理,可先确定结构在一个最简单的移动荷载——单位移动荷载作用下的计算,然后利用叠加方法确定其他较复杂移动荷载作用下的结构计算。

● 定义 单位移动荷载作用下,结构反力、内力或位移等随荷载位置变化的函数关系,分别称为反力、内力、位移的影响系数方程,对应的函数图形分别称为反力、内力、位移的影响线(Influence Line,缩写为 I.L.)。为便于说明,以下把反力、内力和位移均统称为物理量。

必须注意,定义中"单位移动荷载"作用下的影响系数应该理解为:在单个移动荷载 F_P 作用下某指定物理量与荷载 F_P 的比值。习惯上以在结构上移动的 $F_P = 1$(即量纲一)表示"单位移动荷载"。因此,物理量影响系数的量纲是物理量的量纲和移动荷载量纲之比。如单位移动荷载

F_P是集中力,则弯矩影响线的量纲为 L,剪力影响线的量纲为一等。

对于线性弹性结构,影响线是移动荷载作用下结构设计的重要工具。

作结构上物理量的影响线有两种基本方法:静力法和虚功法,虚功法也称为机动法。

§8-2　静力法作影响线

利用结构在 $F_P = 1$ 移动荷载下的静力求解方法(对静定结构用平衡条件,对于超静定结构用力法、位移法等),建立所求某物理量与荷载 $F_P = 1$ 位置间的函数关系式,即影响系数方程,然后由方程作出影响线。这一方法称为静力法。具体步骤为:

(1) 确定坐标系,以坐标 x 表示荷载 $F_P = 1$ 的位置。

(2) 将 x 看成是不变的,$F_P = 1$ 看成是固定荷载,确定所求量的值即可得影响系数方程。

(3) 按影响系数方程作出影响线并标明正负号和控制点的纵坐标值。

在用静力法作一些常见结构反力及内力的影响线前,需要事先指出的是:正确的影响线应该具有"正确的外形、必要的控制点纵坐标值和正负号"。内力正负号规定与第 3 章相同,但习惯上将纵标为正的影响线绘于基线上方且注明正负号。

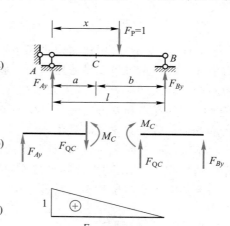

8-2-1　静定梁影响线

对于图 8-1a 所示简支梁,其支座反力、C 截面弯矩和剪力影响线的静力法求解过程如下:选 A 点为坐标原点,x 轴向右为正向。将单位荷载置于距坐标原点 x 处。

设反力 F_{Ay}、F_{By} 向上为正。取整体为隔离体,分别以 A、B 为矩心列力矩方程,得反力的影响系数方程为

$$\sum M_B = 0, \quad F_{Ay} = 1 - \frac{x}{l}$$

$$\sum M_A = 0, \quad F_{By} = \frac{x}{l}$$

由影响系数方程作反力影响线,如图 8-1c、d 所示。

取 C 点左侧部分或右侧部分为隔离体如图 8-1b 所示,由隔离体的平衡求 C 截面剪力 F_{QC} 和弯矩 M_C。由于单位荷载是移动的,既可在 C 点左侧,也可在 C 点右侧。故影响系数方程应分别考虑。

当单位荷载在 C 点左侧时,即 $0 \leq x < a$,取右部为隔离体(取左侧也可以),由隔离体平衡,有

$$\sum M_C = 0, \quad M_C = F_{Ay}a - 1 \times (a - x) = \frac{b}{l}x$$

$$\sum F_y = 0, \quad F_{QC} = F_{Ay} - 1 = -\frac{x}{l}$$

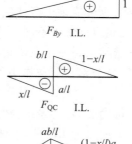

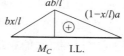

图 8-1　简支梁影响线

当单位荷载在 C 点右侧时,即 $a<x\leqslant l$,取左部为隔离体,有

$$\sum M_C = 0, \quad M_C = F_{Ay}a = \left(1-\frac{x}{l}\right)a$$

$$\sum F_y = 0, \quad F_{QC} = F_{Ay} = 1-\frac{x}{l}$$

当单位荷载在 C 点时,即 $x=a$,$M_C=\dfrac{ab}{l}$,F_{QC} 为不定值。

根据以上影响系数方程即可作出剪力 F_{QC} 和弯矩 M_C 的影响线,如图 8-1e、f 所示。

由上面计算过程可见:当 $0\leqslant x<a$ 时,M_C 影响线与 F_{By} 影响线形状相同,竖标相差 b 倍,而 F_{QC} 与 F_{By} 只相差符号。当 $a<x\leqslant l$ 时,M_C 影响线与 F_{Ay} 影响线形状相同,竖标相差 a 倍,而 F_{QC} 与 F_{Ay} 相同。即 M_C 和 F_{QC} 影响线可由 F_{Ay} 和 F_{By} 影响线导出。因此,反力影响线是基本影响线,而弯矩和剪力影响线是导出影响线。

由于简支梁影响线应用较广,为此建议读者总结简支梁各影响线的规律。为了更好地理解影响线,请自行总结影响线和恒载下内力图的区别。

[例题 8-1] 试作图示 8-2a 所示伸臂梁的 F_{By}、F_{Cy}、M_K 及 F_{QK} 的影响线。

解:(1)F_{By}、F_{Cy} 影响线。取整体为隔离体,列 F_{By}、F_{Cy} 的影响系数方程

$$\sum M_C = 0, \quad F_{Ay} = 1-x/l$$

$$\sum M_B = 0, \quad F_{Cy} = x/l$$

由此作出的 F_{By}、F_{Cy} 影响线如图 8-2c、d 所示。可见,跨中部分与简支梁相同,伸臂部分是跨中部分的延长线。

(2)M_K、F_{QK} 影响线。当 $F_P = 1$ 在 K 点左边移动时,取右部分为隔离体,建立影响系数方程

$$\sum M_K = 0, \quad M_K = F_{Cy}b$$

$$\sum F_y = 0, \quad F_{QK} = -F_{Cy}$$

当 $F_P = 1$ 在 K 点右边移动时,取左部分为隔离体,建立影响系数方程

$$\sum M_K = 0, \quad M_K = F_{By}a$$

$$\sum F_y = 0, \quad F_{QK} = F_{By}$$

利用 F_{By}、F_{Cy} 影响系数方程作出 M_K、F_{QK} 影响线如图 8-2e、f 所示。跨中部分与简支梁相同,伸臂部分为跨中部分的延长线。请读者思考:伸臂部分上的截面内力影响线有何规律。

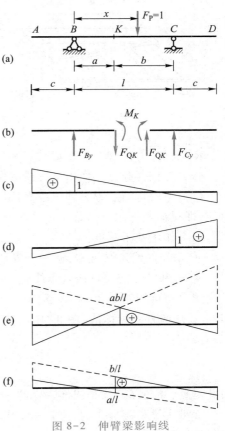

图 8-2 伸臂梁影响线

8-2-2   经结点传荷的主梁影响线

如图 8-3 所示主、次梁结构的楼盖系统或桥面系统(括号中为桥梁的名称)等,荷载不是直接作用于主梁,而是通过纵横梁系间接地作用于其上。图 8-4a 所示为一桥梁结构的计算简图,无论荷载作用于纵梁何处,主梁承受的是经横梁传递的结点力,这种荷载传递方式称为**结点传荷**。

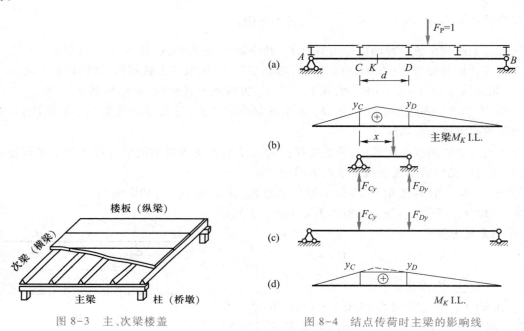

图 8-3   主、次梁楼盖

图 8-4   结点传荷时主梁的影响线

作结点传荷主梁上某指定量影响线时,可采取下述作法:

(1) 先按荷载直接作用于主梁上作影响线。

(2) 将所有结点投影到荷载直接作用时的主梁影响线或其基线上,然后将相邻投影点连以直线,即得荷载作用于纵梁时主梁的影响线。

以上作法基于两点:

● 由影响线定义可知,无论荷载是直接还是间接作用,影响线在结点处的竖标值相同。

● 相邻结点间影响线是直线。

其中第二点可用图 8-4a 中 K 截面弯矩影响线为例加以说明。设 y_C 和 y_D 为直接荷载作用时影响线在 C、D 两点的纵标值(图 8-4b),利用叠加原理可得结点荷载作用时主梁上 K 截面的弯矩

$$M_K = F_{Cy}y_C + F_{Dy}y_D = \left(1 - \frac{x}{d}\right)y_C + \frac{x}{d}y_D$$

由此可见,M_K 在 CD 段是线性变化的。利用上述作法,M_K 的影响线如图 8-4d 所示。

如果主梁是超静定的,荷载直接作用于主梁时的影响线将是曲线,但上述结论仍然成立,其原因请读者自行思考。

[例题 8-2] 试作图 8-5a 所示结点传荷主梁的 F_{Ay}、M_K 和 F_{QK} 影响线。

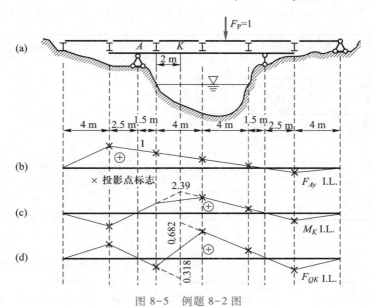

图 8-5 例题 8-2 图

解：（1）作出荷载直接在主梁上移动时 F_{Ay}、M_K 和 F_{QK} 的影响线，参见例 8-1。

（2）结点投影到荷载直接作用时的主梁影响线或其基线上，得投影点（图 8-5b、c、d 中的×号）。

（3）将相邻投影点连以直线，即得 F_{Ay}、M_K 和 F_{QK} 的影响线如图 8-5b、c、d 所示（图中实线部分）。

8-2-3　静定桁架影响线

桁架承受的荷载一般是经过横梁传递到结点上的结点荷载，如图 8-6a 所示。横梁放在上弦时，称为上弦承载；放在下弦时称为下弦承载。纵横梁一般可不画出来。

根据结点传荷时的影响线的做法，只需求出影响线在各结点处的竖标，相邻竖标间连以直线即可。如图 8-6a 所示桁架，若求右侧竖杆的轴力影响线，可将 $F_P = 1$ 分别放在上面的 5 个结点上，求出该竖杆的轴力。不难看出，$F_P = 1$ 在左边的 4 个结点上时，该杆轴力为 0；$F_P = 1$ 在右边结点上时，轴力为 -1。据此可画出该杆的轴力影响线如图 8-6b 所示。

当结点较多时，这样逐点求值很不方便，先求影响线系数方程再作影响线较为方便。

用静力法可建立移动荷载位于 x 处时某指定反力或内力的影响系数方程，然后再由此方程作影响线。因此，求影响系数方程和求恒载作用时指定杆内力的方法完全相同。也就是根据具体桁架构造情况和所求影响线杆件位置选用结点法、截面法、联合

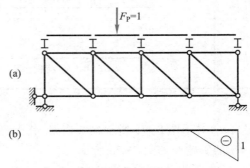

图 8-6 桁架影响线

法等建立影响系数方程。

[**例题 8-3**]　试作图 8-7a 所示桁架中 1、2、3 和 4 杆的轴力影响线，$F_P = 1$ 在下弦移动。

图号	结构与影响线（I.L.）	求解过程示意
（a）	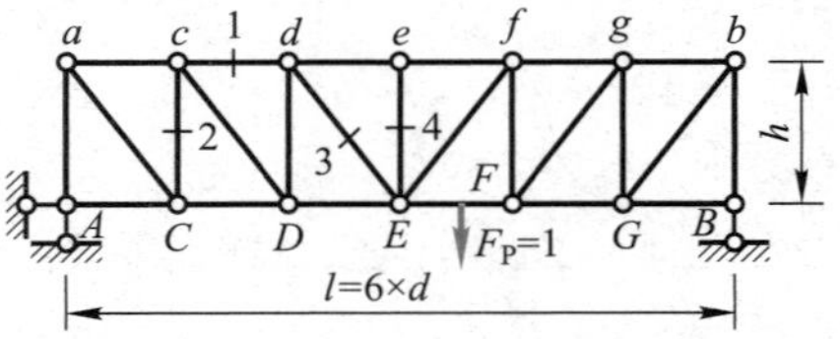	$x = l\xi$
（b）	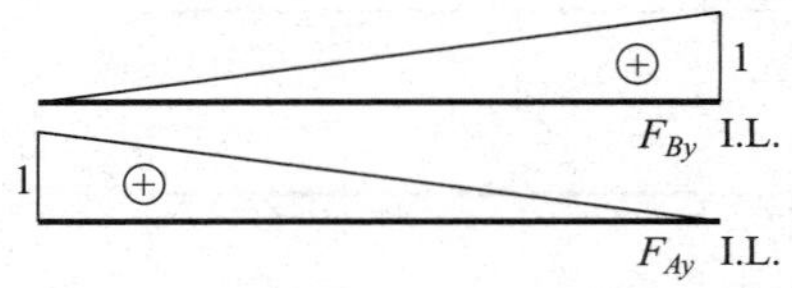	取整体为隔离体 影响系数方程 $\sum M_B = 0$ 　　　　$F_{Ay} = 1 - \xi$ 影响系数方程 $\sum M_A = 0$ 　　　　$F_{By} = \xi$
（c）	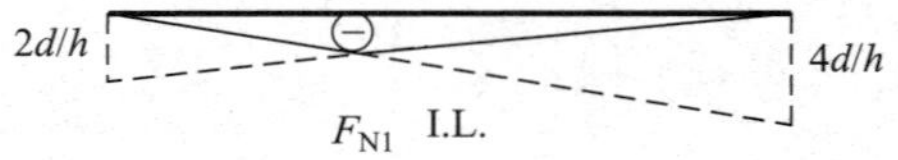	单位荷载在 CD 之左，取右部列 $\sum M_D = 0$ 得 $F_{N1} = -4dF_{By}/h$ 单位荷载在 CD 之右，取左部列 $\sum M_D = 0$ 得 $F_{N1} = -2dF_{Ay}/h$ 　荷载在 CD 之间，连直线
（d）	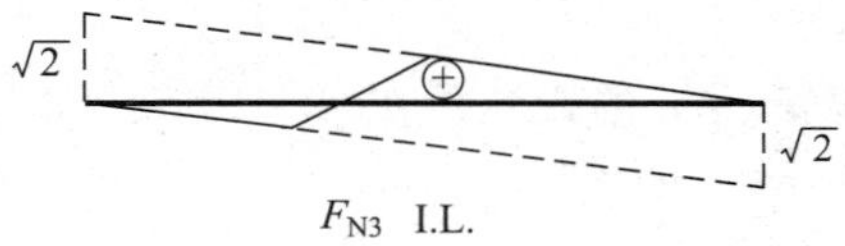	单位荷载在 DE 之左，取右部列 $\sum F_y = 0$ 得 $F_{N3} = -1.4142 F_{By}$ 单位荷载在 DE 之右，取左部列 $\sum F_y = 0$ 得 $F_{N3} = 1.4142 F_{Ay}$ 荷载在 DE 之间，连直线
（e）	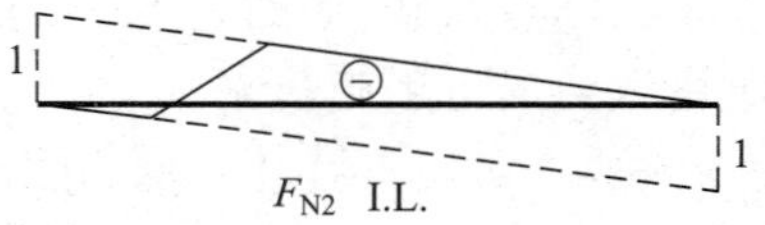	单位荷载在 CD 之左，取右部列 $\sum F_y = 0$ 得 $F_{N2} = F_{By}$ 单位荷载在 CD 之右，取左部列 $\sum F_y = 0$ 得 $F_{N2} = -F_{Ay}$ 荷载在 CD 之间，连直线
（f）	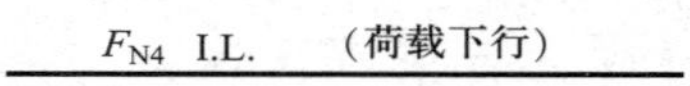 F_{N4} I.L.　　（荷载下行）	取 e 结点，因为荷载下行，4 杆为零杆
（g）	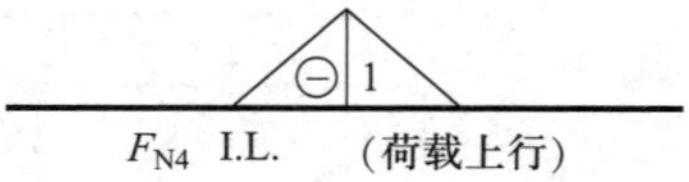	荷载在 def 之外时，$F_{N4} = 0$ 荷载在 e，$F_{N4} = -1$ 荷载在 de、ef 之间，连直线

图 8-7　桁架影响线及求解说明

　　解：对于图 8-7a 所示梁式桁架，其支座反力影响系数方程及影响线与简支梁相同，反力 F_{Ay} 与 F_{By} 的影响线如图 8-7b 所示。

　　指定杆件内力影响线影响系数方程建立的说明、对应的影响线等，示于图 8-5c、d、e、f 中。

由图 8-7f 和图 8-7g 可见,有些杆的轴力影响线在上弦承载和下弦承载时是不同的。因此,对所作影响线必须注明单位荷载在上弦还是下弦移动。

8-2-4 三铰拱影响线

由第 3 章可知,等高三铰拱在竖向荷载作用下的内力和反力可通过代梁按下式计算(上标"0"表示代梁的量):

$$F_{Ay} = F_{Ay}^0, \qquad F_{By} = F_{By}^0, \qquad F_H = \frac{M_C^0}{f}$$

$$M = M^0 - F_H y, \qquad F_Q = F_Q^0 \cos\varphi_k - F_H \sin\varphi_k, \qquad F_N = -F_Q^0 \sin\varphi_k - F_H \cos\varphi_k$$

根据上述公式,三铰拱的影响线由代梁影响线(简支梁影响线已知)和水平反力影响线组合得到。图 8-8 给出了三铰拱 k 截面的弯矩、剪力、轴力影响线的作法说明及对应的影响线。

图号	结构与影响线(I.L.)	内容及求解说明
(a)	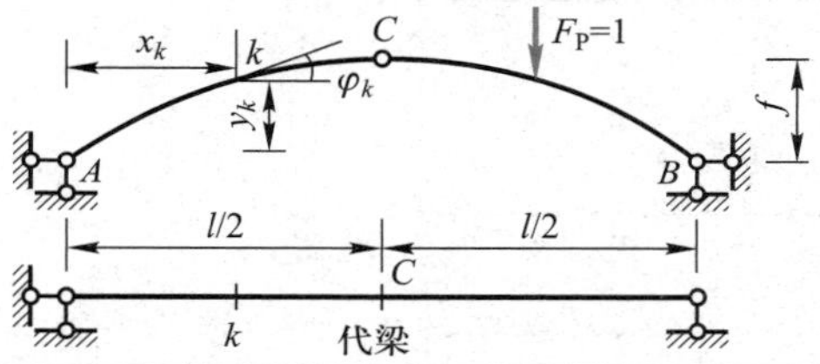	
(b)	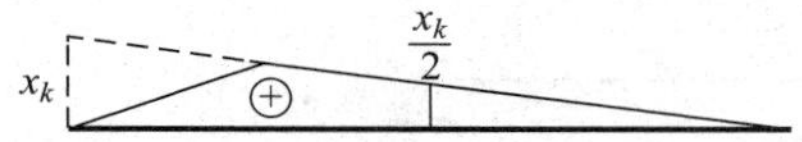	求代梁 k 截面弯矩 M_k^0 I.L.
(c)	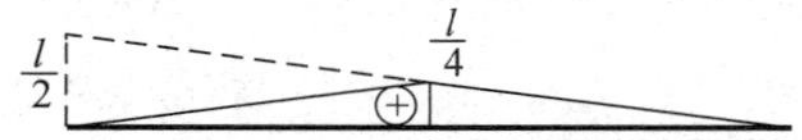	求代梁中点截面弯矩 M_C^0 I.L.
(d)	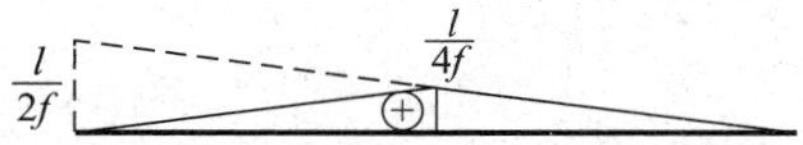	由 M_C^0 I.L.求出水平推力影响线
(e)	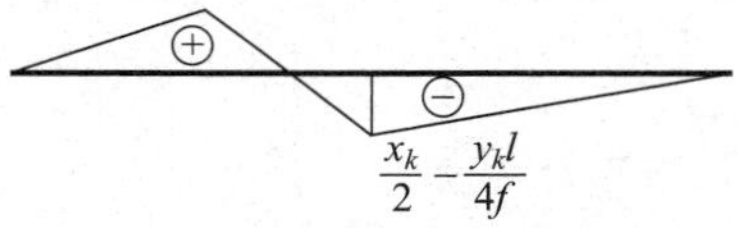	由图 b 和图 d,按内力公式得弯矩影响线
(f)	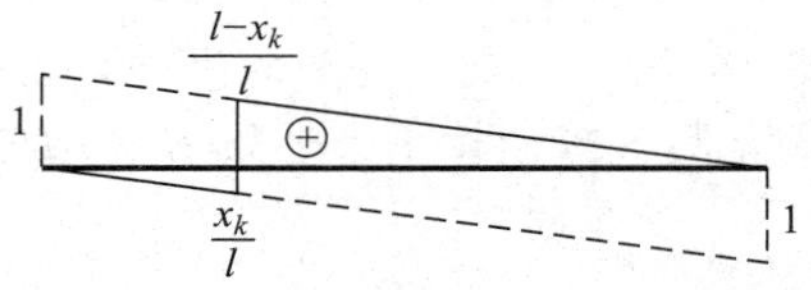	求代梁 k 截面剪力 F_{Qk} I.L.
(g)	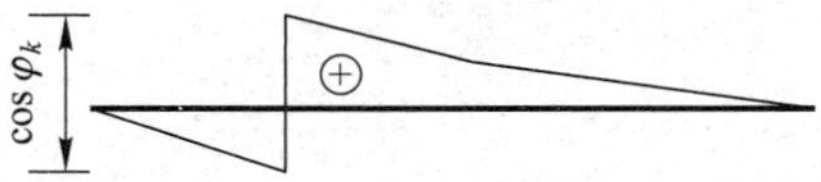	由图 f 和图 d,按内力公式得剪力影响线
(h)	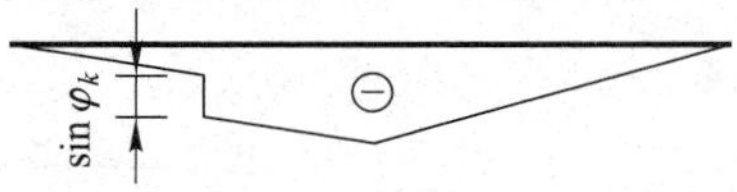	由图 f 和图 d,按内力公式得轴力影响线

图 8-8 三铰拱影响线及求解说明

8-2-5　超静定结构影响线

静力法作超静定结构影响线时,为建立影响系数方程,需用力法、位移法等解超静定结构。下面用一简单例子加以说明。

[例题 8-4]　试作图 8-9a 所示超静定梁固定端 A 的反力矩影响线。

解:采用力法建立影响系数方程。此梁为一次超静定结构,以 A 端反力矩为基本未知量 X_1,取简支梁作为力法基本结构。力法典型方程为

$$\delta_{11}X_1 + \Delta_{1P} = 0$$

其中柔度系数和荷载系数可由图 8-9b、c 自乘和互乘求得,即

$$\delta_{11} = \frac{l}{3EI}, \quad \Delta_{1P} = \frac{1}{6EI} \times \frac{(2l-x)(l-x)x}{l}$$

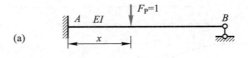

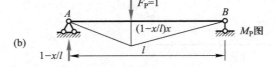

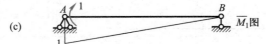

图 8-9　超静定结构静力法作影响线

代入力法方程,得

$$M_A = X_1 = -\frac{(2l-x)(l-x)x}{2l^2}$$

根据这一影响系数方程即可作出影响线,如图 8-9d 所示。如果还要求其他内力、反力的影响线,则可利用 M_A 影响线由平衡方程建立相应量影响系数方程而作出。如求 B 支座反力影响线,可建立如下方程:

$$\sum M_A = 0, \quad -F_{By} \times l + 1 \times x + M_A = 0$$

从而求得 F_{By} 的影响系数方程为

$$F_{By} = \frac{x + M_A}{l}$$

利用 M_A 影响线作出的 F_{By} 影响线如图 8-10 所示。

由于已经掌握了力法、位移法等超静定结构解法,因此任一 n 次

图 8-10　F_{By} 影响线

超静定结构,可以用 $n-1$ 次超静定结构作为基本结构。从这一点出发,用静力法作 n 次超静定结构某量(内力、反力等)影响线时,可用此量作为力法基本未知量,以 $n-1$ 次超静定结构作基本结构,利用力法概念(变形协调条件)建立力法方程

$$\delta_{11}X_1 + \Delta_{1P} = 0 \quad 或 \quad X_1 = \frac{-\Delta_{1P}}{\delta_{11}} \tag{8-1}$$

得到影响系数方程,从而作出该量的影响线。

式(8-1)中,δ_{11} 是基本结构在单位广义力 $X_1 = 1$ 作用下沿 X_1 方向的位移,Δ_{1P} 是 $F_P = 1$ 位于选定坐标 x 处时引起的 X_1 方向的位移,都是超静定结构的位移。

对于变截面无铰拱这样一些结构,建立影响系数方程比较困难,这时可将荷载移动区段分成若干段,将 $F_P = 1$ 分别作用于各分段点,利用固定荷载作用的结构分析程序求出相应量的影响系数,然后用光滑曲线将这些值连接后即可得影响线。

对于超静定桁架和经结点传荷作用的连续梁,可将 $F_P = 1$ 作用于各结点上求影响系数在结点处的值,用直线连接相邻各点值即可得所求影响线。

§8-3 虚功法作影响线

8-3-1 虚功(机动)法基本原理

影响线除可用静力法建立影响系数方程作图外,还可用虚功法通过作位移或变形图得到,其原理是功的互等定理或虚功原理。下面以作图 8-11a 所示多跨静定梁和连续梁的弯矩影响线为例加以说明。

8-1
虚功法基本
原理

为用虚功法作 M_k 影响线,在 k 截面处加铰,解除限制截面相对转动的约束,如图 8-11b 所示。此时,多跨静定梁变成单自由度系统,连续梁变成一次(超静定次数比原来少一次)超静定梁。

为用虚功原理推导虚功法的作图规则,需建立平衡的力状态和协调的虚位移状态。其中平衡的力状态取 $F_P = 1$ 作用下图 8-11a 所示结构真实受力、变形状态,M_k 是单位移动荷载下结构的真实弯矩,也就是弯矩影响系数。因此,这时结构的变形曲线在 k 截面处是光滑连续的,如图 8-11c 所示。

取解除 M_k 对应的约束后的体系发生相对虚位移 Δ_k,以它作为协调的虚位移状态,如图 8-11d 所示。这时,对多跨静定梁是刚体虚位移,对连续梁是变形虚位移。

由虚功原理(对多跨静定梁是刚体虚位移原理,对连续梁是功的互等定理)可得图 8-11e 所示的虚功方程,其中 Δ_{Pk} 为虚位移状态中对应于单位移动荷载 $F_P = 1$ 的虚位移。

由图 8-11e 所示的虚功方程可得如下结论:

(1)因为 $M_k = -\Delta_{Pk}(x)/\Delta_k = -\delta_{Pk}(x)$,所以解除物理量对应约束后的单位虚位移图 $\delta_{Pk}(x)$ 即为 M_K 影响线。对静定结构为刚体虚位移图,对超静定结构为变形虚位移图。前者由直线段组成,后者超静定部分一般为曲线图形。如图 8-11f 所示。

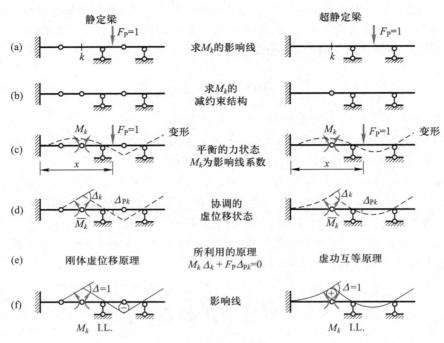

图 8-11　虚功法原理图形说明

（2）从 $M_k = -\delta_{Pk}(x)$ 可见，$F_P = 1$ 向下作用时，基线以下虚位移为正，故 M_k 影响线纵坐标为负，相反，基线以上 M_k 影响线纵坐标为正。

（3）由上述推证结果可得虚功法作反力、内力影响线步骤为：

- 根据需作影响线的量 S，解除与其对应的约束，代以所要求的量。
- 沿所要求量的正向产生约束所允许的单位虚位移，作位移图。
- 在虚位移图上标注符号和控制值（单位广义位移），即得所要求量的影响线。

8-3-2　虚功法作影响线举例

8-2
静力法和虚功法总结（以多跨静定梁为例）

下面举例说明如何用虚功法作影响线。

［例题 8-5］　试用虚功法作图 8-12 所示梁的 F_{By}、M_2、F_{Q2}、F_{Q3}、M_B、F_{QB}^L、F_{QB}^R 影响线。

解：为用虚功法作影响线，首先解除与需求影响线对应的约束：求反力解除链杆，求弯矩加铰，求剪力加错动机构，如各图所示。

本例为作静定梁影响线，因此解除约束后是单自由度体系，令此体系沿所求影响线广义力的正向发生单位位移，所得刚体位移图即为此广义力对应的影响线。

按上述思路，F_{By}、M_2、F_{Q2}、F_{Q3}、M_B、F_{QB}^L、F_{QB}^R 影响线如图 8-12b、c、d、e、f、g、h 所示。从图 8-12g、h 可见，支座左、右两侧截面的剪力影响线是不同的。图 8-12h 可按图 8-12d 考虑，然后把截面位置向支座移动即可得到正确的影响线。请读者考虑，支座左、右截面弯矩影响线是否相同？为什么？

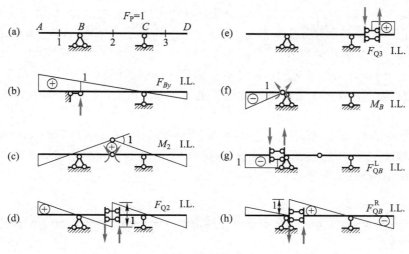

图 8-12 虚功法作外伸单跨梁影响线

需要指出的是,对静定结构影响线,只要标注解除约束处的单位虚位移,则根据结构的尺寸由刚体虚位移图,通过几何分析即可得到其他控制点的控制纵坐标值。因此,在上述例题中没有标注其他控制点的值。

[例题 8-6] 试用虚功法作图 8-13a 所示多跨静定梁的 M_A、F_{Gy}、F_{Dy}、M_D^L、M_D^R、F_{QE}^L、F_{QE}^R 影响线。

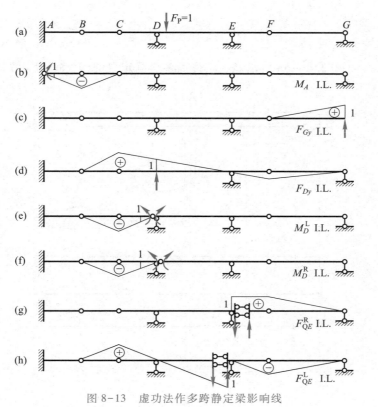

图 8-13 虚功法作多跨静定梁影响线

解：根据虚功法的步骤，首先由需作影响线物理量解除对应约束，然后沿约束力的正方向令其发生单位虚位移。由于本题是多跨静定梁，解除一个约束后成为单自由度体系，因此体系所产生的刚体虚位移图就是要作的影响线。由此 M_A、F_{Gy}、F_{Dy}、M_D^L、M_D^R、F_{QE}^L、F_{QE}^R 影响线如图 8-13b、c、d、e、f、g、h 所示。请读者结合上述例题总结虚功法作影响线的经验。

[例题 8-7] 试作图 8-14a 所示单体刚架的 F_{Q1}、M_1、F_{NK}、F_{QK}、M_K 影响线。$F_P = 1$ 在 AC 上移动。

解：按所要作的影响线，解除其对应的约束，体系和单位虚位移如图 8-14b 所示。由此，以单位移动荷载移动范围作基线，画出单位虚位移图中基线各截面在单位移动荷载方向的位移图，这就是所求量的影响线，如图 8-14c 所示。

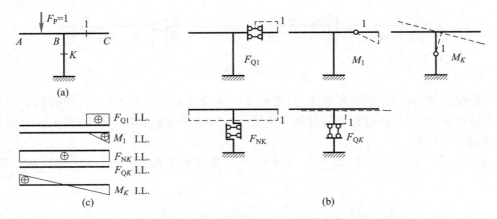

图 8-14 虚功法作静定刚架影响线

[例题 8-8] 试作图 8-15a 所示经结点传荷多跨静定梁的 M_1、M_B、F_{Dy}、F_{QB}^L 影响线。

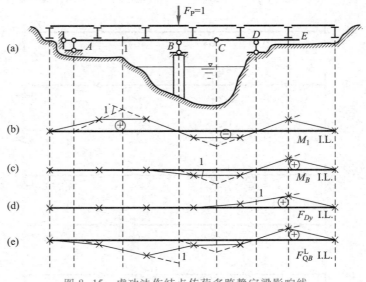

图 8-15 虚功法作结点传荷多跨静定梁影响线

解:与静力法一样,先用虚功法作荷载直接作用于主梁时的对应量影响线,如图8-15b、c、d、e中虚线所示。然后与经结点传荷的静定梁一样,将结点投影到基线或主梁影响线上。最后用直线连接相邻投影点如实线所示,所得折线图形即为所求梁相应物理量的影响线,如图8-15b、c、d、e所示。

需要指出的是,对静定结构,只要标注上解除约束处的单位虚位移,则根据结构的尺寸由刚体虚位移图,通过几何分析即可得到其他控制点的控制纵坐标值。因此,在上述例题中没有标注其他控制点的值。

[例题 8-9] 试勾画图 8-16a 所示连续梁的 M_A、F_{By}、M_C、F_{QC}^L、M_1、F_{Q1} 影响线的外形。

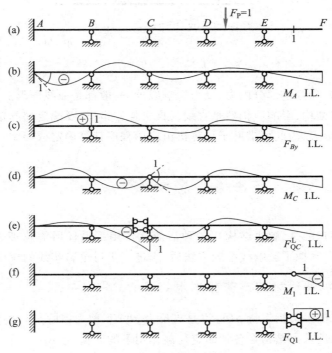

图 8-16 虚功法作连续梁影响线外形

解:与静定结构一样,首先解除和需求量影响线对应的约束。但因为是超静定结构,只解除一个约束,所得体系是静定或仍然是超静定的,因此该解除约束的体系不可能发生刚体位移,所谓单位虚位移图是指体系的变形图。要准确画出这个变形图需要大量的计算,因此虚功法作超静定结构影响线,只要勾画出"正确的外形、必要的控制纵坐标和正负号"即可。

根据上述说明,如图 8-16b~g 所示,根据需求影响线分别解除一个约束,把梁看成很柔软的杆件,并作出满足未解除约束处位移限制条件的变形虚位移图,由此即可得图 8-16b~g 所示连续梁的各个需求的影响线。需要指出的是,如图 8-16f~g 所示,因为悬臂部分是静定的,因此悬臂部分内力影响线仍然与静定结构一样是直线。非静定部分的内力、反力影响线均为曲线。

[例题 8-10] 试作出图 8-17a 所示经结点传荷的连续梁 M_A、F_{By}、M_1 影响线的外形。

解:与静定结构一样,首先作超静定的主梁承受直接荷载影响线,如图中虚线所示。然后将结点投影到主梁影响线或基线上,连接相邻投影点即可得到所要作的影响线,如图 8-17b~d 所示。

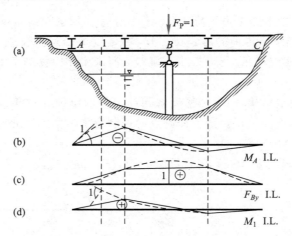

图 8-17 虚功法作结点传荷的连续梁影响线外形

对于超静定结构,除静定部分内力、反力影响线外,一般都是曲线图形。但是,对于经结点传荷的连续梁等超静定结构,影响线仍然是直线。再次强调指出,要确定超静定结构影响线的纵坐标数值,手算工作量很大,为此可借助于计算机由应用程序计算确定或绘制。

§8-4 影响线的应用

作影响线的主要目的是,解决结构在各种活荷载作用下设计所需物理量(反力、内力等)最大值的计算。因此,在掌握了影响线绘制方法后,应进一步讨论影响线的应用。

8-4-1 利用影响线求固定荷载作用的量值

首先说明如果结构中某指定量 S(可以是支反力、弯矩、剪力、轴力等)的影响线已作出,如何利用影响线和叠加原理求出结构在各种固定荷载作用下的 S 值。

1. 集中力作用情形

如果结构上作用有若干集中力,量 S 的影响线已作出(图 8-18a),因为影响线纵坐标的物理意义是 $F_P = 1$ 作用在该处时 S 的大小,因此由叠加原理可得

$$S = F_{P1}y_1 + F_{P2}y_2 + \cdots + F_{Pn}y_n = \sum_{i=1}^{n} F_{Pi}y_i \qquad (8-2)$$

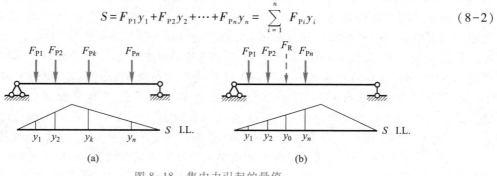

图 8-18 集中力引起的量值

当这些集中力 F_{Pi} 作用于影响线的同一条直线段时(图 8-18b),可用其合力 F_R 代替,即

$$S = F_R y_0 \tag{8-3}$$

式中,y_0 为合力 F_R 位置对应的影响线的纵坐标。读者可仿图乘法推导思路证明上述结论。

2. 分布力作用情形

图 8-19a 所示为结构上作用有分布荷载 $q(x)$,图 8-19b 所示为某物理量 S 的影响线。将 $q(x)dx$ 作为集中力,利用式(8-2)可得

$$S = \int_l^m q(x) y(x) dx \tag{8-4}$$

对于均布荷载,即 q 为常数,则上式变为

$$S = q \int_l^m y(x) dx = qA \tag{8-5}$$

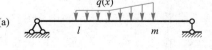
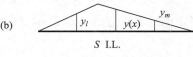

图 8-19　分布荷载情况

式中,A 为由基线与影响线在荷载始点、终点间的影响线面积。当荷载作用区域对应的影响线是同一条直线段时,有与集中力作用情况相同的结论,也即式(8-3)成立。

8-4-2　利用影响线确定定位荷载最不利荷载分布

结构上作用的定位荷载是一种时有时无、可以任意分布的荷载,如雪载、人群、货物荷载等。对应不同的荷载分布有不同的内力分布,使指定量达到最大或最小(最大负值)的荷载分布称为该物理量的最不利荷载分布。利用影响线可方便地确定最不利荷载分布。

图 8-20a 所示伸臂梁在定位荷载作用下,根据分布力作用物理量计算方法,则 K 截面弯矩 M_K 的最不利荷载分布如图 8-20b、c 所示,其中图 8-20b 所示定位荷载在影响线为正的部分,为 M_K 发生最大正弯矩的荷载分布,同理,图 8-20c 所示则为 M_K 发生最大负弯矩的荷载分布。最不利荷载分布对应的最大和最小弯矩值可用式(8-5)计算。

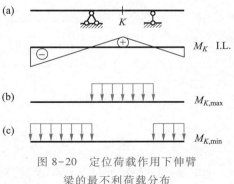

图 8-20　定位荷载作用下伸臂梁的最不利荷载分布

8-4-3　利用影响线确定移动荷载最不利位置

在结构上作用有移动荷载时,结构上指定物理量随荷载位置不同而有不同值,使该物理量达到最大或最小值(最大负值)时的荷载位置称为该物理量的最不利荷载位置。

1. 确定最不利荷载位置和最大值的基本思路

设移动荷载由一组集中力所组成,当其中 F_{PK} 位于坐标 x 时的物理量值为 S,则由式(8-2)可得

$$S = \sum_i F_{Pi} y_i$$

如果 S 取极大值,则在移动荷载沿坐标方向前进或倒退微小距离 Δx 时,S 的增量必须小于或等于零,即

$$\Delta S = \sum_i F_{Pi}\Delta y_i \leqslant 0$$

式中，Δy_i 是荷载前进或倒退 Δx 时第 i 个集中力 F_{Pi} 下影响线的竖标增量。同理，如果 S 取极小值，则增量应该大于或等于零。

据此，移动荷载的最不利荷载位置和物理量的最大值，应该是所有可能产生极大值的位置中最大一个的位置和数值。

2. 临界力及判别准则

假设某一物理量 S 的影响线为一多边形，如图 8-21a 所示，某一组集中移动荷载如图8-21b所示。由于 $S = \sum_i F_{Pi}y_i$，S 取极值时应有某一个力 F_{PK} 位于影响线纵坐标的顶点处，如图 8-21c 所示。荷载向右、向左移动 Δx 后影响线的直线段上合力作用情形如图 8-21d、e 所示。增量 Δy_i 可用影响线各段直线的倾角 α_i 表示为 $\Delta y_i = \Delta x \tan \alpha_i$。

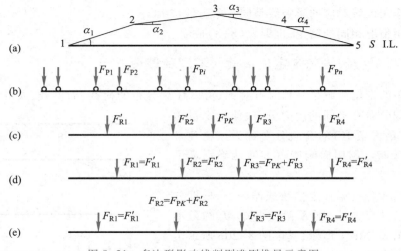

图 8-21　多边形影响线判别准则推导示意图

由图 8-21 可见，要使 S 为极大值，必须满足

$$\Delta x > 0\,(向右)，\quad \Delta S = \Delta x \sum_{i=1}^{4} F_{Ri}\tan \alpha_i \leqslant 0 \quad \Rightarrow \sum_{i=1}^{4} F_{Ri}\tan \alpha_i \leqslant 0 \tag{8-6a}$$

$$\Delta x < 0\,(向左)，\quad \Delta S = \Delta x \sum_{i=1}^{4} F_{Ri}\tan \alpha_i \geqslant 0 \quad \Rightarrow \sum_{i=1}^{4} F_{Ri}\tan \alpha_i \geqslant 0 \tag{8-6b}$$

式中，$\Rightarrow$ 表示"这将必须"的意思。式（8-6）表明，在移动荷载向左、右移动时，$\sum\limits_{i=1}^{4} F_{Ri}\tan \alpha_i$ 应该改变符号。这就是判别最不利位置的准则。需要指出的是，α_i 逆时针为正。式（8-6）仅是极值条件，为求得物理量的最大值，需要对满足最不利荷载位置判别准则的情况进行试算，对比所得到的结果，找出最大值。

如果 F_{PK} 位于影响线顶点能满足判别准则，则称这个力 F_{PK} 为临界力 F_{Pcr}，与其对应的移动荷载位置称为临界荷载位置。

基于上述分析可得如下推论：

● 极小值对应的判别条件是

$$\Delta x < 0 \text{ 时}, \quad \sum_i F_{Ri} \tan \alpha_i \leqslant 0; \quad \Delta x > 0 \text{ 时}, \quad \sum_i F_{Ri} \tan \alpha_i \geqslant 0$$

● 当影响线为三角形时,如图 8-22 所示,如果将顶点一侧合力除以对应的基线长度称为等效均布荷载集度,则作为多边形影响线临界荷载判别准则的特例,三角形影响线判别准则为:"F_{PK} 归于顶点哪一侧,哪一侧的等效均布荷载集度便大于(或等于)另一侧"。即

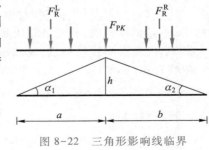

$$\Delta x > 0 , \quad \frac{F_R^L + F_{PK}}{a} \geqslant \frac{F_R^R}{b} \quad (8\text{-}7a)$$

$$\Delta x < 0 , \quad \frac{F_R^L}{a} \leqslant \frac{F_{PK} + F_R^R}{b} \quad (8\text{-}7b)$$

图 8-22 三角形影响线临界
荷载判别准则示意图

式中,F_R^L、F_R^R 为 F_{PK} 位于影响线顶点时 F_{PK} 左侧的合力、右侧的合力,a、b 为影响线顶点到左右两端的距离。

3. 最不利位置确定及最大值计算举例

[例题 8-11] 图 8-23a 所示为中-活荷[①],图 8-23b 所示为某物理量 S 的影响线,试求荷载最不利位置和 S 的最大值。

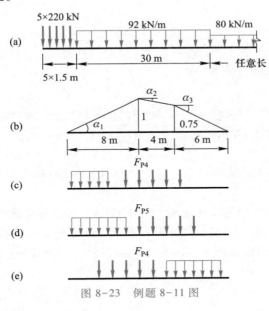

图 8-23 例题 8-11 图

解:(1)首先考虑列车由左向右开行($\Delta x > 0$)的情形。将 F_{P4} 放在影响线最高顶点,荷载布置如图 8-23c 所示。

按式(8-6)计算 $\sum F_{Ri} \tan \alpha_i$,由图 8-23b 可知

---

① 中-活荷是中华人民共和国铁路标准活荷载的简称,是我国铁路桥涵设计使用的标准荷载。此外,还有公路桥涵设计使用的标准荷载。

$$\tan \alpha_1 = \frac{1}{8}, \ \tan \alpha_2 = -\frac{0.25}{4}, \ \tan \alpha_3 = -\frac{0.75}{6}$$

荷载右移：

$$\sum F_{Ri} \tan \alpha_i = (F_{P5} + 5 \times q) \tan \alpha_1 + (F_{P4} + F_{P3} + F_{P2}) \tan \alpha_2 + F_{P1} \times \tan \alpha_3 = 15.875 \ \text{kN} > 0$$

因此 F_{P4} 不是临界荷载，此时 $\Delta S > 0$，欲使 S 增加，荷载还需右移。

将 F_{P5} 放在影响线最高点，荷载布置如图 8-23d 所示。

荷载右移（$\Delta x > 0$）：

$$\sum F_{Ri} \tan \alpha_i = 6.5 \times q \times \tan \alpha_1 + (F_{P5} + F_{P4} + F_{P3}) \tan \alpha_2 + (F_{P2} + F_{P1}) \tan \alpha_3 = -21.5 \ \text{kN} < 0$$

荷载左移（$\Delta x < 0$）：

$$\sum F_{Ri} \tan \alpha_i = (6.5 \times q + F_{P5}) \tan \alpha_1 + (F_{P4} + F_{P3}) \tan \alpha_2 + (F_{P2} + F_{P1}) \tan \alpha_3 = 19.75 \ \text{kN} > 0$$

所以 F_{P5} 是临界荷载。

经判别验证，其他 F_{Pi} 均不是临界力。由此，对应图 8-23d 所示临界位置，利用式（8-2）和式（8-5）即可算得 S 的最大值为

$$S = 92 \times 0.5 \times 6.5 \times 0.813 \ \text{kN} + 220 \times (1 + 0.906 + 0.813 + 0.688 + 0.5) \ \text{kN}$$
$$= 1\ 102 \ \text{kN}$$

（2）考虑列车由右向左开行的情形（$\Delta x < 0$）。将 F_{P4} 放在影响线最高顶点，荷载布置如图 8-23e 所示。

荷载右移（$\Delta x > 0$）：

$$\sum F_{Ri} \tan \alpha_i = (F_{P1} + F_{P2} + F_{P3}) \tan \alpha_1 + (F_{P4} + F_{P5} + q \times 1) \tan \alpha_2 + q \times 6 \times \tan \alpha_3$$
$$= -19.75 \ \text{kN} < 0$$

荷载左移（$\Delta x < 0$）：

$$\sum F_{Ri} \tan \alpha_i = (F_{P1} + F_{P2} + F_{P3} + F_{P4}) \tan \alpha_1 + (F_{P5} + q \times 1 \ \text{m}) \tan \alpha_2 + q \times 6 \ \text{m} \times \tan \alpha_3$$
$$= 21.5 \ \text{kN} > 0$$

因此 F_{P4} 是临界荷载。

经判别验证，其他力均不是临界荷载。由此，对应图 8-23e 所示临界位置，算得 S 的最大值为 1 110 kN。

比较左行与右行所得到的 S 值，可见 $S_{max} = 1\ 110$ kN。最不利荷载分布如图 8-23e 所示。

[例题 8-12]　试求图 8-24a 所示简支梁 K 截面弯矩的最不利荷载位置。

解：首先作出 M_K 的影响线如图 8-24b 所示，然后利用三角形影响线的判别准则做如下临界荷载判别：

$$F_{P1}: \begin{cases} \dfrac{2 \ \text{kN}}{6 \ \text{m}} < \dfrac{4.5 \ \text{kN}}{10 \ \text{m}} \\[2mm] \dfrac{2 \ \text{kN} + 4.5 \ \text{kN}}{6 \ \text{m}} > \dfrac{0}{10 \ \text{m}} \end{cases}$$
　是临界荷载

$$F_{P3}: \begin{cases} \dfrac{3 \ \text{kN}}{6 \ \text{m}} < \dfrac{(7+2+4.5) \ \text{kN}}{10 \ \text{m}} \\[2mm] \dfrac{(3+7) \ \text{kN}}{6 \ \text{m}} > \dfrac{(2+4.5) \ \text{kN}}{10 \ \text{m}} \end{cases}$$
　是临界荷载

$$F_{P2}: \begin{cases} \dfrac{7 \ \text{kN}}{6 \ \text{m}} > \dfrac{6.5 \ \text{kN}}{10 \ \text{m}} \\[2mm] \dfrac{(7+2) \ \text{kN}}{6 \ \text{m}} > \dfrac{4.5 \ \text{kN}}{10 \ \text{m}} \end{cases}$$
　不是临界荷载

$$F_{P4}: \begin{cases} \dfrac{0}{6 \ \text{m}} < \dfrac{(3+7+2) \ \text{kN}}{10 \ \text{m}} \\[2mm] \dfrac{3 \ \text{kN}}{6 \ \text{m}} < \dfrac{(7+2) \ \text{kN}}{10 \ \text{m}} \end{cases}$$
　不是临界荷载

根据临界荷载位置(图 8-24c、d),计算荷载位置对应的影响线纵坐标(图 8-24b)。最后计算与临界荷载 F_{P1} 和 F_{P3} 相对应的 M_K 值为

$$M_K^1 = F_{P1} \times 3.75 \text{ m} + F_{P2} \times 1.25 \text{ m} = 19.375 \text{ kN} \cdot \text{m}$$

$$M_K^3 = F_{P1} \times 0.38 \text{ m} + F_{P2} \times 1.88 \text{ m} + F_{P3} \times 3.75 \text{ m} + F_{P4} \times 1.25 \text{ m} = 35.47 \text{ kN} \cdot \text{m}$$

由此试算结果可得 M_K 的最大值为

$$M_{K,\max} = 35.47 \text{ kN} \cdot \text{m}$$

M_K 的最不利荷载位置如图 8-24d 所示。

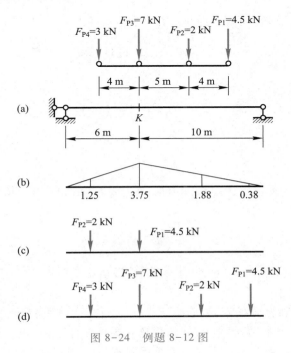

图 8-24 例题 8-12 图

8-4-4 简支梁的绝对最大弯矩

在给定移动荷载作用下,可求出简支梁任意截面的最大弯矩,所有截面最大弯矩中的最大者称为简支梁的绝对最大弯矩。对于等截面梁,发生绝对最大弯矩的截面为最危险截面,因此,绝对最大弯矩是简支梁(如吊车梁等)设计的依据。

求简支梁的绝对最大弯矩,一是要求它的值,二是确定其发生的位置。在移动荷载为一组集中力时,由上节可知,截面的最大弯矩发生于某一集中力作用于该截面。由于绝对最大弯矩是最大弯矩之一,它发生时也必有一个集中力作用于发生绝对最大弯矩的截面上。从这点出发,可按如下思路确定绝对最大弯矩:

● 绝对最大弯矩发生在某一个力 F_{PK} 作用的截面处。假设该截面坐标为 x,该截面弯矩为 $M_K(x)$。

● 当 F_{PK} 作用点弯矩为绝对最大时,该截面弯矩 $M_K(x)$ 对位置 x 的一阶导数等于零。由此可确定截面位置 x。

- 将所求得的截面位置 x 代回 $M_K(x)$ 的表达式中,即可得到 F_{PK} 对应的极值弯矩。
- 极值弯矩 $M_{K,\max}(K=1,2,\cdots,n;n$ 为集中力个数) 中最大者便是绝对最大弯矩。

对于图 8-25 所示简支梁,按上述思路可写出力 F_{PK} 作用点位置坐标为 x 时,作用点截面的弯矩为

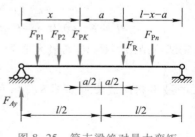

$$M_K(x) = F_{Ay}x - M_K^L = \frac{F_R}{l}(l-x-a)x - M_K^L$$

其中,M_K^L 表示 F_{PK} 左侧梁上各力对 F_{PK} 作用点的力矩之和;
$F_{Ay} = \dfrac{F_R}{l}(l-x-a)$,$F_R$ 为位于梁上所有力的合力,a 为合力 F_R 到 F_{PK} 的距离,F_{PK} 在 F_R 左边时 a 为正,反之为负。由此,根据极值条件

图 8-25　简支梁绝对最大弯矩

$$\frac{\mathrm{d}M_K}{\mathrm{d}x} = \frac{F_R}{l}(l-2x-a) = 0$$

可得

$$x = \frac{l}{2} - \frac{a}{2} \tag{8-8}$$

这表明,当 F_{PK} 作用点处截面弯矩达到最大值时,F_{PK} 与 F_R 对称作用于梁中点的两侧,弯矩最大值为

$$M_{K,\max} = \frac{F_R}{l}\left(\frac{l}{2} - \frac{a}{2}\right)^2 - M_K^L \tag{8-9}$$

依次将每个力作为临界荷载并按式(8-8)计算极值,再在这些极值中选出最大值,它就是绝对最大弯矩。

需要指出的是,在将临界荷载 F_{PK} 和合力 F_R 置于跨中等距离两侧时,如果有荷载移入或移出作用范围,则合力 F_R 及它和临界荷载 F_{PK} 间的距离 a 要重新计算。

经验表明,绝对最大弯矩总是发生在跨中截面附近,使得跨中截面发生弯矩最大值的临界荷载常常也是发生绝对最大弯矩的临界荷载。因此,可用跨中截面最大弯矩的临界荷载代替绝对最大弯矩的临界荷载。实际计算时可按下述步骤进行:

（1）求出能使跨中截面发生弯矩最大值的全部临界荷载。

（2）对每一临界荷载确定梁上 F_R 和相应的 a,然后用式(8-9)计算可能的绝对最大弯矩。

（3）从这些可能的最大值中找出最大的,即为所求绝对最大弯矩。

[例题 8-13]　试求图 8-26a 所示简支梁在所示移动荷载作用下的绝对最大弯矩。已知:$F_{P1} = F_{P2} = F_{P3} = F_{P4} = 324.5$ kN。

解：作出简支梁跨中截面 C 弯矩影响线如图 8-26b 所示,并确定使 C 截面弯矩发生最大值的临界荷载。对本题移动荷载,其临界荷载有两个:F_{P2} 和 F_{P3}。

将 F_{P2} 放在梁中点(图 8-26c),计算梁上合力 F_R 和 F_R 到 F_{P2} 的距离 a:

$$F_R = F_{P2} + F_{P3} = 649 \text{ kN}, \quad a = 0.725 \text{ m}$$

将 F_R 和 F_{P2} 对称放在中点 C 两侧(图 8-26d),F_{P2} 作用点即是发生绝对最大弯矩的截面,其值为

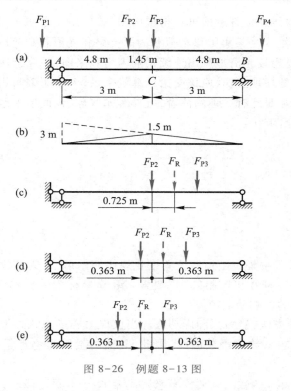

图 8-26　例题 8-13 图

$$M_{max}^2 = \frac{649\ kN \times [\ (6-0.725)\ m\ ]^2}{4 \times 6\ m} - 0 = 752.5\ kN \cdot m$$

把 F_{P3} 放在 C 点重复上面过程可得

$$F_R = 649\ kN,\ a = -0.725\ m \quad (F_R 在 F_{P3} 右侧)$$

$$M_{max}^3 = \frac{649\ kN \times [\ 6\ m - (-0.725)\ m\ ]^2}{4 \times 6\ m} - 470.5\ kN \cdot m = 752.5\ kN \cdot m$$

即另一发生绝对最大弯矩的截面在 C 点右侧 $\dfrac{a}{2}$ 处。对比两结果,此移动荷载下两个位置都是发生绝对最大弯矩的位置。

8-4-5　内力包络图

由在恒载和活荷载共同作用下各截面内力的最大值连接而成的曲线称为内力包络图。包络图由两条曲线构成,一条由各截面内力最大值构成,另一条由最小值构成,它是钢筋混凝土梁设计计算的依据。包络图分为弯矩包络图和剪力包络图。

作梁的弯矩(剪力)包络图时,可将梁沿跨度分成若干等份,利用影响线求出各等分点的最大弯矩(剪力)和最小弯矩(剪力),以截面位置作横坐标,求得的

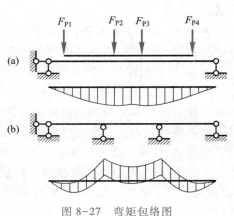

图 8-27　弯矩包络图

值作为纵坐标,用光滑曲线连接各点即可获得包络图。

图 8-27a、b 所示分别为受某集中移动荷载的简支梁和受恒载和分段活载连续梁的弯矩包络图示意图。不难想象,要想较光滑地画出连续梁的内力包络图,手算工作量是很大的。这种原理简单而计算工作量很大的烦琐工作,应该交给计算机来做,为此应编制相应的程序。一般需要用计算机进行分析和绘制。对此有兴趣的读者,可参考龙驭球、包世华主编的《结构力学 I:基础教程》(2018 年,高等教育出版社)。

§8-5　结论与讨论

8-5-1　结论

- 在单位移动荷载下物理量随荷载位置变化规律的图形,称为该物理量的影响线。所作影响线应具有"正确的外形、符号和控制值"三要素。其横坐标为单位移动荷载的作用位置,纵坐标为荷载作用在此处时的影响系数值。

- 作影响线有两种方法:静力法和虚功法。当仅仅关心影响线外形时,用虚功法非常方便。由于影响线实质上是影响系数的函数曲线,因此,其值的量纲为物理量量纲和单位荷载量纲的比值。

- 静力法作静定结构影响线,只要注意移动荷载位于不同区段时,是否影响所要求物理量的求解,即影响系数方程是否要分段列式。其他的求解思路和方法与固定荷载时相同。

- 静力法作超静定结构影响线时,为了建立影响系数方程,可取需求影响线的量作基本未知力,以超静定次数减少一次的结构作为基本结构,按"一次超静定"用力法求解。由于基本结构可能是超静定的,因此为了求 δ_{11} 和 $\delta_{1P}(x)$,要先求解超静定次数减一次的结构,然后才能按计算超静定结构的位移获得 δ_{11} 和 $\delta_{1P}(x)$。和静定结构一样,如果单位移动荷载位置 x 将影响 $\delta_{1P}(x)$ 的计算,则影响系数方程也要分段建立。

- 作经结点传的主梁的影响线时,可先按主梁直接受荷载作用作影响线,然后把结点投影到影响线和基线延长线上,以直线连接相邻结点投影,即可获得这种间接荷载作用下的影响线。

- 非结点传荷超静定结构超静定部分的影响线一定是曲线,但如果超静定结构包含静定部分,静定部分的反力、内力影响线仍为直线图形。

- 由于影响线的应用基于叠加原理,因此只对线性弹性结构适用。

- 所谓最不利荷载位置,是对指定所要求的量和给定移动荷载而言的。利用影响线确定最不利位置实质上是极值判别的试算方法。为减少判别计算工作量,应记住:一般取荷载密集、数值大的力放在顶点处试算。经判别条件识别出的非临界荷载,不需要参加试算。对于汽车等队列移动荷载,应该考虑左行和右行两种情形。

- 在不同时考虑多种荷载组合的条件下,包络图是指对某一组移动荷载,将各截面的量最大(或者最小)值以折线连起来的图形,即其纵坐标为该截面在此移动荷载下的最大(或最小)值。

● 指定移动荷载下简支梁绝对最大弯矩和结构内力包络图,是承受移动荷载作用时结构设计的重要依据。

8-5-2　讨论

● 当影响线为三角形、移动荷载为均布荷载时,最不利位置是"顶点两侧荷载长度与对应的顶点两侧基线长度之比相等",或"使荷载起点、终点处的影响线竖标相等"。请读者证明上述结论。

● 位移影响线

除可借助影响线研究活荷载对结构反力、内力的作用外,也可通过作位移影响线研究活荷载对指定位移的作用。静力法作位移影响线的过程与反力、内力影响线类似。

例如,作图 8-28a 所示梁 A、B 两支座截面的相对转角的影响线。

作出单位弯矩图和荷载弯矩图如图 8-28a、b 所示,利用图乘法可求出 A、B 两支座截面的相对转角 δ 的影响系数方程为

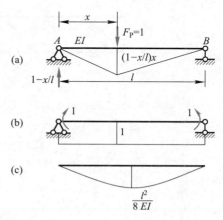

$$\delta = \frac{1}{EI} \times \frac{1}{2} \times l \times \left(1 - \frac{x}{l}\right) x \times 1 = \frac{x(l-x)}{2EI}$$

由此做出位移影响线如图 8-28c 所示。

图 8-28　位移影响线

利用位移互等定理可避免建立影响系数方程。由位移互等定理可知,与要求(广义)位移影响线对应的单位(广义)力所产生的变形曲线就是所求位移的影响线。

思　考　题

1. 影响线横坐标和纵坐标的物理意义是什么?
2. 影响线与内力图有何不同?
3. 各物理量影响线的量纲是什么?
4. 求内力的影响系数方程与求内力有何区别?
5. 若移动荷载为集中力偶,能用影响线解决吗?
6. 简支梁任一截面剪力影响线左、右两支为什么一定平行? 截面处两个突变纵坐标的含义是什么?
7. 影响线的应用条件是什么?
8. 当荷载组左、右移动一个 Δx 时,$\sum F_{Ri} \tan \alpha > 0$ 均成立,应该如何移动荷载组才能找到临界位置?
9. 某组移动荷载下简支梁绝对最大弯矩与跨中截面最大弯矩有多大差别?
10. 如何以机动法绘制移动单位力偶作用下的静定梁内力、反力影响线?
11. 如何用机动法作静定桁架的内力影响线?
12. "超静定结构内力影响线一定是曲线",这种说法对吗? 为什么?
13. 有突变的 F_Q 影响线,能用临界荷载判别公式吗?
14. 什么情况下影响系数方程需分段列出?

15. 静定的梁式桁架影响线与梁的影响线有何关系？

16. 在什么样的移动荷载作用下，简支梁的绝对最大弯矩与跨中截面的最大弯矩相同？

习 题

8-1 试用静力法作图示梁的支杆反力 F_{R1}、F_{R2}、F_{R3} 及内力 M_K、F_{QK}、F_{NK} 的影响线。

8-2 试用静力法作图示梁的 F_{By}、M_A、M_K 和 F_{QK} 的影响线。

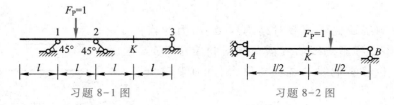

习题 8-1 图 　　　　习题 8-2 图

8-3 试用静力法作图示斜梁的 F_{Ay}、F_{Ax}、F_{By}、M_C、F_{QC} 和 F_{NC} 的影响线。

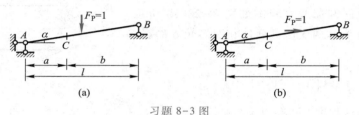

(a) 　　　　　　　　　(b)

习题 8-3 图

8-4 试用静力法作图示多跨静定梁的 F_{RA}、$F_{QC左}$ 的影响线。

8-5 试用静力法求出 F_{QC}、M_C 的影响线。

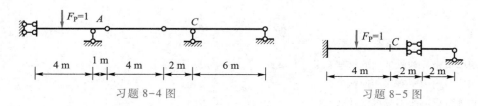

习题 8-4 图 　　　　　　习题 8-5 图

8-6 试用静力法作图示多跨静定梁的 F_{RB}、M_C 的影响线。

8-7 试用静力法作图示刚架 F_{Q1}、M_2（设以左侧受拉为正）、F_{N2}、M_3 和 F_{Q3} 的影响线。$F_P = 1$ 在 BC 上移动。

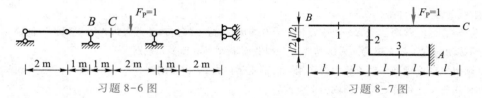

习题 8-6 图 　　　　　　习题 8-7 图

8-8 试用静力法作图示刚架的 F_{Ay}、F_{By}、F_{QE}^R 和 F_{QE}^L 的影响线。$F_P = 1$ 在 DF 上移动。

8-9 试用静力法作图示结构的 M_C、F_{QF} 影响线。设 M_C 以左侧受拉为正。

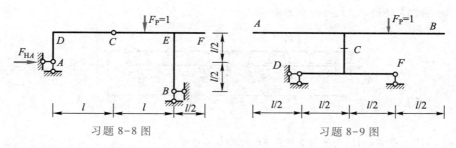

习题 8-8 图　　　　　　　　习题 8-9 图

8-10　试求作图示结构:(1) 当 $F_P = 1$ 在 AB 上移动时,M_A 的影响线;

(2) 当 $F_P = 1$ 在 BD 上移动时,M_A 的影响线。

8-11　试作图示结构的 M_K,F_{QK} 的影响线。单位力偶 $M = 1$ 在 BC 上移动。

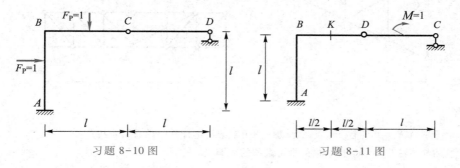

习题 8-10 图　　　　　　　　习题 8-11 图

8-12　试用静力法作三铰拱 F_{HA} 的影响线。

8-13　试作图示刚架 M_J,F_{NJ},M_K,F_{QK} 的影响线。$F_P = 1$ 在 CE 上移动。

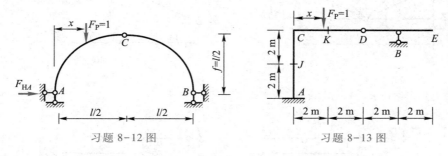

习题 8-12 图　　　　　　　　习题 8-13 图

8-14　试作三铰拱截面 D 的 M_D、F_{QD}、F_{ND} 的影响线。拱轴方程 $y = \dfrac{4f}{l^2}x(l-x)$。

8-15　单位荷载在 DE 上移动,试求出主梁 F_{RA}、M_C、F_{QC} 的影响线。

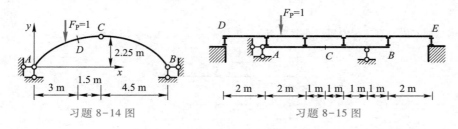

习题 8-14 图　　　　　　　　习题 8-15 图

8-16 试作静定多跨梁 F_{Ay}、F_{By}、M_A 的影响线。

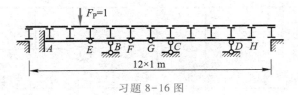

习题 8-16 图

8-17 $F_P = 1$ 在上弦移动,试用静力法作杆 BE 的轴力影响线。

8-18 试作图示桁架中杆 $1,2$ 的内力影响线。$F_P = 1$ 沿上弦移动。

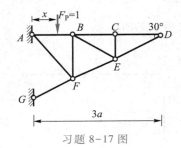

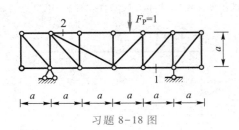

习题 8-17 图   习题 8-18 图

8-19 试分别就 $F_P = 1$ 在上弦和下弦移动作图示桁架指定杆件的内力影响线。

8-20 试用静力法作图示组合结构的指定量值的影响线。

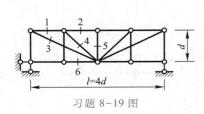

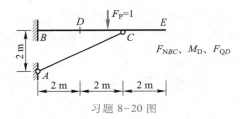

F_{NBC}、M_D、F_{QD}

习题 8-19 图   习题 8-20 图

8-21 试作图示结构 F_{By}、M_C、F_{QC}^R 和 F_{QC}^L 的影响线。

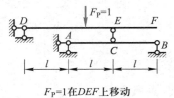

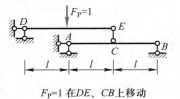

$F_P = 1$ 在 DEF 上移动 $F_P = 1$ 在 DE、CB 上移动

习题 8-21 图

8-22 图示简支梁上有单位力偶移动荷载 $M = 1$,试作 F_{Ay}、F_{By}、F_{QC}、M_C 的影响线。

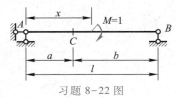

习题 8-22 图

8-23 试作图示结构 M_B 的影响线。

8-24 试用机动法作图示梁 M_A、M_K 的影响线的形状。

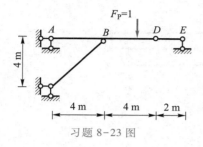
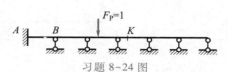

习题 8-23 图　　　　习题 8-24 图

8-25 试作图示梁 F_{QK}、M_B 的影响线。

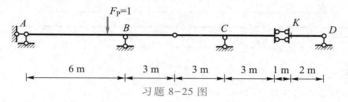

习题 8-25 图

8-26 试用机动法作图示梁 M_K、F_{QE} 的影响线。

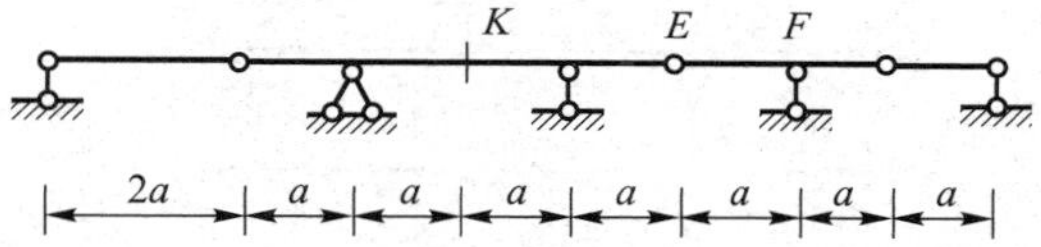

习题 8-26 图

8-27 试用静力法(或机动法)作图示梁 M_G、F_{QG} 的影响线($F_P=1$ 在 FCD 上移动)。

8-28 试用机动法作多跨静定梁 M_C、F_{QC} 的影响线。

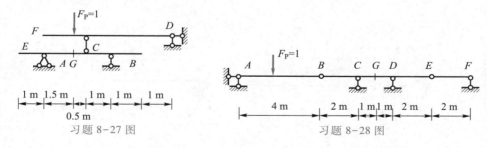

习题 8-27 图　　　　习题 8-28 图

8-29 试用机动法作习题 8-1 和习题 8-2。

8-30 试用机动法作习题 8-16。

8-31 试用机动法作图示多跨静定梁 M_F 和 F_{QC} 的影响线。

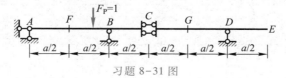

习题 8-31 图

8-32　试求图示吊车梁在两台吊车移动过程中,跨中截面的最大弯矩。
$F_{P1} = F_{P2} = F_{P3} = F_{P4} = 324.5$ kN。

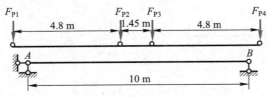

习题 8-32 图

8-33　两台吊车的轮压和轮距如图所示,试求 B 支座的最大压力。$F_{P1} = F_{P2} = 478.5$ kN,$F_{P3} = F_{P4} = 324.5$ kN。

习题 8-33 图

8-34　试求在图示移动荷载作用下,桁架杆件 a 的内力最小值。

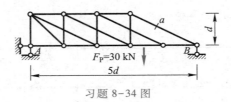

习题 8-34 图

8-35　试求图示简支梁在移动荷载作用下截面 K 的最大正剪力和最大负剪力。

8-36　图示两台吊车,在 AC 之间移动,试求 F_{RB} 的最大值及 $F_{QB左}$ 的最小值。已知 $F_{P1} = 150$ kN,$F_{P2} = 150$ kN,$F_{P3} = 180$ kN,$F_{P4} = 180$ kN。

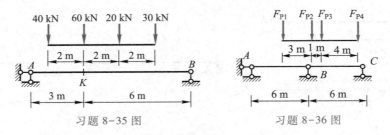

习题 8-35 图　　　　　　　习题 8-36 图

8-37　试作图示梁 F_{QB} 的影响线,并利用影响线求给定荷载作用下 F_{QB} 的值。

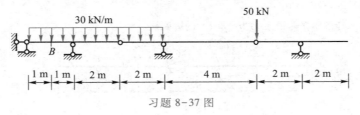

习题 8-37 图

8-38 试求图示结构在上弦移动荷载作用下的 $F_{N,a,max}$ 和 $F_{N,a,min}$。

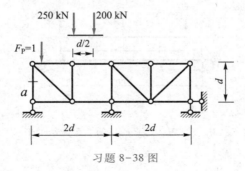

习题 8-38 图

8-39 试求图示桁架 a 杆在图示移动荷载作用下的内力最大值。已知 $h = 3$ m。

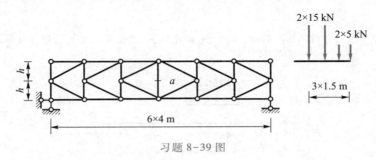

习题 8-39 图

8-40 设图示荷载组在梁上移动,试求支座 B 的最大反力。已知 $F_{P1} = F_{P2} = 300$ kN,$F_{P3} = F_{P4} = 480$ kN。

8-41 试求图示梁的绝对最大弯矩。

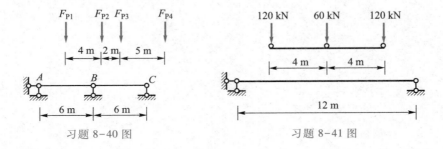

习题 8-40 图　　　　　　　　习题 8-41 图

8-42 简支梁上行驶一吊车,其自重 $W = 60$ kN,吊重 $F_P = 20$ kN,吊重至前轮距离为 d,可在 $0 \sim 2$ m 范围内变动,试求梁的绝对最大弯矩。

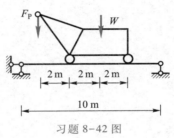

习题 8-42 图

8-43 移动荷载如图所示,试求简支梁绝对最大弯矩。

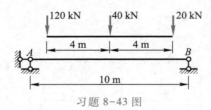

习题 8-43 图

8-44 试绘出图示连续梁的 F_{0y}、M_0、F_{1y}、M_K、F_{QK}、F_{Q2}^{L} 和 F_{Q2}^{R} 影响线的形状。

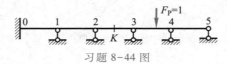

习题 8-44 图

8-45 试求图示连续梁在可动均布荷载 $q = 30 \ \mathrm{kN/m}$ 作用下,截面 K 的最大弯矩和最小弯矩。(提示:利用对称性)

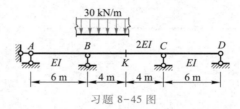

习题 8-45 图

参考答案 A8

第9章 结构动力分析

前面各章所讨论的是结构在静荷载作用下的分析问题,称为结构静力分析。实际工程结构在承受静荷载的同时,有时还会受到动荷载的作用。在动荷载作用下结构会发生振动,如开动机器引起的厂房振动,地震引起的结构振动等,这时的结构分析称为结构动力分析。

结构动力分析的目的是确定结构在动荷载作用下的反应规律,从而确定最大反应等,以便做出合理的动力设计。结构反应是指结构的位移、速度、加速度、内力等,也称为结构响应。

动力分析与静力分析的主要不同点是,静力分析时结构是平衡的,而动力分析时结构是不平衡的,需要考虑惯性力。

§9-1 动荷载及其分类

9-1-1 动荷载的定义

大小、方向、作用位置随时间变化并使结构发生激烈振动的荷载称为动荷载。激烈振动是指振动中的加速度较大,从而惯性力与结构上其他静荷载相比不能略去不计的振动。结构上的其他荷载,包括结构的自重、结构上位置固定的物体的重量及不能使结构发生激烈振动的随时间缓慢变化的荷载为静荷载。静荷载与动荷载的划分不是一成不变的,对于作用于一个结构的动荷载,当其作用于另一个结构时可能会作为静荷载,这一点将在§9-3中讨论。

总之,一个荷载是否看作动荷载不仅看其是否随时间变化,更主要的是看其作用的效果。不把所有随时间变化的荷载看作动荷载的原因是,这样做会简化分析过程,动力分析要比静力分析复杂得多。

9-1-2 动荷载的分类

动荷载是时间和位置(坐标)的函数,根据动荷载随时间变化的规律,可做如下分类:

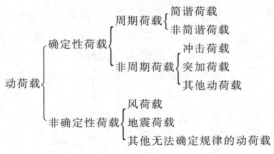

● **确定性荷载**　荷载的变化是时间的确定性函数。

常见的确定性荷载有：

简谐荷载　荷载随时间的变化规律是用正弦或余弦函数表达的,如图 9-1a 所示。机械转动部分由于质量偏心产生的离心力对结构的作用是典型的简谐荷载。

周期荷载　随时间呈周期性变化的荷载,如图 9-1b 所示。如船舶匀速行进中螺旋桨产生的作用于船体的推力就是一种周期荷载。简谐荷载也是周期荷载。

冲击荷载　作用时间很短的荷载,如图 9-1c 所示。如爆炸引起的冲击波对结构的作用。

突加荷载　以某一恒值突然施加于结构并在结构上持续作用了较长时间的荷载,如图 9-1d 所示。如锻锤和打桩机所产生的荷载。

● **非确定性荷载**　随时间的变化不确定或不确知,或边界不清晰的荷载。随机荷载是典型的非确定性荷载。

随机荷载　事先不可预知,以后也难再现,任一时刻的大小为随机量的荷载。脉动风和地震地面运动等对建筑物的作用都是随机荷载。但已发生的荷载,如图 9-1e 所示的地震作用,却是确定性荷载。

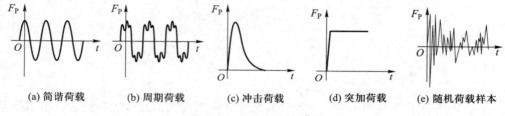

(a) 简谐荷载　　　(b) 周期荷载　　　(c) 冲击荷载　　　(d) 突加荷载　　　(e) 随机荷载样本

图 9-1　荷载形式示意图

结构受非确定性荷载作用的响应要用不确定性理论来分析。结构在随机荷载作用下的响应分析,称为结构的**随机振动分析**。

本章只介绍结构在确定性荷载作用下的反应分析。

§9-2　结构动力分析中的计算简图与动力自由度

9-2-1　动力分析中的计算简图

与结构的静力分析一样,在结构的动力分析中也需要确定计算简图。确定计算简图的原则与静力分析时的基本相同,其他方面也大体一样,不同的是在动力分析的计算简图中必须给出质量的分布情况,因为结构的动力分析中要考虑惯性力的作用。图 9-2a 所示是一个单层框架的计算简图,除给出了尺寸和刚度外还给出了各杆的质量,图中的 $\bar{m}$ 为质量分布集度,为单位长度上的质量大小。

为了方便分析,通常将连续分布于结构各部分上的质量集中到结构的某些点上去。例如,图 9-3a 所示水塔结构,水箱的质量明显比塔身的质量大,故可将水箱简化为一个质点,塔身简

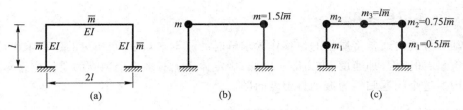

图 9-2 单层框架计算简图

化为无质量的杆件,如图 9-3b 所示;对于图 9-3c 所示的静力分析时的多层建筑计算简图,当考虑其在水平动荷载作用下的动力分析问题时,由于质量主要集中于楼板处,可以将其简化为图 9-3d 所示的简图,即将楼板的质量和柱子质量的一部分简化成质点而将柱子看成是无质量的。对于质量分布较均匀的结构,如图 9-2a 所示框架,可以人为地将质量集中到指定的点上去,比如两个点或五个点,如图 9-2b、c 所示,而梁柱看成是无质量的。能够想象到,质点个数越多越接近于实际情况,但是,质点个数越多,动力分析时的计算量就越大。具体取多少个质点,要根据实际结构的质量分布和计算精度要求确定。

结构动力分析的计算简图中还应包含反映体系阻尼特性的元素,阻尼是指振动中耗散振动能量的作用。产生能量耗散的因素很多,如结构材料的内摩擦,各构件连接处的摩擦以及周围介质的阻力等。在动力分析中,为了便于数学处理,目前通常采用黏滞阻尼理论,假设能量耗散是由作用于质量的阻尼力引起,并设阻尼力与质量的运动速度成比例。对于单自由度体系,作用于质量的阻尼力 $F_D(t)$ 为

$$F_D(t) = -c\dot{y}(t)$$

其中,c 称为阻尼系数,由结构的动力试验确定;$\dot{y} = \dfrac{dy}{dt}$ 为质量的速度,负号表示阻尼力与速度方向相反。

在计算简图中用黏滞阻尼器表示阻尼作用,如图 9-4 所示。计算简图中也可以不标出阻尼器而用文字说明阻尼作用。

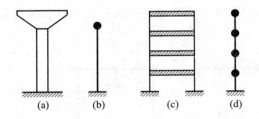

图 9-3 水塔和多层框架计算简图

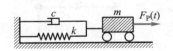

图 9-4 质量、弹簧、阻尼器系统

前述计算简图可以进一步理想化为质量-弹簧-阻尼器系统,如图 9-2b 和图 9-3b 所示的计算简图均可理想化为图 9-4 所示的计算简图。

总之,振动系统的基本参数有质量、阻尼和弹性(由结构中可变形的杆件提供)等,计算简图中应反映它们的分布情况。

9-2-2　振动自由度

结构动力分析时通常将质量的位移作为求解时的基本未知量,当质量的位移求出后,即可求出其他反应量,如速度、加速度、内力等。因此,确定体系上有多少个独立的质量位移对后面的求解甚为关键。这个问题归结为振动自由度问题。

1. 定义

在振动过程的任一时刻,确定体系全部质量位置所需的独立参数个数,称为体系的振动自由度。

平面上的一个质点,如图 9-5a 所示,确定其位置需两个参数 $y_1(t)$、$y_2(t)$,这两个参数是独立的,因此平面上的自由质点有 2 个自由度。当质点之间有不考虑轴向变形的杆件相连或与支座相连时,自由度将减少。如图 9-5b 所示,不计柱子的轴向变形,体系只有 1 个自由度。为了减少体系的动力自由度以方便计算,刚架中的杆件一般均不计轴向变形。

2. 振动自由度的确定方法

振动自由度可通过分析结构中的杆件或支座对质点附加了多少约束来确定。平面体系中的质点若无杆件相连,自由度应为质点个数的 2 倍;若有杆件相连,有些杆件会起到减少自由度的约束作用而使自由度减少。如图 9-6a 所示体系,无杆件相连时,两个质点 4 个自由度;两个柱不计轴向变形约束了两个质点的竖向运动,梁不计轴向变形约束了两个质点的相对水平运动,共减少 3 个自由度,故该体系的振动自由度为 1。

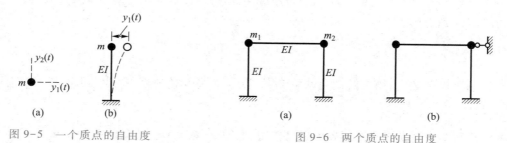

图 9-5　一个质点的自由度　　　　　　　图 9-6　两个质点的自由度

图 9-7a 所示体系比图 9-6a 所示体系多一个质点,无杆件相连时的自由度为 6;有杆件相连时,杆件提供的约束有柱子对两边质点的竖向约束和梁对三个质点的水平相对位移的约束,共 4 个,故自由度为 2。

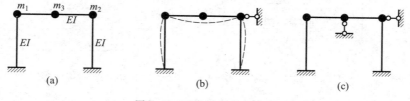

图 9-7　三个质点的自由度

也可采用附加支杆的方法来确定振动自由度。具体作法是:在质点上加支杆约束质点的位移,使体系中所有质点均不能运动,所加的最少支杆个数即为体系的振动自由度。需注意:质点之间有杆件相连时,这些杆件已经对质量的位移有了一些约束,加支杆的时候要考虑这些约束的作用。下面举例说明。

[例题9-1] 试确定图9-6a所示体系的振动自由度。

解:因为柱子可以发生弯曲变形,故质点可以发生水平位移。在质点 m_2 上加水平链杆,如图9-6b所示,柱子不计轴向变形,故 m_2 不能上下移动;梁不计轴向变形,质点 m_1 也不能水平运动;柱子无轴向变形,故 m_1 也无竖向位移;加了一个支杆使所有质点均不能运动,故体系的振动自由度为1。

[例题9-2] 试确定图9-7a所示体系的振动自由度。

解:像上例一样在 m_2 上加水平链杆,使得 m_1、m_3 和 m_2 不能水平移动。由于梁的弯曲仍然可使 m_3 发生竖向运动,如图9-7b所示。在 m_3 上加竖向链杆,约束 m_3 的竖向位移,如图9-7c所示。加了两个链杆使所有质量均不能运动,故体系的振动自由度为2。

自由度为1的体系称为单自由度体系,自由度大于1的体系称为多自由度体系,质量连续分布并且可发生任意变形的体系(如图9-2a所示体系)称为无限自由度体系。有些实际工程结构可以简化成单自由度体系计算,如单层工业厂房、单跨梁等;有些则不能作为单自由度体系分析,需简化为多自由度体系进行分析,如多层房屋、高层建筑、不等高厂房排架和块式基础等;有些规则结构,如板、梁等,在一些情况下按无限自由度分析有时更方便一些。随着计算机计算技术和应用软件的发展和广泛应用,将结构按多自由度体系进行动力分析已在工程中得到十分普遍的应用。

因为自由度决定了动力计算的基本未知量的个数,并且单自由度体系与多自由度体系的分析方法不同,所以正确确定体系的自由度是非常重要的。

这里要注意与体系几何组成分析时的自由度的区别,几何组成分析时的自由度是确定体系上所有构件的位置所需的独立坐标数,分析时杆件看成刚体;振动自由度是确定体系上所有质量的位置所需的独立坐标数,分析时杆件是变形体。

§9-3 体系的运动方程

在结构动力分析中,要确定体系中所有质量的运动规律,需建立质量运动与动荷载及结构基本参数间的关系方程,即运动方程,可由牛顿第二定律建立。对图9-8a所示体系,取出质点作为对象,如图9-8b所示,其上作用的力有动荷载、由于柱子变形产生的力 $ky(t)$(k 称为刚度系数,为发生单位位移所加的力,如图9-8c所示)和阻尼力 $c\dot{y}(t)$。由牛顿第二定律,可知

9-1
运动方程的
建立

$$F_\mathrm{P}(t) - c\dot{y}(t) - ky(t) = m\ddot{y}(t) \tag{9-1}$$

此即为体系的运动方程。当已知运动的初始条件,即 $t=0$ 时的位移和速度,即可求出质点的运动规律。

对于复杂体系,直接用牛顿定律建立运动方程不甚方便,常用基于达朗贝尔原理的动静法。对于图9-8a所示体系,动静法列运动方程的过程是:首先将惯性力加在质点上,如图9-8e所示;将体系看成是平衡的,取质点为对象,如图9-8f所示,列平衡方程

$$F_P(t) - c\dot{y}(t) - ky(t) + F_I(t) = 0 \qquad (9-2)$$

将惯性力 $F_I(t) = -m\ddot{y}(t)$ 代入,得运动方程(9-1)。

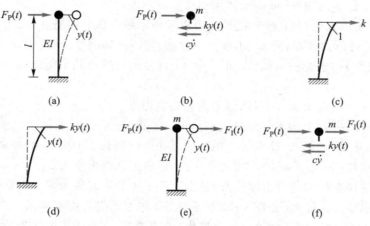

图 9-8　单自由度体系的运动方程

方程(9-2)在形式上是平衡方程,其实质是运动方程。动静法把不平衡的问题转化成了平衡问题。当在质点上假想加上惯性力后,即可将静力学的方法应用于不平衡的问题。

以上是把质点作为对象来考虑的,若把结构整体作为对象的话,动静法列运动方程的方法可分为两种:刚度法和柔度法。下面为了叙述方便,均未考虑阻尼力,考虑阻尼时加上阻尼力即可。

● **刚度法**　通过刚度系数将力用位移表示,写平衡方程。

仍以列图 9-8a 所示体系运动方程为例说明。发生位移 $y(t)$ 所需加的力为 $ky(t)$,如图 9-8d 所示。由图 9-8d 和图 9-8e 可见,位移相同,故作用力应相等,即

$$ky(t) = F_P(t) + F_I(t) \qquad (9-3)$$

此即体系的运动方程。

● **柔度法**　通过柔度系数将位移用力表示,写位移方程。

单位力引起的位移称为柔度系数,如图 9-9b 所示。用柔度系数将作用力引起的位移表示出来,如图 9-9c 所示。由图 9-9a、c 可见,作用力相同,故位移相同,即

$$y(t) = \delta[F_P(t) + F_I(t)] \qquad (9-4)$$

此即体系的运动方程。

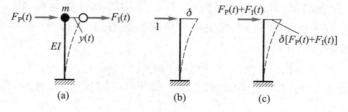

图 9-9　柔度法列运动方程

刚度系数和柔度系数有如下关系:

$$\delta k = 1 \qquad (9-5)$$

这个关系不难从图 9-8c 和图 9-9b 所示的刚度系数和柔度系数所表示的意义直接得到。因此，用刚度法和柔度法建立的运动方程是等价的。

[例题 9-3]　试用刚度法建立图 9-10a 所示刚架受动荷载 $F_P(t)$ 作用的运动方程。横梁是质量为 m 的刚性杆，柱为无重弹性杆。不计轴向变形，不计阻尼。

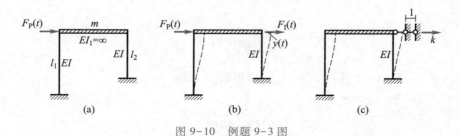

图 9-10　例题 9-3 图

解：由不计柱的轴向变形可知梁只能产生水平位移，属单自由度体系。设梁在任一时刻的位移为 y，向右为正，沿位移正向加惯性力，如图 9-10b 所示。

图 9-10c 所示的刚度系数 k 用静力学方法求得，为

$$k = \frac{12EI}{l_1^3} + \frac{12EI}{l_2^3}$$

将惯性力 $F_I = -m\dfrac{\mathrm{d}^2 y}{\mathrm{d}t^2} = -m\ddot{y}$ 和刚度系数代入式(9-3)，得运动方程

$$m\ddot{y} + \left(\frac{12EI}{l_1^3} + \frac{12EI}{l_2^3} \right) y = F_P(t)$$

若考虑阻尼，在方程中加入阻尼力，得计阻尼的运动方程

$$m\ddot{y} + c\dot{y} + \left(\frac{12EI}{l_1^3} + \frac{12EI}{l_2^3} \right) y = F_P(t)$$

本题中的刚度系数 $k = \dfrac{12EI}{l_1^3} + \dfrac{12EI}{l_2^3}$，一般称为楼层的侧移刚度，它是楼层间产生单位相对侧移时所需施加的力，等于各柱子侧移刚度的和。

[例题 9-4]　试用柔度法建立图 9-11a 所示梁的运动方程。不计梁重，不计阻尼。

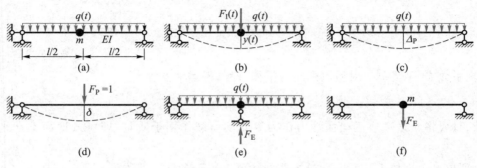

图 9-11　例题 9-4 图

解:设质点的位移为 y(向下为正)。加惯性力如图 9-11b 所示。

视位移是由惯性力和动荷载共同作用引起的(在时刻 t 看成静力),即

$$y = \Delta_P + \delta F_I \qquad (9-6)$$

其中,Δ_P 是由动荷载引起的位移(图 9-11c),δ 为单位力所引起的位移(图 9-11d)。经结构位移计算可求得

$$\Delta_P = \frac{5l^4}{384EI} q(t), \ \delta = \frac{l^3}{48EI} \qquad (a)$$

将式(a)代入式(9-6),并注意到 $F_I = -m\ddot{y}$,可得运动方程

$$y = \frac{5l^4 q(t)}{384EI} + \frac{l^3}{48EI}(-m\ddot{y}) \qquad (9-7)$$

也可以将荷载变换成作用于质点上的荷载,然后按荷载作用在质点上列方程。在加荷载前先加支杆,荷载引起的支杆反力为 F_E,如图 9-11e 所示。将 F_E 反方向作用于质点,如图 9-11f 所示。图 9-11e、f 两种受力状态叠加与原体系相同,因图 9-11e 质点无位移,故图 9-11f 质点位移与原体系相同。称 F_E 为原荷载的等效动荷载,可用静力学方法由图 9-11e 解出。用力法解出的结果为 $F_E(t) = \dfrac{\Delta_P}{\delta} = k\Delta_P = \dfrac{5}{8} lq(t)$。

本例在列运动方程时没有考虑重力,考虑重力所列出的运动方程与不考虑列出的相同。请读者计入重力再重新作一次。注意:计入重力后,质点的位移为重力引起的位移加 $y(t)$。

[例题 9-5] 试建立图 9-12a 所示体系在地面运动 $u_g(t)$ 激励下的运动方程。

解:体系为单自由度体系。设质点相对于地面的位移为 y(向右为正),则质点的绝对位移为 $Y(t) = y(t) + u_g(t)$,绝对加速度为

$$\ddot{Y}(t) = \ddot{u}_g(t) + \ddot{y}(t)$$

惯性力为

$$F_I(t) = -m\ddot{Y}(t) = -m[\ddot{u}_g(t) + \ddot{y}(t)]$$

阻尼力为

$$F_D(t) = c\dot{y}(t)$$

恢复力为

$$F_S(t) = ky(t)$$

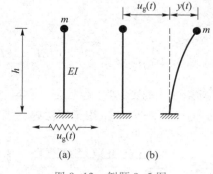

图 9-12　例题 9-5 图

式中,刚度系数 $k = 3EI/h^3$。对质点列动力平衡方程,得运动方程

$$m\ddot{y} + c\dot{y} + ky = -m\ddot{u}_g(t)$$

可见,只要将质量牵连运动惯性力作为等效动荷载作用于质量,即可按地面不动来列运动方程。

以上列单自由度体系运动方程的方法同样可以用于多自由度体系。下面以图 9-13a 所示 2 自由度体系的运动方程为例说明。为了简洁,不计阻尼,计阻尼的情况将在后面介绍。

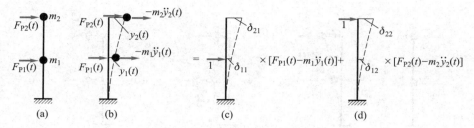

图 9-13 柔度法列 2 自由度体系运动方程

（1）柔度法

设位移正向，并沿位移正向加惯性力，如图 9-13b 所示。加惯性力后，认为质点在 t 时刻处于动平衡状态，即认为图 9-13b 所示位移是惯性力和动荷载引起的静位移。根据叠加原理，图 9-13b 所示受力与图 9-13c 和图 9-13d 所示受力之和相同。受力相同，引起的位移亦相同。因此有

$$\left.\begin{aligned} y_1(t) &= \delta_{11}\left[F_{P1}(t) - m_1\ddot{y}_1(t) \right] + \delta_{12}\left[F_{P2}(t) - m_2\ddot{y}_2(t) \right] \\ y_2(t) &= \delta_{21}\left[F_{P1}(t) - m_1\ddot{y}_1(t) \right] + \delta_{22}\left[F_{P1}(t) - m_2\ddot{y}_2(t) \right] \end{aligned}\right\} \tag{9-8a}$$

此即用柔度法列出的运动方程。方程中系数 δ_{ij} 称为柔度系数，可利用静力学方法计算。方程（9-8a）也可以写成矩阵形式

$$\begin{Bmatrix} y_1(t) \\ y_2(t) \end{Bmatrix} = -\begin{pmatrix} \delta_{11} & \delta_{12} \\ \delta_{21} & \delta_{22} \end{pmatrix}\begin{pmatrix} m_1 & 0 \\ 0 & m_2 \end{pmatrix}\begin{Bmatrix} \ddot{y}_1(t) \\ \ddot{y}_2(t) \end{Bmatrix} + \begin{pmatrix} \delta_{11} & \delta_{12} \\ \delta_{21} & \delta_{22} \end{pmatrix}\begin{Bmatrix} F_{P1}(t) \\ F_{P2}(t) \end{Bmatrix} \tag{9-8b}$$

或

$$\boldsymbol{Y} = -\boldsymbol{\delta M\ddot{Y}} + \boldsymbol{\delta F}_P \tag{9-8c}$$

式中，$\boldsymbol{M}$ 称为质量矩阵，对于集中质量体系，为对角矩阵；$\boldsymbol{\delta}$ 称为柔度矩阵，根据位移互等定理可知其为对称矩阵；$\boldsymbol{Y}$ 为位移向量，$\boldsymbol{\ddot{Y}}$ 为加速度向量，$\boldsymbol{F}_P$ 为动荷载向量（亦称为干扰力向量）。对于 n 自由度体系，它们的展开式分别为

$$\boldsymbol{M} = \begin{pmatrix} m_1 & \cdots & 0 \\ \vdots & & \vdots \\ 0 & \cdots & m_n \end{pmatrix}, \quad \boldsymbol{\delta} = \begin{pmatrix} \delta_{11} & \delta_{12} & \cdots & \delta_{1n} \\ \delta_{21} & \delta_{22} & \cdots & \delta_{2n} \\ \vdots & \vdots & & \vdots \\ \delta_{n1} & \delta_{n2} & \cdots & \delta_{nn} \end{pmatrix}$$

$$\boldsymbol{Y} = (y_1 \quad y_2 \quad \cdots \quad y_n)^{\mathrm{T}}, \boldsymbol{\ddot{Y}} = (\ddot{y}_1 \quad \ddot{y}_2 \quad \cdots \quad \ddot{y}_n)^{\mathrm{T}}, \boldsymbol{F}_P = (F_{P1} \quad F_{P2} \quad \cdots \quad F_{Pn})^{\mathrm{T}}$$

（2）刚度法

与柔度法一样先设位移正向，并加惯性力，如图 9-14b 所示。加惯性力后，认为质点在 t 时刻处于动平衡状态，即认为图 9-14b 所示位移是动荷载和惯性力引起的静位移。根据叠加原理，图 9-14b 所示位移与图 9-14c 所示单位位移状态乘以 $y_1(t)$ 加图 9-14d 所示单位位移状态乘以 $y_2(t)$ 所得到的位移相同。引起的位移相同，受力亦相同。因此有

$$\left.\begin{aligned} F_{P1}(t) - m_1\ddot{y}_1(t) &= k_{11}y_1(t) + k_{12}y_2(t) \\ F_{P2}(t) - m_2\ddot{y}_2(t) &= k_{21}y_1(t) + k_{22}y_2(t) \end{aligned}\right\} \tag{9-9a}$$

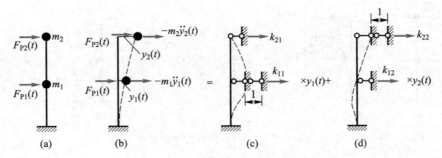

图 9-14　刚度法列 2 自由度体系运动方程

此即用刚度法列出的运动方程。方程中系数 k_{ij} 称为刚度系数,可利用静力学方法计算。方程 (9-9a) 也可以写成矩阵形式

$$\begin{Bmatrix} F_{P1}(t) \\ F_{P2}(t) \end{Bmatrix} - \begin{pmatrix} m_1 & 0 \\ 0 & m_2 \end{pmatrix} \begin{Bmatrix} \ddot{y}_1(t) \\ \ddot{y}_2(t) \end{Bmatrix} = \begin{pmatrix} k_{11} & k_{12} \\ k_{21} & k_{22} \end{pmatrix} \begin{Bmatrix} y_1(t) \\ y_2(t) \end{Bmatrix} \tag{9-9b}$$

或

$$\boldsymbol{F}_{P} - \boldsymbol{M}\ddot{\boldsymbol{Y}} = \boldsymbol{K}\boldsymbol{Y} \tag{9-9c}$$

其中,$\boldsymbol{K}$ 称为刚度矩阵,根据反力互等定理可知其为对称矩阵。对于 n 自由度体系,刚度矩阵为

$$\boldsymbol{K} = \begin{pmatrix} k_{11} & k_{12} & \cdots & k_{1n} \\ k_{21} & k_{22} & \cdots & k_{2n} \\ \vdots & \vdots & & \vdots \\ k_{n1} & k_{n2} & \cdots & k_{nn} \end{pmatrix}$$

可以证明,刚度矩阵与柔度矩阵互为逆矩阵,即

$$\boldsymbol{\delta K} = \boldsymbol{I} \tag{9-10}$$

其中,$\boldsymbol{I}$ 为单位矩阵。利用此关系,将方程(9-9c)的等号两侧同时左乘柔度矩阵 $\boldsymbol{\delta}$ 即得方程(9-8c)。可见,两种方法虽然出发点不同,但列出的方程却是等价的。

若取质点为对象,由图 9-14 可知其上作用的力如图 9-15 所示。列平衡方程得

$$F_{P1} - m_1\ddot{y}_1 = (k_{11} + k_{21})y_1 + (k_{22} + k_{12})y_2 - (k_{21}y_1 + k_{22}y_2)$$

$$F_{P2} - m_2\ddot{y}_2 = k_{21}y_1 + k_{22}y_2$$

整理后与方程(9-9a)一致。

若在图 9-15 所示的受力图上去掉惯性力,由牛顿第二定律即可得到运动方程(9-9a)。可见,无论是刚度法、柔度法还是直接用牛顿第二定律均可建立体系的运动方程,只不过方便程度不同。仅从建立运动方程角度看,具体采用何种方法主要由刚度矩阵和柔度矩阵哪个易求决定。

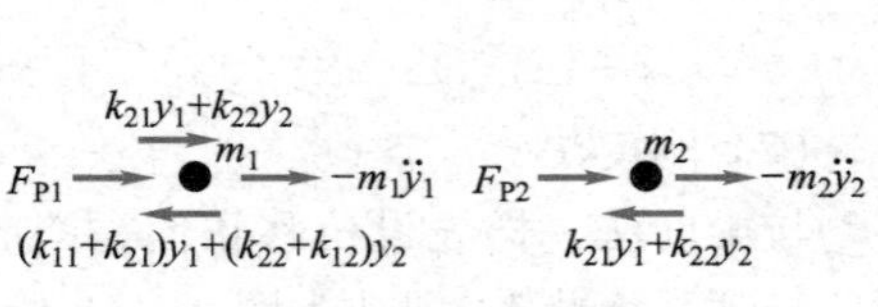

图 9-15　隔离体

对于动荷载不作用于质量上时的多自由度体系运动方程如何建立,请读者结合前面所介绍的单自由度体系情况考虑。

§9-4 单自由度体系的自由振动分析

结构振动分为自由振动和强迫振动。自由振动是指由初始扰动引起的、在振动中无动荷载作用的振动。如将结构拉离平衡位置,然后突然释放,结构开始做自由振动。分析结构自由振动的主要目的是确定体系的自振周期等动力特性,它们对结构在动荷载作用下的动力反应有重要影响。强迫振动是指动荷载引起的振动,如开动结构上的机器所引起的结构振动。强迫振动分析的目的是确定结构的动力反应。下面先讨论单自由度体系的自由振动。

9-4-1 无阻尼自由振动分析

1. 运动方程及其解

在§9-3 中已经建立了单自由度体系运动方程的一般形式,即

$$m\ddot{y} + c\dot{y} + ky = F_P(t) \tag{9-11}$$

令 $F_P(t) = 0, c = 0$,得无阻尼自由振动的运动方程为

$$m\ddot{y} + ky = 0 \tag{9-12}$$

设

$$\omega^2 = \frac{k}{m} \tag{9-13}$$

方程(9-12)可表示为

$$\ddot{y} + \omega^2 y = 0 \tag{9-14}$$

这是二阶齐次常微分方程,其通解为

$$y(t) = C_1 \cos \omega t + C_2 \sin \omega t \tag{9-15}$$

其中,C_1、C_2 为积分常数,由初始条件确定。将式(9-15)对时间求导数,得

$$\dot{y}(t) = -C_1 \omega \sin \omega t + C_2 \omega \cos \omega t \tag{9-16}$$

设质点在 $t = 0$ 时刻的位移为 y_0,速度为 $\dot{y}_0$,分别称为初位移和初速度(统称初始扰动),代入式(9-15)、(9-16)可求得

$$C_1 = y_0, \quad C_2 = \frac{\dot{y}_0}{\omega}$$

代入式(9-15)得在该初始条件下的特解

$$y(t) = y_0 \cos \omega t + \frac{\dot{y}_0}{\omega} \sin \omega t \tag{9-17}$$

也可以写成单项形式

$$y(t) = A\sin(\omega t + \varphi) \tag{9-18}$$

其中

$$A = \sqrt{y_0^2 + \left(\frac{\dot{y}_0}{\omega}\right)^2}, \quad \varphi = \arctan \frac{y_0 \omega}{\dot{y}_0} \tag{9-19}$$

将式(9-18)按两角和公式展开,得

$$y(t) = A\sin \omega t\cos \varphi + A\cos \omega t\sin \varphi$$

与式(9-17)比较,得

$$A\cos \varphi = \frac{\dot{y}_0}{\omega}, \quad A\sin\varphi = y_0$$

两式平方后相加得式(9-19)中前式,两式相除得后式。

2. 质点的运动规律

式(9-18)表明,单自由度体系作自由振动时质点的位移随时间按正弦函数变化,由于正弦函数是周期为 2π 的周期函数,即

$$\sin(\omega t+\varphi) = \sin(\omega t+\varphi+2\pi)$$

据此,由式(9-18)得

$$y(t) = A\sin(\omega t+\varphi) = A\sin(\omega t+\varphi+2\pi) = A\sin\left[\omega\left(t+\frac{2\pi}{\omega}\right)+\varphi\right] = y\left(t+\frac{2\pi}{\omega}\right)$$

可见,t 时刻的位移与再经过 $\frac{2\pi}{\omega}$ 后的位移相同,即质点的位移具有周期性,周期为 $\frac{2\pi}{\omega}$,用 T 表示为

$$T = \frac{2\pi}{\omega} \tag{9-20}$$

称为体系的自振周期或固有周期。A 为振动过程中的最大位移,称为振幅,由式(9-19)确定。

位移 $y(t)$ 随时间 t 的变化规律如图 9-16a 所示,此图也称为位移时程曲线。图 9-16a 中,$abcde$ 部分描述了体系自由振动的一个循环;图 9-16b 为图 9-16a 中 a、b、c、d、e 点对应的质点位置,质点上的箭头表示将要运动的方向。即质点从它的无变形位置 a 向右运动,在 b 点达到正的位移最大值 A,这时的速度为零;然后,位移开始减少,质点又返回到无变形的位置 c,此时的速度最大;从此处质量继续向左运动,在 d 点达到位移最小值 $-A$,这时速度再次为零;位移开始增大,质量再次返回到无变形位置 e。在时刻 e,即时刻 a 后经过时长 $\frac{2\pi}{\omega}$,质点的状态(位移和速度)与它在时刻 a 的状态相同,质量又将开始振动的下一个循环。图中还标出了周期、振幅、初位移和初相位角,曲线的切线斜率为速度。

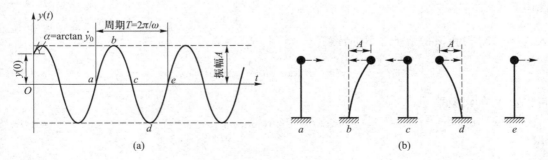

图 9-16   单自由度体系自由振动

单位时间的振动次数称为频率，又称为工程频率，用 f 表示。与周期 T 的关系为

$$f = \frac{1}{T} \tag{9-21}$$

工程频率的单位为 Hz。

由式(9-20)得

$$\omega = \frac{2\pi}{T} = 2\pi f \tag{9-22}$$

如果将式中的 2π 看成 2π s 的话，ω 即为 2π s 的振动次数，称其为自振圆频率，简称自振频率或固有频率。

式(9-18)中的 φ 称为初相位角，表示 $t = 0$ 时的质点位置 $y_0 = A\sin\varphi$，$\omega t + \varphi$ 称为相位角，表示 t 时刻的质点位置。

3. 自振周期及其计算

由式(9-13)、(9-20)可见，结构的自振频率及自振周期只与结构的刚度和质量有关，是体系固有的动力特性。无论给体系以怎样的初始扰动，体系均按自振周期作自由振动。初始扰动的大小只会影响自由振动的振幅和初相位角。此外，自振频率的平方与刚度系数成反比，与质量成正比，改变体系的质量或刚度可调整体系的自振周期。

自振周期用式(9-20)计算，即

$$T = \frac{2\pi}{\omega} = 2\pi\sqrt{\frac{m}{k}} \tag{9-23a}$$

或

$$T = 2\pi\sqrt{m\delta} \tag{9-23b}$$

计算时根据刚度系数和柔度系数哪个易求决定使用哪个式子。当直接给出了重力，可将上式改写为

$$T = 2\pi\sqrt{\frac{W}{kg}} = 2\pi\sqrt{\frac{W\delta}{g}}$$

或

$$T = 2\pi\sqrt{\frac{\Delta_{st}}{g}} \tag{9-24}$$

式中，$\Delta_{st} = W\delta$，为重力沿振动方向作用于质点所引起的静位移。

结构自振频率的计算公式为

$$\omega = \sqrt{\frac{k}{m}} = \sqrt{\frac{1}{m\delta}} = \sqrt{\frac{g}{\Delta_{st}}} \tag{9-25}$$

[例题 9-6] 长度为 $l = 1$ m 的悬臂梁，在其端部装一质量为 $m = 123$ kg 的电动机，如图 9-17a 所示。钢梁的弹性模量为 $E = 2.06 \times 10^{11}$ N/m^2，截面惯性矩为 $I = 78$ cm^4。与电动机的重量相比，梁的自重可忽略不计。试求自振频率及自振周期。

解：这是一个单自由度体系。加单位力求其柔度系数，如图 9-17b 所示。由图乘法得

$$\delta = \frac{l^3}{3EI} = \frac{(1\ \text{m})^3}{3 \times (2.06 \times 10^{11}\,\text{N/m}^2) \times 78 \times 10^{-8}\ \text{m}^4} = 2.07 \times 10^{-6}\ \text{m/N}$$

自振频率为

$$\omega = \sqrt{\frac{1}{m\delta}} = \sqrt{\frac{1}{123 \text{ kg} \times 2.07 \times 10^{-6} \text{ m/N}}} = 62.67 \text{ s}^{-1}$$

自振周期为

$$T = \frac{2\pi}{\omega} = \frac{2\pi}{62.67 \text{ s}^{-1}} = 0.1 \text{ s}$$

图 9-17　例题 9-6 图

[例题 9-7]　试求图 9-18a 所示排架的自振频率。不计屋盖变形。

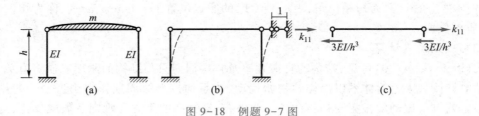

图 9-18　例题 9-7 图

解:刚度系数容易计算,因此求刚度系数。令柱端发生单位位移,如图 9-18b 所示。由图 9-18c 所示隔离体的平衡得刚度系数为

$$k = \frac{6EI}{h^3}$$

可得

$$\omega = \sqrt{\frac{k}{m}} = \sqrt{\frac{6EI}{mh^3}}$$

9-4-2　计阻尼自由振动

按照不计阻尼的分析结果,自由振动一经发生便以不变的振幅 A 一直振动下去(图 9-16)。实际上,由于阻尼的作用,自由振动一般在振动开始后的几秒乃至更短时间内便结束了。下面讨论阻尼对自由振动的影响。

1. 运动方程及其解

考虑阻尼时的自由振动运动方程为

$$m\ddot{y}(t) + c\dot{y}(t) + ky(t) = 0 \tag{9-26}$$

或

$$\ddot{y}(t) + \frac{c}{m}\dot{y}(t) + \frac{k}{m}y(t) = 0$$

将 $\omega^2 = k/m$ 代入上式,得

$$\ddot{y}(t) + \frac{c}{m}\dot{y}(t) + \omega^2 y(t) = 0 \tag{9-27}$$

设解的形式为

$$y(t) = e^{\lambda t} \tag{9-28}$$

其中 λ 待定。代入方程(9-26),得

$$\lambda^2 + \frac{c}{m}\lambda + \omega^2 = 0 \tag{9-29}$$

这是 λ 的一元二次方程,由求根公式得

$$\lambda = -\frac{1}{2}\frac{c}{m} \pm \sqrt{\left(\frac{c}{2m}\right)^2 - \omega^2} \tag{9-30}$$

根据 $\frac{c}{2m}$ 与 ω 的取值不同,方程(9-29)有 3 种不同形式的根,对应方程(9-27)有 3 种不同形式的解:

(1)当 $\frac{c}{2m} = \omega$,即 $\frac{c}{2m\omega} = 1$ 时,根据式(9-30),方程(9-29)有两个相等的实根

$$\lambda_1 = \lambda_2 = -\frac{1}{2}\frac{c}{m}$$

运动方程(9-27)的通解为

$$y(t) = (C_1 + C_2 t)e^{-\frac{c}{2m}t} \tag{9-31}$$

其中,C_1、C_2 为积分常数,由初始条件确定。引入初始条件后,可求得

$$C_1 = \left(1 + \frac{1}{2}\frac{c}{m}t\right)y_0, \quad C_2 = \dot{y}_0$$

代入式(9-31),得

$$y(t) = \left[y_0 + (y_0\omega + \dot{y}_0)t\right]e^{-\frac{c}{2m}t}$$

其位移时程曲线如图 9-19 所示。从图中可见,初位移、初速度使质点离开静力平衡位置后,很快回到静力平衡位置,不具有像图 9-16a 所示那样的振动性质。原因是体系中的阻尼过大,使得初位移和初速度产生的振动能量在质点退回到静平衡位置的过程中被阻尼所消耗殆尽,没有多余的能量产生振动。建筑结构中的阻尼一般很小,不会出现这种情况,故这种情况不是我们所要研究的。但是这种情况的阻尼可以作为衡量阻尼大小的尺度。将这时的阻尼系数定义为临界阻尼系数,记作 c_{cr}。

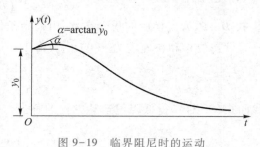

图 9-19 临界阻尼时的运动

由 $\frac{c}{2m\omega} = 1$,可得

$$c_{\text{cr}} = 2m\omega$$

当结构的实际阻尼系数 c 达到 c_{cr},即 $c/c_{\text{cr}} = 1$ 时结构将不能发生自由振动。将 c/c_{cr} 称作阻尼比,记作

$$\xi = \frac{c}{c_{\text{cr}}}$$

它是体系阻尼的量纲为一的测度。建筑结构的阻尼比一般都很小,大约在 0.005~0.05 之间,如

钢筋混凝土结构一般为 $\xi = 0.05$，即使像堤坝这样的阻尼较大的构筑物，阻尼一般也小于 0.1。

（2）当 $\dfrac{c}{2m} > \omega$，即 $\xi > 1$ 时，有两个不相等的实根。这时的阻尼系数大于临界阻尼，结构仍不能发生自由振动，称为强阻尼情况。

以上两种情况在建筑结构中几乎不存在，故后面不再讨论。

（3）当 $\dfrac{c}{2m} < \omega$，即 $\xi < 1$ 时，称为低阻尼情况，由式（9-30）知方程（9-29）有两个不相等的复根

$$\lambda_{1,2} = -\frac{1}{2}\frac{c}{m} \pm \sqrt{\left(\frac{c}{2m}\right)^2 - \omega^2}$$

将 $c = 2m\omega\xi$ 代入，得

$$\lambda_{1,2} = -\xi\omega \pm i\omega\sqrt{1-\xi^2}$$

其中，$i = \sqrt{-1}$ 为虚数。令

$$\omega_d = \omega\sqrt{1-\xi^2} \tag{9-32}$$

则有

$$\lambda_1 = -\xi\omega + i\omega_d, \quad \lambda_2 = -\xi\omega - i\omega_d \tag{9-33}$$

根据所设解的形式

$$y(t) = e^{\lambda t}$$

有

$$y(t) = C_1 e^{\lambda_1 t} + C_2 e^{\lambda_2 t}$$

将式（9-33）代入，得

$$y(t) = e^{-\xi\omega t}(C_1 e^{\xi\omega_d t} + C_2 e^{-\xi\omega_d t})$$

它可以变换为

$$y(t) = e^{-\xi\omega t}(D_1 \cos \omega_d t + D_2 \sin \omega_d t) \tag{9-34}$$

其中，D_1、D_2 为变换后的积分常数，由初始条件确定。

设初位移和初速度为 $y(0) = y_0$，$\dot{y}(0) = \dot{y}_0$。代入式（9-34），得

$$D_1 = y_0, \quad D_2 = \frac{\dot{y}_0 + \omega\xi y_0}{\omega_d}$$

代回式（9-34），得低阻尼运动方程的解为

$$y(t) = e^{-\xi\omega t}\left(y_0 \cos \omega_d t + \frac{\dot{y}_0 + \omega\xi y_0}{\omega_d} \sin \omega_d t\right) \tag{9-35}$$

上式也可以写成单项形式

$$y(t) = A e^{-\xi\omega t} \sin(\omega_d t + \phi) \tag{9-36}$$

将其展开，得

$$y(t) = e^{-\xi\omega t}(A \sin \omega_d t \cos \phi + A \cos \omega_d t \sin \phi)$$

与式（9-35）对比，得

$$A\cos \phi = \frac{\dot{y}_0 + \omega\xi y_0}{\omega_d}, \quad A\sin \varphi = y_0$$

由此得

$$A = \sqrt{\left(\frac{\dot{y}_0 + \omega \xi y_0}{\omega_{\mathrm{d}}}\right)^2 + y_0^2}, \quad \tan \alpha = \frac{y_0 \omega_{\mathrm{d}}}{\dot{y}_0 + \omega \xi y_0} \tag{9-37}$$

2. 振动分析

根据有阻尼自由振动运动方程的解(9-36)可作出位移时程曲线如图 9-20 所示。为了对比,在图中还将无阻尼的曲线画出。从图中可见有阻尼的自由振动是衰减的周期振动,阻尼对振幅和自振周期均有影响。

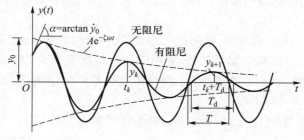

图 9-20　有阻尼自由振动

（1）阻尼对自振周期的影响。由式(9-36)可推得有阻尼自振周期为

$$T_{\mathrm{d}} = \frac{2\pi}{\omega_{\mathrm{d}}}$$

由式(9-32),$\omega_{\mathrm{d}} = \omega\sqrt{1-\xi^2}$ 为有阻尼自振频率,代入上式得

$$T_{\mathrm{d}} = \frac{2\pi}{\omega\sqrt{1-\xi^2}} = \frac{T}{\sqrt{1-\xi^2}}$$

其中,ω、T 为无阻尼自振频率和周期。因为 ξ 一般很小,有阻尼自振周期 T_{d} 和频率 ω_{d} 与无阻尼的相差不大。比如,当 $\xi = 0.1$ 时,$\omega_{\mathrm{d}} = 0.995\omega$,$T_{\mathrm{d}} = 1.005T$。因此,计算自振频率和周期时可不考虑阻尼的影响。

（2）阻尼对振幅的影响。设在 $t = t_k$ 时,$\sin(\omega_{\mathrm{d}} t_k + \phi) = 1$,振幅为

$$y_k = A \mathrm{e}^{-\xi \omega t_k}$$

经过一个周期 T_{d},$\sin[\omega_{\mathrm{d}}(t_k + T_{\mathrm{d}}) + \phi] = 1$,则下一个振幅为

$$y_{k+1} = A \mathrm{e}^{-\xi \omega(t_k + T_{\mathrm{d}})}$$

显然 $y_{k+1} < y_k$,即振幅是衰减的。相邻振幅的比值为

$$\frac{y_k}{y_{k+1}} = \mathrm{e}^{\xi \omega T_{\mathrm{d}}}$$

是不随时间变化的常数。若不计阻尼,$\xi = 0$,比值为 1,不衰减。ξ 愈大,比值愈远离 1,表明衰减愈快。利用此式可以实测结构的阻尼比。将上式等号两侧取自然对数,得

$$\ln \frac{y_k}{y_{k+1}} = \xi \omega T_{\mathrm{d}}$$

考虑到

$$T_{\mathrm{d}} = \frac{2\pi}{\omega_{\mathrm{d}}} \approx \frac{2\pi}{\omega}$$

因此

$$\xi = \frac{1}{2\pi}\ln\frac{y_k}{y_{k+1}}$$

同理,有

$$\xi \approx \frac{1}{2n\pi}\ln\frac{y_{t_k}}{y_{t_{k+n}}}$$

其中,n 为两个振幅之间相隔的周期数。测出结构自由振动时的振幅后,由上式即可计算出结构的阻尼比。

[例题 9-8] 图 9-21 所示刚架,柱的抗弯刚度 $EI = 4.5\times10^6$ N·m²,不计质量;横梁为刚性,质量 $m = 5\,000$ kg。为测该结构的阻尼系数,先用千斤顶使横梁产生 25 mm 的侧移,然后突然放开,使刚架产生自由振动。经过 5 个周期后,测得横梁侧移的幅值为 7.12 mm,试计算结构的黏滞阻尼系数。

解:由结构静力分析可知,结构侧移刚度(两个柱子的侧移刚度之和)为

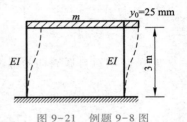

$$k = 2\times\frac{12EI}{h^3} = 2\times\frac{12\times4.5\times10^6 \text{ N}\cdot\text{m}^2}{(3 \text{ m})^3} = 4.0\times10^6 \text{ N/m}$$

阻尼比为

$$\xi = \frac{1}{2n\pi}\ln\frac{y_{t_k}}{y_{t_{k+n}}} = \frac{1}{2\times5\times\pi}\ln\frac{25 \text{ mm}}{7.12 \text{ mm}} = 0.04$$

图 9-21 例题 9-8 图

黏滞阻尼系数为

$$c = 2m\omega\xi = 2\xi m\sqrt{\frac{k}{m}} = 2\xi\sqrt{mk} = 2\times0.04\times\sqrt{4.0\times10^6 \text{ N}\cdot\text{m}^2\times5\,000 \text{ kg}} = 11\,313.7 \text{ kg/s}$$

[例题 9-9] 试求例题 9-8 中图 9-21 所示刚架的自振频率,并与有阻尼自振频率比较。

解:由例题 9-8 的结果可得

$$\omega = \sqrt{\frac{k}{m}} = \sqrt{\frac{4\times10^6 \text{ N}\cdot\text{m}^2}{5\,000 \text{ kg}}} = 28.284 \text{ rad/s}$$

$$\omega_\text{d} = \omega\sqrt{1-\xi^2} = 28.284 \text{ rad/s}\times\sqrt{1-0.04^2} = 28.261 \text{ rad/s}$$

误差为 $\dfrac{\omega_\text{d}-\omega}{\omega_\text{d}}\times100\% = -0.081\%$。

可见,工程中取 $\omega_\text{d} \approx \omega$ 是有足够精度的。

§9-5 单自由度体系的受迫振动分析

简谐荷载是工程最常见的动荷载,从结构在简谐荷载作用下的动力反应中所得到的一些结论具有典型意义,因此,简谐荷载的动力反应分析是非常重要的。本节首先分析简谐荷载下的反应,然后讨论任意荷载作用下受迫振动的一般解,最后作为一般解的应用,讨论一些常见动荷载

作用下的解答和特点。

9-5-1　简谐荷载作用下的动力响应

简谐荷载作用下,体系的强迫振动运动方程为

$$m\ddot{y} + c\dot{y} + ky = F_0 \sin\theta t \tag{9-38}$$

其中,F_0 为荷载幅值,θ 为荷载频率。用 m 除方程两侧,并注意到

$$\omega^2 = \frac{k}{m}, \quad \xi = \frac{c}{2m\omega}$$

式(9-38)可改写为

$$\ddot{y} + 2\xi\omega\dot{y} + \omega^2 y = \frac{F_0}{m}\sin\theta t \tag{9-39}$$

此即为简谐荷载作用下的有阻尼单自由度体系运动方程的一般形式。

运动方程(9-39)是二阶非齐次常微分方程,它的解由齐次方程的通解与非齐次方程特解构成。齐次方程的通解即自由振动的解(9-34)。下面求特解。

设特解为

$$y(t) = C_1\sin\theta t + C_2\cos\theta t \tag{9-40}$$

其中,C_1、C_2 由满足微分方程确定。对 $y(t)$ 求导数,得

$$\dot{y}(t) = C_1\theta\cos\theta t - C_2\theta\sin\theta t$$

$$\ddot{y}(t) = -C_1\theta^2\sin\theta t - C_2\theta^2\cos\theta t$$

将上面两式和式(9-40)代入方程(9-39),整理后得

$$[2\xi\omega\theta C_1 + (\omega^2-\theta^2)C_2]\cos\theta t + [(\omega^2-\theta^2)C_1 - 2\xi\omega\theta C_2 - F_0/m]\sin\theta t = 0$$

若使上式在 t 取任何值时均成立,$\sin\theta t$ 与 $\cos\theta t$ 前的系数应为零,因此有

$$2\xi\omega\theta C_1 + (\omega^2-\theta^2)C_2 = 0$$

$$(\omega^2-\theta^2)C_1 - 2\xi\omega\theta C_2 = \frac{F_0}{m}$$

解方程,得

$$C_1 = \frac{F_0}{m}\frac{\omega^2-\theta^2}{(\omega^2-\theta^2)^2 + 4\xi^2\omega^2\theta^2}, \quad C_2 = \frac{F_0}{m}\frac{-2\xi\omega\theta}{(\omega^2-\theta^2)^2 + 4\xi^2\omega^2\theta^2} \tag{9-41}$$

将上式代入式(9-40)得方程(9-39)的特解。

方程(9-39)的通解为

$$y(t) = e^{-\xi\omega t}(D_1\cos\omega_d t + D_2\sin\omega_d t) + C_1\sin\theta t + C_2\cos\theta t \tag{9-42}$$

式中,C_1、C_2 由式(9-41)确定,D_1、D_2 由初始条件确定。若 $t=0$ 时的位移和速度分别为 y_0 和 $\dot{y}_0$,则可求得

$$D_1 = y_0 + \frac{2\xi\omega\theta F_0}{m[(\omega^2-\theta^2)^2 + 4\xi^2\omega^2\theta^2]}$$

$$D_2 = \frac{\dot{y}_0 + \xi\omega y_0}{\omega_d} + \frac{2\xi^2\omega^2\theta F_0}{m\omega_d[(\omega^2-\theta^2)^2 + 4\xi^2\omega^2\theta^2]} - \frac{\theta(\omega^2-\theta^2)F_0}{m\omega_d[(\omega^2-\theta^2)^2 + 4\xi^2\omega^2\theta^2]}$$

将 C_1、C_2、D_1、D_2 代入式（9-42），整理得

$$y(t) = A\mathrm{e}^{-\xi\omega t}\sin(\omega_\mathrm{d}t+\varphi) + A_0\frac{\theta}{\omega_\mathrm{d}}\mathrm{e}^{-\xi\omega t}\sin(\omega_\mathrm{d}t+\varphi') + A_0\sin(\theta t-\psi) \tag{9-43}$$

式中

$$A = \sqrt{(y_0)^2 + \left(\frac{\dot{y}_0+\xi\omega y_0}{\omega_\mathrm{d}}\right)^2}, \quad \tan\varphi = \frac{\omega_\mathrm{d}y_0}{\dot{y}_0+\xi\omega y_0}, \quad \beta = \frac{\theta}{\omega}, \quad \tan\varphi' = \frac{2\xi\omega_\mathrm{d}}{\omega[2\xi^2-(1-\beta^2)]}$$

$$A_0 = \frac{F_0}{m\omega^2}\frac{1}{\sqrt{(1-\beta^2)^2+4\xi^2\beta^2}}, \quad \tan\psi = \frac{2\xi\beta}{1-\beta^2} \tag{9-44}$$

β 为荷载频率与自振频率 ω 的比值，称为频率比，简称为频比。

式（9-43）表明，简谐荷载作用下的响应由三部分组成：第一部分是由初始条件引起的自由振动；第二部分是由动荷载引起频率为 ω_d 的伴随自由振动；第三部分为简谐荷载引起、按荷载频率 θ 作等幅振动的纯受迫振动。由式（9-43）可见，由于存在阻尼，前两部分经一段时间后将消失，仅存第三部分，这时的响应称为稳态响应；而三部分同时存在时的响应称为非稳态响应（也称为瞬态响应），通常只关心体系的稳态响应。位移响应曲线如图 9-22 所示，图中实线表示稳态响应。

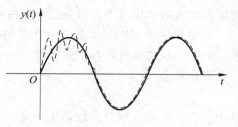

图 9-22　简谐荷载下位移响应示意图

1. 稳态响应的动力放大因数与相位角

令简谐荷载幅值作用所产生的静位移为 $y_\mathrm{st} = \dfrac{F_0}{m\omega^2} = \dfrac{F_0}{k}$，则稳态受迫振动为

$$y(t) = A_0\sin(\theta t-\psi) = y_\mathrm{st}\mu\sin(\theta t-\psi) \tag{9-45}$$

式中，μ 称为位移动力放大因数，是动力位移幅值 A_0 与相应静位移 y_st 的比值。ψ 称为相位角。

$$\mu = \frac{A_0}{y_\mathrm{st}} = \frac{1}{\sqrt{(1-\beta^2)^2+4\xi^2\beta^2}}, \quad \tan\psi = \frac{2\xi\beta}{1-\beta^2} \tag{9-46}$$

不计阻尼时

$$\mu = |1/(1-\beta^2)|, \quad \psi = \begin{cases} 0° & (\beta<1) \\ 180° & (\beta>1) \end{cases} \tag{9-47}$$

这表明，动力放大因数 μ 和相位角 ψ 的量值与频率比 $\beta=\theta/\omega$ 有关，计阻尼时还与阻尼比 ξ 有关。图 9-23 所示为给出了不同阻尼比下动力放大因数和相位角 ψ 与频率比间的关系曲线。

- 当共振（$\theta=\omega$）时，$\mu=\dfrac{1}{2\xi}$；

- 由极值条件，动力放大因数 μ 最大值发生在

$$\beta = \frac{\theta}{\omega} = \sqrt{1-2\xi^2} \tag{9-48}$$

- 在实际工程中，一般应使结构的自振频率至少和荷载频率相差 **30%** 左右，以便避开共振。

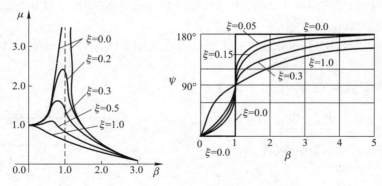

图 9-23　动力放大因数及相位角

2. 稳态响应体系内各种力的平衡

由式(9-45)可求得体系内各种力分别为

$$\left.\begin{array}{ll}惯性力: & F_{\mathrm{I}}(t) = -m\ddot{y}(t) = \mu F_0\beta^2\sin(\theta t-\psi)\\[6pt]阻尼力: & F_{\mathrm{D}}(t) = -c\dot{y}(t) = -2\xi\mu F_0\beta\cos(\theta t-\psi)\\[6pt]恢复力: & F_{\mathrm{S}}(t) = -ky(t) = -\mu F_0\sin(\theta t-\psi)\end{array}\right\} \qquad (\mathrm{a})$$

将式(a)代入运动方程,可得

$$\mu F_0\beta^2\sin(\theta t-\psi) - 2\xi\mu F_0\beta\cos(\theta t-\psi) - \mu F_0\sin(\theta t-\psi) + F_0\sin\theta t = 0$$

这一结果表明:

● 当 $\beta\to 0$(自振频率远大于荷载频率)时,$F_{\mathrm{I}}(t)$、$F_{\mathrm{D}}(t)$ 趋于零,ψ 也趋于零,因此,外荷载主要由恢复力平衡,这时体系响应与静力结果相差不大;

● 当 $\beta\to\infty$(自振频率远小于荷载频率)时,$\mu\to 1/\beta^2\to 0$,$F_{\mathrm{D}}(t)$、$F_{\mathrm{S}}(t)$ 趋于零,ψ 也趋于零,此时外荷载主要由质量的惯性力平衡;

● 当 $\beta\to 1$(共振)时,$\mu\to\dfrac{1}{2\xi}$,$\psi\to\dfrac{\pi}{2}$,$F_{\mathrm{I}}(t)+F_{\mathrm{S}}(t)\to 0$,外荷载主要由阻尼力来平衡。

需要指出的是:

● 在共振区($0.75<\beta<1.25$)以内,阻尼力的影响是不可忽略的。但是在共振区以外,有时为了简化计算,可以不考虑阻尼力影响。

● 当不考虑阻尼时,由于相位角 $\psi=0$,因此,位移响应与干扰力同步。

3. 稳态响应结构动位移和动内力的计算

由式(9-45)、(9-46)可见,计算结构的稳态动位移关键是确定

$$y_{\mathrm{st}} = \frac{F_0}{k} = \frac{F_0}{m\omega^2}, \qquad \mu = \left[(1-\beta^2)^2 + 4\xi^2\beta^2\right]^{-\frac{1}{2}}, \qquad \tan\psi = \frac{2\xi\beta}{1-\beta^2}$$

即体系的质量 m、刚度 k 和阻尼比 ξ。由刚度 k 或质量 m 和自振圆频率 ω 可求得静位移 y_{st},由自振圆频率 ω 和动荷载频率 θ 及阻尼比 ξ 可求得动力放大因数 μ、相位角 ψ,代入式(9-45)即可得到动位移反应。如果只关心最大动位移,则相位角不用求。

有了稳态动位移反应 $y(t)$,求导即可得到体系的速度 $\dot{y}(t)$ 和加速度 $\ddot{y}(t)$,从而得到阻尼力

$F_D(t)$ 和惯性力 $F_I(t)$，考虑阻尼力、惯性力和外荷载的共同作用，即可计算和作出动内力图。

下面通过例题加以说明。

[例题 9-10]　不计阻尼，试求图 9-24 所示简支梁的最大动位移和最大动弯矩。已知 $\theta = 0.6\omega$。

解：简支梁在荷载幅值 F_0 作用下的静位移为 $y_{st} = \dfrac{F_0 l^3}{48EI}$，频率比 β 为 0.6，因此，位移动力放大因数 $\mu = \dfrac{1}{1-0.6^2} = 1.562\,5$，最大动位移位于梁中点，为

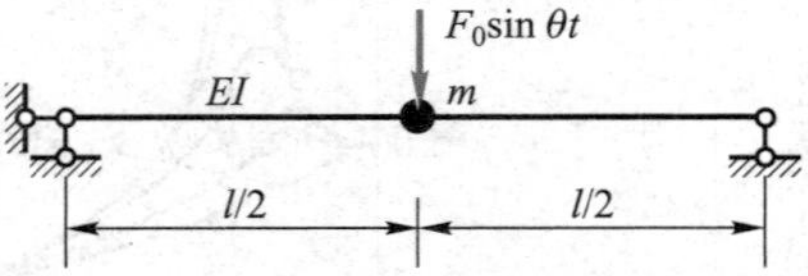

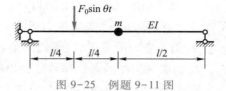

图 9-24　例题 9-10 图

$$y_{max} = \mu y_{st} = 1.562\,5 \times \frac{F_0 l^3}{48EI}$$

由式（a）可得惯性力 $F_I(t) = \mu\beta^2 F_0 \sin\theta t$，因此质量上所受总"外力"为

$$F_P(t) + F_I(t) = (1+\mu\beta^2) F_0 \sin\theta t = \left(1+\frac{\beta^2}{1-\beta^2}\right) F_0 \sin\theta t = \mu F_0 \sin\theta t$$

由此可见，若记荷载幅值 F_0 作用下简支梁的最大静弯矩为 M_{st}，显然 $M_{st} = 0.25 F_0 l$。则最大动弯矩为

$$M_{max} = \mu \times 0.25 F_0 l = \mu M_{st}$$

与位移的动力放大因数一样，将最大动内力（弯矩）和最大静内力的比值称为内力（弯矩）放大因数，记为 μ_i。则上述结果表明，当荷载直接作用于质量时，动内力放大因数 μ_i 等于动位移放大因数 μ。

9-2
动位移和动
内力计算

[例题 9-11]　试求图 9-25 所示简支梁的最大动位移和最大动弯矩。$\theta = 0.6\omega$，不计阻尼。

解：由于动荷载不是直接作用在质量上，因此按 9-3 节所述，由静力分析方法（力法、位移法、弯矩分配法等）可求得等效干扰力 $F_E(t) = \dfrac{11 F_P(t)}{16}$。

由静力位移计算方法（图乘法）求得 F_0 作用下的质点处静位移为 $y_{st} = \dfrac{11 F_0 l^3}{768EI}$，上例已求出位移动力放大因数为 $\mu = 1.562\,5$，故最大动位移为

$$y_{max} = 1.562\,5 \times \frac{11 F_0 l^3}{768EI}$$

因为不计阻尼，质点上的惯性力与荷载同步，其幅值为

图 9-25　例题 9-11 图

$$\mu\beta^2 F_{E0} = 1.562\,5 \times 0.36 \times \frac{11}{16} F_0 = 0.386\,7\,F_0$$

将惯性力幅值与动荷载幅值加在结构上作出弯矩图如图 9-26 所示，最大动弯矩为 $M_{max} = 0.235\,8 F_0 l$；而荷载幅值 F_0 作用下的最大静弯矩为 $M_{max}^{st} = 0.187\,5 F_0 l$，如果定义最大动弯矩与最大静弯矩的比值为动弯矩放大因数，则动弯矩放大因数为 $\mu_i = 0.235\,8/0.187\,5 = 1.257\,6$，而跨中截面对应弯矩的比为 1.774\,3。这一结果表明，当动荷载不直接作用在质量 m 上时，动内力放大因

数和动位移放大因数并不相同,而且不同截面对应的动弯矩和静弯矩比值也不同。这种情况下为求最大动内力,不能直接计算内力放大因数,而是应该将荷载和惯性力幅值直接作用在体系上,按"静力"计算的方法求最大动内力。

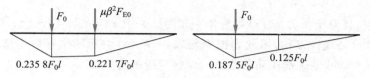

图 9-26　最大动弯矩与最大静弯矩图

9-5-2　单自由度体系受迫振动的一般解

在任意动荷载 $F_P(t)$ 所引起的等效干扰力 $F_E(t)$ 的作用下,单自由度体系的运动方程为

$$m\ddot{y}(t)+c\dot{y}(t)+ky(t)=F_E(t) \tag{9-49}$$

或

$$\ddot{y}(t)+2\xi\omega\dot{y}(t)+\omega^2 y(t)=\frac{F_E(t)}{m} \tag{9-50}$$

由常系数常微分方程的解法可知,式(9-50)的全解为对应齐次方程的通解 $y_1(t)$ 和非齐次方程的特解 $y_2(t)$ 之和,即

$$y(t)=y_1(t)+y_2(t) \tag{9-51}$$

上一节中已经得到齐次方程的通解 $y_1(t)$,对线性系统特解 $y_2(t)$ 可用叠加原理得到。

1. 基本思路

将随时间任意变化的动荷载视为一系列独立脉冲(或称为冲量)的总和,如图 9-27 所示。设法求出每一独立脉冲作用下的响应后,由叠加原理就可以得到任意荷载作用的解答。

2. 公式推导

因为将荷载看成一系列独立脉冲 $I(\tau)=F(\tau)\Delta\tau$ 的总和,所以可假设图 9-27 所示脉冲,在 $t<\tau$ 时刻以前,体系处于静止状态(初位移、初速度为零);不失一般性,设动荷载沿自由度方向直接作用在质量上,因此 $F_E(t)=F_P(t)$。在 $t=\tau$ 时刻,质量 m 在 $\Delta\tau$ 时间内受到脉冲 $I(\tau)=F_P(\tau)\Delta\tau$ 的作用。根据动量定理(冲量等于动量改变量),在脉冲结束后质量 m 将获得初速度

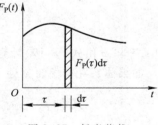

图 9-27　任意荷载

$$\dot{y}_0(\tau+\Delta\tau)=\frac{I(\tau)}{m}=\frac{F_P(\tau)\Delta\tau}{m} \tag{a}$$

加速度为 $F_P(\tau)/m$,在 $\Delta\tau$ 时间结束后,质量 m 将产生的位移为

$$y_0(\tau+\Delta\tau)=y_0(\tau)+\dot{y}_0(\tau)\Delta\tau+\frac{1}{2}\frac{F_P(\tau)}{m}(\Delta\tau)^2=\frac{1}{2}\frac{F_P(\tau)}{m}(\Delta\tau)^2 \tag{b}$$

由式(a)和式(b)可见,当 $\Delta\tau\to 0$ 时,质量 m 获得的初速度为时间的一阶微量,而所获得的初位移是时间的二阶微量,可以忽略。

这就是说,在脉冲作用结束后,质量的运动是以式(a)的初速度为初始条件的微幅自由振动。所以,当 $\Delta\tau\to0$ 时,根据式(9-36),在 $t>\tau$ 以后的微幅自由振动可写成

$$\mathrm{d}y(t)=\frac{F_{\mathrm{P}}(\tau)\mathrm{d}\tau}{m\omega_{\mathrm{d}}}\mathrm{e}^{-\xi\omega(t-\tau)}\sin\omega_{\mathrm{d}}(t-\tau)\quad(t>\tau)\tag{c}$$

根据基本思想,任意干扰力 $F_{\mathrm{P}}(t)$ 可看作一系列脉冲 $I(\tau)=F_{\mathrm{P}}(\tau)\mathrm{d}\tau(t=\tau$ 时刻)连续作用的过程,由于式(9-49)是线性方程,因此叠加原理成立,$F_{\mathrm{P}}(t)$ 引起的位移可由这些脉冲引起的位移叠加构成。由式(c)可得体系在动荷载下的位移响应的特解为

$$y_2(t)=\int_0^t\frac{F_{\mathrm{P}}(\tau)}{m\omega_{\mathrm{d}}}\mathrm{e}^{-\xi\omega(t-\tau)}\sin\omega_{\mathrm{d}}(t-\tau)\mathrm{d}\tau\tag{9-52}$$

称为杜哈梅积分,也可改写成如下形式:

$$y_2(t)=\int_0^t F_{\mathrm{P}}(\tau)h(t-\tau)\mathrm{d}\tau\tag{9-53}$$

其中

$$h(t-\tau)=\frac{1}{m\omega_{\mathrm{d}}}\mathrm{e}^{-\xi\omega(t-\tau)}\sin\omega_{\mathrm{d}}(t-\tau)\tag{9-54}$$

因为 $h(t)$ 表示单自由度体系在 $t=\tau$ 时刻受到单位脉冲荷载作用时的响应,所以称为单位脉冲响应函数,简称脉响函数。

3. 方程全解

将齐次方程通解和非齐次方程特解相加,即可得受迫振动位移的全解为

$$y(t)=A\mathrm{e}^{-\xi\omega t}\sin(\omega_{\mathrm{d}}t+\varphi)+\frac{1}{m\omega_{\mathrm{d}}}\int_0^t F(\tau)\mathrm{e}^{-\xi\omega(t-\tau)}\sin\omega_{\mathrm{d}}(t-\tau)\mathrm{d}\tau\tag{9-55}$$

式中,A 和 φ 由式(9-37)从给定的初始条件确定。

对于无阻尼的情形,式(9-55)可简化为

$$y(t)=A\sin(\omega t+\varphi)+\frac{1}{m\omega}\int_0^t F_{\mathrm{P}}(\tau)\sin\omega(t-\tau)\mathrm{d}\tau\tag{9-56}$$

式中,A 和 φ 由式(9-19)计算。

如果体系在初始时刻处于静止状态,即 $y_0=\dot{y}_0=0$,则质量 m 的运动由式(9-52)描述。

9-5-3　几种常见荷载作用下的动力响应分析

有了任意荷载 $F_{\mathrm{P}}(t)$ 下的杜哈梅积分,即可讨论各种动荷载作用的动力响应。限于篇幅,下面仅讨论两种常见荷载。

1. 突加荷载

荷载随时间变化的关系如图 9-28 所示,其表达式为

$$F_{\mathrm{P}}(t)=\begin{cases}0,&t<0\\F_0,&t>0\end{cases}\tag{9-57}$$

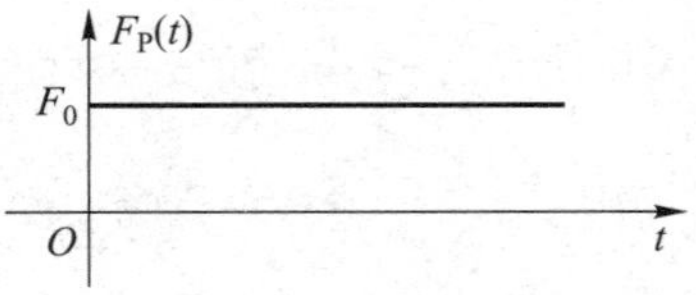

在零初始条件下,将式(9-57)代入式(9-52),经分部积分后,得

图 9-28　突加荷载

$$y(t) = y_{st} \left[1 - e^{-\xi\omega t} \left(\cos\omega_d t + \frac{\xi\omega}{\omega_d}\sin\omega_d t \right) \right], \quad y_{st} = \frac{F_0}{k} \tag{9-58}$$

式(9-58)表明,在突加荷载作用下,质量的位移由两部分组成,一部分是荷载引起的静位移,另一部分是在静力平衡位置产生的衰减简谐振动,其时间位移曲线如图9-29中的实线所示。

若不考虑阻尼的影响,则式(9-58)成为

$$y(t) = y_{st}(1 - \cos\omega t) \tag{9-59}$$

此时质量在静力平衡位置附近作简谐振动,如图9-30中的虚线所示。

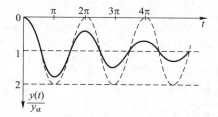

图9-29　突加荷载位移响应

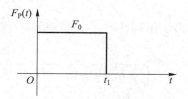

图9-30　矩形脉冲荷载

由式(9-58)和式(9-59)可分别求出质量在$\dfrac{\pi}{\omega_d}$和$\dfrac{\pi}{\omega}$时达到最大动位移

$$y_{max} = \begin{cases} y_{st}\left(1 + e^{-\frac{\xi\omega\pi}{\omega_d}}\right) & \text{有阻尼} \\ 2y_{st} & \text{无阻尼} \end{cases} \tag{d}$$

因此在突加荷载作用下,体系的动力放大因数为

$$\mu = \begin{cases} 1 + e^{-\frac{\xi\omega\pi}{\omega_d}} & \text{有阻尼} \\ 2 & \text{无阻尼} \end{cases} \tag{9-60}$$

由于ξ通常较小,当$\xi = 0.05$时,有阻尼的$\mu = 1.855$,所以一般认为突加荷载的位移动力放大因数为2。

2. 矩形脉冲荷载

矩形脉冲荷载的解析表达式为

$$F_P(t) = \begin{cases} 0, & t < 0, t > t_1 \\ F_0, & 0 < t < t_1 \end{cases} \tag{9-61}$$

如图9-30所示。由于这种荷载的作用时间t_1一般较短,最大位移一般发生在振动衰减还很少的开始阶段,因此通常可以不考虑阻尼的影响。将式(9-61)代入式(9-56),在零初始条件下可得

$$y(t) = \begin{cases} y_{st}(1 - \cos\omega t), & 0 < t < t_1 \\ 2y_{st}\sin\dfrac{\omega t_1}{2}\sin\omega\left(t - \dfrac{t_1}{2}\right), & t > t_1 \end{cases} \tag{9-62}$$

式(9-62)表明:在矩形脉冲荷载作用下,质量的运动分为两个阶段:前一阶段($0 < t < t_1$)在脉冲作用时间内,与突加荷载的情形完全相同;后一阶段($t > t_1$)在脉冲作用结束后,为以脉冲结束时位移、速度为初始条件的自由振动。

由式（9-62）可知，当 $t_1 > \dfrac{T}{2}\left(T = \dfrac{2\pi}{\omega}\right)$ 时，质量的最大动力位移发生在荷载作用期间，为 $y_{\max} = 2y_{\mathrm{st}}$；而当 $t_1 < \dfrac{T}{2}$ 时，由于 $2\sin\dfrac{\omega t_1}{2} - (1-\cos\,\omega t) = 2\sin\dfrac{\omega t_1}{2} - 2\,\sin^2\dfrac{\omega t}{2} > 0\,(t < t_1)$。所以，质量的最大动力位移发生在荷载消失后，为 $y_{\max} = 2y_{\mathrm{st}}\sin\dfrac{\omega t_1}{2}$。

因此，在矩形脉冲荷载作用下，质量的位移动力放大因数为

$$\mu = \begin{cases} 2, & t_1 > T/2 \\ 2\sin(\omega t_1/2), & t_1 < T/2 \end{cases} \tag{9-63}$$

表 9-1 给出了不同的 t_1/T 比值下 μ 的数值。

表 9-1　矩形脉冲荷载的位移动力放大因数

t_1/T	0	0.01	0.02	0.05	0.10	1/6	0.2	0.3	0.4	0.5	>0.5
μ	0	0.063	0.126	0.313	0.618	1.0	1.176	1.618	1.902	2	2

*§9-6　单自由度非线性体系的响应分析

对于线性体系，可用杜哈梅积分获得运动方程的解答。但非线性体系恢复力 F_{S}、阻尼力 F_{D} 等不仅和当前位移、速度有关，而且还和位移、速度的经历有关，运动方程不再是线性方程，因此叠加原理不再适用，不能再用杜哈梅积分确定体系的响应。非线性问题通常采用数值方法求解，本节简单介绍一种求解非线性响应的数值方法——线加速度逐步积分法，简称线加速度法。

9-6-1　非线性运动的增量方程

设单自由度体系惯性力 F_{I} 和运动加速度 $\ddot{y}(t)$、阻尼力 F_{D} 和速度 $\dot{y}(t)$、恢复力 F_{S} 和位移 $y(t)$ 间的关系分别如图 9-31a、b 和 c 所示，均为已确定的非线性关系。由此可得 t 和 $t+\Delta t$ 瞬时的动平衡条件为

$$F_{\mathrm{I}}(t) + F_{\mathrm{D}}(t) + F_{\mathrm{S}}(t) = F_{\mathrm{P}}(t) \tag{9-64a}$$

$$F_{\mathrm{I}}(t+\Delta t) + F_{\mathrm{D}}(t+\Delta t) + F_{\mathrm{S}}(t+\Delta t) = F_{\mathrm{P}}(t+\Delta t) \tag{9-64b}$$

若记图示各割线的斜率为

$$\frac{\Delta F_{\mathrm{I}}(t)}{\Delta \ddot{y}(t)} = m(\ddot{y}),\quad \frac{\Delta F_{\mathrm{D}}(t)}{\Delta \dot{y}(t)} = c(\dot{y}),\quad \frac{\Delta F_{\mathrm{S}}(t)}{\Delta y(t)} = k(y) \tag{a}$$

则由式（9-64）两式相减可得

$$m(\ddot{y})\Delta\ddot{y}(t) + c(\dot{y})\Delta\dot{y}(t) + k(y)\Delta y = \Delta F_{\mathrm{P}}(t) \tag{9-65}$$

上式即为非线性体系的增量运动方程。

由式（9-65）可得以下推论：

- 非线性体系的增量运动方程和线性体系运动方程相仿，不同处是增量方程中 m、c 和 k 分

别为加速度、速度和位移的函数。

- 线性体系可以作为图9-31所示特征关系曲线为直线的特例。

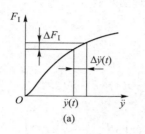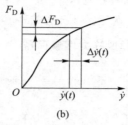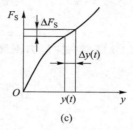

(a)　　　　　　　(b)　　　　　　　(c)

图9-31　非线性特征关系

- 当 Δt 足够小时,式(9-64)的割线斜率可用切线斜率来代替。即

$$m(t)=\frac{\mathrm{d}F_{\mathrm{I}}}{\mathrm{d}\ddot{y}},\quad c(t)=\frac{\mathrm{d}F_{\mathrm{D}}}{\mathrm{d}\dot{y}},\quad k(t)=\frac{\mathrm{d}F_{\mathrm{S}}}{\mathrm{d}y}\tag{b}$$

则增量运动方程为

$$m(t)\Delta\ddot{y}(t)+c(t)\Delta\dot{y}(t)+k(t)\Delta y(t)=\Delta F_{\mathrm{p}}(t)\tag{9-66}$$

- 工程结构质量视为不变,由达朗贝尔原理所得的惯性力增量为 $m\Delta\ddot{y}(t)$,因此增量运动方程也可改为

$$m\Delta\ddot{y}(t)+c(t)\Delta\dot{y}(t)+k(t)\Delta y(t)=\Delta F_{\mathrm{p}}(t)\tag{9-67}$$

9-6-2　线加速度法解非线性问题

通常情况下求解式(9-67)非线性运动方程的一般解析解是不可能的。为此,采用数值积分的方法。可用的数值积分方法很多,这里先介绍"线加速度法"。

（1）基本假定

设加速度在 $[t,t+\Delta t]$ 间隔内线性变化,如图9-32所示。即

$$\ddot{y}(t+\tau)=\ddot{y}(t)+\frac{\Delta\ddot{y}(t)}{\Delta t}\tau\tag{9-68}$$

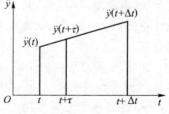

图9-32　线加速度假设

（2）线加速度法逐步积分基本公式推导

- 对式(9-68)积分可得

$$\left.\begin{array}{l}\dot{y}(t+\tau)=\dot{y}(t)+\ddot{y}(t)\tau+\dfrac{1}{2\Delta t}\Delta\ddot{y}(t)\tau^{2}\\[3mm]y(t+\tau)=y(t)+\dot{y}(t)\tau+\dfrac{1}{2}\ddot{y}(t)\tau^{2}+\dfrac{1}{6\Delta t}\Delta\ddot{y}(t)\tau^{3}\end{array}\right\}\tag{9-69}$$

- 由式(9-69)第二式,令 $\tau=\Delta t$ 可得

$$\Delta\ddot{y}(t)=\frac{6}{\Delta t^{2}}\left[\Delta y(t)-\dot{y}(t)\Delta t-\frac{1}{2}\ddot{y}(t)\Delta t^{2}\right]\tag{c}$$

代回第一式可得

$$\Delta \dot{y}(t) = \frac{3}{\Delta t}\left[\Delta y(t) - \dot{y}(t)\Delta t - \frac{1}{6}\ddot{y}(t)\Delta t^2\right] \qquad (9\text{-}70)$$

- 将式（c）和式（9-70）代入增量运动方程（9-67），整理后可得

$$K^* \Delta y(t) = \Delta F_P^*(t) \qquad (9\text{-}71\text{a})$$

式中，K^*、ΔF_P^* 分别称为**拟静力刚度**和**拟静力增量荷载**。

$$K^* = \frac{6}{\Delta t^2}m + \frac{3}{\Delta t}c(\dot{y}) + k(y) = \frac{6}{\Delta t^2}m + \frac{3}{\Delta t}c(t) + k(t) \qquad (9\text{-}71\text{b})$$

$$\Delta F_P^*(t) = \Delta F_P(t) + m\left[\frac{6}{\Delta t}\dot{y}(t) + 3\ddot{y}(t)\right] + c(t)\left[3\dot{y}(t) + \frac{\Delta t}{2}\ddot{y}(t)\right] \qquad (9\text{-}71\text{c})$$

式（9-71）即为线加速度法进行逐步积分的基本公式。

（3）线加速度法的积分步骤

9-3
单自由度体系线性加速度法的 Fortran 90 程序

- 确定积分步长 Δt；
- 由初始条件 $y(0)$ 和 $\dot{y}(0)$ 根据运动方程确定初始加速度 $\ddot{y}(0)$；
- 确定初始阻尼系数 $c(0)$ 和刚度 $k(0)$；
- 由式（9-71b）计算拟静力刚度 K^*；
- 由式（9-71c）计算第一步的拟静力增量荷载 $\Delta F_P^*(t)$；
- 按 $\Delta y(t) = (K^*)^{-1}\Delta F_P^*(t)$ 计算第一步增量位移 $\Delta y(t)$；
- 将增量位移代入式（9-70），计算增量速度 $\Delta \dot{y}(t)$；

- 由 $y(t) = y(0) + \Delta y(t)$ 和 $\dot{y}(t) = \dot{y}(0) + \Delta \dot{y}(t)$ 获得 $t = \Delta t$ 时的位移、速度；

- 由 $t = \Delta t$ 时的位移、速度确定此时的阻尼力 $F_D(t)$ 和恢复力 $F_S(t)$，并从动平衡方程确定此时的加速度。

- 确定阻尼系数 $c(t)$ 和刚度 $k(t)$。以 $t = \Delta t$ 时刻的位移、速度和加速度作为"初始值"，重新计算拟静力刚度等，如此往复，即可由前一步求得后一步得到响应，直到获得整个时间历程的响应。

相应的算法见表 9-2。

（4）几点说明：

- 线加速度法既可用于非线性体系，也可用于线性体系。

- 若体系周期为 T，用线加速度法进行逐步积分时，要求积分步长 $\Delta t \leqslant \dfrac{T}{10}$。

- 如果动荷载是由地震地面运动引起的，则 Δt 还应小于等于地震记录数值化的时间步长。

- 线加速度法属于二阶算法。

表 9-2　单自由度体系线加速度法

1. 初始计算
　1.1　选择 Δt。
　1.2　确定状态：$(F_D)_0$、$(F_S)_0$。
　1.3　$\ddot{y}_0 = \dfrac{(F_P)_0 - (F_D)_0 - (F_S)_0}{m}$。

续表

2. 对每一个时间步 $i=0,1,2,\cdots$ 进行计算。

   2.1 初始化:令 $y_{i+1}=y_i$, $c_{i+1}=c_i$ 和 $k_{i+1}=k_i$ 。

   2.2 $a_1=\dfrac{6}{(\Delta t)^2}m+\dfrac{3}{\Delta t}c_{i+1}$, $a_2=\dfrac{6}{\Delta t}m+3c_{i+1}$, $a_3=3m+\dfrac{\Delta t}{2}c_{i+1}$ 。

   2.3 $K^*_{i+1}=k_{i+1}+a_1$ 。

   2.4 $(\Delta F^*_P)_{i+1}=(\Delta F_P)_{i+1}+a_2\,\dot y_i+a_3\,\ddot y_i$ 。

   2.5 $\Delta y_{i+1}=(K^*_{i+1})^{-1}(\Delta F^*_P)_{i+1}$ 。

   2.6 $y_{i+1}=\Delta y_{i+1}+y_i$ 。

3. 计算速度和加速度。

   3.1 $\dot y_{i+1}=\dfrac{3}{\Delta t}\Delta y_{i+1}-2\,\dot y_i-\dfrac{\Delta t}{2}\ddot y_i$ 。

   3.2 $\ddot y_{i+1}=\dfrac{(F_P)_{i+1}-(F_D)_{i+1}-(F_S)_{i+1}}{m}$ 。

4. 对下一个时间步进行循环。i 由 $i+1$ 取代,对下一个时间步重复第 2 步至第 3 步。

9-6-3　程序计算结果举例

本节以图 9-33a 所示的单自由度非线性体系在图 9-33b 荷载下的响应分析为例,说明线加速度法在非线性问题求解中的应用。恢复力与位移的关系如图 9-33c 所示。图 9-34 为体系的位移时程曲线,虚线为非线性结果,实线为不考虑滞回效应的线性结果。

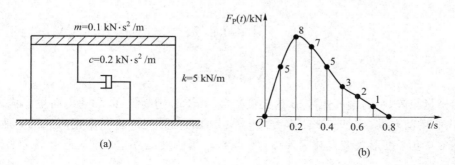

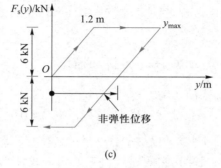

图 9-33　非线性响应分析算例

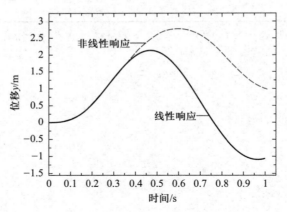

图 9-34　非线性和线性响应结果对比

§9-7　多自由度体系的自由振动分析

　　自由振动分析的目的是确定体系的动力特性。由于阻尼对体系的频率和振型（动力特性）影响不大，故分析时不计阻尼。

　　在§9-3 中，已建立了 n 自由度体系无阻尼运动方程。令动荷载为零，得自由振动运动方程为

$$M\ddot{Y}+KY=0 \tag{9-72a}$$

或

$$Y+\delta M\ddot{Y}=0 \tag{9-72b}$$

其中，M 为质量矩阵，K 为刚度矩阵，δ 为柔度矩阵，Y、$\ddot{Y}$ 分别为位移、加速度向量。式（9-72a）称为刚度形式的运动方程，式（9-72b）称为柔度形式的运动方程。建立刚度形式的方程并求解称为刚度法，而建立柔度形式方程并求解称为柔度法。因刚度矩阵和柔度矩阵互为逆矩阵，故两种形式完全等价。

　　下面先以两自由度体系为例讨论运动方程（9-72）的解，得到频率和振型的概念和解法，然后推广到多自由度体系上去。

9-7-1　两自由度体系运动方程的特解和通解

　　对于两自由度体系，刚度形式的运动方程（9-72a）为

$$\begin{cases} m_1\ddot{y}_1(t)+k_{11}y_1(t)+k_{12}y_2(t)=0 \\ m_2\ddot{y}_2(t)+k_{21}y_1(t)+k_{22}y_2(t)=0 \end{cases} \tag{9-73}$$

这是一个二阶线性齐次常微分方程组，它的通解由它的两个线性无关特解的线性组合构成。设方程组的特解为

$$\begin{cases} y_1(t) = \varphi_1 \sin(\omega t + \alpha) \\ y_2(t) = \varphi_2 \sin(\omega t + \alpha) \end{cases}$$

其矩阵形式为

$$\boldsymbol{y}(t) = \boldsymbol{\varphi} \sin(\omega t + \alpha)$$

式中，φ_1、φ_2、ω、α 为待定参数，矩阵 $\boldsymbol{\varphi}$ 称为位移 $\boldsymbol{y}$ 的幅值向量。将其代入方程并消去时间因子 $\sin(\omega t + \alpha)$，得

$$\begin{cases} (k_{11} - m_1 \omega^2)\varphi_1 + k_{12}\varphi_2 = 0 \\ k_{21}\varphi_1 + (k_{22} - m_2 \omega^2)\varphi_2 = 0 \end{cases} \tag{9-74a}$$

或

$$(\boldsymbol{K} - \omega^2 \boldsymbol{M})\,\boldsymbol{\varphi} = \boldsymbol{0} \tag{9-74b}$$

方程(9-74)是幅值 φ_1、φ_2 的齐次方程，称为振型方程。体系发生振动要求 φ_1、φ_2 不能同时为零，齐次方程有非零解的条件为系数行列式为零，即

$$\begin{vmatrix} k_{11} - \omega^2 m_1 & k_{12} \\ k_{21} & k_{22} - \omega^2 m_2 \end{vmatrix} = 0 \tag{9-75a}$$

或

$$\left| \boldsymbol{K} - \omega^2 \boldsymbol{M} \right| = 0 \tag{9-75b}$$

方程(9-75)称为体系的频率方程，或称为特征方程。将其展开并整理后可得

$$(\omega^2)^2 - \left(\frac{k_{11}}{m_1} + \frac{k_{22}}{m_2} \right)\omega^2 + \frac{k_{11}k_{22} - k_{12}k_{21}}{m_1 m_2} = 0 \tag{9-76}$$

式(9-76)是关于 ω^2 的二次方程(也称双二次方程)，由此可解得 ω^2 的两个根

$$(\omega^2)_{1,2} = \frac{1}{2}\left(\frac{k_{11}}{m_1} + \frac{k_{22}}{m_2} \right) \mp \sqrt{\frac{1}{4}\left(\frac{k_{11}}{m_1} + \frac{k_{22}}{m_2} \right)^2 - \frac{k_{11}k_{22} - k_{12}k_{21}}{m_1 m_2}} \tag{9-77}$$

开方后得两个正根 ω_1、ω_2。将其代回式(9-74)确定 φ_1、φ_2 时，由于式(9-74)为齐次方程，且系数行列式等于零，两式不独立，因此只能求得二者的比值而不能完全确定 φ_1、φ_2 的值。将 ω_1 代入式(9-74)中任一方程，并记这时的 φ_1、φ_2 为 φ_{11}、φ_{21}，得

$$\frac{\varphi_{11}}{\varphi_{21}} = -\frac{k_{12}}{k_{11} - m_1 \omega_1^2} = -\frac{k_{22} - m_1 \omega_1^2}{k_{21}} \tag{9-78a}$$

同理，将 ω_2 代入方程，得

$$\frac{\varphi_{12}}{\varphi_{22}} = -\frac{k_{12}}{k_{11} - m_1 \omega_2^2} = -\frac{k_{22} - m_1 \omega_2^2}{k_{21}} \tag{9-78b}$$

由此可得运动方程(9-73)的两个特解为

$$\begin{cases} y_{11}(t) = \varphi_{11} \sin(\omega_1 t + \alpha_1) \\ y_{21}(t) = \varphi_{21} \sin(\omega_1 t + \alpha_1) \end{cases} \tag{9-79}$$

$$\begin{cases} y_{12}(t) = \varphi_{12} \sin(\omega_2 t + \alpha_2) \\ y_{22}(t) = \varphi_{22} \sin(\omega_2 t + \alpha_2) \end{cases} \tag{9-80}$$

每一个特解对应一种振动形式。按这种形式作自由振动的特点是：

（1）体系上所有质量的振动频率相同。

（2）在振动的任一时刻,各质量位移的比值保持不变,即振动形状保持不变,将此振动形式称作主振型,简称为振型。

将两个特解(9-79)和(9-80),进行线性组合即可得到运动方程的通解

$$\begin{cases} y_1(t) = \varphi_{11}\sin(\omega_1 t + \alpha_1) + \varphi_{12}\sin(\omega_2 t + \alpha_2) \\ y_2(t) = \varphi_{21}\sin(\omega_1 t + \alpha_1) + \varphi_{22}\sin(\omega_2 t + \alpha_2) \end{cases}$$

其中,φ_{11}、φ_{12}、φ_{21}、φ_{22}、α_1 和 α_2 可由运动的初始条件 $y_i(0) = y_{i0}$、$\dot{y}_i(0) = \dot{y}_{i0}(i=1,2)$ 及式(9-78)确定。由于自由振动分析的主要目的是确定体系的频率和振型,因此这里不对通解做分析。

9-7-2   两自由度体系的频率和振型

将两个频率的较小者称为第一频率或基本频率,记作 ω_1;较大者 ω_2 称为第二频率。与基本频率对应的振型称为基本振型或第一振型,与第二频率对应的振型称为第二振型。它们是体系的固有属性,与外界因素无关。

振型通常用向量表示,称为振型向量。第一振型和第二振型可分别记作

$$\boldsymbol{\varphi}_1 = \begin{pmatrix} \varphi_{11} \\ \varphi_{21} \end{pmatrix}, \quad \boldsymbol{\varphi}_2 = \begin{pmatrix} \varphi_{12} \\ \varphi_{22} \end{pmatrix}$$

向量中的元素的大小不定,元素间的比值是确定的。由式(9-78),刚度形式的振型向量为

$$\boldsymbol{\varphi}_i = \begin{pmatrix} 1 \\ \dfrac{-k_{21}}{k_{22} - \omega_i^2 m_2} \end{pmatrix} c_i = \begin{pmatrix} 1 \\ -\dfrac{k_{11} - \omega_i^2 m_1}{k_{12}} \end{pmatrix} c_i \quad (i = 1, 2) \tag{9-81}$$

其中,c_i 可以是非零任意常数。

计算频率和振型时,对于刚度形式的方程,可通过式(9-74)和式(9-75)进行,先由频率方程求频率,再由振型方程求振型,或直接由式(9-77)和式(9-78)计算。

对于柔度形式的方程,作类似的推导可得到柔度形式的频率方程和振型方程为

$$\begin{vmatrix} \delta_{11} m_1 - \dfrac{1}{\omega^2} & \delta_{12} m_2 \\ \delta_{21} m_1 & \delta_{22} m_2 - \dfrac{1}{\omega^2} \end{vmatrix} = 0 \tag{9-82}$$

$$\begin{cases} \left(\delta_{11} m_1 - \dfrac{1}{\omega^2} \right) \varphi_1 + \delta_{12} m_2 \varphi_2 = 0 \\ \delta_{21} m_1 \varphi_1 + \left(\delta_{22} m_2 - \dfrac{1}{\omega^2} \right) \varphi_2 = 0 \end{cases} \tag{9-83}$$

频率和振型为

$$\omega = \sqrt{\dfrac{1}{\lambda}} \tag{9-84}$$

$$\lambda_{1,2}=\frac{\delta_{11}m_1+\delta_{22}m_2}{2}\pm\sqrt{\frac{1}{4}(\delta_{11}m_1+\delta_{22}m_2)^2-(\delta_{11}\delta_{22}-\delta_{12}\delta_{21})m_1m_2} \qquad (9-85)$$

$$\boldsymbol{\varphi}_i=\begin{pmatrix}1\\-\dfrac{\delta_{11}m_1-\lambda_i}{\delta_{12}m_2}\end{pmatrix}c_i=\begin{pmatrix}1\\-\dfrac{\delta_{21}m_1}{\delta_{22}m_2-\lambda_i}\end{pmatrix}c_i \quad (i=1,2) \qquad (9-86)$$

频率算式的特例:

* 刚度形式　当 $k_{11}=k_{22}$, $m_1=m_2=m$ 时,有

$$\omega_1=\sqrt{\frac{k_{11}-|k_{12}|}{m}}, \qquad \omega_2=\sqrt{\frac{k_{11}+|k_{12}|}{m}} \qquad (9-87)$$

* 柔度形式　当 $\delta_{11}=\delta_{22}$ 且 $m_1=m_2=m$ 时,有

$$\lambda_1=(\delta_{11}+|\delta_{12}|)m, \qquad \lambda_2=(\delta_{11}-|\delta_{12}|)m \qquad (9-88)$$

$$\omega_1=\sqrt{\frac{1}{(\delta_{11}+|\delta_{12}|)m}}, \qquad \omega_2=\sqrt{\frac{1}{(\delta_{11}-|\delta_{12}|)m}} \qquad (9-89)$$

对于特例情况的振型算式,请读者自行推导。

[**例题 9-12**] 图 9-35a 所示两层刚架,已知横梁为刚性,各立柱的抗弯刚度 $EI=6.0\times10^6\,\text{N}\cdot\text{m}^2$,立柱的质量忽略不计,横梁的质量 $m_1=m_2=5\,000\,\text{kg}$,每层的高度 $l=5\,\text{m}$。试求其自振频率和振型。

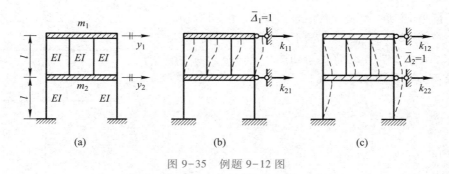

图 9-35　例题 9-12 图

解:由自由度分析可知,结构是两自由度体系,设 m_1 的位移为 y_1,m_2 的位移为 y_2,如图 9-35a 所示。因为是剪切型结构,所以用刚度法求解比较方便。根据结构静力分析(图 9-35b、c)可求得

$$k_{11}=4\times\frac{12EI}{l^3}=\frac{48EI}{l^3}$$

$$k_{12}=k_{21}=-4\times\frac{12EI}{l^3}=-\frac{48EI}{l^3}, \qquad k_{22}=6\times\frac{12EI}{l^3}=\frac{72EI}{l^3}$$

将刚度系数 k_{11}、k_{12}、k_{21}、k_{22} 和各自由度的质量 m_1、m_2 代入式(9-76)可得

$$\omega_1^2=\frac{60EI}{ml^3}-\frac{12\sqrt{17}\,EI}{ml^3}=(60-12\sqrt{17})\frac{EI}{ml^3}$$

$$\omega_2^2 = \frac{60EI}{ml^3} + \frac{12\sqrt{17}\,EI}{ml^3} = (60 + 12\sqrt{17})\frac{EI}{ml^3}$$

代入已知条件的有关数值后,刚架的自由振动频率为

$$\omega_1 = \sqrt{(60 - 12\sqrt{17})\frac{EI}{ml^3}} = 10.050\,8\ \text{s}^{-1}, \qquad \omega_2 = \sqrt{(60 + 12\sqrt{17})\frac{EI}{ml^3}} = 32.418\,8\ \text{s}^{-1}$$

将所得频率代入式(9-81)可得振型为

$$\boldsymbol{\varphi}_1 = \begin{pmatrix} 1 \\ \dfrac{-k_{21}}{k_{22} - \omega_1^2 m_2} \end{pmatrix} c_1 = \begin{pmatrix} 1 \\ 0.780\,8 \end{pmatrix} c_1$$

$$\boldsymbol{\varphi}_2 = \begin{pmatrix} 1 \\ \dfrac{-k_{21}}{k_{22} - \omega_2^2 m_2} \end{pmatrix} c_2 = \begin{pmatrix} 1 \\ -1.280\,9 \end{pmatrix} c_2$$

请读者根据所得的振型,自行画出结构的振型图。需要指出的是,两自由度体系实际分析时,并不一定要背出频率、振型的有关公式,只要写出了质量和刚度矩阵,从频率方程(9-75)和振型方程(9-74)直接求解即可。

[例题 9-13]   图 9-36a 所示简支梁在三分点处有两个相等的集中质量 m,不计梁本身的自重,梁的抗弯刚度 EI 为常数。试用柔度法求其自振频率和振型。

解:不计轴向变形,本例有两个自由度,设 1、2 两处质量的竖向位移分别为 y_1 和 y_2。为用柔度法求解,沿位移方向分别施加单位力得单位弯矩图如图 9-36b、c 所示,用图乘法可求得体系的柔度系数为

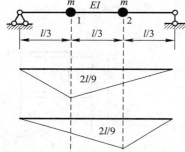

图 9-36   例题 9-13 图

$$\delta_{11} = \delta_{22} = \frac{4l^3}{243EI}, \qquad \delta_{12} = \delta_{21} = \frac{7l^3}{486EI}$$

根据题意 $m_1 = m_2 = m$,则由式(9-88)可得

$$\lambda_1 = (\delta_{11} + \delta_{12})m = \frac{15}{486} \times \frac{ml^3}{EI}$$

$$\lambda_2 = (\delta_{22} - \delta_{21})m = \frac{1}{486} \times \frac{ml^3}{EI}$$

从而可求得两个自振频率

$$\omega_1 = \frac{1}{\sqrt{\lambda_1}} = 5.69\sqrt{\frac{EI}{ml^3}}, \qquad \omega_2 = \frac{1}{\sqrt{\lambda_2}} = 22\sqrt{\frac{EI}{ml^3}}$$

最后由式(9-86)可得

$$\boldsymbol{\varphi}_1 = \begin{pmatrix} 1 \\ 1 \end{pmatrix} c_1, \qquad \boldsymbol{\varphi}_2 = \begin{pmatrix} 1 \\ -1 \end{pmatrix} c_2$$

图 9-37 所示即为两个振型的示意图。

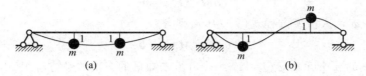

图 9-37 振型示意图

本例的两个振型有一个是对称振型,另一个是反对称振型,产生这一结果的原因是体系是对称体系。对称体系是指质量、刚度、支承均对称的体系,利用对称性可简化计算。对于本例中的结构,可分别取图 9-38 所示的对称和反对称计算简图计算,把两自由度体系的自由振动计算化成两个单自由度体系的计算问题。

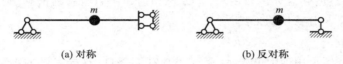

(a) 对称 (b) 反对称

图 9-38 利用对称性取半结构分析时的计算简图

9-7-3 多自由度体系的振型和频率

对于 n 自由度体系,频率和振型的分析方法和过程与两自由度体系是一样的。

1. 自振频率

n 自由度体系刚度形式的频率方程为

$$\left| \boldsymbol{K} - \omega^2 \boldsymbol{M} \right| = 0 \tag{9-90a}$$

柔度形式的频率方程为

$$\left| \boldsymbol{\delta M} - \lambda \boldsymbol{I} \right| = 0 \tag{9-90b}$$

其中,$\boldsymbol{I}$ 为 n 阶单位矩阵,$\lambda = \dfrac{1}{\omega^2}$。

将式(9-90)展开,可得一个 ω^2(或 λ)的 n 次代数方程。对于无刚体位移的结构振动体系,可以证明频率方程有 n 个大于零的实根 ω_i^2(或 λ_i)。开方(或倒数开方)得到 ω_i,并将 ω_i 由小到大排列可得 $\omega_1 \leqslant \omega_2 \leqslant \cdots \leqslant \omega_n$,则 ω_i 称为 n 个自由度体系的第 i 阶自振频率。全部自振频率按由小到大顺序的排列($\omega_1 \leqslant \omega_2 \leqslant \cdots \leqslant \omega_n$)称为体系的频率谱,简称频谱,其中最小的频率 ω_1 称为基本频率(或第一频率),简称基频。

体系的自振频率在结构动力分析中有十分重要的地位。与单自由度体系不同的是,n 个自由度体系有 n 个自振频率。工程分析中基频尤为重要。

由于频率方程是一个高次方程,当自由度大于 3 时手算求解就很不方便,实际求解时一般采用其他一些方法,这些方法将在 §9-10 中介绍。

2. 振型

n 自由度体系刚度形式的振型方程为

$$(\boldsymbol{K} - \omega^2 \boldsymbol{M}) \boldsymbol{\varphi} = \boldsymbol{0} \tag{9-91a}$$

式中,$\boldsymbol{\varphi} = (\varphi_1 \quad \varphi_2 \quad \cdots \quad \varphi_n)^{\mathrm{T}}$ 为 n 阶振型向量。n 自由度体系柔度形式的振型方程为

$$(\delta M - \lambda I)\boldsymbol{\varphi} = \mathbf{0} \tag{9-91b}$$

将第 i 个频率 ω_i 代入振型方程式（9-74b），则有：

$$(K - \omega_i^2 M)\boldsymbol{\varphi}_i = \mathbf{0} \tag{9-92}$$

这是以振型向量 $\boldsymbol{\varphi}$ 的 n 个元素 $\varphi_j (j=1,2,\cdots,n)$ 为未知量的齐次线性方程组，由于 ω_i 满足频率方程式（9-90），因此独立的方程只有 $n-1$ 个。由式（9-92），对应于第 i 个频率只能求得 n 个未知量 $\varphi_j (j=1,2,\cdots,n)$ 的相对值。对应于第 i 个频率 ω_i 的振型向量

$$\boldsymbol{\varphi}_i = (\varphi_1 \quad \varphi_2 \quad \cdots \quad \varphi_n)_i^{\mathrm{T}} \tag{9-93}$$

称为对应于第 i 个自振频率 ω_i 的主振型，简称为第 i 阶振型，第 1 阶振型也称为基本振型。对于 n 个自由度体系的工程结构，由 n 个频率可求得 n 个线性无关的振型。

振型是在多自由度（包含无限自由度）体系振动问题中所特有的概念，它在多自由度体系强迫振动分析时是一个十分有用的工具。

3. 振型的标准化

为了使振型的幅值可用确定值表示，需要另加补充条件，这样得到的振型称为标准化振型。进行振型标准化的方法通常有以下两种：

（1）规定振型 $\boldsymbol{\varphi}_i$ 中的某个元素为一给定值。如规定 $\boldsymbol{\varphi}_i$ 中的第一个元素 φ_{1i} 等于 1，或规定其中最大的元素 $\max_j(\varphi_{ji})$ 等于 1。如例题 9-13 所画出的振型。

（2）规定振型 $\boldsymbol{\varphi}_i$ 满足条件

$$\boldsymbol{\varphi}_i^{\mathrm{T}} M \boldsymbol{\varphi}_i = 1 \tag{9-94}$$

可以证明，这一规定与下式等价：

$$\boldsymbol{\varphi}_i^{\mathrm{T}} K \boldsymbol{\varphi}_i = \omega_i^2 \tag{9-95}$$

对两自由度体系，用这种方案标准化，则需令 $\boldsymbol{\varphi}_i$ 满足式（9-92），即

$$\begin{pmatrix} \varphi_1^i \\ \dfrac{-k_{21}}{k_{22}-\omega_i^2 m_2}\varphi_1^i \end{pmatrix}^{\mathrm{T}} \begin{pmatrix} m_1 & 0 \\ 0 & m_2 \end{pmatrix} \begin{pmatrix} \varphi_1^i \\ \dfrac{-k_{21}}{k_{22}-\omega_i^2 m_2}\varphi_1^i \end{pmatrix} = 1$$

将上式展开可得

$$m_1(\varphi_1^i)^2 + \left(\frac{k_{21}}{k_{22}-\omega_i^2 m_2}\right)^2 m_2(\varphi_1^i)^2 = 1$$

由此可求得

$$\varphi_1^i = \sqrt{\frac{1}{m_1 + \left(\dfrac{k_{21}}{k_{22}-\omega_i^2}\right)^2 m_2}}$$

将 φ_1^i 表达式代回振型方程，即可得满足式（9-94）条件的标准化振型。

实际分析中，因为第一种方法相对简单，因此用得更多些。

[例题 9-14] 试求图 9-39 所示三层剪切型刚架的频率和振型。

解：对此剪切型刚架，可计算出质量矩阵和刚度矩阵分别为

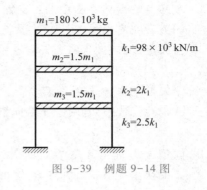

图 9-39 例题 9-14 图

$$\boldsymbol{M} = \begin{pmatrix} 1 & 0 & 0 \\ 0 & 1.5 & 0 \\ 0 & 0 & 1.5 \end{pmatrix} m_1, \qquad \boldsymbol{K} = \begin{pmatrix} 1 & -1 & 0 \\ -1 & 3 & -2 \\ 0 & -2 & 4.5 \end{pmatrix} k_1$$

（1）频率计算。振型方程为

$$(\boldsymbol{K} - \omega^2 \boldsymbol{M}) \boldsymbol{\varphi} = \boldsymbol{0}$$

频率方程为

$$|\boldsymbol{K} - \omega^2 \boldsymbol{M}| = \begin{vmatrix} k_1 - m_1 \omega^2 & -k_1 & 0 \\ -k_1 & 3k_1 - 1.5 m_1 \omega^2 & -2k_1 \\ 0 & -2k_1 & 4.5 k_1 - 1.5 m_1 \omega^2 \end{vmatrix} = 0$$

引入记号

$$\xi = \frac{m_1}{k_1} \omega^2$$

频率方程可改写为

$$\begin{vmatrix} 1-\xi & -1 & 0 \\ -1 & 3-1.5\xi & -2 \\ 0 & -2 & 4.5-1.5\xi \end{vmatrix} = 0$$

展开并整理后可得

$$2.25\xi^3 - 13.5\xi^2 + 19.25\xi - 5 = 0$$

解此三次方程可得

$$\xi_1 \approx 0.332, \quad \xi_2 \approx 1.669, \quad \xi_3 \approx 3.999$$

由此可得 3 个圆频率为

$$\omega_1^2 = \frac{k_1}{m_1} \xi_1 \approx \frac{98 \times 10^6 \ \text{N/m}}{180 \times 10^3 \ \text{kg}} \times 0.332 \approx 180.756 \ \text{s}^{-2}, \quad \omega_1 \approx 13.445 \ \text{s}^{-1}$$

$$\omega_2^2 = \frac{k_1}{m_1} \xi_2 \approx \frac{98 \times 10^6 \ \text{N/m}}{180 \times 10^3 \ \text{kg}} \times 1.669 \approx 908.678 \ \text{s}^{-2}, \quad \omega_2 \approx 30.144 \ \text{s}^{-1}$$

$$\omega_3^2 = \frac{k_1}{m_1} \xi_3 \approx \frac{98 \times 10^6 \ \text{N/m}}{180 \times 10^3 \ \text{kg}} \times 3.999 \approx 2\,177.233 \ \text{s}^{-2}, \quad \omega_3 \approx 46.661 \ \text{s}^{-1}$$

（2）振型计算。将 ω_i^2 代入振型方程并除以 k_1 得

$$\begin{pmatrix} 1-\xi_i & -1 & 0 \\ -1 & 3-1.5\xi_i & -2 \\ 0 & -2 & 4.5-1.5\xi_i \end{pmatrix} \begin{pmatrix} \varphi_{1i} \\ \varphi_{2i} \\ \varphi_{3i} \end{pmatrix} = \begin{pmatrix} 0 \\ 0 \\ 0 \end{pmatrix}$$

由上式中的任两式，分别代入 ξ_1、ξ_2、ξ_3 可得以第一个元素归一化（$\varphi_{1i} = 1$）的 3 个振型为

$$\begin{pmatrix} \varphi_{11} \\ \varphi_{21} \\ \varphi_{31} \end{pmatrix} = \begin{pmatrix} 1 \\ 0.667 \\ 0.333 \end{pmatrix}, \quad \begin{pmatrix} \varphi_{12} \\ \varphi_{22} \\ \varphi_{32} \end{pmatrix} = \begin{pmatrix} 1 \\ -0.664 \\ -0.665 \end{pmatrix}, \quad \begin{pmatrix} \varphi_{13} \\ \varphi_{23} \\ \varphi_{33} \end{pmatrix} = \begin{pmatrix} 1 \\ -3.027 \\ 4.093 \end{pmatrix}$$

根据上述所求得的结果，请读者自行作出 3 个振型的图形。

4. 多自由度体系振型的正交性

（1）正交的概念

在矢量代数中，若两个矢量 $\boldsymbol{\gamma}_1$ 和 $\boldsymbol{\gamma}_2$ 的点积为零，即

$$\boldsymbol{\gamma}_1 \cdot \boldsymbol{\gamma}_2 = 0 \qquad (9\text{-}96)$$

则称两矢量 $\boldsymbol{\gamma}_1$ 和 $\boldsymbol{\gamma}_2$ 相互垂直。

在线性代数中，若两个 n 维向量 $\boldsymbol{A}_1$ 和 $\boldsymbol{A}_2$ 存在如下关系：

$$\boldsymbol{A}_1^{\mathrm{T}} \boldsymbol{A}_2 = 0 \qquad (9\text{-}97)$$

则称向量 $\boldsymbol{A}_1$ 与向量 $\boldsymbol{A}_2$ 正交。

如果存在一个 n 阶方阵 $\boldsymbol{B}$，使得

$$\boldsymbol{A}_1^{\mathrm{T}} \boldsymbol{B} \boldsymbol{A}_2 = 0 \qquad (9\text{-}98)$$

则称向量 $\boldsymbol{A}_1$ 与向量 $\boldsymbol{A}_2$ 带权正交或加权正交，$\boldsymbol{B}$ 称为权矩阵，也称为向量 $\boldsymbol{A}_1$ 与向量 $\boldsymbol{A}_2$ 对矩阵 $\boldsymbol{B}$ 正交。

（2）振型向量的正交性

n 自由度体系有 n 个振型向量 $\boldsymbol{\varphi}_i (i = 1, 2, \cdots, n)$，在这些振型向量中，对应于不同自振频率的振型向量之间存在着对质量矩阵 $\boldsymbol{M}$ 和刚度矩阵 $\boldsymbol{K}$ 的正交性，即

$$\boldsymbol{\varphi}_i^{\mathrm{T}} \boldsymbol{M} \boldsymbol{\varphi}_j = 0 \qquad (i \neq j) \qquad (9\text{-}99\text{a})$$

$$\boldsymbol{\varphi}_i^{\mathrm{T}} \boldsymbol{K} \boldsymbol{\varphi}_j = 0 \qquad (i \neq j) \qquad (9\text{-}99\text{b})$$

振型的这一正交性质，在多自由度体系动力分析中有着十分重要的用途。下面证明这一性质。

设 $\boldsymbol{\varphi}_i$ 为体系第 i 阶振型，将其代入式（9-92）振型方程，则有

$$\boldsymbol{K} \boldsymbol{\varphi}_i = \omega_i^2 \boldsymbol{M} \boldsymbol{\varphi}_i \qquad (9\text{-}100)$$

上式两边同时左乘第 j 阶振型的转置 $\boldsymbol{\varphi}_j^{\mathrm{T}}$，可得

$$\boldsymbol{\varphi}_j^{\mathrm{T}} \boldsymbol{K} \boldsymbol{\varphi}_i = \omega_i^2 \boldsymbol{\varphi}_j^{\mathrm{T}} \boldsymbol{M} \boldsymbol{\varphi}_i \qquad (9\text{-}101)$$

同理可得

$$\boldsymbol{\varphi}_i^{\mathrm{T}} \boldsymbol{K} \boldsymbol{\varphi}_j = \omega_j^2 \boldsymbol{\varphi}_i^{\mathrm{T}} \boldsymbol{M} \boldsymbol{\varphi}_j \qquad (9\text{-}102)$$

由于矩阵乘积的转置等于矩阵倒序后转置的乘积，即

$$(\boldsymbol{A}\boldsymbol{B})^{\mathrm{T}} = \boldsymbol{B}^{\mathrm{T}} \boldsymbol{A}^{\mathrm{T}} \qquad (\text{a})$$

加之质量矩阵 $\boldsymbol{M}$ 和刚度矩阵 $\boldsymbol{K}$ 都是对称矩阵，因此式（9-102）可写成

$$\boldsymbol{\varphi}_j^{\mathrm{T}} \boldsymbol{K} \boldsymbol{\varphi}_i = \omega_j^2 \boldsymbol{\varphi}_j^{\mathrm{T}} \boldsymbol{M} \boldsymbol{\varphi}_i \qquad (\text{b})$$

将式（9-101）与式（b）相减，则可得

$$(\omega_i^2 - \omega_j^2) \boldsymbol{\varphi}_j^{\mathrm{T}} \boldsymbol{M} \boldsymbol{\varphi}_i = 0 \qquad (9\text{-}103)$$

当 $i \neq j$ 时若 $\omega_i \neq \omega_j$，则式（9-103）表明

$$\boldsymbol{\varphi}_j^{\mathrm{T}} \boldsymbol{M} \boldsymbol{\varphi}_i = 0 \qquad (9\text{-}104)$$

在此条件下从式（9-101）立即可得如下结论：

$$\boldsymbol{\varphi}_j^{\mathrm{T}} \boldsymbol{K} \boldsymbol{\varphi}_i = 0 \qquad (9\text{-}105)$$

式（9-104）和式（9-105）证明了：对应不同自振频率的振型向量对质量矩阵和刚度矩阵都是正交的。

（3）关于振型正交性的物理解释

将式（9-104）两边同乘以 ω_i^2，可得

$$\omega_i^2\boldsymbol{\varphi}_i^{\mathrm{T}}\boldsymbol{M}\boldsymbol{\varphi}_i = 0 \tag{9-106}$$

因为在 $\boldsymbol{Y}_i = \boldsymbol{\varphi}_i\sin(\omega_i t+\alpha_i)\,(i=1,2,\cdots,n)$ 情形下，第 j 振型的惯性力为 $\boldsymbol{F}_{\mathrm{I}}^i = -\boldsymbol{M}\ddot{\boldsymbol{Y}}_i$，因此有

$$\boldsymbol{F}_{\mathrm{I}}^i = \omega_i^2\boldsymbol{M}\boldsymbol{\varphi}_i\sin(\omega_i t+\alpha_i)\quad(i=1,2,\cdots,n) \tag{9-107}$$

上式两边左乘 $\boldsymbol{\varphi}_j^{\mathrm{T}}$，并考虑到式（9-106）可得

$$\boldsymbol{\varphi}_j^{\mathrm{T}}\boldsymbol{F}_{\mathrm{I}}^i = 0 \tag{9-108}$$

式（9-108）表明，第 i 阶振型产生的惯性力在第 j 阶振型的位移上所做的虚功为零，即由某振型产生的惯性力在非自身振型上不做功。

至于振型对刚度正交的物理解释，请读者自行考虑。

（4）振型正交性的利用

- 可用振型的正交性来检验所求得的振型是否正确。
- 已知振型的情形下，可用以计算该振型对应的自振频率。将各振型线性组合的位移 $\boldsymbol{Y} = \sum\limits_{i=1}^{n} C_i\boldsymbol{\varphi}_i\sin(\omega_i t+\alpha_i)$ 代入运动方程 $\boldsymbol{M}\ddot{\boldsymbol{Y}}+\boldsymbol{K}\boldsymbol{Y}=\boldsymbol{0}$，可得

$$-\boldsymbol{M}\sum_{i=1}^{n}C_i\omega_i^2\boldsymbol{\varphi}_i\sin(\omega_i t+\alpha_i)+\boldsymbol{K}\sum_{i=1}^{n}C_i\boldsymbol{\varphi}_i\sin(\omega_i t+\alpha_i)=\boldsymbol{0} \tag{c}$$

对式（c）两边同时左乘 $\boldsymbol{\varphi}_j^{\mathrm{T}}$，根据振型的正交性并消去 $\sin(\omega_i t+\alpha_i)$，可得

$$-\boldsymbol{\varphi}_j^{\mathrm{T}}\boldsymbol{M}\omega_j^2\boldsymbol{\varphi}_j+\boldsymbol{\varphi}_j^{\mathrm{T}}\boldsymbol{K}\boldsymbol{\varphi}_j = 0 \tag{9-109}$$

若记

$$K_j^* = \boldsymbol{\varphi}_j^{\mathrm{T}}\boldsymbol{K}\boldsymbol{\varphi}_j,\quad M_j^* = \boldsymbol{\varphi}_j^{\mathrm{T}}\boldsymbol{M}\boldsymbol{\varphi}_j \tag{9-110}$$

并将 K_j^* 称为第 j 振型的广义刚度（或折算刚度）、M_j^* 称为第 j 阶振型的广义质量（或折算质量），则式（9-109）可写为

$$K_j^* = \omega_j^2 M_j^* \tag{9-111}$$

由此可得

$$\omega_j^2 = \frac{K_j^*}{M_j^*} \tag{9-112}$$

上述分析表明，在已知第 j 振型 $\boldsymbol{\varphi}_j$ 时，可先按式（9-110）计算第 j 振型的广义刚度 K_j^* 和第 j 阶振型的广义质量 M_j^*，然后应用式（9-112）计算对应第 j 振型的自振频率 ω_j^2，其形式与单自由度体系的频率计算公式一样。

- **位移的分解**　任意一个给定位移向量 $\boldsymbol{Y}$，利用振型的正交性，均可将其分解成 n 个振型的线性组合，即

$$\boldsymbol{Y} = \sum_{i=1}^{n}\eta_i\boldsymbol{\varphi}_i \tag{9-113}$$

式（9-113）称为位移向量 $\boldsymbol{Y}$ 按振型的正则坐标变换，其中组合系数 η_i 称为位移向量的广义坐标（或正则坐标），可由振型的正交性来确定。

对式（9-113）的两边同时左乘 $\boldsymbol{\varphi}_j^{\mathrm{T}}\boldsymbol{M}$，即得

$$\boldsymbol{\varphi}_j^{\mathrm{T}} \boldsymbol{M} \boldsymbol{Y} = \boldsymbol{\varphi}_j^{\mathrm{T}} \boldsymbol{M} \sum_{i=1}^{n} \eta_i \boldsymbol{\varphi}_i \tag{9-114}$$

根据振型的正交性,式(9-114)右端 n 项中除第 $i=j$ 这一项为广义质量 $M_j^* = \boldsymbol{\varphi}_j^{\mathrm{T}} \boldsymbol{M} \boldsymbol{\varphi}_j$ 外,其余各项均为零,因此有

$$\boldsymbol{\varphi}_j^{\mathrm{T}} \boldsymbol{M} \boldsymbol{Y} = \eta_j M_j^* \tag{9-115}$$

由式(9-115)便可求得位移向量的广义坐标

$$\eta_j = \frac{\boldsymbol{\varphi}_j^{\mathrm{T}} \boldsymbol{M} \boldsymbol{Y}}{M_j^*} = \frac{\boldsymbol{\varphi}_j^{\mathrm{T}} \boldsymbol{M} \boldsymbol{Y}}{\boldsymbol{\varphi}_j^{\mathrm{T}} \boldsymbol{M} \boldsymbol{\varphi}_j} \tag{9-116}$$

将式(9-116)代入(9-113)即可得到将任意位移向量 $\boldsymbol{Y}$ 按振型分解的表达式。

 • 将多自由度体系变成单自由度求解　将多自由度体系任意时刻的位移向量 $\boldsymbol{Y}$ 按式(9-113)作坐标变换后代入运动方程(9-72a),则有

$$\sum_{i=1}^{n} \ddot{\eta}_i(t) \boldsymbol{M} \boldsymbol{\varphi}_i + \sum_{i=1}^{n} \eta_i(t) \boldsymbol{K} \boldsymbol{\varphi}_i = \boldsymbol{0} \tag{9-117}$$

与推导式(9-115)一样,上式两边同时左乘 $\boldsymbol{\varphi}_j^{\mathrm{T}}$,根据振型的正交性则有

$$M_j^* \ddot{\eta}_j(t) + K_j^* \eta_j(t) = 0 \quad (j=1,2,\cdots,n) \tag{9-118}$$

上式除以第 j 阶振型的广义质量 M_j^* 并引入式(9-112),则可得一组广义坐标 $\eta_j(t)$ 的单自由度运动方程

$$\ddot{\eta}_j(t) + \omega_j^2 \eta_j(t) = 0 \quad (j=1,2,\cdots,n) \tag{9-119}$$

式(9-119)表明,只要有了 n 自由度体系的全部振型向量,就可将其变成 n 个独立的单自由度体系进行计算,获得广义坐标 $\eta_j(t)$ 后,由式(9-113)即可获得多自由度解答。

（5）多自由度体系振型正交性应用举例

[例题 9-15] 试检验例题 9-12 所求得振型的正确性。

解:例题 9-12 已得到

$$\boldsymbol{M} = \begin{pmatrix} 1 & 0 \\ 0 & 1 \end{pmatrix} m_1, \quad \boldsymbol{K} = \begin{pmatrix} 48 & -48 \\ -48 & 72 \end{pmatrix} \frac{EI}{l^3}, \quad \boldsymbol{\varphi}_1 = (1 \quad 0.780\ 8)^{\mathrm{T}}, \quad \boldsymbol{\varphi}_2 = (1 \quad -1.280\ 9)^{\mathrm{T}}$$

利用振型正交性进行检验:

$$\boldsymbol{\varphi}_1^{\mathrm{T}} \boldsymbol{M} \boldsymbol{\varphi}_2 = (1 \quad 0.780\ 8) \times \begin{pmatrix} 1 & 0 \\ 0 & 1 \end{pmatrix} m_1 \times \begin{pmatrix} 1 \\ -1.280\ 9 \end{pmatrix} = -0.000\ 127 m_1 \approx 0 \times m_1$$

$$\boldsymbol{\varphi}_1^{\mathrm{T}} \boldsymbol{K} \boldsymbol{\varphi}_2 = (1 \quad 0.780\ 8) \times \begin{pmatrix} 48 & -48 \\ -48 & 72 \end{pmatrix} \frac{EI}{l^3} \times \begin{pmatrix} 1 \\ -1.280\ 9 \end{pmatrix} = -0.004\ 324 \frac{EI}{l^3} \approx 0 \times \frac{EI}{l^3}$$

满足正交性条件,是正确的。

[例题 9-16] 已知例题 9-14 所示三层剪切型刚架的前两个振型分别为 $\boldsymbol{\varphi}_1 = (1 \quad 2/3 \quad 1/3)^{\mathrm{T}}$、$\boldsymbol{\varphi}_2 = (1 \quad -2/3 \quad -2/3)^{\mathrm{T}}$。试求结构的频率。

解:在例题 9-14 中已求得结构的质量和刚度矩阵,分别为

$$\boldsymbol{M} = \begin{pmatrix} 1 & 0 & 0 \\ 0 & 1.5 & 0 \\ 0 & 0 & 1.5 \end{pmatrix} m_1, \quad \boldsymbol{K} = \begin{pmatrix} 1 & -1 & 0 \\ -1 & 3 & -2 \\ 0 & -2 & 4.5 \end{pmatrix} k_1$$

首先求第三振型,然后求各阶频率。

（1）求第三振型。设 $\boldsymbol{\varphi}_3 = (\ 1\quad \varphi_{23}\quad \varphi_{33}\ )^{\mathrm{T}}$，根据振型对质量（或刚度）的正交性，有

$$\boldsymbol{\varphi}_1^{\mathrm{T}} \boldsymbol{M} \boldsymbol{\varphi}_3 = 0 = m_1 + \frac{2}{3} m_2 \varphi_{23} + \frac{1}{3} m_3 \varphi_{33}, \qquad \boldsymbol{\varphi}_2^{\mathrm{T}} \boldsymbol{M} \boldsymbol{\varphi}_3 = 0 = m_1 - \frac{2}{3} m_2 \varphi_{23} - \frac{2}{3} m_3 \varphi_{33}$$

由此可求得 $\boldsymbol{\varphi}_3 = (\ 1\quad -3\quad 4\ )^{\mathrm{T}}$。

（2）求广义质量。根据振型广义质量定义 $\boldsymbol{\varphi}_i^{\mathrm{T}} \boldsymbol{M} \boldsymbol{\varphi}_i = M_i^*$，可得

$$M_1^* = 33 \times 10^4 \text{ kg}, \quad M_2^* = 42 \times 10^4 \text{ kg}, \quad M_3^* = 6.93 \times 10^6 \text{ kg}$$

（3）求广义刚度。根据振型广义刚度定义 $\boldsymbol{\varphi}_i^{\mathrm{T}} \boldsymbol{K} \boldsymbol{\varphi}_i = K_i^*$，可得

$$K_1^* = \frac{539}{9} \times 10^3 \text{ kN/m}, \quad K_2^* = \frac{3\,430}{9} \times 10^3 \text{ kN/m}, \quad K_3^* = 15\,092 \times 10^3 \text{ kN/m}$$

（4）求各振型频率。由 $\omega_i^2 = K_i^* / M_i^*$ 可得各振型的频率为

$$\omega_1 = \sqrt{\frac{(539/9) \times 10^3 \text{ kN/m}}{33 \times 10^4 \text{ kg}}} \approx 13.472 \text{ s}^{-1}, \quad \omega_2 = \sqrt{\frac{(3\,430/9) \times 10^3 \text{ kN/m}}{42 \times 10^4 \text{ kg}}} \approx 30.123 \text{ s}^{-1}$$

$$\omega_3 = \sqrt{\frac{15\,092 \times 10^3 \text{ kN/m}}{693 \times 10^4 \text{ kg}}} \approx 46.667 \text{ s}^{-1} \quad (\text{注意}: 1 \text{ kN} = 10^3 \text{ kg} \cdot \text{m/s}^2)$$

[例题 9-17]　设有一位移向量 $\boldsymbol{a} = (\ 1\quad 3\quad 5\ )^{\mathrm{T}} a$，试用例题 9-16 所求出的振型向量将其进行分解。

解：根据式（9-116），任意位移量按振型进行分解的广义坐标为

$$\eta_j = \frac{\boldsymbol{\varphi}_j^{\mathrm{T}} \boldsymbol{M} \boldsymbol{a}}{M_j^*} = \frac{\boldsymbol{\varphi}_j^{\mathrm{T}} \boldsymbol{M} \boldsymbol{a}}{\boldsymbol{\varphi}_j^{\mathrm{T}} \boldsymbol{M} \boldsymbol{\varphi}_j} \qquad (j = 1, 2, 3)$$

为此首先求 $\boldsymbol{\varphi}_j^{\mathrm{T}} \boldsymbol{M} \boldsymbol{a}$。利用例题 9-16 的振型，可得如下结果：

$$\boldsymbol{\varphi}_1^{\mathrm{T}} \boldsymbol{M} \boldsymbol{a} = 6.5 a m_1 = 1\,170 \times 10^3 \text{ kg} \times a, \qquad \boldsymbol{\varphi}_2^{\mathrm{T}} \boldsymbol{M} \boldsymbol{a} = -7 a m_1 = -1\,260 \times 10^3 \text{ kg} \times a$$

$$\boldsymbol{\varphi}_3^{\mathrm{T}} \boldsymbol{M} \boldsymbol{a} = 17.5 a m_1 = 3\,150 \times 10^3 \text{ kg} \times a$$

再利用例题 9-16 的广义质量 M_j^*，即可得如下广义坐标：

$$\eta_1 \approx 3.545\,45a, \qquad \eta_2 = -3a, \qquad \eta_3 \approx 0.454\,55a$$

由此可得分解结果为

$$\boldsymbol{a} = 3.545\,45a \times \begin{pmatrix} 1 \\ 2/3 \\ 1/3 \end{pmatrix} - 3a \times \begin{pmatrix} 1 \\ -2/3 \\ -2/3 \end{pmatrix} + 0.454\,55a \times \begin{pmatrix} 1 \\ -3 \\ 4 \end{pmatrix}$$

§9-8　多自由度体系的受迫振动分析

与单自由度体系一样，在动荷载的作用下，多自由度体系的受迫振动也存在自由振动与受迫振动共存的初始阶段。但是，由于阻尼的存在，不久便进入稳态阶段。在非共振区，阻尼对纯稳态响应影响不大。因此，本节首先对多自由度无阻尼体系的简谐荷载与一般荷载作用下的受迫振动稳态响应进行讨论，然后再讨论有阻尼体系受迫振动分析的振型分解法。

9-8-1　简谐荷载作用下的无阻尼受迫振动分析

无阻尼体系受简谐荷载作用时,其运动方程为

$$M\ddot{Y}+KY=F_0\sin\theta t \tag{9-120}$$

式中,F_0 为作用于体系各自由度的简谐荷载(或简谐等效干扰力)幅值所组成的向量,θ 为简谐荷载角频率(圆频率),或称为扰频。与单自由度体系受简谐荷载作用的受迫振动一样,可设方程(9-120)位移向量有如下形式的稳态解:

$$Y=A\sin\theta t \tag{9-121}$$

其中,A 是位移幅值向量。

将式(9-121)代入运动方程(9-120),消去时间因子 $\sin\theta t$ 后可得

$$-\theta^2MA+KA=(-\theta^2M+K)A=F_0 \tag{9-122}$$

如果记

$$B=-\theta^2M+K \tag{9-123}$$

又如果 B 矩阵可逆,则幅值向量 A 为

$$A=B^{-1}F_0=(-\theta^2M+K)^{-1}F_0 \tag{9-124}$$

将式(9-124)结果代回式(9-121),即可得到运动方程(9-120)的纯受迫振动响应。

1. 共振分析

如果矩阵 B 对应的行列式为零,即 θ 满足条件

$$|K-\theta^2M|=0 \tag{9-125}$$

则位移幅值 A 将为无穷大,即出现共振现象。

将式(9-125)和频率方程 $|K-\omega^2M|=0$ 比较可知,如果 $\theta=\omega_i(i=1,2,\cdots,n)$,则将出现共振。

因此,在 n 个自由度的振动中,当外界干扰力的频率等于体系的任意一阶自振频率时,都会出现共振,即体系存在 n 个共振点。

例如,在工程实际中,高速运转的机械在起、停过程中,如果支承该机械的体系前几阶自振频率小于机械转动的角频率,则在起动、刹车过程中会因越过自振频率而出现几次较大的振动。因此,如果机械的起停次数较多,必将对支承体系的寿命产生较大的影响,这是应该注意避免的。

另外,与单自由度问题相类似,即使考虑了体系阻尼的作用,在共振点附近,体系仍将产生很大的振幅。

当然,共振也有可以利用之处。如用激振器进行激振,可由共振来测量体系的固有频率。又如利用共振曲线,用功率谱法可以测定体系的阻尼比等。对此有兴趣的读者,可自行参阅有关振动测量的书籍。

2. 特例分析

对两自由度的体系,式(9-123)可写为

$$B=\begin{pmatrix} k_{11}-\theta^2m_1 & k_{12} \\ k_{21} & k_{22}-\theta^2m_1 \end{pmatrix} \tag{9-126}$$

在 $\omega\neq\theta$ 时,由式(9-124)可求得振幅

$$\begin{pmatrix} A_1 \\ A_2 \end{pmatrix} = \frac{1}{B_0} \begin{pmatrix} k_{22} - \theta^2 m_2 & -k_{12} \\ -k_{21} & k_{11} - \theta^2 m_1 \end{pmatrix} \begin{pmatrix} F_{01} \\ F_{02} \end{pmatrix} \tag{9-127}$$

其中，$B_0 = (k_{11} - \theta^2 m_1)(k_{22} - \theta^2 m_2) - k_{12} k_{21}$ 为 $\boldsymbol{B}$ 所对应的行列式值；由于 $\theta = \omega_1$ 和 $\theta = \omega_2$ 是 $B_0 = 0$ 的解，因此，B_0 可写成 $B_0 = \alpha(\theta^2 - \omega_1^2)(\theta^2 - \omega_2^2) = (k_{11} - \theta^2 m_1)(k_{22} - \theta^2 m_2) - k_{12} k_{21}$，由对应系数相等可得 $\alpha = m_1 m_2$，即

$$B_0 = m_1 m_2 (\theta^2 - \omega_1^2)(\theta^2 - \omega_2^2) \tag{9-128}$$

将式（9-127）展开，有

$$A_1 = \frac{1}{B_0} [(k_{22} - \theta^2 m_2) F_{01} - k_{12} F_{02}]$$

$$A_2 = \frac{1}{B_0} [-k_{21} F_{01} + (k_{11} - \theta^2 m_1) F_{02}] \tag{9-129}$$

式（9-129）即为两自由度体系受简谐荷载作用时的位移幅值一般解。

3. 吸振原理

如果体系只受一个简谐干扰力 $F_{01} \sin \theta t$ 的作用（$F_{02} = 0$），则式（9-129）可简化为

$$A_1 = \frac{k_{22} - \theta^2 m_2}{B_0} F_{01}, \quad A_2 = -\frac{k_{21}}{B_0} F_{01} \tag{9-130}$$

在式（9-130）中，如果改变体系的刚度系数 k_{22} 和质量 m_2 使得

$$\frac{k_{22}}{m_2} = \theta^2 \tag{9-131}$$

则有

$$A_1 = 0, \quad A_2 = \frac{F_{01}}{k_{12}} \tag{9-132}$$

式（9-132）表明：为减少单自由度体系主体结构的振动，可适当地附加质量-弹簧系统，只要合理地设计质量和弹簧，使 k_{22} 和 m_2 的比值等于或接近干扰力频率 θ^2，就可以消除主体结构质量 m_1 的振动。这就是吸振器的原理。已被工程实际应用的调频质量阻尼系统（TMD）和调频液体阻尼系统（TLD）等结构振动控制技术，都应用了这一原理。

例如，图 9-40 所示单自由度体系 m_2，如果附加一弹簧 k、质量 m_1 体系，则成为两自由度体系，如果使 $\dfrac{k}{m_1} = \theta^2$，则 $A_2 = 0$，即可消除 m_2 在 $F_0 \sin \theta t$ 作用下引起的振动。

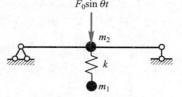

图 9-40 吸振器原理示意图

9-8-2 无阻尼体系在任意荷载作用下的受迫振动分析

在任意动荷载 $\boldsymbol{F}(t)$ 作用下，n 自由度无阻尼体系的运动方程为

$$\boldsymbol{M} \ddot{\boldsymbol{Y}} + \boldsymbol{K} \boldsymbol{Y} = \boldsymbol{F}(t) \tag{9-133}$$

一般情形下，式（9-133）是一组联立的非齐次微分方程组，直接进行求解，数学处理较为复杂。为此，用 §9-7 介绍的正则坐标 $\boldsymbol{\eta}_i(t)$ 将位移向量 $\boldsymbol{Y}$ 按振型展开。即设

$$Y = \sum_{i=1}^{n} \eta_i \boldsymbol{\varphi}_i \tag{9-134}$$

将式(9-134)代入式(9-133)得

$$\sum_{i=1}^{n} \ddot{\eta}_i(t) \boldsymbol{M} \boldsymbol{\varphi}_i + \sum_{i=1}^{n} \eta_i(t) \boldsymbol{K} \boldsymbol{\varphi}_i = \boldsymbol{F}(t) \tag{9-135}$$

将式(9-135)两边同时左乘 $\boldsymbol{\varphi}_j^{\mathrm{T}}$,利用振型的正交性(凡 $i \neq j$ 的项均为零)可得

$$M_j^* \ddot{\eta}_j(t) + K_j^* \eta_j(t) = F_j^*(t) \quad (j=1,2,\cdots,n) \tag{9-136}$$

其中,M_j^*、K_j^* 分别为第 j 阶振型的广义质量和广义刚度。

$$F_j^*(t) = \boldsymbol{\varphi}_j^{\mathrm{T}} \boldsymbol{F}(t) \tag{9-137}$$

称为对应于第 j 阶振型的广义荷载。

将式(9-136)两边同时除以 M_j^*,并注意到 $\dfrac{K_j^*}{M_j^*} = \omega_j^2$,则有

$$\ddot{\eta}_j(t) + \omega_j^2 \eta_j(t) = \frac{1}{M_j^*} F_j^*(t) \quad (j=1,2,\cdots,n) \tag{9-138}$$

式(9-138)是关于正则坐标 $\eta_j(t)$ $(j=1,2,\cdots,n)$ 的 n 个独立运动方程,其解法与单自由度问题完全一致,方程(9-138)的解答可由单自由度的杜哈梅积分给出,即

$$\eta_j(t) = \frac{1}{M_j^* \omega_j} \int_0^t F_j^*(t) \sin \omega_j(t-\tau) \mathrm{d}\tau \quad (j=1,2,\cdots,n) \tag{9-139}$$

求得正则坐标 $\eta_j(t)$ $(j=1,2,\cdots,n)$ 后,代回式(9-134)即可得到多自由度问题的解答。

这一解法的主要核心是,把位移向量 Y 按振型进行分解,利用振型的正交性,从而得到相互独立的关于正则坐标的单自由度运动方程。因此,该方法通常称为振型分解法或振型叠加法。

- 振型分解法的求解步骤

综上所述,多自由度体系在任意动荷载作用下的响应,可按以下步骤进行:

(1) 求体系的自振频率 ω_i 和对应的振型 $\boldsymbol{\varphi}_i(i=1,2,\cdots,n)$。

(2) 计算对应于第 j 阶振型的广义质量和广义荷载

$$M_j^* = \boldsymbol{\varphi}_j^{\mathrm{T}} \boldsymbol{M} \boldsymbol{\varphi}_j, \quad F_j^*(t) = \boldsymbol{\varphi}_j^{\mathrm{T}} \boldsymbol{F}(t) \quad (j=1,2,\cdots,n)$$

(3) 式(9-138)可用杜哈梅积分求解正则坐标

$$\eta_j(t) = \frac{1}{M_j^* \omega_j} \int_0^t F_j^*(t) \sin \omega_j(t-\tau) \mathrm{d}\tau \quad (j=1,2,\cdots,n)$$

(4) 计算体系的位移响应向量

$$Y = \sum_{i=1}^{n} \eta_i \boldsymbol{\varphi}_i$$

[例题 9-18] 试分析图 9-41a 所示结构在质点 2 处受突加荷载作用时的位移响应。已知 $m_1 = m_2 = m$,荷载为 $F_{\mathrm{P}}(t) = \begin{cases} 0, & t \leqslant 0 \\ F_0, & t > 0 \end{cases}$,$EI$ 为常数。

解:(1) 由例题 9-13 已经解得图 9-41a 所示结构的
自振频率和振型(图 9-41b、c)分别为

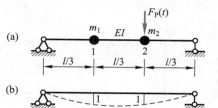

$$\omega_1 = \sqrt{\frac{486EI}{15ml^3}}, \qquad \omega_2 = \sqrt{\frac{486EI}{ml^3}}$$

$$\varphi_1 = \begin{pmatrix} 1 \\ 1 \end{pmatrix}, \qquad \varphi_2 = \begin{pmatrix} 1 \\ -1 \end{pmatrix}$$

(2) 计算广义质量

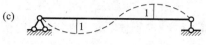

$$M_1^* = (1 \quad 1) \begin{pmatrix} m & 0 \\ 0 & m \end{pmatrix} \begin{pmatrix} 1 \\ 1 \end{pmatrix} = 2m$$

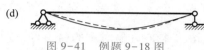

$$M_2^* = (1 \quad -1) \begin{pmatrix} m & 0 \\ 0 & m \end{pmatrix} \begin{pmatrix} 1 \\ -1 \end{pmatrix} = 2m$$

图 9-41　例题 9-18 图

(3) 计算广义荷载

$$F_1^*(t) = (1 \quad 1) \begin{pmatrix} 0 \\ F_P(t) \end{pmatrix} = F_0, \qquad F_2^*(t) = (1 \quad -1) \begin{pmatrix} 0 \\ F_P(t) \end{pmatrix} = -F_0$$

(4) 正则坐标的解答(杜哈梅积分)为

$$\eta_1(t) = \frac{1}{M_1^* \omega_1} \int_0^t F_1^*(\tau) \sin \omega_1(t-\tau) \, d\tau = \frac{F_0}{2m\omega_1}(1 - \cos \omega_1 t)$$

$$\eta_2(t) = \frac{1}{M_2^* \omega_2} \int_0^t F_2^*(\tau) \sin \omega_2(t-\tau) \, d\tau = \frac{-F_0}{2m\omega_2}(1 - \cos \omega_2 t)$$

(5) 两自由度的位移向量为

$$\boldsymbol{Y} = \eta_1(t)\varphi_1 + \eta_2(t)\varphi_2 = \begin{Bmatrix} \eta_1(t) + \eta_2(t) \\ \eta_1(t) - \eta_2(t) \end{Bmatrix}$$

可得

$$\begin{aligned}
y_1(t) &= \eta_1(t) + \eta_2(t) \\
&= \frac{F_0}{2m\omega_1} \left[(1 - \cos \omega_1 t) - \left(\frac{\omega_1}{\omega_2}\right)^2 (1 - \cos \omega_2 t) \right] \\
&= \frac{F_0}{2m\omega_1} [(1 - \cos \omega_1 t) - 0.066\,7(1 - \cos \omega_2 t)] \\
y_2(t) &= \eta_1(t) - \eta_2(t) \\
&= \frac{F_0}{2m\omega_1} \left[(1 - \cos \omega_1 t) + \left(\frac{\omega_1}{\omega_2}\right)^2 (1 - \cos \omega_2 t) \right] \\
&= \frac{F_0}{2m\omega_1} [(1 - \cos \omega_1 t) + 0.066\,7(1 - \cos \omega_2 t)]
\end{aligned}$$

由上式可见,质点的位移(如图 9-41d 所示,虚线为按第一振型的解答,实线为最后结果)中,第
二振型所占的比例比第一振型要小得多。

需要注意的是:
● 在多自由度体系的动力分析中,动力位移一般主要由前几阶较低频率的振型组成,高阶

振型的影响较小,因而可只取少数几个振型进行计算,从而减少计算工作量。这是振型分解法的突出优点。

　　• 由于不同振型的频率不同,因此位移响应随时间的变化并不是同步的。在求位移的幅值时,不能简单地由各振型幅值叠加。

9-8-3　无阻尼结构的动内力计算

　　无阻尼结构在动荷载作用下产生振动时,结构中的内力将由动荷载和惯性力共同作用产生。如果已经求得体系的位移向量 Y,则惯性力向量为

$$F_I = -M\ddot{Y} \tag{9-140}$$

因此,结构在任意时刻的内力可按动静法计算,由动荷载引起的内力和惯性力引起的内力叠加得到。

　　当结构受简谐荷载 $F(t) = F_0\sin\theta t$ 作用时,由式(9-121)~(9-124)可知,结构的位移向量为

$$Y = (K - \theta^2 M)^{-1} F_0\sin\theta t \tag{9-141}$$

将(9-141)代入式(9-140)可得

$$F_I = F_{I0}\sin\theta t \tag{9-142}$$

其中,惯性力的幅值向量为

$$F_{I0} = \theta^2 M (K - \theta^2 M)^{-1} F_0 \tag{9-143}$$

　　因为 $(AB)^{-1} = B^{-1}A^{-1}$,因此 $\theta^2 M (K - \theta^2 M)^{-1} = \theta^2 [(K - \theta^2 M)M^{-1}]^{-1}$。经过简单的推演,式(9-143)可表示成

$$F_{I0} = \left(\frac{KM^{-1}}{\theta^2} - I\right)^{-1} F_0 \tag{9-144}$$

又因为 $\left(\dfrac{KM^{-1}}{\theta^2} - I\right)^{-1} = \left[K\left(\dfrac{M^{-1}}{\theta^2} - K^{-1}\right)\right]^{-1} = \left(\dfrac{M^{-1}}{\theta^2} - \delta\right)^{-1} K^{-1}$,所以有

$$F_{I0} = \left(\frac{M^{-1}}{\theta^2} - \delta\right)^{-1} \Delta_{p0} \tag{9-145}$$

其中,I 为单位矩阵,$\Delta_{p0} = K^{-1}F_0$ 为由荷载幅值 F_0 引起的位移向量。

　　由式(9-142)可见,当结构受简谐荷载作用产生无阻尼振动时,由振动产生的惯性力随时间的变化与外荷载同步。因此,在计算结构最大内力时可将由荷载幅值产生的内力与惯性力幅值产生的内力直接相加。另外,惯性力的幅值可通过式(9-144)或式(9-145)直接计算而不必先求位移再由式(9-140)进行计算。但是,对于任意荷载引起的振动,必须先计算位移向量,再由式(9-140)计算惯性力。

　　[例题9-19]　例题9-12所示两层刚架,顶层横梁受简谐荷载 $F = F_0\sin\theta t$ 的作用,其中 $F_0 = 50\times10^3$ kN,$\theta = 10\pi$ s^{-1},试计算结构的惯性力幅值。其他数据同例题9-12,结构和荷载如图9-42所示。

解： 由例题 9-12 已经解得

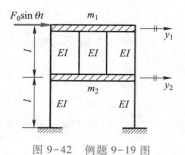

图 9-42 例题 9-19 图

$$k_{11} = 4 \times \frac{12EI}{l^3} = \frac{48EI}{l^3}$$

$$k_{12} = k_{21} = -4 \times \frac{12EI}{l^3} = -\frac{48EI}{l^3}$$

$$k_{22} = 6 \times \frac{12EI}{l^3} = \frac{72EI}{l^3}$$

因此有

$$\boldsymbol{K} = 48\ 000\ \text{N/m} \begin{pmatrix} 48 & -48 \\ -48 & 72 \end{pmatrix}, \quad \boldsymbol{M}^{-1} = \frac{1}{5\ 000\ \text{kg}} \begin{pmatrix} 1 & 0 \\ 0 & 1 \end{pmatrix}$$

$$\frac{\boldsymbol{K}\boldsymbol{M}^{-1}}{\theta^2} - \boldsymbol{I} = \begin{pmatrix} 0.467 & -0.467 \\ -0.467 & 0.700 \end{pmatrix} - \begin{pmatrix} 1 & 0 \\ 0 & 1 \end{pmatrix} = \begin{pmatrix} -0.533 & -0.467 \\ -0.467 & -0.300 \end{pmatrix}$$

$$\left(\frac{\boldsymbol{K}\boldsymbol{M}^{-1}}{\theta^2} - \boldsymbol{I} \right)^{-1} = \begin{pmatrix} 5.146 & 8.018 \\ 8.018 & 9.156 \end{pmatrix}$$

将上式代入(9-144)便可求得

$$\boldsymbol{F}_{\text{I0}} = \left(\frac{\boldsymbol{K}\boldsymbol{M}^{-1}}{\theta^2} - \boldsymbol{I} \right)^{-1} \boldsymbol{F}_0 = \begin{pmatrix} 5.156 & 8.027 \\ 8.027 & 9.121 \end{pmatrix} \begin{pmatrix} 5 \times 10^3 \\ 0 \end{pmatrix}\ \text{kN} = \begin{pmatrix} 25.78 \times 10^3 \\ 40.14 \times 10^3 \end{pmatrix}\ \text{kN}$$

在求得了惯性力幅值的情形下，可将惯性力加在各质量上与动荷载共同作用，按静力方法计算结构动内力（对本例题可用位移法计算）留给读者自行解决。

9-8-4 有阻尼受迫振动分析

多自由度体系有阻尼时的运动方程，其一般形式（柔度形式方程，假设已经转换成刚度形式）可表示为

$$\boldsymbol{M}\ddot{\boldsymbol{Y}} + \boldsymbol{C}\dot{\boldsymbol{Y}} + \boldsymbol{K}\boldsymbol{Y} = \boldsymbol{F}(t) \tag{9-146}$$

其中，$\boldsymbol{C}$ 是 n 阶方阵，称为阻尼矩阵。

像无阻尼受迫振动分析一样，将位移向量按振型进行分解，即设

$$\boldsymbol{Y} = \sum_{i=1}^{n} \eta_i(t) \boldsymbol{\varphi}_i \tag{d}$$

将式(d)代入式(9-146)，再左乘 $\boldsymbol{\varphi}_j^\text{T}$，并利用振型的正交性条件可得

$$M_j^* \ddot{\eta}_j(t) + \sum_{i=1}^{n} \dot{\eta}_i(t) \boldsymbol{\varphi}_j^\text{T} \boldsymbol{C} \boldsymbol{\varphi}_i + K_j^* \eta_j(t) = F_j^*(t) \quad (j = 1, 2, \cdots, n) \tag{9-147}$$

其中，M_j^* 和 K_j^* 为式(9-110)给出的广义质量和广义刚度，$F_j^*(t)$ 是由(9-137)给出的广义荷载。

若体系的阻尼矩阵也满足振型的正交性条件，即

$$\boldsymbol{\varphi}_j^\text{T} \boldsymbol{C} \boldsymbol{\varphi}_i = \begin{cases} 0, & i \neq j \\ C_j^*, & i = j \end{cases} \tag{9-148}$$

式中，C_j^* 称为对应于第 j 阶振型的广义阻尼系数。则式(9-147)可改写成

$$M_j^* \ddot{\eta}_j(t) + C_j^* \dot{\eta}_j(t) + K_j^* \eta_j(t) = F_j^*(t) \quad (j = 1, 2, \cdots, n) \tag{9-149}$$

式(9-149)与有阻尼的单自由度问题完全类似。

令

$$\frac{C_j^*}{M_j^*} = 2\xi_j \omega_j \tag{9-150}$$

其中,ξ_j 称为对应于第 j 阶振型的广义阻尼比,则式(9-149)可表示成

$$\ddot{\eta}_j(t) + 2\xi_j \omega_j \dot{\eta}_j(t) + \omega_j^2 \eta_j(t) = \frac{F_j^*(t)}{M_j^*} \quad (j = 1, 2, \cdots, n) \tag{9-151}$$

式(9-151)与单自由度问题一样,可用杜哈梅积分获得正则坐标 $\eta_j(t)$ 的响应,在零初始条件下,其解答为

$$\eta_j(t) = \frac{1}{M_j^* \omega_{dj}} \int_0^t F_j^*(t) e^{-\xi_j \omega_j(t-\tau)} \sin \omega_{dj}(t-\tau) \mathrm{d}\tau \quad (j = 1, 2, \cdots, n) \tag{9-152}$$

求出正则坐标 $\eta_j(t)$ 后,代回式(d)就可以得到体系的位移向量 $\boldsymbol{Y}$。

9-8-5　有关阻尼矩阵的补充说明

运动方程(9-146)中引入了阻尼矩阵 $\boldsymbol{C}$,其元素 C_{ij} 的物理意义为:第 j 个位移方向有单位速度(其他质量位移方向的速度为零)所引起的第 i 个位移方向的阻尼力,称为**阻尼影响系数**。然而,在处理实际问题时,要直接确定阻尼影响系数 C_{ij} 是十分困难的,因为阻尼力的机理十分复杂,要确定 $\dot{y}_j = 1$ 时在第 i 个位移方向的阻尼力,并不像 $y_j = 1$ 时在第 i 个位移方向所产生的约束力 k_{ij} 那样容易做到。

另外,在用振型叠加法对运动方程(9-146)进行处理时,为了使方程解耦,成为 n 个正则坐标的独立方程,假设体系的阻尼矩阵对振型满足正交性条件(9-148),并引入了广义阻尼系数 C_j^*。虽然如此,但如何确定阻尼影响系数仍是一个尚未解决的问题。

尽管在振型分解法中并不直接用到 $\boldsymbol{C}$ 的显式,但在有些方法中却要用到它的显式,下面介绍 $\boldsymbol{C}$ 的一种构成方法。

因为振型向量对质量矩阵 $\boldsymbol{M}$ 和刚度矩阵 $\boldsymbol{K}$ 是正交的。为了满足式(9-148)的正交性条件,通常假设阻尼矩阵 $\boldsymbol{C}$ 为质量矩阵 $\boldsymbol{M}$ 和刚度矩阵 $\boldsymbol{K}$ 的线性组合,称为**比例阻尼**(也称为**瑞利阻尼**),其表达式为

$$\boldsymbol{C} = a\boldsymbol{M} + b\boldsymbol{K} \tag{9-153}$$

其中,a、b 为两个常数。将式(9-153)代入(9-148)得

$$C_j^* = \boldsymbol{\varphi}_j^{\mathrm{T}}(a\boldsymbol{M} + b\boldsymbol{K})\boldsymbol{\varphi}_j = aM_j^* + bK_j^* \tag{9-154}$$

利用关系式 $K_j^* = \omega_j^2 M_j^*$,由式(9-150)和式(9-154)可得

$$\xi_j = \frac{1}{2}\left(\frac{a}{\omega_j} + b\omega_j\right) \tag{9-155}$$

在实际问题中,通常根据两个已知的 ω_j 和由实验测得的阻尼比 ξ_j 来计算 a、b 的值。例如,由已知的 ω_1、ω_2 和实测得到的 ξ_1、ξ_2 分别代入式(9-155),则可求得

$$a = \frac{2\omega_1\omega_2(\xi_1\omega_2 - \xi_2\omega_1)}{\omega_2^2 - \omega_1^2}$$

$$b = \frac{2(\xi_2\omega_2 - \xi_1\omega_1)}{\omega_2^2 - \omega_1^2}$$

$$(9-156)$$

再将所求得的 a、b，代入式（9-155）即可计算更高阶振型的阻尼比 ξ_3、ξ_4、$\cdots$。在多自由度建筑结构受迫振动分析中，一般设 $\xi_1 = \xi_2 = 0.05$，因此 $a = \dfrac{0.1\omega_1\omega_2}{\omega_1 + \omega_2}$，$b = \dfrac{0.1}{\omega_1 + \omega_2}$。

*§9-9 多自由度体系的逐步积分方法

当应用振型分解法作多自由度体系的动力响应分析时，首先需要求得体系的频率和振型等动力特性。对正则坐标的单自由度方程，当所受的动荷载是地震等数值记录荷载时，还得用逐步积分法求解正则坐标响应。因此，随着计算机应用的普及，进行确定性动荷载下多自由度响应的分析时，往往直接对运动方程应用逐步积分法解决。多自由度体系的逐步积分法很多，限于篇幅不做全面介绍，本节只简单介绍最常用的三种算法，以供读者阅读已有程序或编制逐步积分程序时参考。

9-9-1 线加速度法

前面曾经介绍过单自由度体系的线加速度法。注意到将单自由度体系运动方程中的所有标量改成相应矩阵，即可得到多自由度体系的运动方程：

$$m\ddot{y} + c\dot{y} + ky = F_E(t), \quad M\ddot{Y} + C\dot{Y} + KY = F_E(t)$$

即单自由度运动方程的所有量都改成多自由度相对应的矩阵可得多自由度运动方程，因此，单自由度的线加速度法的基本假设及逐步积分公式的推导过程可相似地推广到多自由度体系。因此，单自由度体系响应分析的逐步积分方法可自然推广至多自由度体系。篇幅所限，这里只仿照式（9-68）~（9-71）给出相关公式，具体推导请读者参考 §9-6。

（1）基本假定

在 Δt 时间间隔内 $\ddot{Y}(t+\tau) = \ddot{Y}(t) + \dfrac{\tau}{\Delta t}\Delta\ddot{Y}(t)$，即加速度线性变化。

（2）逐步积分公式
拟静力刚度

$$K^* = \frac{6}{\Delta t^2}M + \frac{3}{\Delta t}C + K$$

拟静力增量荷载

$$\Delta F_E^*(t) = \Delta F_E(t) + M\left[\frac{6}{\Delta t}\dot{Y}(t) + 3\ddot{Y}(t)\right] + C\left[3\dot{Y}(t) + \frac{\Delta t}{2}\ddot{Y}(t)\right]$$

拟静力方程

$$K^* \Delta Y(t) = \Delta F_E(t), \Delta Y(t) = K^{*-1} \Delta F_E^*(t)$$

增量速度计算公式

$$\Delta \dot{Y}(t) = \frac{3}{\Delta t}\left(\Delta Y(t) - \dot{Y}(t)\Delta t - \frac{1}{6}\ddot{Y}(t)\Delta t^2 \right)$$

对于线弹性问题,上面各式中的刚度、阻尼是常数矩阵,与时间无关。

实现上述步骤的算法见表 9-3。和单自由度线加速度法积分步骤一样,利用上述公式,即可从已知的初始时刻开始,通过逐步积分获得多自由度体系响应的整个时间历程,因此逐步积分法也称为时程分析。但需要特别指出的是,线加速度法是有条件稳定的算法(积分结果不随初始条件的微小变化而发散的算法称为稳定算法),为了保证积分结果能收敛且具有足够的精度,积分时间步长应该满足 $\Delta t \leqslant T_{\min}/10$,其中 $T_{\min}$ 为体系的最短周期。当自由度很多时,最短周期是很小的,为获得满意的响应结果,时间间隔 Δt 将很短,这是线加速度法的一大缺点。

表 9-3　多自由度体系线加速度法

---

1. 初始计算

1.1　确定质量矩阵 M、阻尼矩阵 C 以及刚度矩阵 K。

1.2　确定初始位移 Y_0、速度 $\dot{Y}_0$。

1.3　$\ddot{Y}_0 = M^{-1}[(F_E)_0 - KY_0 - C\dot{Y}_0]$。

1.4　选择 Δt。

1.5　$A_1 = \dfrac{6}{(\Delta t)^2}M + \dfrac{3}{\Delta t}C$；$A_2 = \dfrac{6}{\Delta t}M + 3C$；$A_3 = 3M + \dfrac{\Delta t}{2}C$。

1.6　$K^* = K + A_1$。

2. 对每一个时间步 $i = 0, 1, 2, \cdots$ 进行计算。

2.1　初始化：令 $j = 1$，$Y_{i+1} = Y_i$。

2.2　$(\Delta F_E^*)_{i+1} = (\Delta F_E)_{i+1} + A_2\dot{Y}_i + A_3\ddot{Y}_i$。

2.3　$\Delta Y_{i+1} = (K^*)^{-1}(\Delta F_E^*)_{i+1}$。

2.4　$Y_{i+1} = \Delta Y_{i+1} + Y_i$。

3. 计算速度和加速度。

3.1　$\dot{Y}_{i+1} = \dfrac{\gamma}{\beta \Delta t}\Delta Y_{i+1} - 3\dot{Y}_i - \dfrac{\Delta t}{2}\ddot{Y}_i$。

3.2　$\ddot{Y}_{i+1} = M^{-1}[(F_E)_{i+1} - K_{i+1}Y_{i+1} - C\dot{Y}_{i+1}]$。

4. 对下一个时间步进行循环。i 由 $i+1$ 取代,对下一个时间步重复第 2 步至第 3 步。

9-9-2　Wilson-θ 法

为了克服线加速度法条件稳定的缺点,美国加州大学伯克利分校 Wilson 教授对线加速度法作了如下修正:

(1) 设参数 $\theta \geqslant 1$,将加速度在 Δt 时间间隔内线性变化,改成在 $\theta \Delta t$ 时间间隔内线性变化(如图 9-43 所示)。

$$\ddot{Y}(t + \theta \Delta t) = \ddot{Y}(t) + \theta \Delta \ddot{Y}(t)$$

（2）假设等效干扰力 $\boldsymbol{F}_{\mathrm{E}}(t)$ 在 $t+\theta\Delta t$ 时刻的值可由 $\Delta\boldsymbol{F}_{\mathrm{E}}(t)$ 的线性外伸来得到,即

$$\boldsymbol{F}_{\mathrm{E}}(t+\theta\Delta t)=\boldsymbol{F}_{\mathrm{E}}(t)+\theta\big[\boldsymbol{F}_{\mathrm{E}}(t+\Delta t)-\boldsymbol{F}_{\mathrm{E}}(t)\big]$$

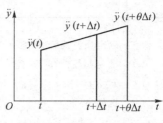

图 9-43　Wilson-θ 法假设

基于上述对线加速度法的修正,采取类似线加速度法的推导,即可获得全部计算所需公式。但是篇幅所限,这里只给出相关公式,以便编制程序时使用。公式的具体推导请读者参考 §9-6。

$$\boldsymbol{K}^{*}=a_{0}\boldsymbol{M}+a_{1}\boldsymbol{C}+\boldsymbol{K} \tag{9-157}$$

$$\boldsymbol{F}_{\mathrm{E}}^{*}(t+\theta\Delta t)=\boldsymbol{F}_{\mathrm{E}}(t)+\theta\Delta\boldsymbol{F}_{\mathrm{E}}(t)+\boldsymbol{M}\big[a_{0}\boldsymbol{Y}(t)+a_{2}\dot{\boldsymbol{Y}}(t)+2\ddot{\boldsymbol{Y}}(t)\big]+\boldsymbol{C}\big[a_{1}\boldsymbol{Y}(t)+2\dot{\boldsymbol{Y}}(t)+a_{3}\ddot{\boldsymbol{Y}}(t)\big] \tag{9-158}$$

$$\boldsymbol{K}^{*}\boldsymbol{Y}(t+\theta\Delta t)=\boldsymbol{F}_{\mathrm{E}}^{*}(t+\theta\Delta t) \tag{9-159}$$

$$\ddot{\boldsymbol{Y}}(t+\Delta t)=a_{4}\big[\boldsymbol{Y}(t+\theta\Delta t)-\boldsymbol{Y}(t)\big]+a_{5}\dot{\boldsymbol{Y}}(t)+a_{6}\ddot{\boldsymbol{Y}}(t) \tag{9-160}$$

$$\dot{\boldsymbol{Y}}(t+\Delta t)=\dot{\boldsymbol{Y}}(t)+a_{7}\big[\ddot{\boldsymbol{Y}}(t+\Delta t)+\ddot{\boldsymbol{Y}}(t)\big] \tag{9-161}$$

$$\boldsymbol{Y}(t+\Delta t)=\boldsymbol{Y}(t)+\Delta t\dot{\boldsymbol{Y}}(t)+a_{8}\big[\ddot{\boldsymbol{Y}}(t+\Delta t)+2\ddot{\boldsymbol{Y}}(t)\big] \tag{9-162}$$

式中,$a_{0}\sim a_{8}$ 是由 θ 和 Δt 确定的常数,具体公式如下:

$$a_{0}=\frac{6}{(\theta\Delta t)^{2}},a_{1}=\frac{3}{\theta\Delta t},a_{2}=2a_{1},a_{3}=\frac{\theta\Delta t}{2},a_{4}=\frac{a_{0}}{\theta} \tag{9-163a}$$

$$a_{5}=\frac{a_{2}}{\theta},a_{6}=1-\frac{3}{\theta},a_{7}=\frac{\Delta t}{2},a_{8}=\frac{\Delta t^{2}}{6} \tag{9-163b}$$

① Wilson-θ 法的积分步骤

有了上述公式,按如下步骤即可编制 Wilson-θ 法时程分析程序:

- 形成质量矩阵 $\boldsymbol{M}$、阻尼矩阵 $\boldsymbol{C}$ 和刚度矩阵 $\boldsymbol{K}$。
- 确定初始位移 $\boldsymbol{Y}(0)$、速度 $\dot{\boldsymbol{Y}}(0)$、加速度 $\ddot{\boldsymbol{Y}}(0)$ 向量(也称状态向量)。
- 确定积分步长 Δt 和 $\theta(\theta\geqslant 1.37$,一般取 1.4),利用式(9-163)计算常数值。
- 按式(9-157)计算拟静力刚度 $\boldsymbol{K}^{*}$。
- 对拟静力刚度矩阵作修正平方根法(LDLT 法)分解。
- 按式(9-158)计算拟静力荷载 $\boldsymbol{F}_{\mathrm{E}}^{*}(t+\theta\Delta t)$。
- 按拟静力方程用 LDLT 法求解 $t+\theta\Delta t$ 时刻的位移 $\boldsymbol{Y}(t+\theta\Delta t)$。
- 用式(9-160)~(9-162)计算 $t+\Delta t$ 时刻的位移 $\boldsymbol{Y}$、速度 $\dot{\boldsymbol{Y}}$ 和加速度 $\ddot{\boldsymbol{Y}}$。
- 以所得状态向量作为初始向量,重新开始计算拟静力荷载并重复计算,直到整个历程计算结束。

相应的算法见表 9-4。

表 9-4   Wilson-θ 法

---

1. 初始计算

1.1   确定质量矩阵 $\boldsymbol{M}$、阻尼矩阵 $\boldsymbol{C}$ 以及刚度矩阵 $\boldsymbol{K}$。

1.2   确定初始位移 $\boldsymbol{Y}_0$、速度 $\dot{\boldsymbol{Y}}_0$。

1.3 $\ddot{\boldsymbol{Y}}_0 = \boldsymbol{M}^{-1}[(\boldsymbol{F}_E)_0 - \boldsymbol{K}\boldsymbol{Y}_0 - \boldsymbol{C}\dot{\boldsymbol{Y}}_0]$。

1.4   选择 Δt 和 θ。

1.5 $a_0 = \dfrac{6}{(\theta \Delta t)^2}, a_1 = \dfrac{3}{\theta \Delta t}, a_2 = 2a_1, a_3 = \dfrac{\theta \Delta t}{2}, a_4 = \dfrac{a_0}{\theta}, a_5 = \dfrac{a_2}{\theta}, a_6 = 1 - \dfrac{3}{\theta}, a_7 = \dfrac{\Delta t}{2}, a_8 = \dfrac{(\Delta t)^2}{6}$。

1.6 $\boldsymbol{K}^* = \boldsymbol{K} + a_0 \boldsymbol{M} + a_1 \boldsymbol{C}$。

2. 对每一个时间步 $i = 0, 1, 2, \cdots$ 进行计算。

2.1   初始化：令 $j = 1, \boldsymbol{Y}_{i+1} = \boldsymbol{Y}_i$。

2.2 $(\boldsymbol{F}_E^*)_{i+\theta} = (\boldsymbol{F}_E)_i + \theta(\Delta \boldsymbol{F}_E)_{i+1} + \boldsymbol{M}(a_0 \boldsymbol{Y}_i + a_2 \dot{\boldsymbol{Y}}_i + 2\ddot{\boldsymbol{Y}}_i) + \boldsymbol{C}(a_1 \boldsymbol{Y}_i + 2\dot{\boldsymbol{Y}}_i + a_3 \ddot{\boldsymbol{Y}}_i)$。

2.3 $\boldsymbol{Y}_{i+\theta} = (\boldsymbol{K}^*)^{-1}(\boldsymbol{F}_E^*)_{i+\theta}$。

3. 计算加速度、速度和位移。

3.1 $\ddot{\boldsymbol{Y}}_{i+1} = a_4(\boldsymbol{Y}_{i+\theta} - \boldsymbol{Y}_i) + a_5 \dot{\boldsymbol{Y}}_i + a_6 \ddot{\boldsymbol{Y}}_i$。

3.2 $\dot{\boldsymbol{Y}}_{i+1} = \dot{\boldsymbol{Y}}_i + a_7(\ddot{\boldsymbol{Y}}_{i+1} + \ddot{\boldsymbol{Y}}_i)$。

3.3 $\boldsymbol{Y}_{i+1} = \boldsymbol{Y}_i + \Delta t \dot{\boldsymbol{Y}}_i + a_8(\ddot{\boldsymbol{Y}}_{i+1} + 2\ddot{\boldsymbol{Y}}_i)$

4. 对下一个时间步进行循环。i 由 $i+1$ 取代，对下一个时间步重复第 2 步至第 3 步。

---

② 关于 Wilson-θ 法的说明

• 进一步的数学推导证明，当 $\theta \geqslant 1.37$ 时，Wilson-θ 法是一种无条件稳定的算法。

• 用这种算法会使系统增加"算法阻尼"，从而使振幅减小、周期延长。对单自由度体系分析结果表明，当 $\theta = 1.4, \Delta t/T = 0.1$ 时，振动一周约使振幅减小 6.5%，相当于引入 1% 的算法阻尼。由于动力计算模型和实际结构间的差异，往往按照计算模型算得的高阶振型与实际有很大偏差，因此没有必要精确计算高阶振型分量。从这一观点看，引入算法阻尼可使高阶振型衰减得更快，这是有利的；但当 $\Delta t/T > 0.25$ 时，将使任何反应都较快地衰减，显然这又是不好的。

• 计算经验表明，当步长过大时，虽然理论上是无条件稳定的，但实际上将出现发散现象，一般称为超越现象。

• Wilson-θ 法是二阶方法。要提高计算精度，需减小积分步长，可这又将增加计算工作量。解决的方法是寻求具有更好性能（无条件稳定、优良算法阻尼特性、无超越现象）的高精度算法。

9-9-3   Newmark-β 法

（1）基本假定

美国伊利诺伊大学 Newmark 教授也对线加速度法进行了修正，提出如下速度、位移的假定：

$$\left. \begin{aligned} \dot{\boldsymbol{Y}}(t+\Delta t) &= \dot{\boldsymbol{Y}}(t) + [(1-\gamma)\ddot{\boldsymbol{Y}}(t) + \gamma \ddot{\boldsymbol{Y}}(t+\Delta t)]\Delta t \\ \boldsymbol{Y}(t+\Delta t) &= \boldsymbol{Y}(t) + \dot{\boldsymbol{Y}}(t)\Delta t + \left[\left(\frac{1}{2} - \beta \right)\ddot{\boldsymbol{Y}}(t) + \beta \ddot{\boldsymbol{Y}}(t+\Delta t) \right]\Delta t^2 \end{aligned} \right\} \tag{9-164}$$

式中，γ 和 β 是适当选取的积分参数，为保证无条件稳定，需要 $\gamma \geq \dfrac{1}{2}$。当取 $\gamma = \dfrac{1}{2}$ 时习惯上称为 Newmark-β 法。

（2）推导的基本思路

• 由式（9-164）的第二式解出 $\ddot{Y}(t+\Delta t)$，即将 $\ddot{Y}(t+\Delta t)$ 用 $t+\Delta t$ 时刻位移和 t 时刻状态向量表示。

• 将 $\ddot{Y}(t+\Delta t)$ 代回式（9-164）的第一式，使 $\dot{Y}(t+\Delta t)$ 也同样用 $t+\Delta t$ 时刻位移和 t 时刻状态向量表示。

• 利用 $t+\Delta t$ 时刻的运动方程建立拟静力方程，从中得到拟静力刚度矩阵、拟静力荷载矩阵表达式。

表 9-5 给出了 Newmark-β 算法。

表 9-5　Newmark-β 法

特殊情况
　平均加速度法（$\gamma = 1/2, \beta = 1/4$）。
　线性加速度法（$\gamma = 1/2, \beta = 1/6$）。
1. 初始计算
　1.1　确定质量矩阵 M、阻尼矩阵 C 以及刚度矩阵 K。
　1.2　确定初始位移 Y_0、速度 $\dot{Y}_0$。
　1.3　$\ddot{Y}_0 = M^{-1} \left[(F_E)_0 - KY_0 - C\dot{Y}_0 \right]$。
　1.4　选择 Δt。
　1.5　$A_1 = \dfrac{1}{\beta(\Delta t)^2} M + \dfrac{\gamma}{\beta \Delta t} C, A_2 = \dfrac{1}{\beta \Delta t} M + \left(\dfrac{\gamma}{\beta} - 1 \right) C,$
　　　　$A_3 = \left(\dfrac{1}{2\beta} - 1 \right) M + \Delta t \left(\dfrac{\gamma}{2\beta} - 1 \right) C$。
　1.6　$K^* = K + A_1$。
2. 对每一个时间步 $i = 0, 1, 2, \cdots$ 进行计算。
　2.1　初始化：令 $j = 1, Y_{i+1} = Y_i, K_{i+1} = K_i$。
　2.2　$(F_E^*)_{i+1} = (F_E)_{i+1} + A_1 Y_i + A_2 \dot{Y}_i + A_3 \ddot{Y}_i$。
　2.3　$Y_{i+1} = (K^*)^{-1} (F_E^*)_{i+1}$。
3. 计算速度和加速度。
　3.1　$\dot{Y}_{i+1} = \dfrac{\gamma}{\beta \Delta t} (Y_{i+1} - Y_i) + \left(1 - \dfrac{\gamma}{\beta} \right) \dot{Y}_i + \Delta t \left(1 - \dfrac{\gamma}{2\beta} \right) \ddot{Y}_i$。
　3.2　$\ddot{Y}_{i+1} = M^{-1} \left[(F_E)_{i+1} - K_{i+1} Y_{i+1} - C\dot{Y}_{i+1} \right]$。
4. 对下一个时间步进行循环。i 由 $i+1$ 取代，对下一个时间步重复第 2 步至第 3 步。

限于篇幅，本节仅选择上述三种积分算法做了基本思路的简单介绍，实际上我国学者对时程分析的直接积分法也做了许多工作。本书作者也曾提出过一种高精度的单步算法——高阶单步法，有兴趣的读者可查阅相关文献资料。

§9-10　频率和振型的实用计算方法

对于多自由度体系,利用频率方程和振型方程即可求得结构的频率和振型。然而在实际结构的动力分析中,频谱稀疏型(频谱各相邻阶频率相差较大)结构只需用前三四阶频率及其相应的振型。即便是频谱密集型(频谱各相邻阶频率相差很小)结构,一般也只需考虑 20 个左右频率和振型即可。因此,掌握频率和振型的实用计算方法就显得非常必要了。本章将主要介绍能量法求基本频率和迭代法求前几阶较低的频率及其相应的振型。

9-10-1　能量法

根据能量守恒原理,线性体系作无阻尼自由振动时,没有能量的输入和耗散,因此,在任一时刻其总能量将保持不变,即有

$$\text{变形能 } V(t) + \text{动能 } T(t) = \text{常数} \tag{9-165}$$

1. 单自由度体系

单自由度线性体系无阻尼自由振动的位移随时间变化规律为

$$y(t) = A\sin(\omega t + \alpha) \tag{9-166}$$

式中,A 为振幅,ω 为自振频率,α 为初相位。因此,在任一时刻质量运动的速度为

$$v(t) = \dot{y}(t) = A\omega\cos(\omega t + \alpha) \tag{9-167}$$

由式(9-166)、(9-167)可见,当 $\cos(\omega t + \alpha) = 0$ 时,速度和动能为零,位移和变形能达到了最大值,即

$$V_{\max} = \frac{1}{2}k y_{\max}^2 = \frac{1}{2}kA^2 \tag{9-168}$$

而当 $\sin(\omega t + \alpha) = 0$ 时,位移和变形能为零,速度和动能达到了最大值,即

$$T_{\max} = \frac{1}{2}m\,\dot{y}_{\max}^2 = \frac{1}{2}mA^2\omega^2 \tag{9-169}$$

因此式(9-165)成为

$$T_{\max} = V_{\max} \tag{9-170}$$

若记

$$\bar{T}_{\max} = \frac{1}{2}mA^2 \tag{9-171}$$

它可以理解为单位圆频率($\omega = 1$)的动能,简称为单位动能。则式(9-170)改写为

$$\bar{T}_{\max}\omega^2 = V_{\max} \tag{9-172}$$

由此可得

$$\omega^2 = \frac{V_{\max}}{\bar{T}_{\max}} \text{ 或 } \omega = \sqrt{\frac{V_{\max}}{\bar{T}_{\max}}} \tag{9-173}$$

将变形能算式(9-168)和单位动能算式(9-171)代入式(9-173),显然与以前由刚度和质量

求频率的计算公式完全一致,但是这里是由能量守恒原理得到的,因此该方法称为能量法或瑞利法。

2. 多自由度体系

多自由度体系的第 i 个自振频率 ω_i,根据振型的正交性可用下式计算:

$$\omega_i^2 = \frac{K_i^*}{M_i^*} = \frac{\boldsymbol{\varphi}_i^{\mathrm{T}} \boldsymbol{K} \boldsymbol{\varphi}_i}{\boldsymbol{\varphi}_i^{\mathrm{T}} \boldsymbol{M} \boldsymbol{\varphi}_i} \tag{9-174}$$

即由第 i 振型对应的广义刚度 K_i^* 和广义质量 M_i^* 像单自由度一样来计算。式中,$\boldsymbol{K}$ 和 $\boldsymbol{M}$ 分别为体系的刚度矩阵和质量矩阵。

对多自由度体系,仿单自由度不难验证最大势能和最大动能分别为

$$V_{i,\max} = \frac{1}{2} \boldsymbol{\varphi}_i^{\mathrm{T}} \boldsymbol{K} \boldsymbol{\varphi}_i, \qquad T_{i,\max} = \frac{1}{2} \boldsymbol{\varphi}_i^{\mathrm{T}} \boldsymbol{M} \boldsymbol{\varphi}_i$$

因此,第 i 振型对应的广义刚度 K_i^* 和广义质量 M_i^* 分别为

$$K_i^* = \boldsymbol{\varphi}_i^{\mathrm{T}} \boldsymbol{K} \boldsymbol{\varphi}_i = 2 V_{i,\max} \tag{9-175a}$$

$$M_i^* = \boldsymbol{\varphi}_i^{\mathrm{T}} \boldsymbol{M} \boldsymbol{\varphi}_i = 2 \overline{T}_{i,\max} \tag{9-175b}$$

由此,式(9-174)可写成如下能量的形式:

$$\omega_i^2 = \frac{V_{i,\max}}{\overline{T}_{i,\max}} \tag{9-176}$$

似乎用式(9-176)可求得体系的各阶频率,但是由于应用式(9-176)计算频率要预先知道第 i 阶频率所对应的振型,而体系的振型在频率未求得以前同样是未知的,因此,用它精确地计算各个振型的频率是不可能的。

在实际工程的动力分析中,如果能建立一个既满足体系的位移约束条件,又与体系的第 i 振型 $\boldsymbol{\varphi}_i$ 相接近的位移函数 Y_i,则以 Y_i 代替 $\boldsymbol{\varphi}_i$ 计算最大应变能和最大单位动能,由式(9-176)即可求得第 i 振型的近似频率。可是,虽然能较容易地假设出与第一振型相接近的位移函数,但要很好地假设出接近高阶振型的位移函数还是很困难的。因此,一般只用式(9-176)计算基本频率 ω_1。此时

$$\omega_1^2 = \frac{V_{1,\max}}{\overline{T}_{1,\max}} \tag{9-177}$$

式中

$$2 V_{1,\max} = \boldsymbol{Y}_1^{\mathrm{T}} \boldsymbol{K} \boldsymbol{Y}_1 \tag{9-178a}$$

$$2 \overline{T}_{1,\max} = \boldsymbol{Y}_1^{\mathrm{T}} \boldsymbol{M} \boldsymbol{Y}_1 \tag{9-178b}$$

需要指出的是,在式(9-177)中所假设的(接近基本振型的)位移函数 Y_1,只要能满足体系的位移约束条件即可。用式(9-177)所求得的频率的精度,取决于位移函数 Y_1 和基本振型的接近程度,当 $Y_1 = \boldsymbol{\varphi}_1$ 时,显然结果为精确解。此外,如果所假设的位移函数 Y_1 是某种外力作用所引起的,则变形能 $V_{1,\max}$ 也可用外力功来计算。

[**例题 9-20**] 试用能量法求例题 9-12 两层刚架(图 9-44a)的基本频率。刚度 $EI = 6.0 \times 10^6 \ \mathrm{N \cdot m^2}$,$m_1 = m_2 = 5\ 000 \ \mathrm{kg}$,立柱的质量忽略不计,$l = 5 \ \mathrm{m}$。

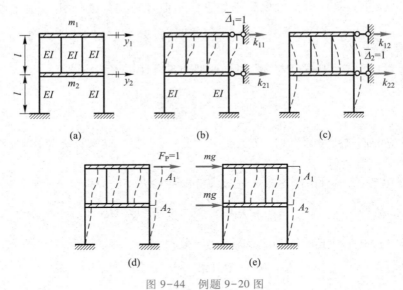

图 9-44   例题 9-20 图

解法 1：由例题 9-12 所得刚度系数和层间侧移刚度的定义，结构的层间侧移刚度为

$$k_1 = \frac{48EI}{l^3}, \qquad k_2 = \frac{24EI}{l^3}$$

为了假设一个与基本振型较为相近的振型，在质量 m_1 上沿运动方向作用一个单位力（图 9-44d），则得到以下两个位移：

$$A_2 = \frac{1}{k_2} = \frac{l^3}{24EI}, \quad A_1 = A_2 + \frac{1}{k_1} = \frac{l^3}{24EI} + \frac{l^3}{48EI} = \frac{3l^3}{48EI}$$

令 $\boldsymbol{Y}_1 = \begin{pmatrix} A_1 \\ A_2 \end{pmatrix} = \frac{l^3}{24EI} \begin{pmatrix} 1.5 \\ 1.0 \end{pmatrix}$，则按式（9-175b）可求得

$$M_1^* = 2\overline{T}_{1,\max} = \left(\frac{l^3}{24EI}\right)^2 (1.5 \quad 1.0) \begin{pmatrix} m & 0 \\ 0 & m \end{pmatrix} \begin{pmatrix} 1.5 \\ 1.0 \end{pmatrix} = \frac{13}{4} m \left(\frac{l^3}{24EI}\right)^2$$

由于体系是弹性体，因此最大变形能 $V_{1,\max}$ 与外力所做的功相等，则有

$$V_{1,\max} = \frac{1}{2} \times 1 \times A_1 = \frac{l^3}{32EI}$$

将以上 $\overline{T}_{1,\max}$ 和 $V_{1,\max}$ 结果代入式（9-177），可得

$$\omega_1^2 = \frac{144EI}{13ml^3} = 11.077 \frac{EI}{ml^3}, \quad \omega_1 = 10.312 \text{ s}^{-1}$$

由例题 9-12 已求得该体系的基本频率为 10.050 s^{-1}，可见其误差为 2.6%。

解法 2：将运动质量对应的重量沿振动方向作用在结构上，取由此产生的静位移作为近似的第一振型 $\boldsymbol{Y}_1$（图 9-44e），则可得

$$A_2 = \frac{2mg}{k_2} = \frac{mgl^3}{12EI}, \qquad A_1 = A_2 + \frac{mg}{k_1} = \frac{mgl^3}{12EI} + \frac{mgl^3}{48EI} = \frac{5mgl^3}{48EI}$$

令

$$Y_1 = \begin{pmatrix} A_1 \\ A_2 \end{pmatrix} = \frac{mgl^3}{12EI} \begin{pmatrix} 1.25 \\ 1.00 \end{pmatrix}$$

则可求得

$$M_1^* = 2\bar{T}_{1,\max} = \left(\frac{mgl^3}{12EI}\right)^2 (1.25 \quad 1.0) \begin{pmatrix} m & 0 \\ 0 & m \end{pmatrix} \begin{pmatrix} 1.25 \\ 1.0 \end{pmatrix} = \frac{41}{16}m \left(\frac{mgl^3}{12EI}\right)^2$$

最大变形能 $V_{1,\max}$ 仍然由外力所做的功来计算,则有

$$V_{1,\max} = \frac{1}{2}mgA_1 + \frac{1}{2}mgA_2 = \frac{9}{8}mg\frac{mgl^3}{12EI}$$

将以上 $\bar{T}_{1,\max}$ 和 $V_{1,\max}$ 结果代入式(9-177),可得

$$\omega_1^2 = \frac{432EI}{41ml^3} = 10.536\frac{EI}{ml^3}, \quad \omega_1 = 10.057\text{s}^{-1}$$

此时的误差仅为 0.07%。

由以上两个近似解的结果可见,将运动质量对应的重量沿振动方向作用,取由此所产生的静位移作为近似的第一振型 Y_1,能量法所得到的结构基本频率具有相当高的精度。

*3. 无限自由度体系

对于具有连续分布质量的无限自由度体系,以梁为例,设 $m(x)$ 为分布质量,为了求其第一频率 ω_1,可设对应基频的任意点 x 的自由振动位移为

$$y_1(x,t) = Y(x)\sin(\omega_1 t + \alpha) \tag{9-179a}$$

其中,$Y(x)$ 是所假设的满足位移边界条件的基本振型,或称为位移函数。与此对应的速度为

$$v_1(x,t) = \dot{y}_1(x,t) = \omega_1 Y(x)\cos(\omega_1 t + \alpha) \tag{9-179b}$$

由以上两式可得体系的最大动能为

$$T_{1,\max} = \frac{1}{2}\omega_1^2\int_0^l m(x)Y^2(x)\,\mathrm{d}x \tag{9-180}$$

式中,l 为梁长度(或跨度)。而体系的最大变形能为

$$V_{1,\max} = \frac{1}{2}\int_0^l EI(x)\left[Y''(x)\right]^2\mathrm{d}x \tag{9-181}$$

式中,$EI(x)$ 为抗弯刚度,$Y''(x)$ 为 $Y(x)$ 关于 x 的二阶导数。则由式(9-170)可得

$$\omega_1^2 = \frac{\displaystyle\int_0^l EI(x)\left[Y''(x)\right]^2\mathrm{d}x}{\displaystyle\int_0^l m(x)Y^2(x)\,\mathrm{d}x} \tag{9-182}$$

如果梁上还有若干集中的质量块 $m_i(i=1,2,\cdots,n)$,则分母中应添加由集中质量所产生的动能,而式(9-182)改写成

$$\omega_1^2 = \frac{\displaystyle\int_0^l EI(x)\left[Y''(x)\right]^2\mathrm{d}x}{\displaystyle\int_0^l m(x)Y^2(x)\,\mathrm{d}x + \sum_{i=1}^n m_i Y_i^2} \tag{9-183}$$

式中，Y_i 为集中质量 m_i 的位移，即 $Y_i = Y(x_i)$。x_i 为集中质量 m_i 的位置坐标。

当取结构的自重沿振动方向作用所产生的静位移 $Y(x)$ 作为第一振型的近似，即取作位移函数 $Y(x)$ 时，可以求得较为精确的基本频率。这时式（9-183）分子中代表变形能的项可用重力沿位移方向所做的外力功来代替，即

$$\omega_1^2 = \frac{g\left(\int_0^l m(x)Y(x)\,\mathrm{d}x + \sum_{i=1}^n m_i Y_i\right)}{\int_0^l m(x)Y^2(x)\,\mathrm{d}x + \sum_{i=1}^n m_i Y_i^2} \tag{9-184}$$

必须强调指出的是，如果体系做水平振动，重力应沿水平方向作用。

［例题 9-21］　试求图 9-45a 所示等截面简支梁的基本频率。$\bar{m}$ 为沿梁长的均布质量。

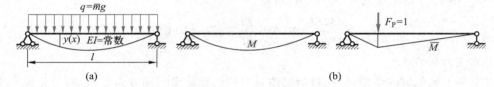

图 9-45　无限自由度简支梁

解法 1：假设位移形状函数 $Y(x)$ 为抛物线，即

$$Y(x) = \frac{4a}{l^2}x(l-x) \tag{a}$$

则

$$Y''(x) = -\frac{8a}{l^2} \tag{b}$$

将式（a）、（b）代入式（9-183）可求得

$$\omega_1^2 = \frac{\int_0^l EI\left(-\frac{8a}{l^2}\right)^2 \mathrm{d}x}{\int_0^l \bar{m}\left(\frac{4a}{l^2}x(l-x)\right)^2 \mathrm{d}x} = \frac{\dfrac{64EIa^2}{l^3}}{\dfrac{8}{15}\bar{m}a^2 l} = \frac{120EI}{\bar{m}l^4}$$

因此

$$\omega_1 = \frac{10.954\,5}{l^2}\sqrt{\frac{EI}{\bar{m}}}$$

解法 2：如果取自重 $q = \bar{m}g$（为荷载集度）作用下的挠曲线作为位移形状函数 $Y(x)$，由材料力学（或根据结构位移计算，由图 9-45b 所示的荷载、单位弯矩图计算）可得

$$Y(x) = \frac{\bar{m}g}{24EI}(l^3 x - 2l x^2 + x^4) \tag{c}$$

将式（c）代入式（9-184），得

$$\omega_1^2 = \frac{\int_0^l gY(x)\,\mathrm{d}x}{\int_0^l Y^2(x)\,\mathrm{d}x} = \frac{\dfrac{g^2 l^5}{120EI}}{\bar{m}\left(\dfrac{g}{24EI}\right)^2 \times \dfrac{31}{630}l^9} = \frac{3\,024EI}{31\,\bar{m}l^4}$$

因此

$$\omega_1 = \frac{9.876\ 7}{l^2}\sqrt{\frac{EI}{\overline{m}}}$$

解法 3：如果取位移形状函数为正弦曲线，即

$$Y(x) = a\sin\frac{\pi x}{l} \tag{d}$$

将式（d）代入式（9-183），可得

$$\omega_1^2 = \frac{EIa^2\dfrac{\pi^4}{l^4}\displaystyle\int_0^l\left(\sin\dfrac{\pi x}{l}\right)^2\mathrm{d}x}{\overline{m}a^2\displaystyle\int_0^l\left(\sin\dfrac{\pi x}{l}\right)^2\mathrm{d}x} = \frac{\pi^4 EI}{\overline{m}l^4}$$

因此

$$\omega_1 = \frac{\pi^2}{l^2}\sqrt{\frac{EI}{\overline{m}}} = \frac{9.869\ 6}{l^2}\sqrt{\frac{EI}{\overline{m}}}$$

从等截面简支梁无限自由度自由振动分析可知，正弦曲线为体系的基本振型，因此，解法 3 求得的基本频率是精确解。将以上三种解法进行比较，解法 1 的误差为 11%，而解法 2 的误差仅为 0.07%。这再次表明，用结构的自重作为外荷载，取沿振动方向作用所产生的静位移作为位移函数，所求得的基本频率具有很高的精度。

9-10-2　迭代法求频率和振型

多自由度体系的无阻尼自由振动运动方程和振型方程为

$$M\ddot{Y} + KY = 0, \qquad \omega^2 M\boldsymbol{\varphi} = K\boldsymbol{\varphi}$$

振型方程也可改为

$$\lambda\boldsymbol{\varphi} = D\boldsymbol{\varphi}, \quad \lambda = \frac{1}{\omega^2}, \quad D = K^{-1}M = \delta M \tag{9-185}$$

式中，D 称为动力矩阵。

1. 计算第一振型和频率

为了计算第一振型，可任意假设一个经过标准化（如取第一个元素为 1）的初始迭代向量 A_0，将其按振型分解可得

$$A_0 = \sum_{i=1}^n \eta_i\boldsymbol{\varphi}_i$$

动力矩阵乘以 A_0 得到新向量

$$\overline{A}_1 = DA_0 = D\sum_{i=1}^n \eta_i\boldsymbol{\varphi}_i = \sum_{i=1}^n \eta_i\lambda_i\boldsymbol{\varphi}_i = \lambda_1\sum_{i=1}^n \eta_i\frac{\lambda_i}{\lambda_1}\boldsymbol{\varphi}_i \tag{9-186}$$

由于 $\lambda_1 > \lambda_2 > \cdots > \lambda_n$，因此 $\dfrac{\lambda_i}{\lambda_1} = \dfrac{\omega_1^2}{\omega_i^2} < 1$，所以由式（9-186）可知，$\overline{A}_1$ 中除第一振型以外，其他振型所占的比例相对 A_0 减小了 $\dfrac{\lambda_i}{\lambda_1}$ 倍。

将 $\overline{A}_1$ 进行标准化,可得 $\overline{A}_1 = \alpha_1 A_1$,即

$$A_1 = \frac{\lambda_1}{\alpha_1} \sum_{i=1}^{n} \eta_i \frac{\lambda_i}{\lambda_1} \boldsymbol{\varphi}_i \tag{9-187}$$

用 A_1 重复上述的迭代过程,可得

$$\overline{A}_2 = D A_1 = \frac{\lambda_1^2}{\alpha_1} \sum_{i=1}^{n} \eta_i \left(\frac{\lambda_i}{\lambda_1} \right)^2 \boldsymbol{\varphi}_i = \alpha_2 A_2 \tag{9-188}$$

标准化后的迭代向量为

$$A_2 = \frac{(\lambda_1)^2}{\alpha_1 \alpha_2} \sum_{i=1}^{n} \eta_i \left(\frac{\lambda_i}{\lambda_1} \right)^2 \boldsymbol{\varphi}_i \tag{9-189}$$

如此反复,当迭代 m 次后,则有

$$\overline{A}_m = D A_{m-1} = \alpha_m A_m = \frac{\lambda_1^m}{\alpha_1 \alpha_2 \cdots \alpha_{m-1}} \sum_{i=1}^{n} \eta_i \left(\frac{\lambda_i}{\lambda_1} \right)^m \boldsymbol{\varphi}_i \tag{9-190}$$

当 m 足够大时,由于 $\left(\dfrac{\lambda_i}{\lambda_1} \right)^m \ll 1$,则在式(9-190)的 A_m 中,第一振型的分量占了绝对的优势,所以有

$$A_m \approx \frac{\lambda_1^m}{\alpha_1 \alpha_2 \cdots \alpha_m} \eta_1 \boldsymbol{\varphi}_1 \tag{9-191}$$

这样就求得了第一振型。

又由于当 m 足够大时,A_{m-1} 与 A_m 已十分接近,即

$$\frac{\lambda_1^{m-1}}{\alpha_1 \alpha_2 \cdots \alpha_{m-1}} \eta_1 \boldsymbol{\varphi}_1 \approx \frac{\lambda_1^m}{\alpha_1 \alpha_2 \cdots \alpha_m} \eta_1 \boldsymbol{\varphi}_1 \tag{9-192}$$

所以,按振型方程由式(9-192)可得 $\lambda_1 = \alpha_m$,由此即可求得第一频率 $\omega_1 = \sqrt{\dfrac{1}{\alpha_m}}$。

根据上述推证和说明,用迭代法可求得第一频率和振型,具体计算的步骤为:

(1) 计算并形成体系的质量和柔度(或刚度)矩阵;

(2) 由柔度(或刚度)和质量矩阵生成体系的动力矩阵 D;

(3) 假设第一振型的初始迭代向量为 A_0;

(4) 由 A_0 用 $\overline{A}_1^1 = D A_0$ 求迭代值并进行标准化(如取第一个元素为 1),得 α_1、A_1^1;

(5) 用 A_1^1 代替 A_0,重复(4)进行反复迭代,直到满足精度要求为止;

(6) 由 $\omega_1 = \sqrt{\dfrac{1}{\alpha_m}}$ 计算第一频率,A_1^m 即为第一振型。

2. 迭代法求高阶振型和频率

由迭代法的上述推证可见,不管初始迭代向量如何选取,也不管迭代过程中是否出现过错误,当 m 足够大时,迭代结果总是收敛于第一振型。

但是,如果在所假设的初始迭代向量 A_0 中,不包含第一振型成分,即 $\eta_1 = 0$。那么经同样的推证,迭代结果一定收敛于第二振型。同样,如果 $\eta_1 = \eta_2 = 0$,那么结果将收敛于第三振型。依此类

推,要想求出体系的高阶振型和频率,就必须在所假设的振型迭代向量中将低阶振型的分量消除。这个步骤称为清型或滤型。下面来介绍如何进行清型或滤型。

将任意设定的振型迭代向量按振型分解

$$A_0 = \sum_{i=1}^{n} \eta_i \boldsymbol{\varphi}_i \tag{9-193}$$

利用振型的正交性,上式两边同时左乘 $\boldsymbol{\varphi}_i^{\mathrm{T}} \boldsymbol{M}$,考虑到正交性,可得

$$\eta_i = \frac{\boldsymbol{\varphi}_i^{\mathrm{T}} \boldsymbol{M} \boldsymbol{A}_0}{M_i^*} \tag{9-194}$$

M_i^* 为第 i 振型广义质量。为了从 $\boldsymbol{A}_0$ 中滤掉第一振型的分量,可设振型迭代向量为

$$\begin{aligned} A_0^2 &= A_0 - \eta_1 \boldsymbol{\varphi}_1 \\ &= A_0 - \boldsymbol{\varphi}_1 \frac{\boldsymbol{\varphi}_1^{\mathrm{T}} \boldsymbol{M} \boldsymbol{A}_0}{M_1^*} \\ &= \left(\boldsymbol{I} - \frac{\boldsymbol{\varphi}_1 \boldsymbol{\varphi}_1^{\mathrm{T}} \boldsymbol{M}}{M_1^*} \right) A_0 \end{aligned} \tag{9-195}$$

令

$$\boldsymbol{Q}_1 = \boldsymbol{I} - \frac{\boldsymbol{\varphi}_1 \boldsymbol{\varphi}_1^{\mathrm{T}} \boldsymbol{M}}{M_1^*} \tag{9-196}$$

则

$$A_0^2 = \boldsymbol{Q}_1 \boldsymbol{A}_0 \tag{9-197}$$

这里 $\boldsymbol{Q}_1$ 称为一阶滤型矩阵。利用它左乘任一迭代向量 $\boldsymbol{A}_0$,即可在 $\boldsymbol{A}_0$ 中将一阶振型滤掉。所以,如果取 $A_0^2 = \boldsymbol{Q}_1 \boldsymbol{A}_0$ 作为初始迭代向量,则迭代的结果将收敛于第二振型 $\boldsymbol{\varphi}_2$。

为了避免在迭代的过程中由于舍入误差而引入第一振型的分量,必须在每次迭代前都重复进行上述的滤型过程,以保证迭代过程能收敛于第二振型。

实际上,我们可以把每次的迭代运算和滤型运算合并在一起。因为在求第一振型时,每次的迭代运算相当于前一次迭代得到的振型向量左乘动力矩阵 $\boldsymbol{D}$。现在求第二振型时,还需要在每次迭代运算前再进行滤型运算,这相当于再左乘一阶滤型矩阵 $\boldsymbol{Q}_1$。如果将这两个运算合并,则每次的迭代相当于左乘以下的矩阵:

$$\begin{aligned} \boldsymbol{D}^2 &= \boldsymbol{D} \boldsymbol{Q}_1 = \boldsymbol{D} \left(\boldsymbol{I} - \frac{\boldsymbol{\varphi}_1 \boldsymbol{\varphi}_1^{\mathrm{T}} \boldsymbol{M}}{M_1^*} \right) \\ &= \boldsymbol{D} - \frac{\lambda_1 \boldsymbol{\varphi}_1 \boldsymbol{\varphi}_1^{\mathrm{T}} \boldsymbol{M}}{M_1^*} \end{aligned} \tag{9-198}$$

矩阵 $\boldsymbol{D}^2$ 就是经过滤型后的求第二振型所需用的动力矩阵。

同理,求第三振型时,每次迭代相当于左乘以下的动力矩阵:

$$\boldsymbol{D}^3 = \boldsymbol{D}^2 - \frac{\lambda_2 \boldsymbol{\varphi}_2 \boldsymbol{\varphi}_2^{\mathrm{T}} \boldsymbol{M}}{M_2^*} \tag{9-199}$$

一般来说,求 p 阶振型时,其相应的动力矩阵为

$$D^p = D^{p-1} - \frac{\lambda_{p-1}\boldsymbol{\varphi}_{p-1}\boldsymbol{\varphi}_{p-1}^{\mathrm{T}}\boldsymbol{M}}{M_{p-1}^*} \tag{9-200}$$

需要强调指出的是,迭代法(数学上也称为幂法)对求前几阶(3~5 阶)频率和振型是比较有效的,求更高阶的频率和振型时,一般收敛很慢。

用迭代法求高阶频率和振型的步骤以及迭代法的特点,留给读者自行归纳和研究。

3. 迭代法算例

[例题 9-22]　试用迭代法求图 9-46a 所示简支梁的第一频率和振型。

解:在不考虑轴向变形条件下,体系有 3 个自由度。根据静力分析的位移计算可得体系的柔度矩阵(利用图 9-46b 所示的单位弯矩图自乘和互乘)和质量矩阵为

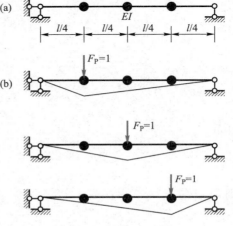

$$\boldsymbol{\delta} = \frac{l^3}{768EI}\begin{pmatrix} 9 & 11 & 7 \\ 11 & 16 & 11 \\ 7 & 11 & 9 \end{pmatrix}, \quad \boldsymbol{M} = \begin{pmatrix} m & 0 & 0 \\ 0 & 2m & 0 \\ 0 & 0 & m \end{pmatrix}$$

由此可得体系的动力矩阵为

$$\boldsymbol{D} = \frac{ml^3}{768EI}\begin{pmatrix} 9 & 22 & 7 \\ 11 & 32 & 11 \\ 7 & 22 & 9 \end{pmatrix}$$

图 9-46　例题 9-22 图

设振型初始迭代向量为 $\boldsymbol{A}_0 = (1 \quad 2 \quad 1)^{\mathrm{T}}$,则根据迭代步骤可得

$$\overline{\boldsymbol{A}}_1^1 = \frac{ml^3}{768EI}(60 \quad 86 \quad 60)^{\mathrm{T}}, \quad \alpha_1 = \frac{60ml^3}{768EI}, \quad \boldsymbol{A}_1^1 = (1 \quad 1.433 \quad 1)^{\mathrm{T}}$$

$$\overline{\boldsymbol{A}}_1^2 = \frac{ml^3}{768EI}(47.526 \quad 67.856 \quad 47.526)^{\mathrm{T}}, \quad \alpha_2 = \frac{47.526ml^3}{768EI}, \quad \boldsymbol{A}_1^2 = (1 \quad 1.427\,8 \quad 1)^{\mathrm{T}}$$

$$\overline{\boldsymbol{A}}_1^3 = \frac{ml^3}{768EI}(47.416 \quad 67.689 \quad 47.416)^{\mathrm{T}}, \quad \alpha_3 = \frac{47.416ml^3}{768EI}, \quad \boldsymbol{A}_1^3 = (1 \quad 1.427\,7 \quad 1)^{\mathrm{T}}$$

由此可得频率和振型为

$$\omega_1 \approx \sqrt{\frac{768EI}{47.416ml^3}} = \sqrt{\frac{16.19EI}{ml^3}}, \quad \boldsymbol{\varphi}_1 \approx (1 \quad 1.4277 \quad 1)^{\mathrm{T}}$$

有兴趣的读者可以在此基础上过滤掉第一振型,求第二频率和振型。

为便于读者练习,给出求第二振型所需的动力矩阵如下:

$$\boldsymbol{D}^2 = \frac{ml^3}{768EI}\begin{pmatrix} 1.197\,022\,326 & 0.280\,622\,46 & -0.802\,977\,674 \\ -0.140\,311\,22 & 0.189\,955\,33 & -0.140\,311\,22 \\ -0.802\,977\,674 & 0.280\,622\,46 & 1.197\,022\,326 \end{pmatrix}$$

§9-11 结论与讨论

9-11-1 结论

- 随时间变化的荷载作用是否作动力学问题分析,要看结构在这种荷载作用下所产生的惯性力大小。对于不同结构受同一荷载作用,结论可能是不同的。
- 实际结构都是无限自由度的,一般可用集中质量法将其简化为有限自由度问题进行分析。
- 体系的自由度数目既和体系的质量数目有关,又不完全取决于质量数目,自由度还和体系的可能变形状态有关,因此要根据具体问题"按自由度数定义"分析确定。
- 建立体系运动方程的方法很多,最常用的是动静法,这是将随时间变化的运动方程建立问题,在考虑惯性力和阻尼力后转化为瞬时平衡问题。
- 单自由度体系的频率、周期的计算公式;振幅、相位的算式和各种力的平衡关系;简谐荷载下纯受迫振动的动力放大因数与频率比、阻尼比间的关系等。这些基本概念必须深刻理解、熟练掌握。
- 利用使结构产生初位移(如通过张拉)或初速度(如给一冲击)来获得自由振动记录,从而可用 $\xi \approx \dfrac{1}{2n\pi} \ln \dfrac{y_{t_k}}{y_{t_{k+n}}}$ 由实测得到阻尼比。获得阻尼比的方法不只这一种,但这是最常用方法之一。由于阻尼比一般很小,它对频率、周期的影响一般可忽略。
- 在共振区,阻尼的作用是不可忽略的。从能量角度看,阻尼使能量耗散,当不希望有能量耗散时应尽可能减少阻尼,而当希望尽可能使输入结构的能量减少时,应尽可能增大阻尼。
- 对于线性体系,利用脉冲叠加建立了杜哈梅积分公式:

$$y_2(t) = \int_0^t \frac{F_P(\tau)}{m\omega_d} e^{-\xi\omega(t-\tau)} \sin \omega_d(t-\tau) \, d\tau$$

$$\left(= \int_0^t F_P(\tau) h(t-\tau) \, d\tau, \text{其中 } h(t-\tau) = \frac{1}{m\omega_d} e^{-\xi\omega(t-\tau)} \sin \omega_d(t-\tau) \text{ 称为脉响函数} \right)$$

利用杜哈梅积分可获得结构在各种动荷载作用下的解析或数值响应。
- 对于各种短期荷载作用,可以不考虑阻尼的影响,关键是要分时段进行分析。
- 非线性问题的分析不能用 Duhamel 积分,可以从增量运动方程出发,采用直接(逐步)积分法的计算机方法来得到数值解。逐步积分的方法很多,本章介绍的线加速度法是其中最简单的条件稳定(积分结果不随初始条件的微小变化而发散的算法称为无条件稳定算法)算法。
- 不管运动方程用哪种方法建立,多自由度体系自由振动最终归结为求解频率和振型方程,从数学上说属于矩阵特征值问题。
- 多自由度体系的自振频率取决于结构的刚度矩阵 K(或柔度矩阵 δ)和质量矩阵 M,频率方程为

$$\left| \boldsymbol{K} - \omega^2 \boldsymbol{M} \right| = 0 \quad \text{或} \quad \left| \boldsymbol{\delta} \boldsymbol{M} - \lambda \boldsymbol{I} \right| = 0 \quad \left(\lambda = \frac{1}{\omega^2} \right)$$

- 一般工程结构作多自由度无阻尼自由振动分析时,其自振频率个数等于自由度,且各不相等。其中最小频率称为基本频率,简称为基频。全部频率由小到大排列的序列,称为体系的频率谱。如果相邻频率间隔较小,称为密集型频谱。否则,称为稀疏型频谱。不同频率谱的结构受动荷载作用的响应是不同的,频率谱是结构的重要动力特性之一。

- 将频率代入振型方程 $(\boldsymbol{K} - \omega^2 \boldsymbol{M}) \boldsymbol{\varphi} = \boldsymbol{0}$ 或 $(\boldsymbol{\delta} \boldsymbol{M} - \lambda \boldsymbol{I}) \boldsymbol{\varphi} = \boldsymbol{0}$,可求得每一个自振频率对应的振型向量,它反映了结构以该自振频率振动时所固有的变形形态。振型向量可用令向量中某个元素为一给定值(一般取为 1)进行标准化。

- 不同自振频率的振型向量对质量矩阵 $\boldsymbol{M}$ 和刚度矩阵 $\boldsymbol{K}$ 都是正交的,即

$$\boldsymbol{\varphi}_i^{\mathrm{T}} \boldsymbol{M} \boldsymbol{\varphi}_j = \begin{cases} 0, & i \neq j \\ M_j^*, & i = j \end{cases}, \qquad \boldsymbol{\varphi}_i^{\mathrm{T}} \boldsymbol{K} \boldsymbol{\varphi}_j = \begin{cases} 0, & i \neq j \\ K_j^*, & i = j \end{cases}$$

阻尼是一个复杂的问题,为简化一般结构的动力分析,常用瑞利比例阻尼,即阻尼矩阵 $\boldsymbol{C} = a\boldsymbol{M} + b\boldsymbol{K}$,显然这时振型对阻尼也将是正交的,即

$$\boldsymbol{\varphi}_i^{\mathrm{T}} \boldsymbol{C} \boldsymbol{\varphi}_j = \begin{cases} 0, & i \neq j \\ C_j^*, & i = j \end{cases}$$

其中,a、b 由已知的任意两频率 ω_r、ω_s 及对应的阻尼比 ξ_r、ξ_s 确定,对钢筋混凝土结构,一般假设第一和第二振型阻尼比 ξ_1、ξ_2 都为 0.05,由此可求得各振型的阻尼比。

- 多自由度体系可产生多种频率下的共振。简谐荷载作用下非共振的稳态位移响应,可通过求解如下幅值方程得到:

$$\boldsymbol{A} = (\boldsymbol{K} - \theta^2 \boldsymbol{M})^{-1} \boldsymbol{F}_{\mathrm{E0}}, \qquad \boldsymbol{Y}(t) = \boldsymbol{A} \sin \theta t$$

式中,$\boldsymbol{F}_{\mathrm{E0}}$ 为等效干扰力向量的幅值。实质为转换成线性代数方程求解问题。

- 任意一个 n 维已知向量 $\boldsymbol{Y}$,均可按 n 自由度体系的振型展开。因此,多自由度的任意荷载作用下的强迫振动,在假设体系阻尼为比例阻尼的条件下,可通过振型叠加法(或称振型分解法),做如下正则坐标变换:

$$\boldsymbol{Y} = \sum_{i=1}^{n} \eta_i(t) \boldsymbol{\varphi}_i$$

将多自由度体系耦合的运动微分方程组转换成 n 个独立正则坐标的单自由度运动方程,利用单自由度问题的杜哈梅积分,在获得正则坐标解答后,即可利用上式得到受迫振动的响应。

- 对无阻尼体系,根据能量守恒,可用能量法求体系自振频率,一般用以求基频。当将运动质量的重量沿自由度方向作用,以其所产生的静位移作为第一振型的近似值,按能量法计算可获得相当精确的结果。能量法结果是精确解的上限。

- 对频率稀疏型结构,用迭代法可方便地求得前几阶振型和频率。求第一振型时的动力矩阵为 $\boldsymbol{D} = \boldsymbol{K}^{-1} \boldsymbol{M}$,不管初始假设的近似振型如何,也不管计算过程中是否有误,均能收敛于第一振型和频率。当要求频谱前几阶频率和振型时,得用考虑滤型的动力矩阵 $\boldsymbol{D}^p = \boldsymbol{D}^{p-1} - \dfrac{\lambda_{p-1} \boldsymbol{\varphi}_{p-1} \boldsymbol{\varphi}_{p-1}^{\mathrm{T}} \boldsymbol{M}}{M_{p-1}^*}$ ($p = 1, 2, 3, \cdots$)。

• 除振型分解法外,对确定性动荷载作用下的响应分析,可应用时程分析法获得数值解答。逐步积分方法很多,在已有的动力响应分析程序中用得较多的是 Wilson-θ 法和 Newmark-β 法,其基本思路是作出某种基本假定:Wilson-θ 法假定加速度线性变化;Newmark-β 法假定位移、速度的变化规律。在此基础上,利用运动方程推导出由前一步状态向量(位移、速度和加速度)计算后一步状态向量的逐步积分公式。

9-11-2 讨论

• 当质量集中于杆系结构结点时,如果考虑杆件的轴向变形,集中质量的数目和体系的自由度有何关系?这时有 n 个质量的体系,其自由度等于多少?请读者考虑。

• 对于分布质量的无限自由度梁结构,可以在加惯性力(阻尼力)后取微段为对象,建立动平衡方程来得到运动方程,此时运动方程是偏微分方程。对等截面直梁是常系数的,否则是变系数的。建议读者以等截面简支梁为例,自行建立无限自由度体系的运动方程。

• 结构如果存在刚度较小的顶部附属部分(例如建筑结构屋顶小烟囱、女儿墙等),当结构承受地震荷载等横向作用时,这些附属部分将产生激烈的运动并导致破坏,这种现象称为鞭击效应或鞭梢效应。

• 振型分解法需要事先求解特征值问题,获得频率、振型后将运动方程解耦为正则坐标的单自由度体系来求解,最后叠加各振型正则坐标的结果,即可得到问题的解答。由于实际结构的阻尼作用,响应中的高振型成分很快被衰减掉,因此可取少量低阶振型结果的叠加作近似解,使工作量减少。在地震地面运动作用下,振型分解所得的正则坐标解答仍然需要采用逐步积分得到。因此,利用这一思想可将振型分解法和时程分析法结合,从而解决多自由度的非线性响应分析。

• 广为应用的 Wilson-θ 法假设加速度不只在 Δt 时间间隔内线性变化,而是在 $\theta \Delta t(\theta>1)$ 时间间隔内线性变化,是线加速度法的修正。修正的意义在于将条件稳定的线加速度法变成无条件稳定算法。然而,Wilson-θ 法仍是二阶算法。

思 考 题

1. 如何区别动力荷载与静力荷载?
2. 动力计算与静力计算的主要区别是什么?
3. 为何要对动荷载分类?
4. 什么是动力自由度?确定体系动力自由度的目的是什么?
5. 结构动力自由度与体系几何分析中的自由度有何区别?
6. 如何确定体系的动力自由度?
7. 直接动力平衡法常用的有哪些具体方法?所建立的方程各代表什么条件?
8. 刚度法与柔度法所建立的体系运动方程间有何联系?各在什么情况下使用方便?
9. 计重力与不计重力所得到的运动方程是一样的吗?
10. 荷载不作用在质量上时如何建立运动方程?
11. 什么是阻尼、阻尼力,产生阻尼的原因一般有哪些?
12. 为什么说结构的自振频率是结构的重要动力特征,它与哪些量有关?

13. 自由振动的振幅与哪些量有关?

14. 任何体系都能发生自由振动吗? 什么是阻尼比,如何确定结构的阻尼比?

15. 阻尼对频率、振幅有何影响?

16. 杜哈梅积分中的变量 τ 与 t 有何差别?

17. 什么是稳态响应? 通过杜哈梅积分确定的简谐荷载的动力响应是稳态响应吗?

18. 什么是动力放大因数,简谐荷载下的动力放大因数与哪些因素有关?

19. 简谐荷载下的位移动力放大因数与内力动力放大因数是否一定相同?

20. 若要避开共振,应采取何种措施?

21. 突加荷载与矩形脉冲荷载有何差别?

22. 非线性体系增量方程的实质是什么? 线加速度逐步积分法的基本假设是什么?

23. 不计阻尼时,自由振动中的惯性力方向与位移方向相同还是相反,还是随某些条件而定?

24. 增加体系的刚度一定能减小受迫振动的振幅吗?

25. 振幅与实际测量的最大位移相等吗?

26. 什么是振型,它与哪些量有关?

27. 怎样才能使体系发生按振型的自由振动?

28. 对称体系的振型都是对称的吗?

29. 振型正交性有何应用?

30. 振型正交性的物理意义是什么?

31. 振型分解法的应用前提是什么?

32. 什么是振型阻尼比?

33. 什么是比例阻尼? 一个体系的比例阻尼矩阵是唯一的吗?

34. 结构的动力特性一般指什么?

35. 为什么以重力沿运动方向作用的变形曲线作基本振型可求得较精确的基频?

36. 从特征方程 $\omega^2 MA = KA$ 出发,如果同时左乘 M^{-1},即以 $D' = M^{-1}K$ 为动力矩阵,记 $\beta = \omega^2$,对 $\beta A = DA$ 进行迭代,迭代结果是否仍然得到基本频率?

37. 试述用迭代法求高阶频率和振型的步骤以及迭代法的特点。

习　　题

9−1　试确定图示体系的动力自由度数。除标明刚度杆外,其他杆抗弯刚度均为 EI。除(f)题外不计轴向变形。

9−2　试推导图示体系的运动方程。EI 为常数。每小题分别考虑不计阻尼和计阻尼(等效黏滞阻尼)两种情况。

9−3　试求图示体系的自振频率与周期。

9−4　试求图示体系的自振频率和周期。

9−5　试求图示体系的自振频率和周期。

9−6　某结构在自振 10 个周期后,振幅降为原来初始位移的 10%(初速度为零),试求其阻尼比。

9−7　试求图示体系质点的位移幅值和结构的最大弯矩值。已知 $\theta = 0.6\omega$。

9−8　图示梁跨中有重量为 20 kN 的电动机,荷载幅值 $F_{\text{p}} = 2$ kN,机器转速为 400 r/min,$EI = 1.06 \times 10^4$ kN·m²,梁长 $l = 6$ m。试求梁中点处最大动位移和最大动弯矩。(a)不计阻尼;(b)阻尼比 $\xi = 0.05$。

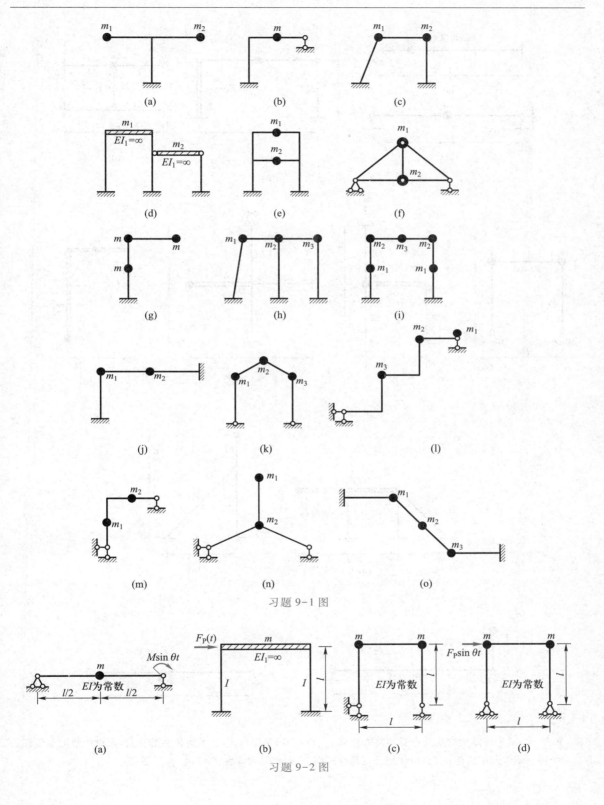

(a)

(b)

(c)

(d)

(e)

(f)

(g)

(h)

(i)

(j)

(k)

(l)

(m)

(n)

(o)

习题 9-1 图

(a)

(b)

(c)

(d)

习题 9-2 图

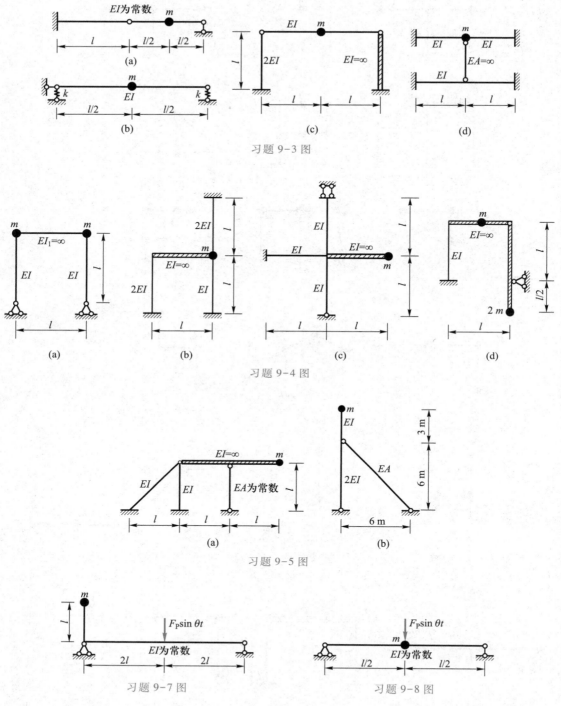

习题 9-3 图

习题 9-4 图

习题 9-5 图

习题 9-7 图　　　　习题 9-8 图

9-9　习题 9-8 结构的质量上受到突加荷载 $F_P(t) = 30$ kN 作用,若开始时体系静止,试求梁中最大动位移。

9-10　试作图示结构在 $F_P(t)$ 作用下的动弯矩图。各杆 EI 为常数,$\theta = 2\omega$。

9-11　试求图示体系横梁的最大水平位移,并作结构的最大动弯矩图。已知 $\theta = \sqrt{\dfrac{3EI}{\bar{m}l^4}}$,忽略立柱的质量。

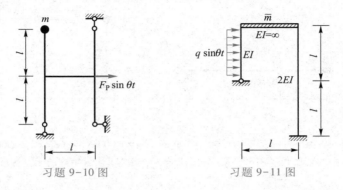

习题 9-10 图　　　　　　　　　习题 9-11 图

* **9-12**　试求图示体系在简谐荷载作用下质点的振幅。已知 $\theta_1 = \dfrac{3}{2}\omega_1$,$\theta_2 = \dfrac{3}{4}\omega_1$,$\omega_1$ 为自振频率。

9-13　试推导图示体系的运动方程。

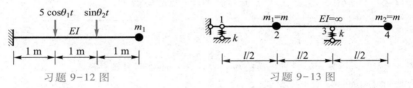

习题 9-12 图　　　　　　　　　习题 9-13 图

9-14　试用刚度法列图示有刚性梁体系的运动方程。分别考虑不计阻尼和计阻尼(等效黏滞阻尼)两种情况。

9-15　试列出图示体系的振幅方程。

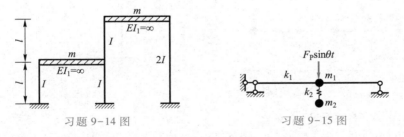

习题 9-14 图　　　　　　　　　习题 9-15 图

* **9-16**　试求图示结构的频率方程。$\bar{m}_1$、$\bar{m}_2$ 为单位长度的质量,k 为弹簧刚度。

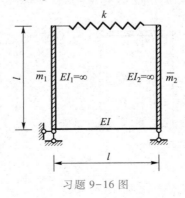

习题 9-16 图

9-17 试求图示梁的自振频率和振型。

9-18 试求图示刚架的自振频率和振型。不计轴向变形。

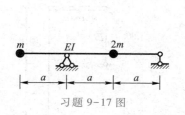

习题 9-17 图

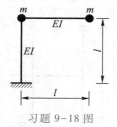

习题 9-18 图

9-19 试求图示梁的自振频率和振型。已知 $l = 100 \text{ cm}$，$mg = 1\,000 \text{ N}$，$I = 68.82 \text{ cm}^4$，$E = 2 \times 10^5 \text{ MPa}$。

9-20 试求图示体系的自振频率和第一振型，验算第一振型关于质量矩阵的正交性。EI 为常数。

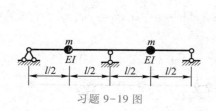

习题 9-19 图

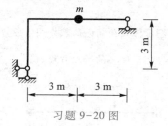

习题 9-20 图

9-21 已知 $m_1 = m_2 = m$，$k_1 = 2k_2$，杆件的 $EI = \infty$。试求图示体系的自振频率。

9-22 试求图示刚架的自振频率和振型。

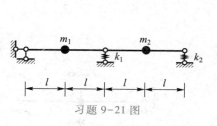

习题 9-21 图

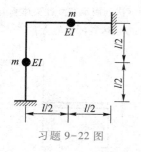

习题 9-22 图

9-23 试求图示刚架的自振频率和振型。

9-24 试求图示刚架的自振频率和振型。设楼面质量分别为 $m_1 = 120 \text{ t}$ 和 $m_2 = 100 \text{ t}$，柱的质量已集中于楼面，柱的线刚度分别为 $i_1 = 20 \text{ MN} \cdot \text{m}$ 和 $i_2 = 14 \text{ MN} \cdot \text{m}$，横梁刚度为无限大。不计算轴向变形。

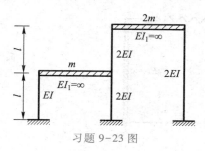

习题 9-23 图

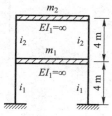

习题 9-24 图

9-25 已知图示刚架 $\omega_1 = 0.2936\sqrt{k/m}$，试求第一振型。柱旁所注为各层的层间剪切刚度，各横梁刚度无穷大。

*9-26 试求图示体系的自振频率和第一振型。已知 $EA/EI = 6/l^2$。

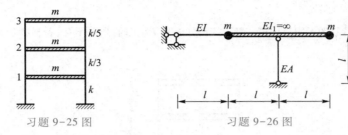

習題 9-25 图　　　　习題 9-26 图

9-27 试求图示桁架的自振频率。各杆 EA 为常数。

9-28 设在习题 9-24 的两层刚架的二层楼面有一台机器，开动时产生沿水平方向的间歇干扰力 $F_P\sin\theta t$，其幅值为 $F_P = 5$ kN，机器转速为 150 r/min。试求一、二层楼面处的振幅和弯矩的幅值。不计阻尼。

9-29 已知各杆 EI 相等，$\theta = \sqrt{3EI/(ml^3)}$，$EI$ 为常数。试作图示体系的最大动弯矩图。

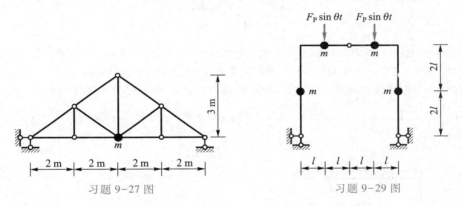

習題 9-27 图　　　　习题 9-29 图

9-30 在图示体系中，$\theta = \sqrt{EI/(12ml^3)}$，$EI$ 为常数。试作体系的最大动弯矩图。

9-31 图示悬臂梁上有两个电动机，每个重为 30 kN，$F_P = 5$ kN。试求当只有电动机 C 开动时的动力弯矩图。已知梁的 $E = 210$ GPa，$I = 2.4 \times 10^{-4}$ m^4，电动机转速为 300 r/min。梁重可以忽略。

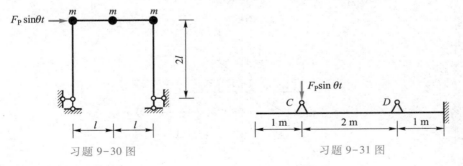

習題 9-30 图　　　　习题 9-31 图

9-32 试用振型分解法做习题 9-27。

9-33 试用能量法求图示梁的第一频率。

9-34 试用能量法求图示梁的第一频率，$m = \bar{m}l/2$。

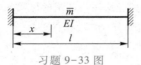

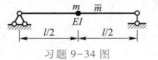

习题 9-33 图　　　　　　　　习题 9-34 图

9-35　试用能量法计算图示刚架的第一频率。已知各柱 EI 相同,质量不计;各横梁质量均为 m,刚度为无穷大。

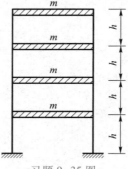

习题 9-35 图

9-36　试给出用迭代法求习题 9-35 刚架前两个自振频率和振型的动力矩阵。已知第一振型和基频分别为 $\varphi_1 = (0.347\ 295\quad 0.652\ 702\quad 0.879\ 385\quad 1.0)^{\mathrm{T}}$(自由度编号从下往上),$\omega = 1.740\ 14\ \mathrm{s}^{-1}$。

9-37　图 a 所示的单自由刚架,承受图 b 所示的冲击波荷载,假定柱子的弹塑性力-位移关系为 $F_{\mathrm{S}} = 12\left[\dfrac{2}{3}y - \dfrac{1}{3}\left(\dfrac{2}{3}y\right)^3\right]$,这一关系的简图如图 c 所示,试用线加速度法求解体系的位移响应。

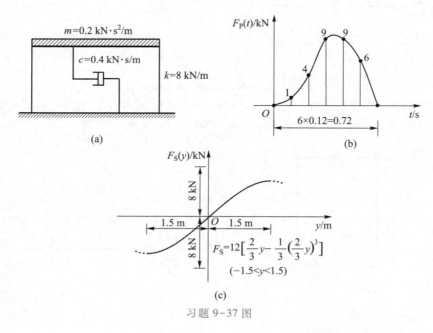

习题 9-37 图

第 10 章　结构的稳定性计算

本章在材料力学关于中心压杆稳定性分析的基础上,进一步讨论杆件结构的稳定性问题。在弹性稳定的范围内,结构的稳定性问题可分为两类:分支点失稳和极值点失稳。本章在介绍结构稳定性分析的基本概念和方法的基础上,着重介绍分支点稳定性问题。

§10-1　两类稳定性问题概述

10-1-1　工程结构的稳定性问题

工程中由于结构失稳而导致的事故时有发生,加拿大魁北克大桥和美国华盛顿剧院的倒塌,2020 年福建泉州某酒店建筑的倒塌等都是结构失稳造成的。随着工程结构向高层、大跨方向发展,所用材料向高强方向发展,结构的稳定性分析日显重要。

各种结构都可能丧失稳定,图 10-1 所示分别为刚架、拱、窄长截面梁整体失稳示意图。

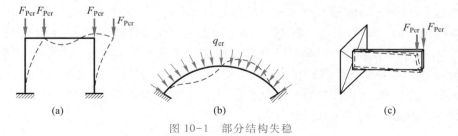

图 10-1　部分结构失稳

10-1-2　稳定性问题分类

1. 体系的分类

● 结构中凡受压杆件均为理想中心受压杆,这类结构体系称为完善体系。图 10-2 所示结构,在不考虑轴向变形时,均为完善体系。

10-1
稳定性问题
分类

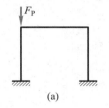

(a)

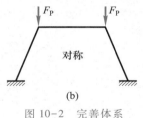

对称

(b)

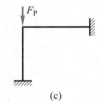

(c)

图 10-2　完善体系

● 结构中受压杆件或有初曲率,或荷载有偏心(如为压弯联合受力状态),这类结构体系称为非完善体系。图 10-3 所示体系均为非完善体系。

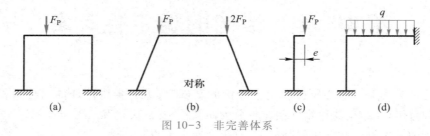

图 10-3　非完善体系

2. 平衡状态的分类

结构经受任意微小外界干扰后偏离了原来的平衡位置,根据干扰消失后结构能否恢复初始平衡状态,可对平衡状态做如下分类:

● 稳定的平衡状态——外界干扰消除后,结构能完全恢复初始平衡位置,则初始平衡状态是稳定的平衡状态。

● 不稳定平衡状态——外界干扰消除后,结构不能平衡,则初始平衡状态是不稳定的平衡状态。

● 随遇平衡状态——外界干扰消除后,结构能平衡但不能恢复初始平衡位置,则初始平衡状态为随遇平衡状态。后面会看到这是一种简化抽象带来的虚假现象。

结构处于随遇平衡状态时的荷载称为临界荷载,记作 F_{Pcr}。

3. 稳定性问题分类

与材料力学中压杆类似,结构随荷载的增加可能由稳定平衡转为不稳定平衡,这时称结构丧失了稳定或结构失稳。根据结构失稳前后变形性质是否改变,结构失稳可分为如下三类:

● 分支点失稳　失稳前后平衡状态所对应的变形性质将发生改变,如图 10-4 所示(图中 F_P 为所受荷载,F_{Pcr} 为临界荷载,图 10-4a、b、c、d 所示分别为荷载取不同大小时的变形情形)。在图 10-4e 所示分支点处,结构既可在原始位置平衡,也可在偏离后的新位置平衡,即平衡具有二重性。分支点处的荷载,即为临界荷载 F_{Pcr}。

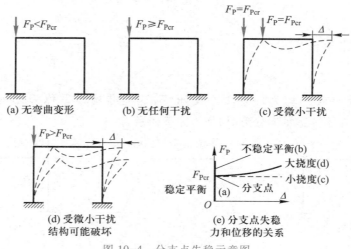

图 10-4　分支点失稳示意图

● **极值点失稳**　失稳前后变形性质没有变化,力-位移(F_P-Δ)关系曲线存在极值点,其对应的荷载即为临界荷载 F_{Pcr},F_P 达到 F_{Pcr} 变形将迅速增长,很快结构即告破坏,如图 10-5 所示。图 10-5c 当 $F_P = F_{Pcr}$(即达到极值点)时,结构受干扰的失稳破坏也称为压溃。

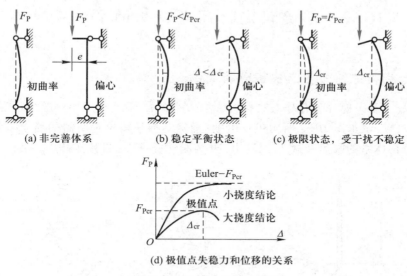

(a) 非完善体系　　　(b) 稳定平衡状态　　　(c) 极限状态,受干扰不稳定

(d) 极值点失稳力和位移的关系

图 10-5　极值点失稳示意图

● **跳跃现象**　对图 10-6 所示无控制装置的扁平二杆桁架或扁平拱来说,当荷载、变形达到一定程度时,可能从凸形受压的结构突然翻转成凹形的受拉结构,这就是急跳或跳跃现象。

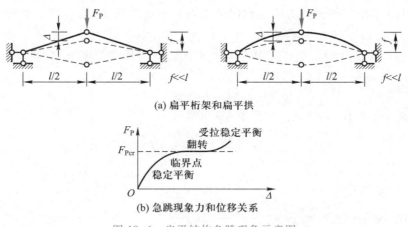

(a) 扁平桁架和扁平拱

(b) 急跳现象力和位移关系

图 10-6　扁平结构急跳现象示意图

在稳定分析中,有基于小变形的线性理论和基于大变形的非线性理论:

● 线性理论中变形是一阶微量,计算中将略去高阶微量使计算得以简化,但其结果与大变形时的实验结果有较大偏差。

● 非线性理论中考虑有限变形对平衡的影响,其结果与实验结果吻合得很好,但分析过程复杂,对数学基础的要求高。

下一节中将简单介绍同一简单问题的两种解法,以便读者较全面地掌握结构稳定性分析的基本概念。对于较复杂问题的非线性理论超出了本书的范围,将不再涉及。

§10-2   两类稳定性问题分析的方法及简例

10-2-1   完善体系分支点失稳分析简例

完善体系分支点失稳分析有静力法和能量法两种方法,下面分别用例题加以说明。

[**例题 10-1**]   试求图 10-7 所示单自由度(确定结构平衡位置所需的独立坐标数称为结构稳定自由度)结构体系的临界荷载 F_{Pcr},其中 AB 为刚性杆,CAD 为弹性杆。

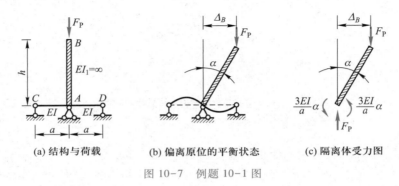

(a) 结构与荷载   (b) 偏离原位的平衡状态   (c) 隔离体受力图

图 10-7   例题 10-1 图

解:用静力法求解。所谓静力法是利用分支点的平衡二重性,通过建立平衡方程来分析的方法。

(1)按非线性理论分析。考察图 10-7b 所示失稳后的任意平衡位置,其中 α 为有限值(非小量)。则

$$\Delta_B = h\sin\alpha$$

考察 AB 杆的受力如图 10-7c 所示,由 $\sum M_A = 0$ 可得

$$F_P h\sin\alpha - \frac{6EI}{a}\alpha = 0$$

其解为

$$\alpha = 0;\ 或\ \alpha \neq 0,\ F_P = \frac{6EI}{ah} \times \frac{\alpha}{\sin\alpha}$$

据此可作出力-位移关系如图 10-8 所示。在分支点处 $\alpha \to 0$,$\dfrac{\alpha}{\sin\alpha} \to 1$。因此分支点处临界荷载为

$$F_{Pcr} = \frac{6EI}{ah}$$

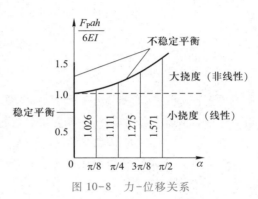

图 10-8   力-位移关系

（2）按线性理论分析。认为图 10-7c 中 α 为微量，于是有 $\Delta_B \approx h\alpha$。

根据图 10-7c 所示，由 $\sum M_A = 0$ 可得

$$F_P h\alpha - \frac{6EI}{a}\alpha = 0$$

其解为

$$\alpha = 0 ; \quad 或 \quad F_P = \frac{6EI}{ah}$$

分支点处临界荷载为

$$F_{Pcr} = \frac{6EI}{ah}$$

（3）总结与推广。

● 按静力法，线性与非线性理论所得分支点临界荷载 F_{Pcr} 完全相同，但线性理论分析过程简单。

● 非线性理论结果表明，$F_P = F_{Pcr}$ 后，要使 AB 杆继续偏转（α 角增大），必须施加更大的荷载（F_P 增加）。而线性理论结果表明，不管 α 角多大，荷载均保持为 F_{Pcr}，即所谓随遇平衡。前者与实验吻合，后者实际是一种虚假的现象。

● 静力法线性与非线性理论分析分支点失稳的步骤均为：

1）令结构偏离初始平衡位置，产生可能的变形状态；

2）分析结构在可能变形状态下的受力，作隔离体受力图；

3）由平衡条件建立稳定性分析的特征方程；

4）由特征方程在平衡二重性条件下求解临界荷载 F_{cr}。

［例题 10-2］ 试求图 10-9 所示单自由度结构体系的临界荷载 F_{Pcr}。

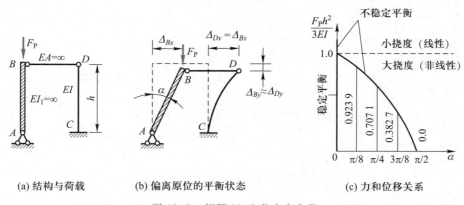

(a) 结构与荷载   (b) 偏离原位的平衡状态   (c) 力和位移关系

图 10-9 例题 10-2 分支点失稳

解：用能量法求解。在分支点失稳问题中，临界状态的能量特征为体系总势能取驻值。下面讨论由此特征确定临界荷载 F_{Pcr} 的方法。

（1）按非线性理论计算。考察图 10-9b 所示失稳后平衡位置，其中 α 为有限值。因此有

$$\Delta_{Bx} = \Delta_{Dx} = h\sin\alpha , \quad \Delta_{By} = h(1-\cos\alpha) , \quad \Delta_{Dy} \approx \Delta_{By}$$

对应这一可能位置,弹性杆应变能 V_ε(可由"应变能=外力功"来计算)为

$$V_\varepsilon = \frac{1}{2} \left(\frac{3EI}{h^3} \Delta_{Dx} \right) \Delta_{Dx} = \frac{3EI}{2h} \sin^2 \alpha$$

定义:从变形位置退回无变形位置的过程中外荷载所做的功,称为外力势能,记作 V_P 或 E_P^*。则

$$E_P^* = V_P = -F_P \Delta_{By} = -F_P h (1 - \cos \alpha)$$

定义:应变能加外力(外荷载)势能为体系的总势能,记作 V 或 E_P。则

$$E_P = V = V_\varepsilon + V_P = \frac{3EI}{2h} \sin^2 \alpha - F_P h (1 - \cos \alpha) = V(\alpha)$$

由稳定的能量特征可得

$$\delta V = \frac{\mathrm{d}V(\alpha)}{\mathrm{d}\alpha} \delta\alpha = \left(\frac{3EI}{h} \sin \alpha \cos \alpha - F_P h \sin \alpha \right) \delta\alpha = 0$$

由此可得

$$F_P = \frac{3EI}{h^2} \cos \alpha$$

分支点处($\alpha = 0$)临界荷载为(图 10-9c)

$$F_{Pcr} = \frac{3EI}{h^2}$$

（2）按线性理论计算。图 10-9b 所示 α 为微量,此时

$$\Delta_{Bx} = \Delta_{Dx} \approx h\alpha, \quad \Delta_{By} \approx \frac{h\alpha^2}{2}$$

$$V_\varepsilon = \frac{3EI}{2h} \alpha^2, \quad V_P = -F_P \frac{h\alpha^2}{2}$$

因此体系总势能 V 为

$$V = \frac{3EI}{2h} \alpha^2 - F_P \frac{h\alpha^2}{2} = V(\alpha)$$

同样由总势能取驻值,即

$$\delta V = \frac{\mathrm{d}V(\alpha)}{\mathrm{d}\alpha} \delta\alpha = \left(\frac{3EI}{h} - F_P h \right) \alpha\delta\alpha = 0$$

可得临界荷载

$$F_{Pcr} = \frac{3EI}{h^2}$$

（3）总结与推广。
- 体系的总势能等于体系的应变能 V_ε 与体系的外力(荷载)势能 V_P 之和;
- 确定体系临界荷载的能量准则是体系总势能 V 取驻值,单自由度体系的驻值条件为

$$\frac{\mathrm{d}V(x)}{\mathrm{d}x} = 0$$

式中 x 是体系位移参数。

多自由度体系的总势能是各自由度位移参数 $x_i(i=1,2,\cdots,n)$ 的函数,体系驻值条件为

$$\frac{\partial V}{\partial x_i}=0 \qquad (i=1,2,\cdots,n)$$

● 非线性理论分析结果表明,荷载达分支点临界荷载 $F_{\mathrm{Pcr}}=\dfrac{3EI}{h^2}$ 后,结构受干扰将压溃。由图 10-9c 可见,本例的分支点也是极值点。因此,此类结构应该按非完善体系极值点失稳来验算。

● 线性理论分析虽能得出分支点临界荷载的正确结果,但不能解释干扰后 F_{P} 反而减小的压溃现象,反而给出虚假的随遇平衡结论。

● 利用体系总势能的能量准则计算临界荷载的方法,称为能量法。它的一般分析步骤为(线性和非线性体系均适用):

1)设定一种满足位移约束条件的可能失稳变形状态(也称失稳构形),将失稳构形用位移参数 x_i 表示;

2)计算体系的弹性应变能 V_ε 和外力势能 V_{P},从而获得总势能 $V=V_\varepsilon+V_{\mathrm{P}}$,将总势能表示为位移参数 x_i 的函数;

3)从总势能的驻值条件 $\left[\dfrac{\partial V}{\partial x_i}=0(i=1,2,\cdots,n)\right]$ 建立稳定性分析的特征方程;

4)由特征方程解得临界荷载 F_{Pcr}。

[例题 10-3]　试用线性理论静力法和能量法求图 10-10a 所示单自由度结构体系的临界荷载 F_{Pcr}。

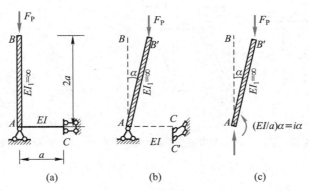

图 10-10　例题 10-3 图

解:(1)按静力法求解。

① 令体系产生图 10-10b 所示的可能失稳位移。

② 根据 AC 杆的转动刚度(形常数),取 AB' 杆为隔离体,求解所需的受力图如图 10-10c 所示。

③ 对 A 点取矩可建立平衡方程

$$F_{\mathrm{P}}\times2a\alpha-\frac{EI}{a}\alpha=0$$

④ 由于分支点失稳的平衡二重性,可得 $F_{\mathrm{Pcr}}=\dfrac{EI}{2a^2}$。

（2）按能量法求解。

① 设定可能的失稳变形状态如图 10-10b 所示，刚性杆转动了 α 角。

② 由于失稳弹性杆所储存的应变能可由 $\dfrac{1}{2}M\alpha=\dfrac{1}{2}\times\dfrac{EI}{a}\alpha\times\alpha$ 计算，刚性杆无应变能，所以体系

的总应变能 $V_\varepsilon=\dfrac{1}{2}\dfrac{EI}{a}\alpha^2$。此外，由于失稳变形，$B'$ 点相对 B 点下降了 $\Delta_B=2a-2a\cos\alpha\approx a\alpha^2$，因此

根据外力势能的定义可得 $V_P=-F_P a\alpha^2$。再根据体系总势能的定义可得 $V=\dfrac{1}{2}\dfrac{EI}{a}\alpha^2-F_P a\alpha^2$。

③ 由体系总势能的驻值条件 $\dfrac{\partial V}{\partial\alpha}=0$，可得稳定性方程 $\dfrac{EI}{a}\alpha-2F_P a\alpha=0$。

④ 由稳定性方程即可求得 $F_{Pcr}=\dfrac{EI}{2a^2}$。与静力法所得结果完全相同。

为了更好地掌握分支点失稳问题临界荷载的求解，建议读者按非线性理论计算本例的临界荷载。

10-2-2　非完善体系极值点失稳分析简例

[**例题 10-4**]　试求图 10-11a 所示有初偏离 β 的单自由度结构体系的临界荷载。图中偏角 β 很微小（$\beta\ll1$）。

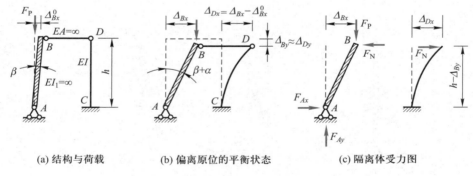

（a）结构与荷载　　　　（b）偏离原位的平衡状态　　　　（c）隔离体受力图

图 10-11　例题 10-4 极值点失稳

解：本例仍用静力法求解，建议读者自行按例题 10-2 所给出的步骤用能量法求解。

（1）按非线性理论计算。设体系发生图 10-11b 所示失稳变形状态，此时 α 为有限值。

因为 BD 杆刚度无限大，因此不存在轴向变形，由图 10-11a、b 所示几何关系分析可得刚性杆长 $l=\dfrac{h}{\cos\beta}\approx h$ 及

$$\Delta_{Bx}^0=l\sin\beta,\ \Delta_{Bx}=l\sin(\alpha+\beta)\ ,\ \Delta_{Dx}=l[\sin(\alpha+\beta)-\sin\beta] \tag{a}$$

$$\Delta_{Dy}\approx\Delta_{By}=h-l\cos(\alpha+\beta) \tag{b}$$

由图 10-11c 所示的各杆受力可见（根据形常数）

$$F_N=\dfrac{3EI}{h^3}\Delta_{Dx}=\dfrac{3EI}{h^3}l[\sin(\alpha+\beta)-\sin\beta] \tag{c}$$

根据刚性杆的平衡条件,由 $\sum M_A = 0$ 可得

$$F_P\Delta_{Bx} - F_N(h - \Delta_{By}) = 0$$

将式(a)、(b)、(c)中有关结果代入上式整理后,可得 F_P-α 关系为

$$F_P = \frac{3EI}{h^3}l\cos(\alpha+\beta)\left[1 - \frac{\sin\beta}{\sin(\alpha+\beta)}\right] \tag{d}$$

按 $\dfrac{dF_P}{d\alpha} = 0$ 求极值点位置,结果为

$$\sin(\alpha+\beta) = \sin^{\frac{1}{3}}\beta, \quad \cos(\alpha+\beta) = (1 - \sin^{\frac{2}{3}}\beta)^{\frac{1}{2}} \tag{e}$$

将此结果代入式(d)可得极值点临界荷载为

$$F_{Pcr} = \frac{3EI}{h^3}l(1 - \sin^{\frac{2}{3}}\beta)^{\frac{3}{2}} \tag{f}$$

由式(d)和式(f)可作出图 10-12a、b 所示的 $\dfrac{F_P h^3}{3EIl}$-α 及 $\dfrac{F_{Pcr}h^3}{3EIl}$-β 关系曲线。

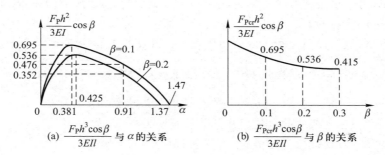

图 10-12 非线性理论计算结果

(2)按线性理论计算。此时 α 是微量,$l = \dfrac{h}{\cos\beta} \approx h$。

在线性理论条件下,因为 α 是微量,因此有如下关系:

$$\Delta_{Bx}^0 \approx l\beta, \ \Delta_{Bx} \approx l(\alpha+\beta), \ \Delta_{Dx} \approx l\alpha, \ \Delta_{By} \approx 0$$

$$F_N = \frac{3EI}{h^3}l\alpha$$

$$F_P l(\alpha+\beta) - F_N h = 0$$

$$F_P = \frac{3EI}{h^2} \times \frac{\alpha}{\alpha+\beta}$$

据此,不同初偏角 β 情况下,可作出 $\dfrac{F_P h^2}{3EI}$-α 关系曲线如图 10-13 所示。

(3)总结与推广。

● 不同的初偏角将影响临界荷载 F_{Pcr},初偏离 β 增大时 F_{Pcr} 减小,这表明制造或安装误差对稳定性都是不利的。

● 非线性理论计算结果存在极值点失稳,这一结果与实际吻合。

● 线性理论计算结果 F_P 比非线性理论计算结果大，因而是偏于危险的。（对比图 10-12 和图 10-13 所示）

● 在线性理论（α 微小）前提下，$F_P(\alpha)$ 是单调增加的，不存在极值点。

● 非完善体系的临界荷载只能由非线性理论确定。

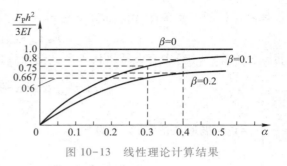

图 10-13　线性理论计算结果

*§10-3　简单弹性结构稳定性问题分析简介

实际结构的极值失稳是一个大位移非线性问题，其内容超出了本书的范畴。限于课程学时和本书篇幅，对组合杆、窄条梁和拱等构件或结构的稳定性分析有兴趣的读者，可参考龙驭球等主编的《结构力学Ⅱ：专题教程》（2018，高等教育出版社）。本节首先复习材料力学弹性压杆稳定性分析方法、思路，然后简单介绍无限自由度简单弹性结构的稳定性分析方法。

10-3-1　材料力学中心受压杆的 Euler 临界荷载

材料力学所介绍的中心受压杆 Euler 临界荷载的分析步骤如下：

（1）建立坐标系，在 x 截面截取隔离体并分析其受力；

（2）求 x 截面的弯矩（建立弯矩方程）并建立挠曲线微分方程；

（3）求解挠曲线微分方程，由齐次通解和非齐次的特解组成；

（4）一般通过引入中心受压杆两端的位移边界条件（包含通过考虑平衡所补充的条件），利用分支点失稳的平衡二重性，使其具有非零挠曲线解答，即可建立求解临界荷载的稳定性方程；

（5）最终用相应的超越方程求解方法解得最小解，即临界荷载（临界力）。

表 10-1 给出了五种常见支承情况下的临界荷载，为了帮助回顾和复习材料力学知识，下面用表 10-1 中第四种为例题按上述求解步骤做一简单介绍。

表 10-1　各种常见支承情况的 Euler 临界荷载

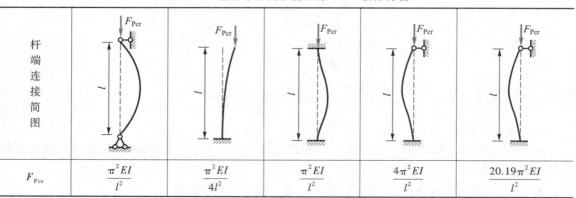

杆端连接简图					
F_{Pcr}	$\dfrac{\pi^2 EI}{l^2}$	$\dfrac{\pi^2 EI}{4l^2}$	$\dfrac{\pi^2 EI}{l^2}$	$\dfrac{4\pi^2 EI}{l^2}$	$\dfrac{20.19\pi^2 EI}{l^2}$

[例题 10-5] 试用静力法验证表 10-1 中第四种情况的临界荷载 F_{Pcr}。

解:(1)以轴线为 x 轴如图所示(右手系),在图示失稳状态下本题的位移边界条件为:$x=0$、$x=l$ 时挠度、转角为零,即 $y_0=0$、$y_0'=0$,$y_l=0$、$y_l'=0$。

(2)设定向支座处支座反力如图 10-14 所示,在坐标 x 截面切开取上部为隔离体,则截面弯矩为

$$M(x)=F_P y+F_R x+M_0$$

根据材料力学可知挠曲线微分方程为

$$EI\frac{\mathrm{d}^2 y}{\mathrm{d}x^2}=-F_P y-F_R x-M_0$$

令 $\alpha^2=\dfrac{F_P}{EI}$,则

$$y''+\alpha^2 y=-\frac{1}{EI}(F_R x+M_0)$$

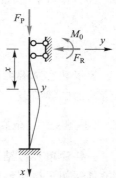

图 10-14 例题 10-5
求解示意图

(3)由常微分方程理论可知,齐次方程解为 $y_1=A\cos\alpha x+B\sin\alpha x$,非齐次方程特解为 $y_2=-\left(\dfrac{F_R x}{F_P}+\dfrac{M_0}{F_P}\right)$,因此可得挠曲线微分方程通解为

$$y=A\cos\alpha x+B\sin\alpha x-\frac{F_R x}{F_P}-\frac{M_0}{F_P}$$

(4)引入位移边界条件

$$x=0、y=0,\qquad A=\frac{M_0}{F_P}$$

$$x=0、y'=0,\qquad B=\frac{F_R}{F_P\alpha}$$

$$x=l、y=0,\qquad \frac{M_0}{F_P}(\cos\alpha l-1)+\frac{F_R l}{F_P}\left(\frac{\sin\alpha l}{\alpha l}-1\right)=0$$

$$x=l、y'=0,\qquad -\frac{M_0}{F_P}\alpha\sin\alpha l+\frac{F_R}{F_P}(\cos\alpha l-1)=0$$

根据失稳状态平衡的两重性,F_R 和 M_0 非零,由此可得稳定性方程为

$$\begin{vmatrix} \cos\alpha l-1 & l\left(\dfrac{\sin\alpha l}{\alpha l}-1\right) \\ -\alpha\sin\alpha l & \cos 2l-1 \end{vmatrix}=0$$

展开并整理可得

$$(\cos\alpha l-1)^2+\alpha l\sin\alpha l\left(\frac{\sin\alpha l}{\alpha l}-1\right)=0$$

化简得

$$2(1-\cos \alpha l) = \alpha l \sin \alpha l$$

（5）将 $\alpha = \dfrac{2\pi}{l}$ 代入超越方程 $2(1-\cos \alpha l) = \alpha l \sin \alpha l$，显然满足，由此可得

$$F_{Pcr} = EI\alpha^2 = \frac{4\pi^2 EI}{l^2}$$

为了切实掌握弹性杆件稳定性分析的思想、方法，建议读者按此步骤自行推导第一、二种支承情况的临界荷载。

10-3-2 简单弹性结构简化为弹性支承的中心受压杆

一些简单弹性结构的临界荷载求解需要首先将结构等价转换成弹性中心受压杆，为此，下面通过具体例子说明如何实现等价转换。

[例题 10-6] 图 10-15a 所示结构，柱的抗弯刚度为 EI，梁的抗弯刚度为 EI_1。试建立求临界荷载的挠曲线微分方程。

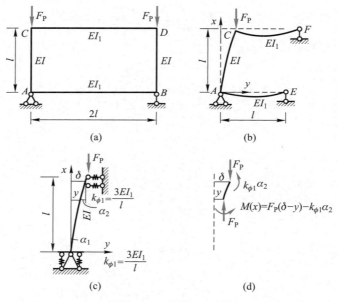

图 10-15 例题 10-6 图

解：图 10-15a 所示为对称结构，可能的失稳形式有两种：对称失稳和反对称失稳。本例题只讨论反对称失稳情况。

在反对称失稳时，可能的失稳变形如图 10-15b 所示。CF、AE 梁无轴力作用，AC 杆受压。对 AC 杆来说，CF、AE 梁起（弹性）支承作用，因此可将图 10-15b 所示进一步简化为图 10-15c 所示的弹性支承（具有抗转动弹簧）中心受压杆。

根据转动刚度定义（或形常数），A、C 两点产生单位转动所需施加的杆端力矩为 $\dfrac{3EI_1}{l}$，因此如

图 10-15c 所示,AC 杆两端的抗转动弹簧刚度为 $k_{\phi 1}=\dfrac{3EI_1}{l}$。

接着建立坐标并取图 10-15d 所示隔离体,根据假设的失稳变形情况,CF 梁对 AC 杆 A 端的支承反力矩为 $k_{\phi 1}\alpha_2$,由此可得 x 截面的弯矩为 $M(x)=F_P(\delta-y)-k_{\phi 1}\alpha_2$。

最后根据材料力学可知,产生图示失稳变形时失稳挠曲线的微分方程为

$$EIy''=F_P(\delta-y)-k_{\phi 1}\alpha_2$$

或者移项后改造成

$$y''+\lambda^2 y=\lambda^2\delta-\frac{k_{\phi 1}\alpha_2}{EI} \tag{a}$$

式中

$$\lambda^2=\frac{F_P}{EI} \tag{b}$$

由式(a)可确定图 10-15c 杆的临界荷载,即为原结构当反对称失稳时的临界荷载(解法见下一小节)。

10-3-3 简单弹性结构稳定性方程的建立

仍然通过例题具体说明简单弹性结构稳定性方程建立的方法。

[例题 10-7] 试建立例题 10-6 所示结构的稳定性方程,条件如例题 10-6 所示。

解:在例题 10-6 中已经得到失稳时 AC 杆的挠曲线微分方程为

$$y''+\lambda^2 y=\lambda^2\delta-\frac{k_{\phi 1}\alpha_2}{EI}$$

这是一个二阶常系数非齐次常微分方程,由常微分方程知识可知,挠曲线方程的解答为 $y=y_1+y_2$,其中 $y_1=A\sin\lambda x+B\cos\lambda x$ 是齐次方程的通解,$y_2=\delta-\dfrac{k_{\phi 1}\alpha_2}{F_P}$ 为非齐次微分方程的一个特解。

因此有

$$y=A\sin\lambda x+B\cos\lambda x+\delta-\frac{k_{\phi 1}\alpha_2}{F_P} \tag{c}$$

式中包含待定常数和未知临界荷载,因此必须利用位移边界条件等来确定。对于本例题,图 10-15c 中 A、C 两端的位移边界条件分别为

$$x=0 \text{ 时 } y=0, \ \theta_A=y'(0)=\alpha_1; \ x=l \text{ 时 } y=\delta, \ \theta_C=y'(l)=\alpha_2 \tag{d}$$

根据这些条件可得

$$x=0 \text{ 时 } \quad B+\delta-\frac{k_{\phi 1}\alpha_2}{F_P}=0, \ A\lambda=\alpha_1 \tag{e1}$$

$$x=l \text{ 时 } \quad A\sin\lambda l+B\cos\lambda l+\delta-\frac{k_{\phi 1}\alpha_2}{F_P}=\delta, \ A\lambda\cos\lambda l-\lambda B\sin\lambda l=\alpha_2 \tag{e2}$$

但是式(c)和式(e)中共有待定常数 A、B、δ、α_1 和 α_2 五个,而位移边界条件仅有四个,因此,为了利用平衡的二重性建立求临界荷载的稳定性方程,还必须补充条件。为此,从图 10-15c 所

示考虑整体平衡,可得

$$M_A = F_P\delta - k_{\phi 1}\alpha_2 \quad (左侧受拉为正) \tag{f}$$

在弯矩 M_A 作用下 A 处弹性支承的转角(即 A 截面转角)为

$$\alpha_1 = \frac{M_A}{k_{\phi 1}} = \frac{F_P\delta}{k_{\phi 1}} - \alpha_2 = \frac{\lambda^2 EI}{k_{\phi 1}}\delta - \alpha_2 \tag{g}$$

由式(e)和式(g)可得

$$\begin{pmatrix} 0 & 1 & 1 & 0 & -\dfrac{k_{\phi 1}}{\lambda^2 EI} \\[2mm] \sin\lambda l & \cos\lambda l & 0 & 0 & -\dfrac{k_{\phi 1}}{\lambda^2 EI} \\[2mm] \lambda & 0 & 0 & -1 & 0 \\[2mm] \lambda\cos\lambda l & -\lambda\sin\lambda l & 0 & 0 & -1 \\[2mm] 0 & 0 & -\dfrac{\lambda^2 EI}{k_{\phi 1}} & 1 & 1 \end{pmatrix} \begin{pmatrix} A \\ B \\ \delta \\ \alpha_1 \\ \alpha_2 \end{pmatrix} = \begin{pmatrix} 0 \\ 0 \\ 0 \\ 0 \\ 0 \end{pmatrix} \tag{h}$$

为了具有非零的失稳状态,式(h)的系数行列式必须等于零,即

$$\begin{vmatrix} 0 & 1 & 1 & 0 & -\dfrac{k_{\phi 1}}{\lambda^2 EI} \\[2mm] \sin\lambda l & \cos\lambda l & 0 & 0 & -\dfrac{k_{\phi 1}}{\lambda^2 EI} \\[2mm] \lambda & 0 & 0 & -1 & 0 \\[2mm] \lambda\cos\lambda l & -\lambda\sin\lambda l & 0 & 0 & -1 \\[2mm] 0 & 0 & -\dfrac{\lambda^2 EI}{k_{\phi 1}} & 1 & 1 \end{vmatrix} = 0 \tag{i}$$

式(i)即为本例的稳定性方程。

展开式(i)将得到一个超越方程,利用求解超越方程的数学方法即可求得 λ,然后由 $\lambda_{\min}$ 利用式(b)即可获得弹性支承中心受压杆的临界荷载。

综上所述,对一些可化成弹性支承中心受压杆的简单弹性结构(无限自由度体系),其求解步骤为:

(1)通过对可能失稳形式的分析,确定具有弹性支承的中心受压杆体系计算简图;

(2)根据其他弹性杆对中心受压杆的支承作用,利用形常数确定弹性支承的弹簧刚度;

(3)建立坐标系,在 x 截面截取隔离体并分析其受力;

(4)求 x 截面的弯矩并建立挠曲线微分方程;

(5)求解挠曲线微分方程,齐次通解加非齐次的特解;

(6)一般通过引入弹性支承中心受压杆的位移边界条件(包含通过考虑平衡所补充的条件),利用分支点失稳的平衡二重性,使其具有非零挠曲线解答,即可建立求解临界荷载的稳定性方程;

（7）最终用相应的超越方程求解方法解得最小临界荷载。

10-3-4 简单弹性结构稳定性方程举例

[例题10-8] 试求图10-16所示刚架的稳定性方程。

解:按本节前面所介绍的方法,该结构可简化为图10-17所示单个压杆,图中抗转动弹簧的

刚度系数由形常数可得 $k_\phi = \dfrac{2EI}{l}$, A 截面的弯矩 M_A 为 $F_P\delta$, 因此 A 截面的转角 ϕ_A 为

$$\phi_A = \frac{F_P\delta}{k_\phi} = \frac{\alpha^2 l}{2}\delta$$

式中, $\alpha = \sqrt{\dfrac{F_P}{EI}}$。

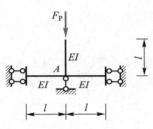

图10-16 例题10-8示意图

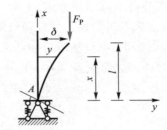

图10-17 弹性支承中心受压杆示意图

挠曲线微分方程为

$$EIy'' + F_P y = F_P\delta \quad [M(x) = F_P(\delta - y)] \quad \text{或} \quad y'' + \alpha^2 y = \alpha^2\delta$$

上述方程的通解为

$$y = A\cos\alpha x + B\sin\alpha x + \delta$$

则

$$y' = -A\alpha\sin\alpha x + B\alpha\cos\alpha x$$

引入边界条件

$$x = 0, \ y = 0, \ A + \delta = 0$$

$$x = 0, \ y' = \phi_A = \frac{\alpha^2 l}{2}\delta, \ B - \frac{\alpha l}{2}\delta = 0$$

$$x = l, \ y = \delta, \ A\cos\alpha l + B\sin\alpha l = 0$$

由此可得稳定性方程为 $\alpha l\tan\alpha l - 2 = 0$。

§10-4 结论与讨论

10-4-1 结论

● 稳定性分析中,结构可区分为完善和非完善两类。压杆都是理想中心受压情形,则为完

善体系,否则为非完善体系。

●　稳定性问题主要有两类:分支点失稳和极值点失稳。分支点稳定性问题的静力准则为分支点处平衡具有二重性,或称为平衡路径发生分叉。分支点稳定性问题的能量准则为总势能取驻值。

完善体系一般属于分支点稳定性问题,非完善体系一般为极值点稳定性问题。此时的临界荷载如果小于体系的极限荷载(也称极限承载荷载或极限承载力),表明问题由稳定性控制,临界荷载就是极限荷载。反之,表明失稳之前结构便已经破坏,结构失效由强度控制。

●　分支点失稳的线性和非线性理论关于临界荷载的结果是相同的,线性分析要方便得多。但是,线性理论得出"随遇平衡"的状态却是不正确的(与实际不符)。

●　极值点失稳必须应用非线性理论来分析,用线性理论在变形微小条件下得到的所谓"临界荷载",远大于实际的极值点荷载,因此是很不安全的。

●　稳定性分析可以用静力法,也可以用能量法。对难以用静力法求"精确解"的复杂系统,往往可用能量法来求近似解。这时所设的失稳形态必须满足位移边界条件,如果所设失稳形态就是真实的变形情形,能量法所得的结果是精确的。

●　如果对一些经简化后只有一根杆受压的简单结构,能将非受压弹性杆对受压杆的约束作用化为受压杆的弹性支承,那么此简单结构的稳定性分析就完全可用材料力学介绍的方法来讨论。

10-4-2　讨论

●　材料力学中分析研究了压杆稳定的 Euler 临界荷载、非线性对临界荷载的影响等。结构的稳定性问题自然也存在非弹性问题,思路是相通的,但更复杂。

●　与材料力学建立微分方程、利用边界条件解超越方程从而确定临界荷载的方法相类似,对图 10-18 所示压杆,杆的 1 端位移为 Δ_1、θ_1,2 端位移为 Δ_2、θ_2,考虑轴向荷载 F_P 对弯矩的影响,列挠曲线微分方程,利用上述位移"边界条件"和平衡条件,可建立压杆的力-位移关系,也称压杆刚度方程。利用压杆刚度方程,结合位移法思想可求解刚架稳定性问题。刚度方程中一些超越函数的表格,可参阅龙驭球等主编的《结构力学》(下册),高等教育出版社,1996。

图 10-18　压杆受力图

思　考　题

1. 何谓稳定平衡状态、不稳定平衡状态? 随遇平衡状态是否实际存在?
2. 何谓分支点、极值点和急跳失稳? 各有什么特点?
3. 何谓分支点失稳静力法和能量法? 试述其计算步骤。
4. 稳定性分析的线性和非线性理论的根本差别是什么?
5. 可简化为弹性支承中心受压杆的简单弹性结构,应如何分析其分支点失稳临界荷载?

习　　题

10-1 图中 k 为弹簧刚度,k_r 为抗转弹簧刚度。试用线性和非线性两种方法求图示完善体系的临界荷载 F_{Pcr}。

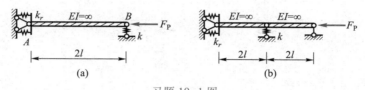

习题 10-1 图

10-2 试用静力法和能量法求图示结构的临界荷载 F_{Pcr}。

10-3 图示刚性压杆,B 支座弹簧刚度为 k,试用能量法临界荷载。

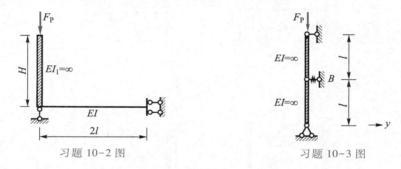

习题 10-2 图　　　　　　　　　　习题 10-3 图

10-4 试将图示压杆体系简化为弹性支承单个杆件,并写出其弹性支承刚度系数。

10-5 试用静力法求图示刚性杆件的临界荷载,k 为弹簧抗侧移刚度。

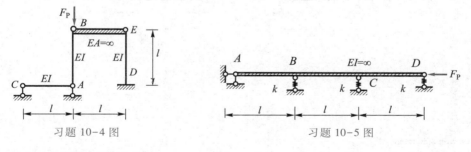

习题 10-4 图　　　　　　　　　　习题 10-5 图

10-6 试求图示结构的临界荷载 F_{Pcr}。

10-7 试求图示结构的临界荷载 q_{cr}。

10-8 试给出图示结构压杆 AB 的稳定性计算简化模型,并确定弹簧刚度。

* **10-9** 试用静力法推导图示结构的稳定性方程(以行列式形式表示)。

* **10-10** 试计算图示结构的临界荷载 F_{Pcr}。(提示:需考虑对称和反对称两种情况,两端固定杆的计算长度为 $0.5l$,一端固定一端铰支杆的计算长度为 $0.7l$。)

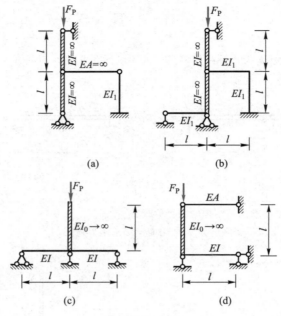

习题 10-6 图

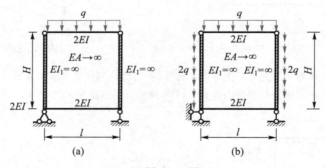

习题 10-7 图

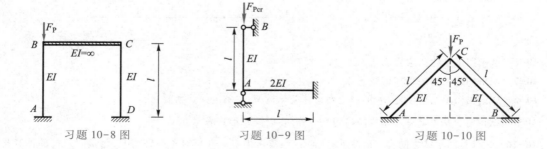

习题 10-8 图　　　　　习题 10-9 图　　　　　习题 10-10 图

* **10-11**　将图示结构简化为弹性支承中心受压杆,试确定其计算模型,并算出各弹性支承的刚度系数。

* **10-12**　试给出用静力法求图示结构稳定性方程时的边界条件。

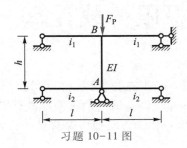
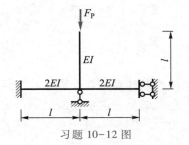

习题 10-11 图　　　　　　　习题 10-12 图

第 11 章　结构的极限荷载计算

结构的极限荷载计算是在允许存在塑性变形的条件下,充分发挥结构承载潜力的设计思想和设计方法中必须解决的主要问题之一。若从精确理论出发,结构的极限荷载计算需要考虑材料的非线性应力-应变关系,属于材料非线性问题。本章作为在结构极限荷载计算方面继续深入学习、研究的基础,仅介绍一些最基本的知识。

§11-1　结构的极限荷载

大多数工程材料,特别是钢材,受力后发生变形,一般都存在线性弹性阶段、屈服阶段和强化阶段。因此,随着荷载的增加,结构截面上应力大的点首先达到屈服强度,发生屈服,结构将进入弹塑性状态。这时虽然截面部分材料已进入塑性状态,但尚有相当大的部分材料仍处于弹性范围,因而结构仍可继续承载。当荷载增加到一定程度,结构中进入塑性的部分不断扩展直至完全丧失承载能力,导致结构崩溃(或倒塌)。

工程设计中,根据工程结构的重要性和失效后危险性的不同程度,可采用不同的设计准则。如核电站结构等特别重要的建筑,设计时需将结构的变形全部限定在弹性范围内,而对于一般工程,这种设计要求显然过于保守。允许材料进入塑性的结构分析称为材料非线性分析,是目前结构分析中十分重要的研究领域之一。全面介绍其内容已超出本书的范围,本节仅讨论其中的极限状态设计问题。极限状态设计所关心的不是荷载作用下结构弹塑性的演变历程(即每一时刻荷载对应的响应),而是结构出现塑性变形直到崩溃时所能承受的最大荷载,称为**极限荷载**。然后,考虑结构应有足够的安全储备,即可以此作为设计依据——对应于极限承载能力。显然按极限状态设计结构比弹性设计将更经济。下面主要讨论结构极限荷载的确定。

11-1-1　基本假定

本节分析基于以下基本假定:

● 假定材料具有相同的拉、压力学性能以及理想弹塑性的应力-应变关系,如图 11-1 所示。实际工程中的建筑钢材,变形不大时的性能与这一假定比较接近。

● 假定结构上所受荷载是按荷载参数 P 以同一比例由小变大逐步加载的,同时荷载参数 P 单调增加,不出现卸载情形,这种加载方式称为比例加载。

● 假定在弹塑性阶段横截面应变仍符合平截面假定。

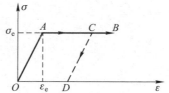

图 11-1　理想弹塑性应力-应变关系

11-1-2 基本概念

在讨论具体结构极限荷载计算之前,首先通过图 11-2a 所示纯弯曲矩形等截面梁的弹塑性发展过程分析建立一些基本概念。

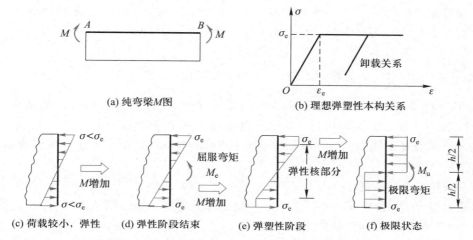

(a) 纯弯梁M图

(b) 理想弹塑性本构关系

(c) 荷载较小,弹性 (d) 弹性阶段结束 (e) 弹塑性阶段 (f) 极限状态

图 11-2 纯弯曲矩形等截面梁的弹塑性过程分析

- 在基本假定条件下,加载过程中,梁将从图 11-2c 所示的弹性阶段经弹塑性阶段(图 11-2e),最后进入塑性阶段(图 11-2f)。

- 弹性阶段(图 11-2c)以梁边缘应力达屈服应力 σ_e 时为终止(图 11-2d),对应的截面弯矩称为屈服弯矩,是弹性阶段所能承受的最大弯矩,用 M_e 表示。

- 进入弹塑性阶段后,随荷载增大,弹性区(或称弹性核)逐渐减小,塑性区逐渐增大,如图 11-2e 所示。

- 荷载增加到截面上各点的应力均达屈服应力时(图 11-2f),根据理想弹塑性基本假定,变形将不断增大,梁最终将破坏,此时截面上的弯矩称为极限弯矩,用 M_u 表示。对应的荷载即为极限荷载,用 F_{Pu} 表示。

- 由上所述,对矩形截面梁,$M_e = W\sigma_e = \dfrac{bh^2\sigma_e}{6}$,式中 $W = \dfrac{bh^2}{6}$ 为截面的弯曲截面模量。

- 由极限弯矩定义,对矩形截面梁,$M_u = W_u\sigma_e = \dfrac{bh^2\sigma_e}{4}$,式中 $W_u = \dfrac{bh^2}{4}$ 为塑性弯曲截面模量。可见 $M_u = 1.5M_e$。

当梁处于非纯弯曲状态时,如图 11-3 所示跨中受集中荷载 F_P 的简支梁,由于截面既有正应力又有切应力,因此,应按复杂应力状态的屈服准则确定极限荷载。但实验和理论分析结果都表明,对于细长梁切应力对极限承载力影响很小,可不予考虑。因此,其分析过程和纯弯曲梁类似。如图 11-3 所示的简支梁,跨中截面达极限弯矩时,对理想弹塑性体,由于变形的增加,将出现允许单向转动的塑性铰而使结构破坏。由图 11-3 所示分析可得结论如下:

- 沿梁长度方向塑性区范围是不同的(或称弹性核大小沿杆长度方向是变化的)。

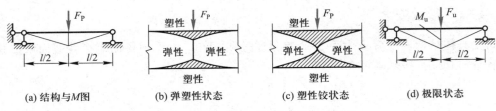

(a) 结构与M图 (b) 弹塑性状态 (c) 塑性铰状态 (d) 极限状态

图 11-3 横向荷载下极限荷载分析过程

- 当 $\dfrac{F_P l}{4} = M_u$ 时,对应的荷载为 $F_{Pu} = \dfrac{4M_u}{l}$,即为极限荷载。

- 当 $F_P = F_{Pu}$ 时,跨中截面两侧变形不断增加,可产生有限的相对转动(因为是理想弹塑性材料,截面弯矩并不增加),其作用与铰相似。因此,称此截面为塑性铰。

- 在一些简化的非线性分析和极限荷载分析中,认为塑性区仅集中在塑性铰截面,杆件的其他区段都是弹性的。

- 从图 11-1 所示卸载时的应力-应变关系可见,当截面因卸载而应力减小时,截面又将回到弹塑性或弹性(有残余应变)状态,因此,塑性流动引起的铰链作用消失,故塑性铰是单向的(单方向可允许转动,反方向铰链将闭合)。

- 实际的铰结点允许相连杆件间相对转动,不能传递弯矩。而塑性铰截面能承受该截面对应的极限弯矩 M_u。

最后两点是塑性铰和实际铰的差别之处。

如果杆件平面弯曲的中性轴并非对称轴,材料仍为拉、压性能相同且具有理想弹塑性的应力-应变关系,同时还不考虑剪力、轴力的影响时,与上述分析过程相似,可以得到以下结论:(平截面假设成立,建议读者自行画出相关的各阶段图形)

- 中性轴位置将随弹塑性区的变化而改变。
- 出现塑性铰(截面弯矩达 M_u)时中性轴为截面拉、压区面积相等的"等面积轴"。
- 极限弯矩 $M_u = (S_T + S_C)\sigma_e$。式中,$S_T$ 和 S_C 分别为拉、压区面积对中性轴的静矩。

§11-2 极限平衡法及比例加载时极限荷载的一些定理

应用上述基本概念,本节首先讨论超静定梁在比例加载条件下极限荷载的确定方法,然后介绍若干判断极限荷载的定理。

11-2-1 极限平衡法

11-1
极限平衡法

根据上述基本概念,结构达极限状态时应该满足以下条件:

- 平衡条件 结构整体或任何部分均应是平衡的。
- 内力局限条件 极限状态时,结构中任意一个截面的弯矩绝对值不可能超过其极限弯矩 M_u,亦即 $|M| \leqslant M_u$。
- 单向机构条件 结构达极限状态时,对梁和刚架必定有若干(取决于具体问题)截面出现塑性铰,使结构变成沿荷载方向能做单向运动的机构(也称为破坏机构)。

根据这些条件,经过分析即可以确定结构的极限荷载。现举例说明如下。

[例题 11−1] 试求图 11−4a 所示变截面单跨超静定梁的极限荷载。已知 $M'_u \geqslant M_u$。

解:图 11−4a 所示梁的弯矩图形状为图 11−4b、c 所示的折线,因此可能的破坏情形(即极限状态)有图 11−4b(A、D 出现塑性铰)和图 11−4c(B、D 出现塑性铰,因为 $M'_u \geqslant M_u$,所以 B 处塑性铰出现在 B 的右截面)两种(特殊情况为 A、B、D 三截面同时出现塑性铰而破坏,可从上述两种情形中导出)。

要出现图 11−4b 所示破坏时,从极限状态弯矩图分析,B 截面弯矩必须满足如下条件:

$$M_B = \frac{1}{3}(M'_u - 2M_u) \leqslant M_u$$

当 $M'_u \leqslant 5M_u$ 时,上述条件成立。

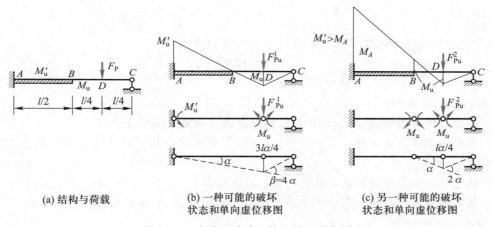

(a) 结构与荷载　　(b) 一种可能的破坏　　(c) 另一种可能的破坏
　　　　　　　　　　状态和单向虚位移图　　　状态和单向虚位移图

图 11−4　变截面单跨超静定梁极限分析

根据刚体虚位移原理求 F^1_{Pu},称为虚功法,由图 11−4b 所示,令破坏机构沿荷载方向发生虚位移,建立刚体虚功方程

$$F^1_{Pu} \times \frac{3l}{4}\alpha - (M'_u\alpha + M_u \times 4\alpha) = 0$$

得

$$F^1_{Pu} = \frac{4}{3l}(M'_u + 4M_u)$$

上述结果也可按如下步骤从列平衡方程求得,称为静力法:

(1) 在图 11−4b 所示可能破坏状态下,C 支座反力为 $F_{RC} = \dfrac{M'_u + \dfrac{3}{4}lF^1_{Pu}}{l}$;

(2) 荷载作用截面的弯矩为 $M_D = F_{RC} \times \dfrac{1}{4}l = \dfrac{1}{4}\left(M'_u + \dfrac{3}{4}lF^1_{Pu}\right) = M_u$;

(3) 由上式平衡条件可得 $F^1_{Pu} = \dfrac{4}{3l}(M'_u + 4M_u)$。

而要出现图 11-4c 所示破坏情形时,从极限状态弯矩图几何分析,A 截面弯矩必须满足如下条件:

$$M_A = 5M_u \leqslant M'_u$$

根据图 11-4c 所示可列虚功方程

$$F^2_{Pu} \times \frac{l}{4}\alpha - (M_u\alpha + M_u \times 2\alpha) = 0$$

得

$$F^2_{Pu} = \frac{12M_u}{l}$$

由上面分析可知,$M'_u \geqslant 5M_u$ 时,极限荷载为 $F_{Pu} = \dfrac{12M_u}{l}$;$M'_u \leqslant 5M_u$ 时,极限荷载为 $F_{Pu} = \dfrac{4}{3l}(M'_u + 4M_u)$。

总结:显然与用刚体虚位移原理结果相同。当 $M'_u = 5M_u$ 时:

$$F^1_{Pu} = \frac{12M_u}{l}$$

- 虚功法的步骤为:
- (1)假设一种可能的破坏状态,并令机构沿荷载方向发生刚体虚位移;
- (2)分析各主动力对应的广义虚位移,然后根据刚体虚位移原理列出主动力总虚功为零的虚功方程;
- (3)从虚功方程求解此种破坏状态对应的破坏荷载;
- (4)从各种可能的破坏状态中找出最小的一个对应荷载,它就是结构的极限荷载。
- 静力法的步骤为:
- (1)假设一种可能的破坏状态,令塑性铰处的弯矩为截面极限弯矩(变截面处要区分截面哪一侧出现塑性铰),其他地方的弯矩应符合内力局限条件;
- (2)建立与上述弯矩图相应的各部分平衡方程;
- (3)从平衡方程求解此种破坏状态对应的破坏荷载;
- (4)从各种可能的破坏状态中找出最小的一个对应荷载,它就是结构的极限荷载。
- $M'_u = 5M_u$ 时,两种情况都能产生,A、B、D 三处都出现塑性铰。极限荷载为

$$F_{Pu} = \frac{12M_u}{l}$$

- 任何结构(静定、超静定)的极限荷载只须分析破坏机构,由平衡条件(静力平衡方程或虚功方程)即可求出。这种方法称为极限平衡法。对超静定结构计算无须考虑变形协调条件,因此比弹性计算简单。
- 超静定结构的温度改变、支座移动等外因只影响结构弹塑性变形的过程(或称历程),并不影响极限荷载值。即仅计算极限荷载时,可不考虑温度改变、支座移动等外因的作用。

[例题 11-2]　如图 11-5a 所示等截面梁的极限弯矩为 M_u,在均布荷载下,欲使正、负弯矩最大值均达到 M_u。试确定铰 C 位置 x,并求相应的极限荷载 q_u。

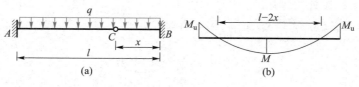

图 11-5　例题 11-2 图

解:由力法或位移法可知,此梁极限状态 M 图如图 11-5b 所示,根据题意,梁下侧的正弯矩为 $M^+\left(=\dfrac{q}{8}(l-2x)^2\right)=M_u$,支座处上侧的弯矩为 $M^-\left(=\dfrac{ql^2}{8}-\dfrac{q}{8}(l-2x)^2\right)=M_u$,由此可解得 C 位置 x 为

$$x=\frac{(2\pm\sqrt{2})\,l}{4}$$

即

$$x_1=0.146\,5l,\quad x_2=0.853\,5l$$

由此可得

$$q_u=\frac{16M_u}{l^2}$$

11-2-2　比例加载时判定极限荷载的若干定理

1. 定义

• 满足单向破坏机构和平衡条件的荷载称为可破坏荷载,记作 F_P^+。

• 满足内力局限条件和平衡条件的荷载称为可接受荷载,记作 F_P^-。

显而易见,极限荷载既是可破坏荷载,又是可接受荷载。

2. 定理

• **基本定理**　可破坏荷载 F_P^+ 恒不小于可接受荷载 F_P^-,即 $F_P^+\geqslant F_P^-$。

• **唯一性定理**　结构的极限荷载是唯一的。

• **极小定理**　可破坏荷载是极限荷载的上限,即 $F_{Pu}=\min\{F_P^+\}$。

• **极大定理**　可接受荷载是极限荷载的下限,即 $F_{Pu}=\max\{F_P^-\}$。

下面给出上述定理的证明:

对任意可破坏荷载 F_P^+,可列出与其对应的破坏机构单位虚位移时的虚功方程

$$F_P^+\Delta=\sum_{i=1}^n|M_{ui}|\times|\theta_i|=\sum_{i=1}^n M_{ui}\theta_i \tag{a}$$

式中,n 是可破坏机构中所出现的总塑性铰数,M_{ui}、θ_i 分别为第 i 个塑性铰截面的极限弯矩和弯矩方向相对转角(单向的)。

另取一可接受荷载 F_P^-,对应的弯矩表示为 M^-。则由 F_P^- 及其内力在上述单位虚位移上所作的虚功,可得如下虚功方程:

$$F_P^-\Delta=\sum_{i=1}^n M_i^-\theta_i \tag{b}$$

其中，M_i^- 为第 i 个塑性铰处的弯矩值。

又因为内力局限条件：$|M_i^-| \leqslant |M_{ui}|$，因此有

$$\sum_{i=1}^{n} |M_{ui}| \times |\theta_i| \geqslant \sum_{i=1}^{n} M_i^- \theta_i$$

将式（a）、（b）代入上式，得 $F_P^+ \geqslant F_P^-$，即可证明基本定理。

设结构存在两种极限状态，其极限荷载分别为 F_{Pu1} 和 F_{Pu2}。因为极限荷载既是可破坏荷载，也是可接受荷载，所以可先将 F_{Pu1} 看成可破坏荷载，F_{Pu2} 作为可接受荷载。这时，基于基本定理有 $F_{Pu1} \geqslant F_{Pu2}$。反之，将 F_{Pu2} 看成可破坏荷载，F_{Pu1} 作为可接受荷载，则又可得 $F_{Pu1} \leqslant F_{Pu2}$。要两个都是极限荷载，必须 $F_{Pu1} = F_{Pu2}$。唯一性定理证毕。

极小和极大定理的证明，留给读者自行研究。（只要注意极限荷载既是可破坏荷载，又是可接受荷载，即可容易地证明。）

3. 定理应用举例

[例题 11-3]　图 11-6a 所示等截面梁 M_u 为常数。试求在均布荷载作用下的极限荷载 q_u。

解：由此梁的弯矩分布（参见载常数表）可知，当梁处于极限状态时，有一个塑性铰在固定端 A 形成，另一个塑性铰 C 的位置是待定的，可应用极小定理确定。

图 11-6b 所示为一破坏机构，其中塑性铰 C 的坐标设为 x。为了求出此破坏机构相应的可破坏荷载 q^+，可对图 11-6b 所示的可能位移列出虚功方程

$$q^+ \frac{l\Delta}{2} = M_u(\theta_A + \theta_C)$$

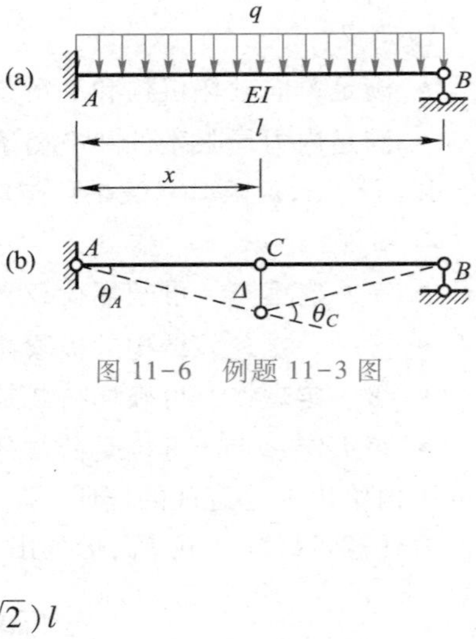

由图 11-6b 所示几何关系可得

$$\theta_A = \frac{\Delta}{x}, \quad \theta_C = \frac{l\Delta}{x(l-x)}$$

故得

$$q^+ = \frac{2l-x}{x(l-x)} \times \frac{2M_u}{l}$$

为了求 q^+ 的极小值，令 $\dfrac{\mathrm{d}q^+}{\mathrm{d}x} = 0$，得

$$x^2 - 4lx + 2l^2 = 0$$

其两个根为

$$x_1 = (2+\sqrt{2})l, \qquad x_2 = (2-\sqrt{2})l$$

弃去 x_1（不合题意），由 x_2 求得极限荷载为

$$q_u = \frac{2\sqrt{2}}{3\sqrt{2}-4} \frac{M_u}{l^2} = 11.659 \frac{M_u}{l^2}$$

图 11-6　例题 11-3 图

[例题 11-4]　设有 n 跨的连续梁，每跨内截面相同，但各跨截面可不相同（即极限弯矩可不同）。各跨荷载方向均指向下方。试证明此连续梁的极限荷载是每个单跨破坏机构相应可破坏

荷载中间的最小者。

证:分别考虑 n 个单跨破坏机构,求出相应的 n 个可破坏荷载 q_1^+、q_2^+、$\cdots$、q_n^+,设其中以 q_k^+ 为最小。

为了证明 q_k^+ 是极限荷载,应用唯一性定理。显然 q_k^+ 是一种可破坏荷载,因此还需证明 q_k^+ 同时又是可接受荷载,即需证明在 q_k^+ 作用下有可能存在一个可接受的 M 图,在任一截面上,M 的绝对值均不超过 M_u。事实上,这样的 M 图确实是存在的。例如,我们可设各支座弯矩等于 $-M_u$(如果相邻两跨的 M_u 值不相等,则取其中的较小者),然后根据平衡条件即可画出在 q_k^+ 作用下各跨的 M 图。由于 q_k^+ 是所有单跨破坏荷载中的最小者,因此在这样画出的各跨 M 图中,任一截面的 M 都不会超过 M_u 值。这就是说,这个 M 图确是一个可接受的 M 图,因而 q_k^+ 确是一个可接受荷载。根据唯一性定理,q_k^+ 就是极限荷载。

对于简单刚架的极限荷载分析,仍然可以采用极限平衡法。关键在于确定所有可能的破坏机构,对每一个破坏机构通过列平衡方程或虚功方程求出可破坏荷载,然后从中找出最小的可破坏荷载,检查是否同时满足内力局限条件,如果满足它就是刚架的极限荷载。

*[例题 11-5] 试求图 11-7a 所示结构的极限荷载 F_{Pu},并画极限弯矩图。

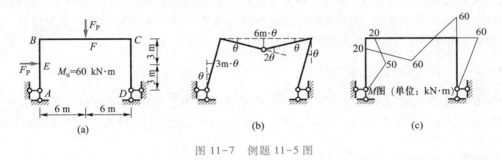

图 11-7 例题 11-5 图

解:设可能的破坏机构如图 11-7b 所示,设柱子发生虚转角 θ,则根据几何分析可得主动力对应的广义虚位移。

对图 11-7b 所示虚位移建立如下虚功方程:

$$F_P \times (3\ m \times \theta + 6\ m \times \theta) = M_u \times 4\theta$$

代入已知条件并计算可得

$$F_P^+ = 26.7\ kN$$

在此荷载下可求得 $M_B = 20\ kN \cdot m$,$M_E = 50\ kN \cdot m$,均满足内力局限条件,由此可得

$$F_{Pu} = 26.7\ kN$$

想了解刚架极限荷载分析更多内容的读者,可参考杨弗康等主编的《结构力学》(第 6 版下册,高等教育出版社,2016)。对刚架极限荷载的计算机方法有兴趣的读者,可选学下一节内容。

*§ 11-3 增量变刚度法分析刚架极限荷载

在上述基本概念的基础上,本节将介绍基于增量变刚度的刚架极限荷载分析方法,其基本思

想是:以产生塑性铰作为截面达到极限状态,当荷载逐步增加,结构中不断出现塑性铰,而当塑性铰多到结构变成单自由度单向几何可变体系时,结构达到承载的极限状态,对应的荷载即为极限荷载。

为简化分析讨论的过程,约定结构只受结点荷载(有非结点荷载时,增加结点使其化为结点荷载)作用,而且都是比例加载情形。

11-3-1　增量变刚度法

增量变刚度法是将非线性问题转化为分段线性问题求解的一种方法,其基本思路包含两点:

* 所谓增量,是将总极限荷载分解成若干个荷载增量,从弹性阶段开始,逐级增加,使每增加一级荷载结构只产生一个塑性铰,最后达到结构的极限状态。将荷载增量累加,即可获得最终极限荷载。

* 所谓变刚度,是指当结构在比例加载情况下(整个荷载可用一个荷载参数 F_P 表示,即任一荷载均可表达成 $\alpha_i F_P$,α_i 随加载过程是不变的),在每级增量荷载作用下,由于出现了塑性铰,结构的组成形式就发生了变化。因此,相关单元的单元刚度矩阵就要发生改变。虽然每个荷载增量阶段仍按弹性方法计算,但不同阶段结构的刚度各不相同。所以每出现一次塑性铰,就要改变一次结构的整体刚度矩阵,直至结构变为机构。

11-3-2　单元刚度矩阵的修正

全刚结点平面刚架的计算,采用的是自由式单元。在作极限荷载分析计算过程中,单元杆端出现塑性铰的情况有三种。因此,增量变刚度分析过程中将遇到四种情况的单元刚度矩阵。

1. 局部坐标自由式单元刚度矩阵

当结构在弹性阶段时,全刚结点平面刚架结构各杆均为此类单元(6 个独立结点位移):

$$\bar{k}^e = \begin{pmatrix} \dfrac{EA}{l} & 0 & 0 & -\dfrac{EA}{l} & 0 & 0 \\[2mm] 0 & \dfrac{12i}{l^2} & \dfrac{6i}{l} & 0 & -\dfrac{12i}{l^2} & \dfrac{6i}{l} \\[2mm] 0 & \dfrac{6i}{l} & 4i & 0 & -\dfrac{6i}{l} & 2i \\[2mm] -\dfrac{EA}{l} & 0 & 0 & \dfrac{EA}{l} & 0 & 0 \\[2mm] 0 & -\dfrac{12i}{l^2} & -\dfrac{6i}{l} & 0 & \dfrac{12i}{l^2} & -\dfrac{6i}{l} \\[2mm] 0 & \dfrac{6i}{l} & 2i & 0 & -\dfrac{6i}{l} & 4i \end{pmatrix}$$

2. $\bar{1}$ 端出现塑性铰时的局部坐标单元刚度矩阵

$$\bar{k}_{\bar{1}}^e = \begin{pmatrix} \dfrac{EA}{l} & 0 & 0 & -\dfrac{EA}{l} & 0 & 0 \\[3mm] 0 & \dfrac{3i}{l^2} & 0 & 0 & -\dfrac{3i}{l^2} & \dfrac{3i}{l} \\[3mm] 0 & 0 & 0 & 0 & 0 & 0 \\[3mm] -\dfrac{EA}{l} & 0 & 0 & \dfrac{EA}{l} & 0 & 0 \\[3mm] 0 & -\dfrac{3i}{l^2} & 0 & 0 & \dfrac{3i}{l^2} & -\dfrac{3i}{l} \\[3mm] 0 & \dfrac{3i}{l} & 0 & 0 & -\dfrac{3i}{l} & 3i \end{pmatrix}$$

3. $\bar{2}$ 端出现塑性铰时局部坐标单元刚度矩阵

$$\bar{k}_{\bar{2}}^e = \begin{pmatrix} \dfrac{EA}{l} & 0 & 0 & -\dfrac{EA}{l} & 0 & 0 \\[3mm] 0 & \dfrac{3i}{l^2} & \dfrac{3i}{l} & 0 & -\dfrac{3i}{l^2} & 0 \\[3mm] 0 & \dfrac{3i}{l} & 3i & 0 & -\dfrac{3i}{l} & 0 \\[3mm] -\dfrac{EA}{l} & 0 & 0 & \dfrac{EA}{l} & 0 & 0 \\[3mm] 0 & -\dfrac{3i}{l^2} & -\dfrac{3i}{l} & 0 & \dfrac{3i}{l^2} & 0 \\[3mm] 0 & 0 & 0 & 0 & 0 & 0 \end{pmatrix}$$

4. $\bar{1}$ 和 $\bar{2}$ 端同时出现塑性铰时的局部坐标单元刚度矩阵

$$\bar{k}_{\bar{1}\bar{2}}^e = \begin{pmatrix} \dfrac{EA}{l} & 0 & 0 & -\dfrac{EA}{l} & 0 & 0 \\[3mm] 0 & 0 & 0 & 0 & 0 & 0 \\[3mm] 0 & 0 & 0 & 0 & 0 & 0 \\[3mm] -\dfrac{EA}{l} & 0 & 0 & \dfrac{EA}{l} & 0 & 0 \\[3mm] 0 & 0 & 0 & 0 & 0 & 0 \\[3mm] 0 & 0 & 0 & 0 & 0 & 0 \end{pmatrix}$$

出现塑性铰后的上述单元刚度应可通过划去元素全为零的行和列,直接用有约束或桁架单元。但是,这样处理程序要稍微复杂一些。

11-3-3 增量变刚度法确定刚架极限荷载的计算过程

增量变刚度法的计算步骤为:

- 第一阶段：以原结构为对象进行弹性计算（此时结构刚度矩阵为 K_1），此阶段需要做以下工作：

（1）以原结构为对象令单位比例荷载 $F_P = 1$，用矩阵位移法进行弹性计算，求出各控制截面的杆端弯矩，组成单位弯矩向量 $\overline{M}_1$。

（2）将已知各控制截面的极限弯矩向量 M_u 与单位向量 $\overline{M}_1$ 各对应元素进行比较，得出向量中比值最小的元素，它就是第一个塑性铰出现时的荷载 F_{P1}，记为

$$F_{P1} = \left(\frac{M_u}{\overline{M}_1} \right)_{min}$$

在荷载 F_{P1} 的作用下，各控制截面的弯矩为

$$M_1 = F_{P1} \overline{M}_1$$

此时，必然有一个极限弯矩向量 M_u 与单位向量 $\overline{M}_1$ 比值最小所对应的控制截面出现塑性铰，与该截面相关的单元刚度矩阵应该进行修正，第一阶段结束。

- 第二阶段：由于塑性铰的出现，结构组成形式发生改变，即出现塑性铰单元的刚度矩阵发生改变。因此，修改结构刚度矩阵后，重复第一阶段计算，显然可求得出现新塑性铰对应的荷载增量等。这一计算过程如下：

（1）改变出现塑性铰单元的单元刚度矩阵，同时，整体结构刚度矩阵由 K_1 修改为 K_2。当都采用 6×6 单元刚度矩阵时，程序处理可先从结构刚度矩阵中减去此单元改变前的刚度元素，然后再加上新刚度矩阵元素。当采用不同阶次的单元刚度矩阵时，由于结构整体刚度矩阵的阶数也要改变，因此必须重新集成结构整体刚度矩阵。

（2）检验 K_2 是否为奇异矩阵（可用刚度方程无法求解为判据进行判断）。如果非奇异，表明结构尚未达到极限状态（仍是几何不变体系），还可承受更大的荷载。

（3）令比例荷载增量 $\Delta F_P = 1$ 作用在修改后的结构上，对刚度矩阵为 K_2 的结构作弹性计算，求出各控制截面的弯矩（有塑性铰单元，要用新刚度矩阵计算），组成单位弯矩向量 $\overline{M}_2$。

（4）像第一阶段一样，由 $\Delta F_{P1} = \left(\dfrac{M_u - M_1}{\overline{M}_2} \right)_{min}$，求得第二阶段的荷载增量 ΔF_{P1}，在 ΔF_{P1} 作用下，各控制截面的弯矩为

$$\Delta M_1 = \Delta F_{P1} \overline{M}_2$$

这时承受的总荷载为

$$F_{P2} = F_{P1} + \Delta F_{P1}$$

各控制截面总的弯矩为

$$M_2 = M_1 + \Delta M_1 = F_{P1} \overline{M}_1 + \Delta F_{P1} \overline{M}_2$$

此时出现第二个塑性铰，又有一个单元将修改刚度，第二阶段结束。

- 重复第二阶段计算，进行第三、第四、……阶段分析，直到第 n 阶段 $|K_n| = 0$ 为止。这表明结构由于产生了一定数量的塑性铰已成为机构，达到极限状态。最终极限荷载值和各截面弯矩值由累加得到

$$F_{Pu} = F_{P1} + \sum_{i=2}^{n-1} \Delta F_{Pi-1}$$

$$M_u = F_{P1}\overline{M}_1 + \sum_{i=2}^{n-1} \Delta F_{Pi-1}\overline{M}_i$$

11-2
增量变刚度
法算例

● 需要指出的是,以上讨论没有考虑加载过程中出现反向变形,即导致塑性铰闭合的情形,如有这种情形,上述算法需要修正。

关于这部分内容的更多细节,可参阅《结构力学程序设计及应用》(王焕定主编,高等教育出版社出版,2001 年),以供读者学习时参考。

§11-4 结论与讨论

11-4-1 结论

● 在理想弹塑性假定下,全截面应力达到 σ_e 时,截面不能承担更大的荷载,可以产生单向相对转动,称此截面出现塑性铰,它是一种单向铰。当结构出现塑性铰使结构变成单向机构时,对应的状态为极限状态,此时的荷载为极限荷载。

● 结构全弹性设计除特别重要结构外,是极不经济的。在理想弹塑性、比例加载、只关心到破坏为止所能承受的荷载大小时,可用极限平衡法计算结构的极限荷载。对简单结构,实际上这是一种试算法,首先分析确定可能的破坏形式,根据极限状态的平衡条件、内力局限条件和单向机构条件进行试算,同时满足这三个条件的就是极限状态,对应的荷载就是极限荷载。

● 比例加载下的一些定理在简单结构分析中十分有用,也是计算机方法的基础。

11-4-2 讨论

● 类似于杆产生塑性铰,对于板有所谓塑性铰线,像利用塑性铰确定极限荷载一样,利用塑性铰线可以计算板的极限承载力。对此有兴趣的读者,可自行查阅有关书籍、资料。

思 考 题

1. 结构极限荷载分析时都采用了哪些假定?
2. 何谓塑性铰? 它与实际铰有何异同?
3. 结构极限状态应该满足哪些条件? 何谓可破坏荷载和可接受荷载?
4. 试证明极小、极大定理。
5. 何谓极限平衡法? 试述确定结构极限荷载的步骤。

习 题

11-1 已知材料的屈服应力为 $\sigma_e = 235$ MPa,试求如下截面的极限弯矩 M_e。

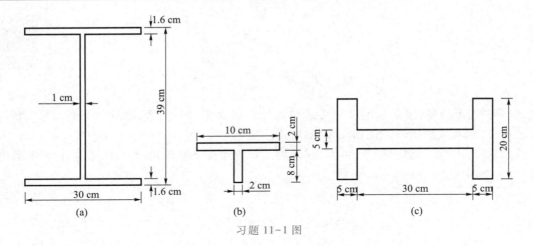

习题 11-1 图

11-2　试求图示结构的极限荷载 F_u。

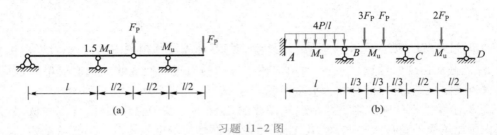

习题 11-2 图

11-3　梁的截面为矩形，$b \times h = 5\ \text{cm} \times 20\ \text{cm}$，$\sigma_e = 235\ \text{MPa}$。试求图示等截面单跨梁的极限荷载 F_u。

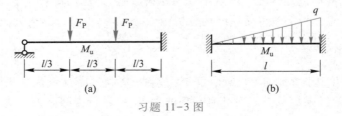

习题 11-3 图

11-4　试求图示等截面超静定梁的极限荷载 F_u。

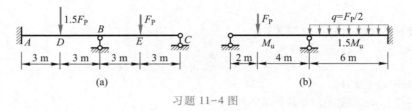

习题 11-4 图

11-5　图示等截面连续梁的极限弯矩为 M_u，试求其极限荷载 F_u 并画极限弯矩图。

11-6　图示等截面梁极限弯矩为 M_u，荷载 F_P 在 AC 段移动，欲使梁内正负弯矩最大值同时达到 M_u，试求极限荷载 F_u，并画出相应的 M 图。

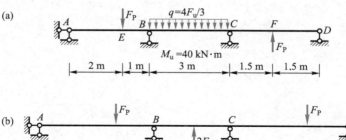

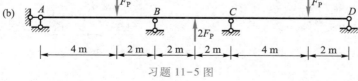

习题 11-5 图

11-7　试用虚功法求图示梁的极限荷载 F_u。

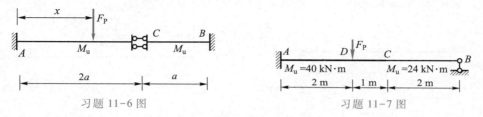

习题 11-6 图　　　　　　　　　　习题 11-7 图

11-8　试计算图示连续梁在给定荷载作用下达到极限状态时，所需的截面极限弯矩值 M_u。

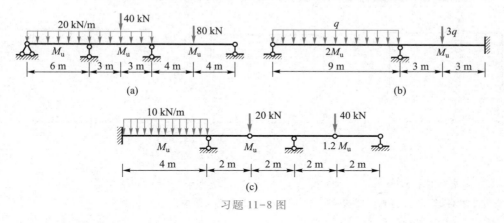

习题 11-8 图

11-9　试求图示等截面刚架极限荷载 q_u，已知 $l=4$ m。

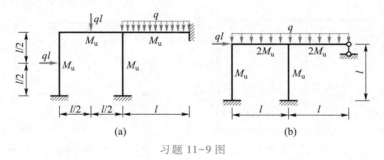

习题 11-9 图

* **11-10**　图示桁架,图 a 各杆截面极限拉力为 $F_{Nu} = 101.88$ kN。图 b 各杆截面极限拉力为 $F_{Nu} = 175$ kN,试确定其极限荷载 F_u。

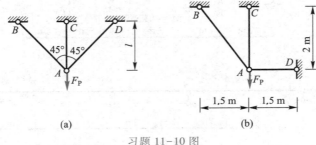

(a)　　　　　　　(b)

习题 11-10 图

* **11-11**　设极限弯矩为 M_u,试用静力法求图示梁的极限荷载 F_u。

11-12　图示梁各截面 M_u 相同。试求 F_P 的最不利位置,即 x 为何值时,F_u 最小。

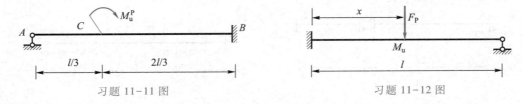

习题 11-11 图　　　　　　　习题 11-12 图

11-13　图示刚架,各截面的极限弯矩 $M_u = 75$ kN·m。试求刚架的极限荷载 F_u。

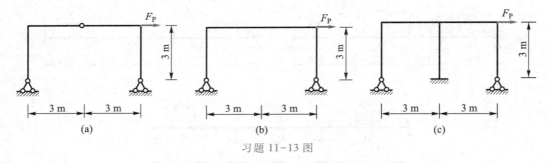

(a)　　　　　　　(b)　　　　　　　(c)

习题 11-13 图

11-14　图示刚架各杆均由工字钢 I20a 工字钢组成,极限弯矩为 6 814 kN·m。已知 $l = 6$ m,$h = 5$ m。(1) 试研究当塑性破坏时,可能出现塑性铰的情况;(2) 试按机动法求极限荷载 F_u。

11-15　试求图示结构的极限荷载 F_u。

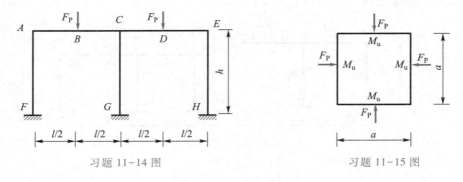

习题 11-14 图　　　　　　　习题 11-15 图

11-16　试求图示梁的极限荷载 F_{u}。

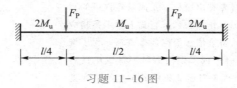

习题 11-16 图

11-17　试确定图示刚架的极限荷载 F_{u}。

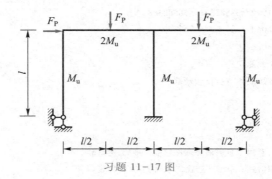

习题 11-17 图

参考答案 A11